冶金工业出版社

普通高等教育“十四五”规划教材

选煤厂固液分离技术

黄 根 徐宏祥 孙美洁 金 雷 编著

北 京
冶 金 工 业 出 版 社
2024

内容简介

本书是作者在多年从事固液分离教学取得的经验基础上，结合煤炭洗选生产实际编写而成的。全书分为绪论、悬浮液的基本性质、煤泥水处理工艺、凝聚与絮凝、筛分脱水、离心脱水、分级与浓缩、过滤原理、真空过滤、压滤、助滤剂、过滤介质和热力干燥共13章，系统地阐述了煤炭洗选过程中煤泥水处理的基本原则、工艺流程特点和产品固液分离的基本原理、方法和关键设备。本书深入浅出，突出了理论与生产实践的结合。

本书可作为选煤（矿）专业本科生教学用书，也可以作为矿物加工相关专业研究生、科技研究人员、环保专业人员及其他行业从事固液分离技术人员的参考书。

图书在版编目(CIP)数据

选煤厂固液分离技术/黄根等编著．—北京：冶金工业出版社，2024.3
普通高等教育“十四五”规划教材
ISBN 978-7-5024-9739-2

Ⅰ.①选…　Ⅱ.①黄…　Ⅲ.①选煤—液固分离—高等学校—教材
Ⅳ.①TD942.62

中国国家版本馆CIP数据核字（2024）第041013号

选煤厂固液分离技术

出版发行　冶金工业出版社　　**电　话**　(010)64027926
地　址　北京市东城区嵩祝院北巷39号　　**邮　编**　100009
网　址　www.mip1953.com　　**电子信箱**　service@mip1953.com

责任编辑　李培禄　卢　蕊　美术编辑　吕欣童　版式设计　郑小利
责任校对　范天娇　责任印制　禹　蕊
三河市双峰印刷装订有限公司印刷
2024年3月第1版，2024年3月第1次印刷
787mm×1092mm　1/16；16.25印张；393千字；247页
定价42.00元

投稿电话　(010)64027932　投稿信箱　tougao@cnmip.com.cn
营销中心电话　(010)64044283
冶金工业出版社天猫旗舰店　yjgycbs.tmall.com
（本书如有印装质量问题，本社营销中心负责退换）

前　言

固液分离是分离技术的一个重要组成部分。分离技术涵盖固-液、固-气、气-液、固-固、液-液、气-气六大方面，贯穿于国民经济的各个行业，其核心技术是物质的富集与提纯，以满足社会对高品质物质的需求。

固液分离是过程工业中常见的分离技术，主要工艺方法为离心、沉降、浓缩、过滤、干燥等，还包括精细分离过程中的膜分离、电磁分离等。其应用非常广泛，从化工、矿业、石油、水利、发电、食品、饮料、制药到机械、电子等各工业部门，均离不开固液分离作业，而固液分离技术更是工业废水、城市污水治理的重要手段。因此，固液分离是产品提质、环境治理和生态建设不可缺少的技术。

目前，绝大多数选煤厂的分选过程都是采用湿法分选工艺，生产中，在保证最佳分选效果的前提下，还面临着产品脱水提质和洗水闭路循环的问题，解决这些问题的关键是如何提高固液分离的效率。煤炭分选中的固液分离与煤泥水处理工艺密切相关。由于煤泥水处理工艺相对于主选工艺要复杂得多，既有粗煤泥、细煤泥分选（回收）作业，又有浮选尾煤厂内回收及洗水闭路循环作业。再加上煤泥水中煤泥粒度细、黏土类矿物易泥化导致煤泥水体系黏度增加等问题，使产品脱水更加困难。因此，提高选煤厂固液分离效率必须充分认识煤泥水的性质，了解煤泥水处理系统内部流程结构的特点，在优化固液分离工艺的基础上，选用高效固液分离设备来达到选煤厂提质增效、绿色生产的目的。

本书在《煤炭分选加工技术丛书——选煤厂固液分离技术》基础上进行了再次编写，部分章节进行了调整，补充了“煤泥水处理系统及内部流程结构”的相关内容，增加了“助滤剂”“过滤介质”等内容，并对主要工艺设备的原理、特点及应用效果作了较详细的叙述。内容较全面地反映了目前煤炭洗选中固液分离的主要特色，理论和应用并重，实践性强。虽然侧重选煤专业，但其中涉及的固液分离理论、工艺和设备同样适用于选矿专业及环保专业。作为教材用书，各章添加了“思考题”，以便加深学生对课程主要内容的理解和掌握。

全书共有13章，1～2章由金雷编写，3～8章由黄根编写，9～10章由徐宏祥编写，11～13章由孙美洁编写，全书由黄根统稿。

本书的编写过程中，得到了中国矿业大学（北京）化学与环境工程学院矿物加工工程系老师和实验员的大力支持，在此表示衷心的感谢。同时，本书引用了国内外相关文献的一些内容和实例，在此谨向被引用作者表示诚挚的谢意。

由于固液分离新技术、新设备在不断完善，加之作者水平有限，不足之处在所难免，敬请同行和读者批评指正。

作 者

2023年8月

目　　录

1 绪　　论

【本章提要】本章主要介绍了固液分离的目的和分类、选煤厂固液分离的特点及固液分离效率等相关概念。

1.1　固液分离的目的及分类

固液分离是指从悬浮液中将固相和液相分离的作业。其目的主要有：

（1）回收有价固体（液体弃去）；

（2）回收液体（固体弃去）；

（3）回收液体和固体；

（4）两者都不回收（例如废水治理）。

固液分离方法可按作用原理的不同分为以下几种类型：

（1）重力法。重力法是指靠重力而实现的固液分离。它又可细分为以下两种形式。

1）自然重力法：利用物料颗粒表面液体的重力作用而使固液分离，如脱水斗子及脱水仓的脱水。

2）重力浓缩法：依靠细粒物料的重力作用在液体中沉降的方法来实现固液分离，如浓缩机、沉淀池等的浓缩脱水。

（2）机械法。机械法是指靠机械力（惯性力、离心力、压力等）而实现的液体与固体的分离。它又分为以下 3 种形式。

1）筛分分离：靠物料与筛面作相对运动时产生的惯性力而脱除液体，如直线振动筛的脱水。

2）离心分离：利用离心力作用使固液分离或提高悬浮液的浓度，如过滤式离心脱水机和沉降式离心脱水机等的脱水。

3）过滤分离：使液体透过细密的纤维织物或金属丝网而留住固体，并用真空或压力以加速其分离的一种固液分离过程，如真空过滤机、板框压滤机、加压过滤机等的脱水过程。

（3）热力法。利用热能使水分汽化而与固体分离，如热力干燥及日光曝晒等。

（4）磁力法。是指利用强磁场对磁性矿物产生的磁力来实现固液分离，如磁力脱水槽。

（5）其他分离法。

1）物理化学分离法：利用吸水性的物体或化学品（如生石灰、无水氯化钙等）吸收水分，从而实现固液分离。

2）电化学分离法：固液混合物在外加电场作用下，水分子带正电荷移向阴极，固体细粒带负电荷移向阳极，从而实现固液分离。

通常应用最多的是（1）(2)(3）类方法。

固液分离属于固液两相流的范畴，其中固体颗粒为分散相，连续状态的液相为分散介质，由于它们具有不同的物理性质，所以可用不同的方法将其分离。实现分离的基本要点是使固液相间产生相对运动。

固液分离技术广泛应用于矿业、化工、冶金、轻工、水利、环保等部门。它在选矿（选煤）流程中占重要地位，也是选矿（选煤）费用中的一个重要项目。整个固液分离过程（包括回水利用）的总操作费用占全厂费用的10%～20%，其电能消耗，仅次于碎磨和浮选作业，列于第三位。

1.2 固液分离在选煤厂中的应用

选煤厂中，除了按照质量差异和粒度差异，将物质分离为两个或多个不同产物外，还存在着大量的产品脱水作业。脱水也是固液分离过程。固液分离效果的好坏与选煤厂煤泥水的性质、流程结构及设备应用有着密切的关系。因此，充分了解煤泥水处理工艺，弄清产品结构，是改善产品脱水指标的前提。

选煤厂除某些干法作业外，都需要大量的水。如跳汰分选作业、重介分选作业和浮选作业等，所得产品均含有大量的水。这种产品必须进行脱水处理，才能作为最终产物进行销售利用。

对产品进行固液分离，一方面是满足后续作业的要求，并减少运输费用；另一方面是回收分选过程中所用的水，使之返回再使用，充分利用水资源。

选煤厂精煤用于炼焦或炼焦配煤时，水分都有严格规定。如果煤炭水分过高，将延长炼焦时间，降低炼焦炉的产量。据统计，水分增加1%，炼焦时间增长20 min。而且，炼焦过程中，由于水分蒸发，要带走大量热量，损失煤的热值，增加燃料消耗，降低焦炭产量3%～4%。

通常，产品的用户离选煤厂均较远，水分过高，远距离输送大量无用的水，造成无效运输。冬季则给运输和贮存造成麻烦，运输过程中易在车厢内和铁轨上发生冻结现象。含水越多，冻结越严重，造成铁路行车不安全及卸车困难。有时甚至需建暖车库，消耗大量能量使精煤化冻。据统计，水分含量与车内冻结程度的关系见表1-1。

表1-1 水分与冻结程度的关系

水分/%	冻 结 程 度	水分/%	冻 结 程 度
8	有较粗团块，用铲可以铲动	15	冻结很硬，极难铲动
10	团块稍硬，用力可以铲动	20	铲不动
12	结成硬块，铲动很困难		

选煤厂是一个大量用水的企业，跳汰机每处理1 t原煤需用3～5 t水；重介质分选机选煤，1 t原煤需用水0.7～1.5 t。所用水如果全部随产品带走或外排，其用水量是相当惊人的。因此，必须对产品进行脱水。选煤过程中的水，大部分进入浮选，最终由浮选尾矿排出。所以，浮选尾矿也应该脱水。浮选尾矿浓度较小，不能直接采用机械脱水，故需先进行浓缩沉淀处理。该作业的主要目的是使选煤过程所用的水返回，进行循环利用。

物料粒度不同，脱水方法不同。当处理含大量水分的粗粒物料时，可用脱水提斗、脱水筛、脱水离心机及脱水仓进行脱水；但当处理细粒物料，需要比较复杂的设备，一般可用真空过滤机、沉降过滤式离心机、压滤机等进行脱水。其工艺也稍复杂一些，主要有浓缩—过滤两段作业或浓缩—过滤—干燥三段作业脱水。第一步沉淀浓缩，将浓度较低的煤泥水利用沉降的方法浓缩至含水量为50%左右的矿浆。浓缩利用矿粒的重力沉降，故消耗能量最少，仅用于克服传动设备的机械阻力。第二步过滤，借助于过滤介质，使液体与固体分离，得到含水量为10%～20%的产品。过滤作业消耗能量比较大，需克服液体通过过滤介质的阻力。第三步干燥，如果水分要求严格，以及在高寒地区为了防冻，经机械脱水的细粒物料还需进一步采用干燥的方法对其进行脱水，使产品含水量到6%以下。干燥要利用热能使水汽化排除，消耗能量更高。通过沉淀浓缩作业除去的水量最多，过滤作业次之，干燥作业最少。设一种液固比为9：1的矿浆，先经浓缩机浓缩至液固比1：1，再经过滤机得到水分为15%的滤饼，最后送入干燥机，获得水分为5%的最终产品。若所处理的矿浆为100 t，则浓缩机应除去的水量为80 t，过滤机除去的水量为8.24 t，干燥机仅除去1.23 t水。这是符合节能要求的。近年来，快开隔膜压榨式过滤机和超高压压滤机的应用使滤饼含水量大幅度降低，将来可望取消干燥作业。

由此可见，固液分离是选煤厂中极其重要的作业环节。该作业处理不善，将影响整个选煤厂的正常生产。改善固液分离效果，煤泥水处理是关键。

1.3　固液分离效率

1.3.1　总效率

如图1-1所示，进入分离单元（单个设备或系统）的体积流量为V_f(m^3/h)、质量流量为M_f(kg/h)，固液分离后的液相产品（也可称为溢流）和固相产品（也可称为底流）的体积流量分别为V_c、V_u，质量流量分别为M_c、M_u，C_f、C_c、C_u分别为入料、溢流和底流的质量浓度，即固体的质量分数（%）。

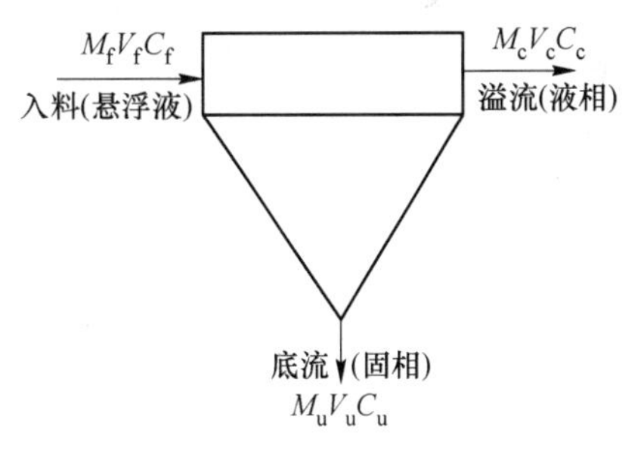

图1-1　固液分离结果

定义固液分离总效率为

$$E_0 = M_u/M_f \tag{1-1}$$

由固体质量平衡和液体质量平衡关系可进一步推出：

$$E_0 = \frac{M_u}{M_f} = \frac{C_u(C_f - C_c)}{C_f(C_u - C_c)} \tag{1-2}$$

式（1-2）表明，可以由检测入料悬浮液和固液分离后所得产品的质量浓度计算出分离设备或过程的总效率。

假设固液分离过程中固体颗粒粒度不发生变化（实际上难免），则小于或大于某一特定粒级的物料的质量也应该在入料和产品中保持平衡，假定该物料在入料和分离产品中的

质量分数分别为γ_{fx}、γ_{cx}、γ_{ux}，则总效率又可表示为

$$E_0=\frac{\gamma_{fx}-\gamma_{cx}}{\gamma_{ux}-\gamma_{cx}} \tag{1-3}$$

式（1-3）说明，也可以由入料和产品的粒级含量（或质量分数）计算总效率。

1.3.2 级效率

固液分离设备的性能和它处理的物料粒度密切相关，每个粒级在同一设备中的分离效率不同，所以用级效率来描述某些固液分离设备的分离性能更为贴切。

定义级效率E_x为

$$E_x=M_{ux}/M_{fx} \tag{1-4}$$

由于

$$M_{fx}=M_f\gamma_{fx},\quad M_{ux}=M_u\gamma_{ux},\quad M_{cx}=M_c\gamma_{cx} \tag{1-5}$$

且

$$M_{fx}=M_{ux}+M_{cx}$$

$$E_x=E_0\frac{\gamma_{ux}}{\gamma_{fx}} \tag{1-6}$$

将式（1-3）代入式（1-6），得到

$$E_x=\frac{(\gamma_{fx}-\gamma_{cx})\gamma_{ux}}{(\gamma_{ux}-\gamma_{cx})\gamma_{fx}} \tag{1-7}$$

对于不同的粒级$-x_i+x_j$，均可以计算出其级效率E_x，由E_x-x绘制的曲线称为级效率曲线。如图1-2所示的水力旋流器的级效率曲线，它呈准S型。不同的分离设备有不同形状的级效率曲线。

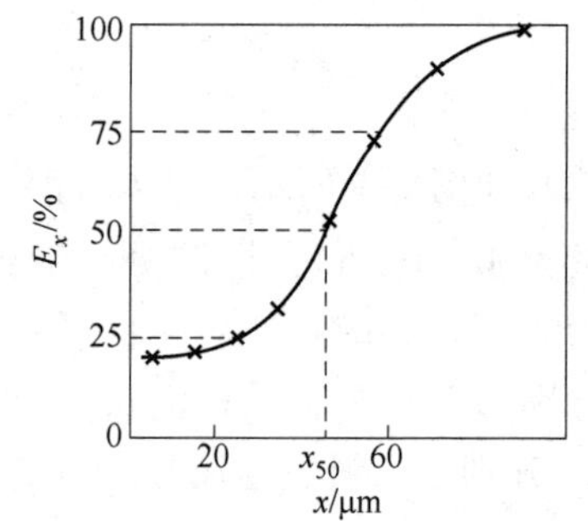

图1-2 水力旋流器的级效率曲线

级效率曲线除可描述在分离设备中物料各粒级的分离效率外，还有以下几个性质。

（1）概率特性：级效率值具有概率特性是因为颗粒通过分离设备时所处的条件不同，每个颗粒的行为具有随机性，所以级效率曲线又称为概率分配曲线，有时简称为分配曲线，可以把E值理解为概率值。

（2）分割粒度x_{50}：在图1-2所示的曲线上，称对应于50%概率的粒度为分割粒度，以x_{50}表示，即这种粒度分配到两种产品中的概率均为50%，有时称x_{50}为分离粒度。

（3）分割精度：由图1-2所示曲线可见，拟分离的两种产品的相互混杂越少，即分离越精确，S曲线的形状越接近"⌋"状，在此情况下，所有大于x_{50}的颗粒均进入"底流"产品，所有小于x_{50}者均进入"溢流"产品。因此，曲线的斜率就表示了分割精度，通常以$E_p=(\boldsymbol{x}_{25}-\boldsymbol{x}_{75})/2$来衡量，式中$x_{25}$、$x_{75}$分别是$E_x$为25%和75%所对应的曲线点距$x_{50}$直线的距离（见图1-2），显然$E_p$值越小，分离越精确。

利用E_p值来衡量分离设备性能的优点，一是方便，二是在用于对比不同（包括类型、规格等）设备的性能时比较合理。

思 考 题

1-1 固液分离的目的是什么？分哪几种类型？

1-2 选煤厂产品脱水的作用有哪些？

1-3 简述选煤厂固液分离的工艺方法及特点。

1-4 什么是固液分离的总效率和级效率？实际意义有何不同？

2 悬浮液的基本性质

【本章提要】悬浮液是固液分离的主要对象。本章主要介绍了悬浮液的基本性质，包括液相（水）性质、固相性质及固液体系的基本性质。

悬浮液一般指固体颗粒粒度在0.1 μm以上的固液分散体系。在这一范围内的固液分离问题，牵涉到化工、环保、矿业、水处理等许多领域，因而具有广泛而重要的实际意义。显而易见，悬浮液的各种性质，包括物理和化学性质，在不同程度上影响固液分离方法的选择及分离效率的高低。

2.1 液相的基本性质

在绝大多数工业部门的生产过程中，构成悬浮液的液相是水，因此这里主要介绍水的基本性质。与固液分离密切相关的水的性质包括水的极性、黏性、表面张力等。

2.1.1 水的极性

水分子是由两个氢原子和一个氧原子组成的，由于在水分子中正负电荷的中心是不重合的，因此水分子是极性分子；正是这种分子极性使得水具有一系列独特的性质。

从图2-1中水分子的电子云分布可见，氢原子在给出自己唯一的电子与氧原子形成共价键后，原子核几乎“裸露”出来，这使它很容易吸引其他强负电性元素（如O、N、F、Cl等）的电子云而形成所谓的“氢键”。与负电性元素形成氢键的能力是水分子极性的重要体现之一，它一方面影响液态水的结构，另一方面影响水与固体物料的作用方式。根据近代化学的研究结果，水分子之间由于氢键而发生强烈的缔合作用，以至于在液态水中除了单个的水分子外，还存在所谓的“瞬时缔合体”（见图2-2），这些缔合体随着温度的升高逐渐消失。

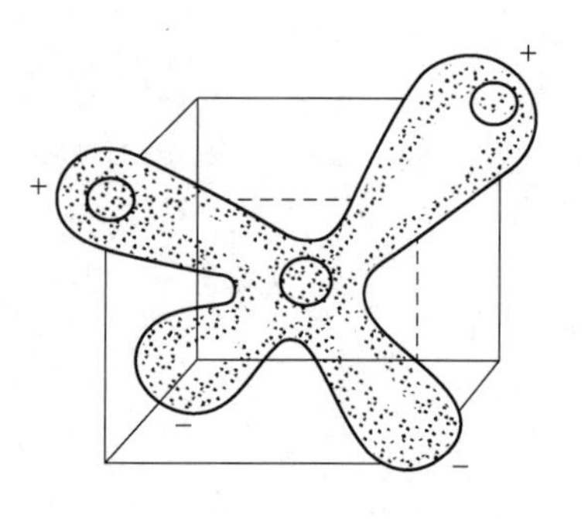

图2-1 水分子的电子云

在固液分离过程中，液态水分子之间的相互缔合是否会对分离效果有所影响？在固体物料表面吸附的这种缔合体是否会比单个的水分子更难除去？尽管人们的兴趣暂时还未深入到这一步，但答案似乎是不言而喻的。至于水分子与固体物料的作用方式，后文将专门讨论，这里仅从氢键作用的角度略加叙述。在存在强负电性元素的固体物料表面，氢键的作用显然将强化水分子在物料表面的附着状态而不利于固液分离的进行，要去除这些水分子，必须额外提供打断氢键所需要的能量，这无疑会增加固液分离的难度。

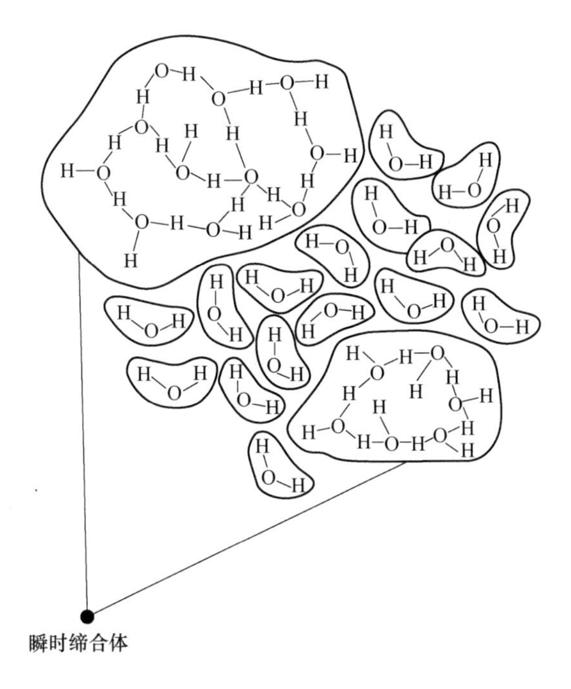

图 2-2 液态水中的瞬时缔合体

2.1.2 水的黏性

黏性是流体反抗变形的一种性质，这种性质只有当流体在外力作用下发生变形，即流体质点间发生相对运动时才显现出来。从本质上来说，黏性反映的是流体分子之间的相互作用。研究流体黏性的学科称为流变学。根据流变学的研究，流体所受的剪切应力 τ（垂直于受力方向的流体单位截面上所受的作用力，这种作用力使流体质点间发生剪切变形）与流体的变形率 γ（单位时间内流体所发生的变形）之间存在相应的数学关系，这种关系在流变学中称为本构方程，其形式随流体而异。对水来说，本构方程的形式如下：

$$\tau = \mu\gamma \tag{2-1}$$

式（2-1）称为牛顿定律，符合该式的流体叫做牛顿流体，水就是一种最常见的牛顿流体；式中的线性比例系数 μ 称为动力黏度，其单位为 Pa · s。在实际工作中，有时候会用到运动黏度的概念。运动黏度 ν 定义为动力黏度 μ 与流体密度 ρ 的比值：

$$\nu = \frac{\mu}{\rho} \tag{2-2}$$

运动黏度的单位是 m^2/s，从动力黏度及运动黏度的单位不难看出它们名称的由来。

习惯上，人们把动力黏度简称为流体的黏度。水的黏度是温度的函数，在 20 ℃时为 0.001 Pa · s；温度每增高 1 ℃，水的黏度大约降低 2%。如果我们联想到前一小节所讨论的水分子的缔合问题，则不难理解这一现象与液态水中水分子缔合体随温度升高而逐渐消失有关。在实际的固液分离过程中，温度变化对浆体黏性的影响，会影响固液分离效率。例如，浓缩机的溢流在炎热的夏季要比在寒冷的冬季清澈得多；在过滤机引入蒸汽加热技术可明显降低滤饼水分等。不过，在一般情况下，固液系统的温度在分离过程中不会发生大幅度的变化，因而介质的黏度实际上可视为常量。至于借提高固液体系的温度降低介质黏度从而提高分离效率的方法，由于经济上的原因通常并不能广泛采用。

2.1.3 水的表面张力

表面张力，或表面自由能，是描述物质表面性质的一个重要参数，其定义为物质增加单位表面积时外界所做功。由于物质表面分子与内部分子相比，其化学键总处于不平衡状态，从而表面分子比内部分子具有更高的能量，这部分高出的能量就是表面自由能（或表面张力）。

在除了汞以外的所有液体中，水具有最高的表面张力，这显然与水分子的强极性有关。像大多数液体一样，水的表面张力随温度的升高而下降，表 2-1 所列即为水的表面张力随温度变化的情况。

表 2-1 不同温度时水的表面张力

温度/℃	表面张力/$N \cdot m^{-1}$	温度/℃	表面张力/$N \cdot m^{-1}$
20	0.07288	30	0.07140
25	0.07214		

水的表面张力对固液分离过程有重要影响。例如在固体物料的孔隙内往往含有所谓的孔隙水，水在孔隙内深入的程度亦即孔隙水的含量与水的表面张力直接相关（这方面的讨论详见本节关于水的赋存状态部分）；再如水在固体表面的附着（润湿或形成水化层）也在很大程度上受到表面张力的影响。一般来说，液体介质的表面张力越大，固液分离越困难。因此，降低水的表面张力就成为提高固液分离效率的有效途径之一。

从表 2-1 的数据来看，水的表面张力虽然随温度的升高而下降，但变化的速度很小，因此通过提高温度来降低水的表面张力在实际上并没有多大意义；实际工作中，向固液体系添加表面活性物质是降低水的表面张力行之有效的手段。

2.2 固相的基本性质

固体颗粒是悬浮液中的分散相。固体物料本身的性质是构成悬浮液基本性质的重要组成部分，从而在很大程度上决定固液分离的效率。考虑到固体颗粒在液体介质中的分散与悬浮，因此与颗粒大小有关的性质（如粒度、形状）是本节所要论述的主要内容，而与颗粒表面有关的性质（如润湿性、表面电性等）仅当固体颗粒与液相混合时才能体现出来，将在固液体系的基本性质一节予以讨论。此外，固体物料的密度也是影响固液分离的重要参数，但由于对一定的固液体系来说，固体密度是一个确定的不可变的因素，因此这里不作详细分析。

2.2.1 颗粒粒度

颗粒粒度在固液分离过程中的作用最为重要，但限于篇幅，本小节只讨论颗粒（包括单个颗粒及粒群）粒度的表示方法以及粒度对分离过程的影响等，至于粒度的测定方法，请参考有关的专业书籍。

2.2.1.1 颗粒粒度的表示方法

颗粒粒度是颗粒体积的线性表征。依测量方法的不同，同一颗粒可以有不同的粒度数值；只有对标准的球体，不同方法测出的粒度才是一致的。表 2-2 列出了与固液分离有关的各种粒度的定义，它们各自适用于不同的场合。例如，自由沉降粒度和 Stokes 粒度适用于重力沉降、离心沉降、水力旋流器等场合；而表面粒度或比表面积粒度则在絮凝、过滤等过程中用得较多。

表 2-2 颗粒粒度的表示方法

名　称	符号	定　义
筛分粒度	x_a	能够通过颗粒的最小方孔宽度
表面粒度	x_s	与颗粒具有相同表面积的球体直径
体积粒度	x_v	与颗粒具有相同体积的球体直径
比表面积粒度	x_{sp}	与颗粒具有相同比表面积的球体直径
投影粒度	x_p	在垂直于稳定平面方向上与颗粒具有相同投影面积的球体直径
自由沉降粒度	x_f	在同一流体中与颗粒具有相同沉降速度的球体直径
斯托克斯（Stokes）粒度	x_{st}	雷诺数 $Re<0.2$ 时的自由沉降粒度

注：表中的粒度（除投影粒度外），可称为当量球体直径；投影粒度则为当量圆直径；另有所谓的统计学直径，即用显微镜在一定方向上测得的粒度。在固液分离中最为有用的是当量球体直径。

2.2.1.2 粒群的粒度分布

通常的固液分散体呈多分散性，即固体颗粒的粒度不是单一的，而是符合一定的分布规律。所谓的单分散体系（所有颗粒具有同一粒度）只是在理论研究中有所应用，实际固液分离过程中一般不会出现。因此，研究粒群的粒度分布具有更大的实际意义。

表示颗粒粒度的方法大致有 3 种：一是特征量法，如平均粒度、-200 网目质量分数等，这种表示方法虽然方便，但不能反映粒度的实际分布；二是表格法，即用列表的方式表示不同粒级的含量，可较全面地反映粒度分布特点；三是公式法，该方法用适当的数学公式全面、准确地描述粒群的粒度分布。实际工作中表格法用得较多，特征量多是从表格中的数据获得，公式法则是从表格数据库拟合出相应的数学公式以描述同类物料的粒度分布。

粒群粒度分布密度函数 $f(x)$ 满足归一化条件，即

$$\int_0^{\infty} f(x)\,\mathrm{d}x = 1 \tag{2-3}$$

而累积粒度分布密度函数 $F(x)$ 定义为

$$F(x) = \int_0^{x} f(x)\,\mathrm{d}x \tag{2-4}$$

常用的粒度分布函数 $F(x)$ 的解析表达式列于表 2-3。需要指出的是，所有这些函数虽然都能较满意地刻画相应粒群的粒度分布，但它们仍属于经验公式，因为它们与产生颗粒的过程几乎没有任何理论上的联系。就对固液分离的影响而言，无论哪一种粒度分布，只要物料中的细颗粒含量增多，固液分离的效率就会降低。

表 2-3　几种常见的粒度分布函数

分布名称	分布函数	参数说明
正态分布	$\frac{dF(x)}{dx}=\frac{1}{\sigma\sqrt{2\pi}}\exp\frac{-(x-\bar{x})^2}{2\sigma^2}$	$\bar{x}$——平均粒度； σ——标准差
对数正态分布	$\frac{dF(x)}{d(\ln x)}=\frac{1}{\ln\sigma\sqrt{2\pi}}\exp\frac{-(\ln x-\ln\bar{x})^2}{2\ln^2\sigma}$	
R-R 分布	$F(x)=\exp\left[-\left(\frac{x}{x_r}\right)^n\right]$	x_r——与颗粒粒度范围有关的常数； n——反映物料特性的常数
哈里斯（Harris）三参数分布①	$F(x)=1-\left[1-\left(\frac{x}{x_0}\right)^s\right]^r$	x_0——最大颗粒粒度； s——与物料中细颗粒有关的常数； r——与物料中粗颗粒有关的常数

① 哈里斯三参数分布式的原始形式为 $F(x)=[1-(x/x_0)^s]^r$，其中的 $F(x)$ 为筛上物累积百分数，而本书定义的 $F(x)$ 为筛下物累积百分数，故取表中所示的形式。

2.2.1.3　颗粒粒度的影响

在固液分离过程中，颗粒粒度的影响是多方面的。首先，颗粒粒度是决定固液两相间相对运动速度的主要因素之一。如在重力或离心沉降时，颗粒的沉降速度与粒度的平方成正比。颗粒越大，沉降越快，固液分离的效果越好，而当粒度很小时，沉降分离不能实现或者进行得很慢，此时需另加凝聚剂或絮凝剂以使小颗粒聚集成团而加速沉降。其次，颗粒粒度在过滤过程中对滤饼结构影响很大。据研究，滤饼的比阻（描述滤饼阻力的物理量）与颗粒粒度的平方成反比。一般来说，粒度越大，过滤时形成的滤饼孔隙越大，滤饼的阻力则越小，过滤效率也就越高。此外，颗粒粒度与固液界面的面积紧密相关。随粒度的减小，固液界面急剧增大（事实上若颗粒粒度减小一个数量级，则固液界面几乎增大两个数量级），从而物料的表面水相应增多，使用药剂时的药耗也随之增大。因此，Lioyd 和沃德（Ward）曾提出根据物料粒度选择固液分离设备的一般性原则（见图 2-3），以供参考。在实际工作中，可以通过凝聚、絮凝等扩粒过程增大粒度，继以浓缩手段提高浆体浓度，然后再选择相应的分离设备。

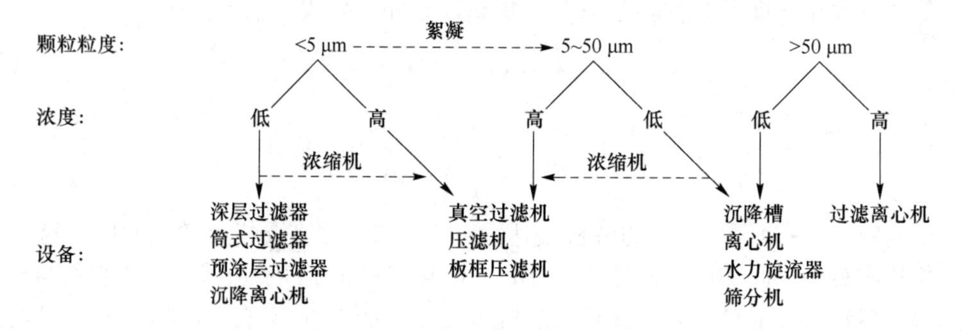

图 2-3　颗粒粒度及其相应的分离设备

2.2.2　颗粒的形状

颗粒形状是颗粒几何性质的另一主要方面。在固液分离过程中，颗粒形状的影响虽不及粒度那么重要，但在某些特定的场合，其作用也不可低估。如在重力或离心力作用下的沉降过程中，颗粒形状对沉降速度有较大影响；在滤饼过滤或絮凝处理时，不同形状的颗粒形成不同的滤饼或絮团结构；尤其重要的是颗粒形状与颗粒的比表面积关系密切，从而影响到表面水、药剂消耗等。总的来说，人们对颗粒形状与固液分离的关系研究得还不够，一方面是因为描述尤其是定量描述颗粒形状的方法还不成熟，另一方面则可能是因为在实际工作中颗粒形状很难像颗粒粒度那样可以人为地加以控制。

一个常用的描述颗粒形状的定量参数是球形系数 ψ，其定义为

$$\psi = S_{b,v}/S_{g,v} \tag{2-5}$$

式中　$S_{b,v}$——与颗粒具有相同体积的球体的表面积；

$S_{g,v}$——实际颗粒的表面积。

显然，球体的球形系数为 1，越是形状不规则的颗粒，其球形系数越小。表 2-4 中的第二列给出了若干不同形状颗粒的球形系数。

表 2-4　颗粒形状的定量表述

颗　粒　形　状	球形系数 1	面积形状系数 3.1416	体积形状系数 0.5236
类球状颗粒（水磨蚀的砂粒、熔融的烟尘、雾化金属粉末等）	0.817	2.7 ~ 3.4	0.32 ~ 0.41
多角状颗粒（煤粒、石灰石粉粒、石英砂等）	0.655	2.5 ~ 3.2	0.2 ~ 0.28
片状颗粒（石墨粉、滑石粉、石膏粉等）	0.543	2.0 ~ 2.8	0.12 ~ 0.16
薄片状颗粒（云母等）	0.216	1.6 ~ 1.7	0.01 ~ 0.03

除球形系数外，人们有时候也用面积形状系数［定义为颗粒表面积与其名义直径（如投影直径）的平方之比］、体积形状系数［定义为颗粒体积与其名义直径（如投影直径）的立方之比］、比表面积形状系数（定义为面积形状系数与体积形状系数之比）等参数来定量描述颗粒的形状特征，部分有关数据亦列于表 2-4 以供参考。

2.3　固液体系的基本性质

当固体物料与液相介质构成体系时，由于两相间的共存方式及相互作用，而使整个体系呈现出一系列不同于各相单独存在时的特殊性质，其中与固液分离密切相关的有固液体系的稳定性、悬浮液的流变性、颗粒表面的电性与润湿性、液相在固体物料中的赋存状态等。

2.3.1　固液体系的稳定性

固液体系的稳定性指的是固体物料在液相介质中保持均匀分散的能力。显然，影响稳定性的因素很多，诸如固体物料的密度、浓度、粒度及其组成、界面电位、体系温度、搁置时间等。表 2-5 所示为这些因素与体系稳定性的定性关系。虽然这样的关系从定性上不

难理解，但定量表述却并非易事。有研究者曾对微细粒悬浮的稳定性指标与表面电位及搁置时间的关系进行过定量分析，发现稳定性随表面电位的减小及搁置时间的延长以负指数形式降低，而且悬浮物料的粒度及其组成对稳定性的影响尤为重要，随固体粒度的减小，时间的影响减弱、电位的影响上升。

表 2-5 影响固液体系稳定性的因素分析

因素变化	固体密度增大	固体浓度上升	固体粒度变大	粒度组成变宽	界面电位增大	体系温度上升	搁置时间延长
稳定性	下降	增加	下降	增加	增加	下降	下降

从本质上说，固液体系的稳定与否取决于体系内各种作用的综合效果。颗粒间的静电斥力以及微细粒的布朗运动有利于颗粒的分散与悬浮，而颗粒间的凝聚以及在重力作用下的沉降行为则破坏固液体系的稳定性。在实际的固液分离过程中，有时候需要固体颗粒在液相中均匀分散，有时候又需要破坏体系的稳定。前者如外滤式真空过滤时，往往采用适当的搅拌装置以维持固体颗粒的悬浮使其吸附到过滤介质上，后者如浓缩作业中，通常人为地加入凝聚剂或絮凝剂以使微细颗粒聚集成团来加速沉降并获得浓度尽可能低的澄清液。一般而言，稳定性越好的悬浮液，固液分离的效果越差，这是因为稳定的悬浮体系往往含有较多的微细颗粒，这些颗粒在浓缩时沉降缓慢，在过滤时则难以脱水。

2.3.2 悬浮液的流变性

在液相介质与固体颗粒组成的悬浮液中，除存在液体分子间的相互作用外，还存在颗粒之间及颗粒与液相之间的相互作用，因此悬浮液的流变行为比均质液相要复杂得多。相应地，描述切应力 τ 与变形率 γ 关系的本构方程也呈不同的形式。表 2-6 所列为几种典型流体的本构方程，对应流变曲线示于图 2-4，至于这几种流变曲线的形成机制，有兴趣的读者可参阅有关文献。

表 2-6 典型流体的本构方程

流体类型	本构方程	参数说明	流体举例
牛顿型	$\tau=\mu\gamma$	μ——动力黏度	水、轻油、低浓度水悬浮液等
宾汉型	$\tau=\tau_0+\eta\gamma$	τ_0——屈服应力； η——刚性系数	泥浆、一般矿物悬浮液
准塑型	$\tau=K\gamma^m$	K——稠度系数； m——行为指数（<1）	高分子溶液、纸浆、油脂等
膨胀型	$\tau=K\gamma^m$	m——行为指数（>1）	淀粉浆料、氧化铝、石英砂的水溶液

从表 2-6 可见，除牛顿型流体外，其他几种流体黏性需要两个参数加以描述，这显然不够方便。为简单起见，人们有时候用表面黏度 μ_a 或相对黏度 μ_r 表征流体的黏性，它们分别定义为

$$\mu_a = \tau/\gamma \tag{2-6}$$

$$\mu_r = \begin{cases} \mu/\mu_0（对牛顿型流体） \\ \eta/\mu_0（对宾汉型流体） \\ K/\mu_0（对准塑型及膨胀型流体） \end{cases} \tag{2-7}$$

式中　μ_0——相同温度下悬浮液的黏度。

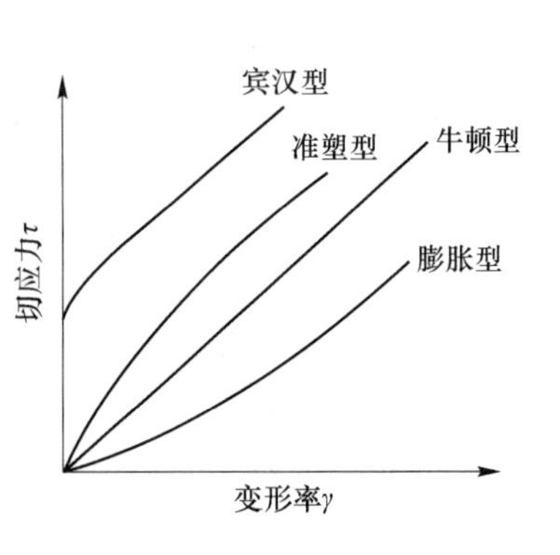

图 2-4　几种典型的流变曲线

固体浓度是影响悬浮液黏度的最主要因素。除浓度外，分散颗粒的形状、粒度、分散度、粒子表面的溶剂化作用、表面电荷以及体系温度等都不同程度地影响悬浮液的黏度。一般来说，在相同的体积浓度下，悬浮液黏度随分散相粒度降低及分散度的提高而增大；颗粒形状越不规则，表面溶剂化作用越强，表面电位越高，体系温度越低，悬浮液的黏度也越大。

2.3.3　颗粒表面的电性与润湿性

2.3.3.1　颗粒表面的电性

如前所述，水溶液是一种极性介质。当固体物料在水中分散时，其表面与极性水分子相互作用，发生溶解、吸附、表面电离等现象，从而使颗粒表面荷电，进而引起一系列复杂的物理化学过程。这些过程（如凝聚、絮凝等）将在本书的第 4 章详细讨论，这里仅就颗粒表面的几种荷电机理作一简单介绍。其一是所谓的优先溶解机理。当颗粒在水溶液中时，其表面晶格上的正、负离子受分子的吸引可能脱离晶格进入水中，从而使颗粒表面荷电。颗粒表面的电性与表面荷电量的大小则取决于正、负离子溶解能力的差异。若正离子比负离子更易进入溶液，则颗粒表面荷负电，反之荷正电；两种离子的溶解能力差别越大，电荷的电量也越多。以 CaF_2（萤石）在水中的荷电机理为例，由于表面的［F^-］比［Ca^{2+}］更易进入水中，所以颗粒表面荷正电，其他如 $BaSO_4$（重晶石）、$PbSO_4$（铅矾）等在水中的荷电机理与此类似。而对 $CaWO_4$（白钨矿）而言，由于［Ca^{2+}］比［WO_4^{2-}］易溶于水中，因此 $CaWO_4$ 颗粒表面在水中带负电荷。固体颗粒表面晶格离子的溶解取决于两方面的因素，即离子晶格能 Δu_s 与离子水化能 ΔF_h，前者为正，后者为负。离子溶解过程中的能量变化则为二者之和：

$$\Delta G_h = \Delta u_s + \Delta F_h \tag{2-8}$$

若正离子的 ΔG_h 小于负离子的相应值，则正离子优先溶解，颗粒表面荷负电；否则相反。

第二种荷电机理是水溶液中不同离子在固体表面上吸附能力的差异，发生正离子或负离子的优先吸附，从而可使固体表面带上相应的电荷。优先吸附的离子种类及数量与固液界面的状态及溶液中的离子组成有关。许多固体物料在水中常荷负电，这是因为阳离子半径较小，水化作用较强，因此阳离子比阴离子有更大的趋势留在水中而不被吸附。从碘化银在水溶液中荷电状态的演变我们可以看到，溶液中的离子组成是怎样影响固体表面的电性的。室温下碘化银在水中的溶度积为 10^{-16}。开始时，由于吸附较多的负离子（I^-），碘化银表面荷负电；然后向溶液中增加 Ag^+ 的浓度，则溶液中的 I^- 浓度降低，于是 Ag^+

较多吸附到碘化银表面，使颗粒表面的负电位逐渐减小；当 Ag^+ 浓度增大到 $10^{-5.5}$ 时，I^- 的浓度相应减小到 $10^{-10.5}$，此时碘化银表面正负电荷平衡，呈电中性状态；若进一步增加 Ag^+ 浓度，碘化银表面反而荷上正电。可见溶液中正负离子浓度的不同决定了颗粒表面的荷电状态（包括电性的正负及电位的大小）。

颗粒表面在水溶液中的电离作用是表面荷电的另一种机理。有些固体物料，像石英、锡石等难溶矿物，在水中形成酸类化合物，然后部分电离，颗粒表面则荷上负电。以石英为例，经机械破碎后，石英晶体沿硅—氧键发生断裂，断裂表面在水中迅速与水分子起作用形成弱酸，生成的弱酸再经部分电离使表面荷负电：

$$>Si<(O)_2>Si< \xrightarrow{\text{碎裂}} >Si^{+}_{+} + {}^{-}O,{}^{-}O>Si<$$

$$\downarrow H_2O$$

$$>Si<^{O^-}_{OH} + {}^{-}O,HO>Si< \xleftarrow{\text{电离}} >Si<^{OH}_{OH} + HO,HO>Si<$$

从石英表面的荷电过程不难看出溶液的 pH 值对表面电性的影响。石英的零电点（表面电位为零时的 pH 值）在 pH = 2 左右，pH 值小于零电点时，表面荷正电；大于零电点时，表面荷负电。

固液界面电荷的存在，导致所谓的界面双电层，进而影响固液体系的稳定性。对双电层性质的研究构成了胶体科学中著名的 D. L. V. O 理论及异凝聚理论，出于不同目的而对电层进行人为控制是许多应用领域（包括固液分离）的重要课题之一。

2.3.3.2　颗粒表面的润湿性

润湿是固、液、气三相共存的一种状态，也可说是液体与气体争夺固体表面的一种过程。如图 2-5 所示，滴在固体表面上的液体，或在表面上展开或形成液滴停留于表面，取决于各个相界面上的界面张力。

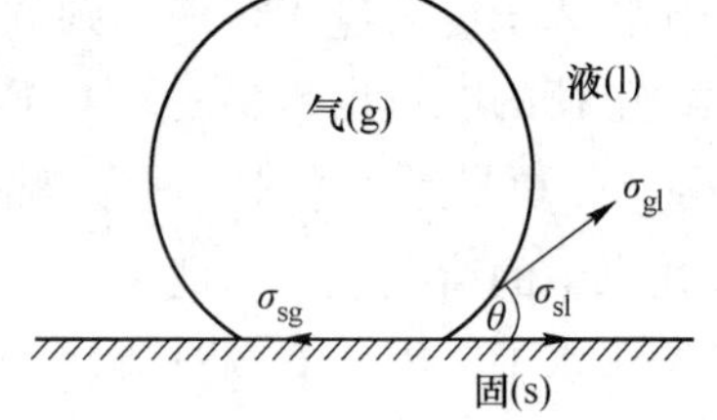

图 2-5　推导杨氏方程的固、液、气三相平衡体系

根据平衡时三相接触点处合力为零的特点，T. 杨（Young）于 1805 年导出描述固体表面润湿性的基本公式（亦称杨氏方程）：

$$\cos\theta = \frac{\sigma_{sg} - \sigma_{sl}}{\sigma_{gl}} \tag{2-9}$$

式中　σ_{sg}，σ_{sl}，σ_{gl}——固-气、固-液及气-液界面的界面张力；

θ——接触角，可定量表示固体的润湿性。

当 $\theta > 90°$ 时，称固体是难以润湿的（或疏水的）；当 $\theta < 90°$ 时，称固体是易于润湿的（或亲水的）。θ 角越小，固体表面的润湿性越好。当 $\theta = 0°$ 时，液体则在固体表面上铺展开来，即完全润湿固体。在固液分离过程中，我们希望固体物料的润湿性越差越好。从式（2-9）可见，欲使固体物料疏水化（即增大接触角 θ），需设法降低固体的表面能 σ_{sg}，

使用适宜的表面活性物质可达这一目的。在过滤作业中，助滤剂的作用就是如此，它们吸附在固体表面上，降低固体的表面能，增大物料的疏水性，结果形成的滤饼阻力较小，水在孔隙中更易流动，从而更有效地脱除水分。

2.3.4 液相在固体物料中的赋存状态

工业生产中常见的液相是水，在此仅对水在物料中的赋存状态加以分析。矿物中的水分包括成矿过程水分、开采用水、分选加工用水以及运输、贮存过程加入的水分。这些水分以不同形态赋存于物料中。通常有 4 种存在形式，即化合水分、结合水分、毛细管水分和自由水。

2.3.4.1 化合水分

化合水分指水分和物质按固定的质量比率直接化合，成为新物质的一个组成部分。它们之间结合牢固，只有加热到物质晶体破坏的温度，才能使化合水分释放出来。这种水分含量不大，即使在热力干燥过程中，也不能通过蒸发除去。因此，讨论脱水时，不考虑这部分水分。

2.3.4.2 结合水分

结合水分也称吸取水分。在固体物料和液体水相接触时，在两相的接触界面上，由于其物理化学性质与固体内部的不同，位于固体或液体表面的分子具有表面自由能，将吸引相邻相中的分子。该吸引力使气体分子或水蒸气分子在固体表面吸附，其水汽分压小于同温度下纯水的蒸气压。在吸附了水分子以后，即在固体表面形成一层水化膜。其厚度为一个水分子或数个水分子。有的书上将该部分水分分为强结合水和弱结合水。前者由于静电引力和氢键连接力的作用，水分子可牢固地吸附于颗粒的表面。此种水具有高黏度和抗剪切强度，很少受温度的影响。后者与颗粒表面联系较弱，但仍有较高的黏度及抗剪切强度。

A 强结合水

强结合水亦称吸附结合水，指紧靠颗粒表面直接水化的水分子及稍远离颗粒表面，由偶极分子相互作用，定向排列的水分子组成。

B 弱结合水

弱结合水指与颗粒表面联系较弱的这部分强结合水，在温度、压力出现变化时，偶极分子之间的连接被破坏，使水分子离开颗粒表面，在距其稍远部位形成的一层水。该层水受渗透吸附作用控制，水层厚度大于 1 nm，也称渗透吸附水。渗透吸附水是结合水向自由水过渡的一层水。结构上常具有氢键连接的特点，但水分子无定向排列现象。

通常，进入双电层紧密层的水分子为强结合水，在双电层扩散层上的水分子为弱结合水。

结合水与固体结合紧密，不能用机械脱水方法排除，可采用干燥方法除去一部分，但不能全部去除。当物料再次和湿度较大的空气接触时，由干燥蒸发出去的那部分水分又有可能重新被吸取回来。

2.3.4.3 毛细管水分

松散物料的颗粒与颗粒之间形成许多孔隙。当孔隙较小时，将引起毛细管现象，水分子可以保留在这些孔隙内。煤粒本身也存在裂缝与孔隙，同样可以保留水分。这些水分统称为毛细管水分。毛细管水分示意图见图2-6。

物料的毛细管水分与其孔隙度有关。孔隙度表示单位体积物料中，所有孔隙的体积，即

$$m = (V_1 - V_2)/V_1 \tag{2-10}$$

式中 m——物料的孔隙度；

V_1——物料的体积，m^3；

V_2——物料中固体颗粒所占据的体积，m^3。

孔隙度也可以用下式进行计算：

$$m = \frac{100(\delta - \delta_1)}{\delta} \tag{2-11}$$

式中 δ——固体的密度，kg/m^3；

δ_1——物料的松散密度，kg/m^3。

孔隙度越大，可能保留的水分越多。

当孔隙为圆柱形、直径为d时，由于毛细管吸力作用所能保留的水柱高度h可用力的平衡条件求出，其平衡状态水柱高度见图2-7。

$$\pi d\sigma\cos\theta = \pi\left(\frac{d}{2}\right)^2 h\rho g \tag{2-12}$$

$$h = \frac{4\sigma\cos\theta}{d\rho g} \tag{2-13}$$

式中 σ——水的表面张力，N/m；

θ——物料的平衡接触角，(°)；

ρ——水的密度，kg/m^3；

g——重力加速度，m/s^2。

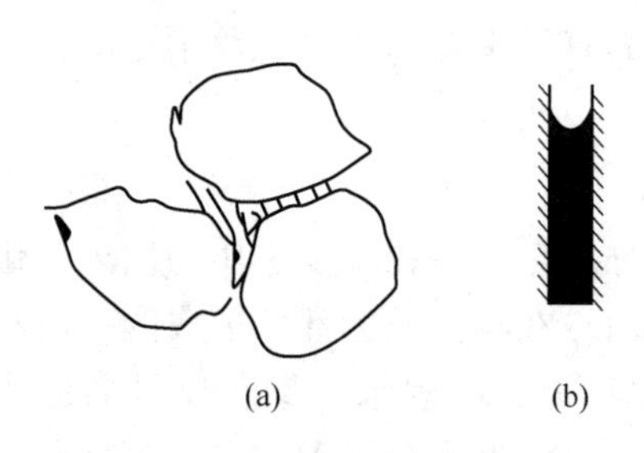

图2-6 毛细管水分示意图
（a）颗粒间毛细管；（b）颗粒本身毛细管

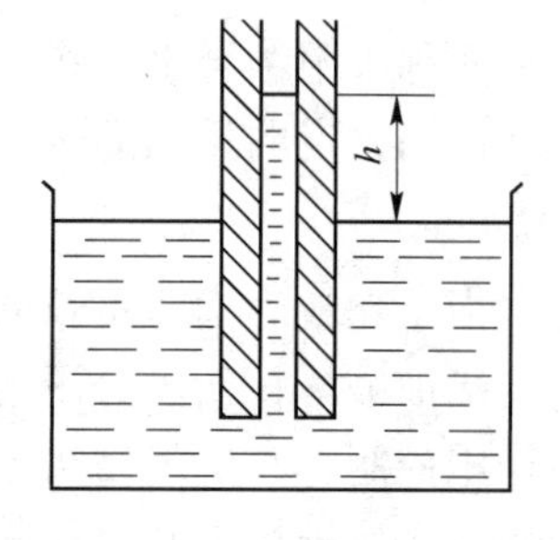

图2-7 平衡状态毛细管中水柱高度图

可见，物料毛细管中水柱高度除与水的性质有关外，还与物料性质及毛细管的直径有关。颗粒毛细管直径越小，水柱高度越大；此外，亲水性的物料，其接触角较小，毛细管中水柱高度增大，从而增加了毛细管水分的含量。

根据所采用的脱水方法及毛细管直径的大小，毛细管水分可脱除一部分，但不能全部脱除。

2.3.4.4 自由水

自由水也称重力水，存在于各种大孔隙中，其运动受重力控制。自由水是最容易被脱除的水。

思 考 题

2-1 水的极性、黏性及表面张力是如何影响固液分离效果的?

2-2 分析固相颗粒的粒度及粒度组成对固液分离的影响。

2-3 固液体系有哪些特殊性质?

2-4 什么是固液体系的稳定性? 受哪些因素的支配?

2-5 颗粒表面带电的主要机理是什么?

2-6 什么是润湿性? 如何降低颗粒表面的润湿性?

2-7 分析水在固体物料中的赋存状态并说明其对脱水效果的影响。

3 煤泥水处理工艺

【本章提要】选煤厂固液分离与选煤过程中的煤泥水处理工艺密切相关。本章主要介绍了煤泥水处理的目的和主要内容，重点介绍了煤泥水的性质、煤泥水处理工艺流程的主要特点和系统的内部结构（粗煤泥与细煤泥的回收工艺），并简述了选煤厂洗水闭路循环。

3.1 概　　述

3.1.1 煤泥水处理的目的和任务

目前煤炭分选的工艺和方法，绝大多数以水或水的混合物为分选介质，如重介选、跳汰选、浮选等。随着机械化采煤量的增加，原煤中煤粉的含量也在增加。这些煤粉和其他杂质在分选过程中悬浮于分选介质中成为煤泥水，其中除含有固体悬浮物外，还有因分选工艺的需要而添加的药剂、油类等。这些煤泥水必须经过一定的工艺处理后才能够在选煤厂循环使用，以满足选煤厂各工艺环节对循环水的要求，或在必须外排时能满足国家环境保护法规的要求。

采用工业上成熟的固液分离技术，从煤泥水中分离、回收不同品质的细粒产品和适合选煤厂循环的用水，做到洗水闭路循环；在煤泥水必须排放时能符合环境保护的排放要求，不污染环境。这些就是煤泥水处理的主要目的和任务。

泡沫浮选是目前国内外采用最多的一种煤泥分选方法，它可以从煤泥中分选出低灰分产品。但对于大多数动力煤选煤厂，有时并不需要将煤泥水中的煤泥颗粒进一步分选成低灰精煤和高灰尾煤，只要将它们从煤泥水中尽可能彻底地分离出来，以得到洁净的循环用水，这通常称为煤泥的回收作业。但不论是分选还是回收，均需通过专门的脱水作业对分选或回收的产品进行固液分离，否则水分过大超过产品指标时，会影响用户使用。

对于一个现代化的选煤厂来说，煤炭分选工艺环节并不复杂。比如采用几台大型重介质分选设备即可达到分选目的，但要靠复杂的煤泥水处理系统为它提供合格的分选介质，保证其分选效果；对选后产品分级、脱水；对不能分选的煤泥进一步精选、回收、脱水；对洗水和外排水充分净化，以保证选煤厂整个工艺系统的正常运转。可以说煤泥水处理系统几乎涵盖了整个选煤厂的工艺环节，它的完善程度及管理水平对选煤厂的分选效率、各产品的数量和质量指标及技术经济指标都有很大的影响。

3.1.2 煤泥水处理的主要特点

复杂性是煤泥水处理的最大特点。主要体现在以下几个方面：

（1）各选煤厂由于所选的原煤性质不同，对产品要求不同，所采用的工艺、流程和设备及管理方法不同，因而煤泥水体系的性质也不尽相同，表现在流量、浓度、粒度、密度、硬度等方面，这就使煤泥水处理有着相当的复杂性。

（2）由于煤泥是种复杂的多分散体系，它是由不同粒度、不同形状、不同密度、不同岩相、不同矿物组成、不同表面性质的颗粒以不同的比例和水混合所构成的，而它们再和不同硬度、不同酸碱度、不同矿化度的水混合形成煤泥水后，更加剧了煤泥水体系的复杂性和煤泥水处理的艰巨性。

（3）经过湿法分选后产生的大量煤泥水，不仅所含煤泥粒度、浓度、质量各不相同，而且最难处理的微细颗粒（<0.05 mm）也全部存在其中，导致煤泥水黏度增大，极难用常用的沉淀、回收和脱水设备处理。

总之，诸多影响因素使得选煤厂煤泥水处理系统成为全厂最复杂、投资最多、生产成本最大、管理最困难的部分。但这一部分的完善程度、管理水平及效果好坏反过来又对其他环节产生很大影响，甚至决定全厂的经济指标、技术效果和社会效益。

选煤厂几个主要环节煤泥水及煤泥性质见表 3-1，它们随许多因素变化而变化。

表 3-1 煤泥水的性质及其与选煤、脱水的关系

选煤工艺和脱水方法	煤泥水主要来源	煤泥水浓度/%	煤泥水中煤泥性质
不分级跳汰或分级跳汰，筛子脱水	精煤脱水筛筛下水	5~15	煤泥受到一定程度的分选，粒度组成较粗
不分级跳汰或分级跳汰，斗子捞坑脱水	捞坑溢流水	4~10	煤泥受到一定程度的分选，粒度组成较上者细
块煤重介选，筛子脱介，磁选机回收磁性矿物	磁选机尾矿	1~10	煤泥粒度组成较粗，煤泥中含有极细的磁铁矿和非磁性矿物，如黄铁矿等
末煤重介选，筛子脱介，磁选机回收磁性矿物	磁选机尾矿	3~8	煤泥粒度组成较粗，粗粒煤泥受到一定程度的精选，煤泥中含有极细的磁铁矿和非磁性矿物
重选前原料煤脱泥	脱泥筛筛下水	10~20	煤泥粒度组成较粗，是未受到任何分选的原生煤泥
浮选	浮选尾矿	3~4	主要是粒度细的高灰分杂质，有时也含有少量浮选作业未能捕收的粗粒煤
全重介分选	磁选机尾矿	2~10	粗粒煤泥受到一定程度的精选，煤泥中含有极细的磁铁矿和非磁性矿物

3.1.3 煤泥水处理的主要内容

3.1.3.1 煤泥的分选、回收、脱水作业

煤泥的分选、回收、脱水是煤泥水处理中最主要的任务和内容。

煤泥的分选主要是指炼焦煤选煤厂为尽可能回收炼焦煤资源而从煤泥水中将煤泥中低灰分的颗粒分选出来，掺入炼焦精煤中的作业，因此煤泥的灰分和水分对炼焦精煤的灰分和水分影响很大。要合理确定煤泥灰分并尽可能降低它的水分，以保证最大的精煤产率和较低的最终精煤水分。

煤泥的回收主要是指动力煤选煤厂从煤泥水中尽可能多地将其中的固体煤泥颗粒分离出来，以获得尽可能多的煤炭资源和洁净的循环水及外排水的某些作业环节。

煤泥的脱水实际上就是对分选或回收的煤泥产品除去所含部分水分的作业，以获得质量合格、便于贮存运输和使用的最终产品。

3.1.3.2　煤泥水的分级作业

煤泥水处理中把粗细煤泥分开的作业称为水力分级作业。水力分级是煤泥水处理系统许多工艺和设备的辅助作业，通过它来满足不同工艺和设备对入料粒度的要求。

煤泥中的粗粒和细粒在许多性质上差别很大，分别用不同的工艺和设备进行分选、回收和脱水。如重选的分选下限和浮选的分选上限通常是0.5 mm，就需要一个水力分级作业，将煤泥水中的煤泥颗粒按0.5 mm为界限分开，小于0.5 mm煤泥和水一起入浮选作业，大于0.5 mm颗粒进行重选，脱水后作为最终产品。再如煤泥或浮选尾煤脱水时通常采用压滤机、过滤机或沉降式过滤机联合流程，压滤机对细粒级有良好的效果，而过滤机只对粗粒级有较好效果。因此需要一个将入料分成粗粒级和细粒级两个部分的分级作业，分别供给压滤机和过滤机合适的入料组成。

3.1.3.3　煤泥水的浓缩作业

各种煤泥分选、回收和脱水设备不仅对入料的煤泥有一定的粒度要求，而且对浓度也有一定的要求，合适的浓度才能取得满意的工艺效果。如用筛子回收煤泥，入料浓度最好在35%以上，避免筛面跑水；用压滤机、过滤机脱水时，煤泥水入料浓度在30%以上，才能保证较高的处理量；直接浮选的入料浓度控制在60 g/L以上，才能取得满意的技术指标。但煤泥水的浓度相差很大，有的低至1%，有的高达20%，如表3-1所示。为达到不同设备分选和脱水需要的最佳浓度，通常要设若干浓缩作业。为强化煤泥沉降，选煤厂煤泥水常采用添加絮凝剂或加倾斜板等手段提高浓缩效果。

3.1.3.4　循环水的澄清作业

循环水作为分选和辅助用水，其质量主要表现为循环水的固体含量、固体粒度和灰分。当循环水中含有过多的煤泥颗粒，尤其是高灰、微细的颗粒时，会严重影响分选、回收、脱水等作业效果。使用这样的循环水，跳汰机中细颗粒沉降受到影响，分选下限将增大，细粒级分选效果严重恶化，浮选作业的选择性也变差，过滤脱水时将会影响过滤的透气性，当它们黏附在分选产品上时将会大大增加产品的灰分和水分。可见，要保证好的分选和脱水效果，必须保证循环水的质量。

洁净的循环水以往是通过煤泥水的澄清作业实现的，现今，大多数炼焦煤选煤厂的循环水是通过浮选尾煤浓缩压滤净化而来的。浮选尾煤浓度低、粒度细、灰分高、极难沉降澄清，多采用添加无机电解质凝聚剂和高分子有机絮凝剂使微细颗粒絮结成团，加速沉降，尽可能完全地实现固液分离。

对于采用湿法分选的选煤厂来说，经主选作业后就会产生大量的煤泥水，因而煤泥水的处理从主选作业的下一道工序开始。煤泥水处理流程主要是由不同脱水设备，煤泥水不同流向组成的。以下章节主要介绍煤泥水的性质、煤泥水处理系统、煤泥水处理流程内部结构及选煤厂洗水闭路循环的相关内容。

3.2　煤泥水的性质

煤泥水体系是一个极其复杂的系统。煤泥水由煤和水混合组成，其性质既与煤的性质有关，又与水的性质有关，并受它们之间相互关系的影响。因此，煤泥水的性质随煤种、产地、采煤方法、运输方式、选煤手段、原煤中细粒含量、次生煤泥性质和数量、可溶性盐类的种类和数量以及所用水质的变化而变化。这些性质直接影响到煤泥水分选效率、沉降特性、絮凝性质、过滤效果及脱水后的产品水分含量等。

煤泥水的主要性质有浓度、黏度、化学性质、悬浮煤泥颗粒的粒度组成和矿物组成等。

3.2.1 煤泥水的浓度

煤泥水的浓度是湿法选煤过程中表示混合物中煤泥和水（固体和液体）数量比值的一个重要参数。选煤各工艺环节的入料或产品均为不同比例的固体和液体的混合物。煤泥水处理的许多作业，如脱水、浓缩、澄清等本质上是改变入料或产品的浓度（在某些情况下浓度就是产品的水分）。在湿法选煤过程中，大多数环节都要掌握浓度的变化，作为控制和调整参数的依据。而对某些环节而言，浓度更是必须严格控制和掌握的最终指标，在选煤厂设计时，浓度也是工艺选择、设备选型、流程计算和管道校核的依据。

煤泥水的浓度和其他悬浮液浓度一样有两种表示方法：一种是单位体积悬浮液中固体体积与液体体积之比，称为体积浓度；另一种是单位体积悬浮液中固体质量与悬浮液质量或水的质量之比，称为质量浓度。从理论上说，煤泥水的浓度用体积表示比用质量表示更准确些，但测定不方便，为计算和测定方便，通常采用质量表示法。

3.2.1.1 煤泥水的浓度表示法

在选煤厂，煤泥水的浓度常用3个指标表示：液固比、固体含量和固体质量浓度。

A 液固比

液固比常用 R 表示，是指煤泥水中水的质量与固体煤泥质量的比值。选煤厂为计算方便，常采用1 t干煤所带水的立方米数表示液固比（因为水的密度为1 g/cm^3）。液固比常用于洗选、浓缩和分级作业中。

$$R = V_0 / G \tag{3-1}$$

式中 G——煤水混合物中煤的质量，t；

V_0——煤水混合物中水的立方米数，m^3。

对于某作业，只要知道液固比 R 和干煤处理量，就很容易算出所需的用水量。

B 固体含量

固体含量在选煤厂中常用 q 表示。其含义为1 L煤泥水中所含煤泥的克数。该指标在选煤厂中应用极广，如浮选入料、浮选尾煤、浓缩机溢流、底流、循环水的浓度等，通常均用该指标表示。

煤泥水的固体含量可用浓度壶进行测定，按下式计算：

$$q = \delta(M - 1000)/(\delta - 1) \tag{3-2}$$

式中 δ——煤泥的密度，g/cm^3；

M——浓度壶中煤泥和水的总质量，g。

固体含量是煤泥水处理环节的一个重要参数，很多作业对它都有一定的要求。例如浮选，采用浓缩浮选时，固体含量常达150～200 g/L；采用直接浮选时，固体含量最好控制在 60 g/L 以上。浮选浓度的变化将直接影响到处理量、药剂用量、浮选精煤回收率及浮选精煤质量。

C　固体质量浓度

固体质量浓度指煤水混合物中干煤泥的质量占整个煤水混合物总质量的百分数，常用 C 表示，可由下式求得：

$$C = \frac{G}{G + W} \times 100\% \tag{3-3}$$

式中　C——质量浓度,%；

W——煤水混合物中水的质量，t；

G——煤水混合物中煤的质量，t。

质量浓度和水分，刚好是煤泥水的总量，是组成一个湿产物的两个方面。因此，二者之和为 1 或 100%。

D　各指标之间的换算

上述指标，从不同角度表示在一个湿产物中，水与固体在量方面的关系，在工艺过程计算中各有其不同的用途。各指标均与产物的基本数据水重、煤重、密度有一定关系，所以，它们之间可以互相进行换算。

（1）质量浓度与固体含量之间的换算。当已知产物的质量浓度 C 和其固体密度 δ，即可按式（3-4）计算煤泥水的固体含量 q(g/L)：

$$q = \frac{C}{\left(\frac{C}{\delta}\right) + (100 - C)} \times 1000 \tag{3-4}$$

同理，也可以由固体含量 q 计算出矿浆中煤泥的质量浓度 C。

（2）液固比与质量浓度之间的换算。如已知产物的液固比 R，根据 R 的含义，可推导出煤泥水中煤泥质量占煤泥水质量的百分数 C：

$$C = \frac{1}{1 + R} \times 100\% \tag{3-5}$$

（3）液固比与固体含量之间的换算。当已知液固比 R 与固体密度 δ，可按下式计算固体含量 q(g/L)：

$$q = \frac{1000\delta}{\delta R + 1} \tag{3-6}$$

3.2.1.2　煤泥水浓度的测定

A　烘干法

烘干法是取一定容积的煤泥水试样进行烘干（温度在 110 ℃以下）至恒重，称量固体质量，并按下式计算：

$$q = m/V \tag{3-7}$$

式中　m——煤泥烘干后质量，g；

V——煤泥水体积，L。

该法测定比较精确，但耗时、耗能较多。有时为了加快速度，常在煤泥水中加入一定絮凝剂或凝聚剂，沉降后抽出上部澄清液，将沉积物烘干，以减少时间和能耗。

B 浓度壶法

连续试验和生产中，通常需快速测定某些工艺环节的煤泥水浓度，此时多用浓度壶法。浓度壶法是一种间接测量法，即先测出煤泥的密度及煤泥水的质量，再间接算出煤泥水浓度，但不如直接法（如烘干法）准确。浓度壶法的具体做法是将试样灌入一定容积的浓度壶内（选煤厂常用的容积为 1 L，形状见图 3-1），然后称出煤泥水的质量 M，按式（3-2）计算。

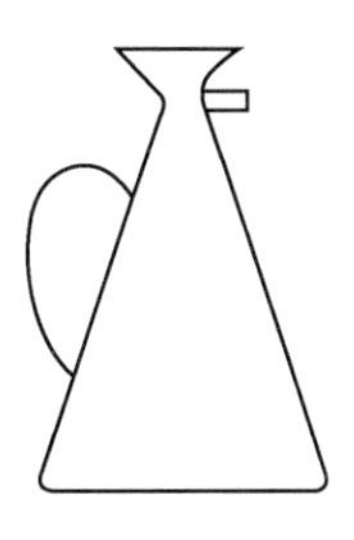

图 3-1 浓度壶示意图

C 煤泥水浓度自动检测

煤泥水浓度是选煤工艺过程中一个重要的参数和控制指标。随着选煤厂自动化程度的提高，越来越多的环节要求对煤泥水浓度进行自动检测，并以此作为控制参数，如浓缩机的溢流和底流、浮选入料等。

目前选煤厂煤泥水浓度自动检测主要有两种基本类型：一种是直接检测，如超声波浓度计；另一种是间接检测，即通过煤泥水密度的测量而换算成煤泥水的浓度，常见的有压差式密度计和放射性同位素（γ 射线）密度计等。当煤泥的密度不变时，煤泥水的浓度与密度之间具有单值函数关系，所以测得密度后可再经转换变成浓度。

3.2.2 煤泥水的黏度

3.2.2.1 煤泥水黏度表示

煤泥水是由煤泥颗粒和水组成的非均质混合液体，是一种特殊的非牛顿流体。煤泥的含量、粒度组成、性质等方面差别很大，表现在黏度上的差别也很大。与普通水相比，煤泥水黏度增大主要是细粒所致，尤其是矸石、矿物质等泥化解离出的各种黏土类颗粒在煤泥中积累所致。

为了表示分散体系悬浮液的黏度特性，采用一个专门术语“有效黏度”。有效黏度反映浓度、固体性质、固体颗粒之间以及颗粒与流体之间复杂的相互作用情况。

各种不同煤泥水的有效黏度，可按下式计算：

$$\mu_e = \mu_1 \frac{t_1 \rho_1}{t_2 \rho_0} \tag{3-8}$$

式中 μ_e——煤泥水的有效黏度，Pa · s；

μ_1——纯水的动力黏度，Pa · s；

t_1——纯水自黏度计流出的时间，s；

t_2——煤泥水自黏度计流出的时间，s；

ρ_0——纯水的密度，为 1000 kg/m^3；

ρ_1——煤泥水的密度，kg/m^3。

煤泥水的有效黏度既与煤泥水的浓度有关，又与煤泥水中煤泥的粒度组成有关，后者的影响尤其明显。当水中的煤泥粒度小于 45 μm 时，煤泥水的有效黏度急剧增大；而当水中的煤泥粒度大于 45 μm 时，则煤泥水的有效黏度与普通水相差不大。表 3-2 所列为煤泥水的有效黏度与其粒度组成和浓度之间的关系。

表 3-2 15 ℃时煤泥水的有效黏度与其粒度组成和浓度之间的关系 (Pa · s)

煤泥水的浓度 /g · L^{-1}	煤泥粒度/μm			
	<1000	<250	<75	<45
0	0.001145	0.001145	0.001145	0.001145
100	0.001208	0.001204	0.001208	0.001211
200	0.001275	0.001280	0.001308	0.001295
300	0.001321	0.001339	0.001428	0.001429
400	0.001434	0.001458	0.001607	0.001613
500	0.001614	0.001720	0.001955	0.002114
600	0.001704	0.002477	0.002955	0.003396

随煤泥水黏度增加，颗粒沉降速度显著减小，煤与水的分离难度明显增大。

目前的选煤方法中重力选煤仍占主导，重力分选的原理就是根据不同密度、不同粒度和不同形状的颗粒在洗水（煤泥水）中的沉降速度不同而分成不同产品。对于作为分选介质的煤泥水来说，黏度的增加会使各粒级的沉降速度变慢，干扰沉降加剧，分选效率也随之降低；对细粒来说这种影响更为明显，会导致有效分选下限加大，精煤产品灰分升高，尾煤产品灰分降低。

对于需要浓缩、澄清的煤泥水，固液分离主要就是依靠各种粒度颗粒在水中的沉降。煤泥水黏度增大将导致各种粒度煤泥的沉降减慢，细粒级沉降甚至停止，影响了固液分离过程，降低了设备能力和分离效果。

对于需要进行各种机械脱水（如离心沉降过滤、真空过滤、压滤等）的产品，煤泥水黏度的增加将会使脱水效率降低，脱水减慢，脱水后颗粒表面附着水分增加。如果煤泥水中含有较多泥化的细泥质颗粒，它们会附着在颗粒表面或颗粒缝隙中，造成脱水产品的污染程度加大。

总之，煤泥水黏度升高会使煤泥水处理变得十分困难，不仅会影响煤泥的分选效果，还会造成煤泥和细粒产品的过滤、脱水等作业效果变坏以及各种产品的污染程度加大。

3.2.2.2 煤泥水黏度的测定

煤泥水黏度测定要比均质液体困难，原因在于其中固体颗粒较易沉降，所以必须安装搅拌装置，但由此又带来了影响可靠性和精确度的问题。现行的测定悬浮液黏度的装置均可用于煤泥水黏度的测定，前提是其中的粒度不要过大，否则颗粒会堵塞黏度计或造成沉淀而影响测定。

根据其结构和原理，常用的黏度计分为 3 类：（1）毛细管黏度计。根据煤泥水流过毛细管的压力和流量测定其黏度。（2）同心圆筒黏度计。根据环形空间中液体的剪应力和流速梯度来计算其黏度。（3）薄板黏度计。让一垂直在弹簧上的薄板在所研究的液体中下沉或上拖，测定其剪应力和应变的关系。

3.2.3 煤泥水的主要化学性质

煤泥水的化学性质，主要包括煤泥水的矿化度、硬度、水中溶解物质的组成、酸碱度等。这些性质部分由生产用水的性质决定，部分受煤泥性质影响。由于煤泥在水中浸泡后，产生某些成分的溶解，致使煤泥水性质发生变化。煤泥水化学性质的改变，对浮选和煤泥水澄清作业影响极大。

3.2.3.1 矿化度、硬度

矿化度通常是指溶解在水中的固体总量，又可称之为含盐量。在天然水中，矿化度一般代表无污染水体中的主要阴阳离子；对受污染的水体，矿化度还包括各种无机盐类和矿物元素。选煤厂的煤泥水中通常含有一定数量的可溶性盐类，这些无机盐类常以离子形式出现，对煤泥的浮选、絮凝、沉降都有很大的影响。

硬度通常表示水中钙、镁离子的总和。工业用水和生活用水都有硬水、软水之分。所含钙、镁离子越多，水的硬度就越大。

水的硬度可用德国硬度、美国硬度、法国硬度、英国硬度及毫克当量硬度表示。它们之间可以互相换算，1 毫克当量硬度相当于 1 L 水中含有 20.04 mg 的 Ca^{2+} 或 12.16 mg 的 Mg^{2+}。经换算，1 毫克当量硬度 = 2.804 德国硬度 = 3.511 英国硬度 = 50.045 美国硬度 = 5 法国硬度。水的硬度等级见表 3-3。

表 3-3 水的硬度等级

水的类型	硬度	
	毫克当量/L	德国硬度
极软水	<1.5	<4.2
软水	1.5~3.0	4.2~8.4
中等硬水	3.0~6.0	8.4~16.8
硬水	6.0~9.0	16.8~25.2
极硬水	>9.0	>25.2

高硬度的水意味着矿化度高，但高矿化度水不一定硬度高。

矿化度、硬度对煤泥水的絮凝、沉降过程影响极大。因为，当硬度较大时，水中的 Ca^{2+}、Mg^{2+} 含量增高，这些离子可以在颗粒表面进行吸附，从而改变颗粒表面的电位，使表面的水化作用发生变化，促使颗粒分散或凝聚，最终导致沉降特性发生变化。在使用絮凝剂对煤泥水中悬浮颗粒进行絮凝时，由于 Ca^{2+}、Mg^{2+} 的存在，通常还可降低絮凝剂的用量。

3.2.3.2 水中溶解物质的组成

煤泥水中的溶解物种类繁多，各选煤厂情况不尽相同。这主要取决于原煤的性质及水质。同时，也与生产过程中添加的各种无机、有机药剂及煤泥水处理作业中产生的溶解物有很大关系。

总体来说，煤泥水中溶解的物质可分为有机物和无机物两类。

A 有机溶解物

有机物比较复杂，既有来源于煤中的溶解物，又有来源于各种浮选、煤泥水处理作业中添加的药剂。这些溶解物对浮选和煤泥水处理的絮凝过程有一定影响。

浮选中使用的药剂有一部分未能吸附到煤粒上，随尾煤排出，尾煤水经澄清后循环使用，使得这些药剂也重新返回系统。系统中残留的药剂随着煤泥水返回循环次数的增多而增加，导致浮选药剂添加量虽然不变，但实际含量却不断提高，有时甚至会影响到浮选正常进行。实践表明，药剂在浮选尾矿中剩余浓度越小，浮选工艺越容易控制，效果也越好。

高分子絮凝剂产生累积，也会影响浮选效果。有实验室试验表明，使用聚丙烯酰胺浓度为 2.5 g/m^3 时对浮选无明显影响；浓度为 5 g/m^3 时选择性下降、产率降低；当浓度进一步增加，浮选精煤产率和灰分都恶化；浓度为 50 g/m^3 时浮选完全不能进行。实践中药剂量一般仅在 0.3～3 g/m^3，积累较慢，对浮选一般不会产生较大的影响。

B 无机溶解物

选煤厂用水多数来自井下水或附近河水、湖水等，本身含有多种杂质，特别是一些可溶性盐类。加之分选过程中颗粒在水中浸泡时间较长，由于某些组分的浸出和溶解，同时水中的某些可溶物又吸附到颗粒表面，从而改变了水中溶解物质的组成。水中离子除 Ca^{2+}、Mg^{2+} 外，还有 K^+、Na^+、Fe^{2+}、HCO_3^-、SO_4^{2-}、NO_3^-、Cl^-、Al^{3+}、SiO_3^{2-} 等。通常，这些离子对浮选及煤泥水处理过程影响不大。但由于选煤厂洗水闭路循环，它们将在洗水中逐渐积累，在某些情况下，对煤泥沉降、洗水澄清，甚至对煤泥浮选产生一定影响。一些学者认为，为了使洗水澄清过程顺利进行，煤泥水中总盐量应保持在 3000～6000 mg/L。

3.2.3.3 煤泥水的酸碱度

煤泥水的酸碱度是控制浮选及煤泥水处理过程的重要因素之一，它影响煤泥的表面性质，从而直接影响分选、絮凝过程和各种药剂的作用。

一般的规律是 pH 值对矿物颗粒或煤泥表面的电性有极大影响：当 pH 值大于颗粒零电点时，矿物或煤泥表面荷负电；当 pH 值小于颗粒零电点时，矿物或煤泥表面荷正电。而矿物或煤泥表面的电性对浮选药剂和絮凝药剂的表面吸附起重要作用，也对细泥在其表面的覆盖有重要影响。通常煤在等电点时浮选活性最大，pH = 4～8 时浮选活性较好，pH < 4 时不佳，所以各种煤在中性条件下浮选效果最好，药剂量也较稳定。

煤泥水的酸碱度主要取决于生产过程添加水的酸碱度，其次是生产过程中添加的各种药剂。其中有的药剂本身是强碱或强酸物质，还有的是药剂解离出不同数量的 H^+ 或 OH^-。酸碱度除了直接对煤泥水处理产生以上影响外，还会导致设备的腐蚀，外排也会引起环境污染。此外，还会对原煤中某些组分的溶解以及矿化度造成不同程度的影响。

在选煤厂中，由于煤泥浮选药剂制度较简单，煤泥水处理过程的酸碱度很少进行人为的调节。

3.2.4 煤泥水中悬浮煤泥颗粒的性质

粗粒煤泥的沉淀、回收、分选、脱水都较容易，而细粒煤泥在煤泥水中能使煤泥水的许多性质发生急剧变化，给煤泥水处理各作业带来极大困难。

煤泥按来源可分为原生煤泥和次生煤泥。原生煤泥是原煤在开采、运输过程中由于颗粒被破碎、磨蚀，粒度变细所致；次生煤泥是原煤进入选煤厂后伴随着对原煤的一系列破碎、重选和输送过程中产生的粉碎、磨碎以及在水中泥化所产生的。尽管各选煤厂的工艺流程不同，但除了重选产品带出一部分煤泥外，其余的全部进入煤泥水系统。

煤泥水的性质与煤泥水中悬浮煤泥性质有极大的关系，其中最主要的是煤泥的粒度、煤泥的矿物组成及煤粒表面的物理化学性质等。

3.2.4.1　煤泥的粒度组成及影响

煤泥水中煤泥的粒度组成在很大程度上决定了煤泥水处理过程的难易程度。粒度组成对分选、脱水、过滤、浓缩、澄清等作业效果都有显著影响。因此，了解和掌握煤泥的粒度分布，特别是微细颗粒的分布是极其重要的。

A　粒度的表示方法

固体颗粒的形状，绝大多数是不规则的。为了表示其大小，常采用当量或统计的方法。一般有当量球直径、当量圆直径和统计学直径。用不同的粒度测定方法，得到不同的粒度。在重力沉降、离心沉降及水力旋流器中，常采用测定斯托克斯直径和沉降直径的方法；而在过滤中采用测定表面积直径更为恰当些。所以，选取粒度表示方法时，应选用与所研究的颗粒性质关系最密切的。有关煤泥粒度的表示方法可见本书2.2节，在此不再赘述。

B　粒度分布及其特征值

通过物料粒度分析试验，可以得到颗粒粒度累积分布曲线和粒度分布曲线。并可得到一组与粒度群有关的特征值。

（1）颗粒粒度累积分布曲线和粒度分布曲线。粒度分布有多种类型，如以数字表示的颗粒粒度分布，以质量表示的颗粒粒度分布及以长度或表面积表示的颗粒粒度分布等。在选煤和煤泥水处理工艺过程中，通常采用以质量表示的颗粒粒度分布。该类型的粒度累积分布曲线和粒度分布曲线如图3-2所示，图中横坐标均表示粒度，纵坐标分别表示累积产率和各粒级的产率。

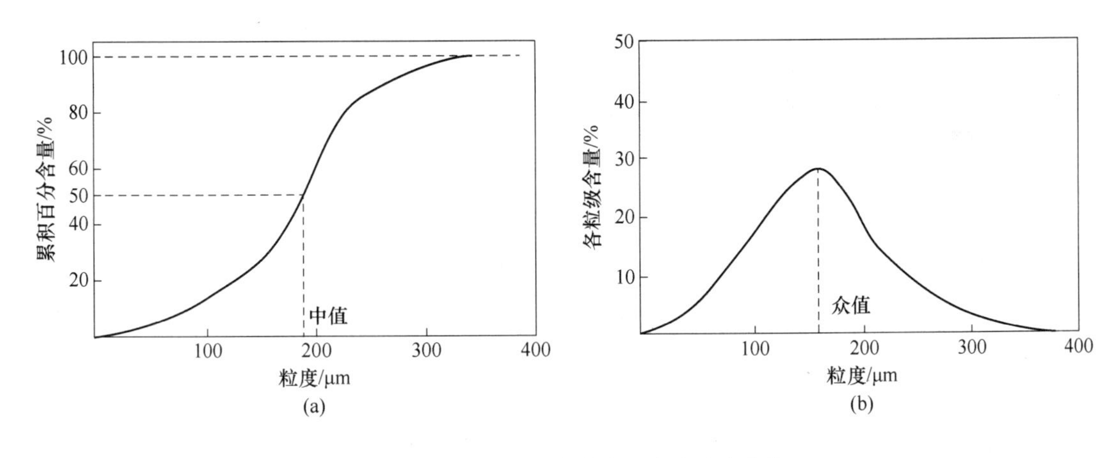

图3-2　粒度累积分布曲线和粒度分布曲线

（a）粒度累积分布曲线；（b）粒度分布曲线

（2）粒度群的特征值。对于一个给定的粒度群，具有某些特征数值，可以用这些数值加以描述。如众值、中值和平均值。这些数值虽然不能表示粒群的分布宽度，但在某些情况下，可为过程控制提供指导。

1）众值。众值是粒度群中最常出现的粒度，也即与粒度分布曲线中峰值相应的粒度。某些粒度群的粒度分布可能有几个峰，称为多峰分布或多众值分布。根据粒度曲线很容易确定其众值。

2）中值。中值又称50%粒度，系指一半颗粒大于该值，另一半颗粒小于该值的粒度。对于粒度分布曲线，即为将分布曲线下的面积分为两等分的粒度。根据累积分布曲线很容易确定中值，即与50%对应的粒度。

3）平均值。常称平均直径，对于一个确定的粒度分布函数，平均值可有多种表示方法，如算术平均值、几何平均值、平方平均值等。算术平均值可用下式表示：

$$\bar{x} = \int_0^{\infty} x f(x)\,\mathrm{d}x \tag{3-9}$$

式中 $\bar{x}$——平均直径；

x——颗粒粒度；

$f(x)$——粒度分布函数，可以是以长度、表面积或质量等表示的颗粒粒度分布。

C 粒度大小及粒度组成对固液分离的影响

物料的粒度越小，其表面积越大，结合水的水量越多，脱水越困难，物料虽经脱水，但其含水量仍较高。但达到一定值时，脱水产品的含水量增加就缓慢了。主要是由于粒度过小，颗粒间的孔隙较小，其间容纳水分减少。对于粒级为12～80 mm的煤，经脱水后产品含水量为7%～8%，粒级为1～12 mm，含水量为11%～12%；当粒级为0～1 mm时，其含水量可达30%。另外，在过滤作业中，如果物料中细泥含量增多，将导致滤饼水分增高，滤液中固体含量增大，固液分离不彻底；反之，过滤入料粒度偏粗，细泥含量很少，则滤饼厚，水分低，滤液浓度也低，固液分离比较彻底。

粒度不同，应采用不同的脱水方法。图3-3反映了不同粒度、不同脱水方法的煤粒脱水效果。

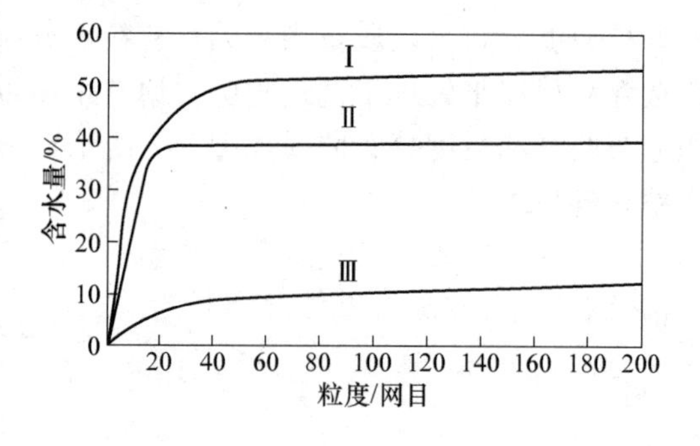

图3-3 粒度与含水量的关系

Ⅰ—自然脱水的结果；Ⅱ—有颤动情况的脱水；Ⅲ—离心力过滤结果

粒度组成均匀的物料，颗粒间孔隙较大，虽然能容纳比较多的水分，但其水分容易受重力作用排除。粒度不均匀的物料，细粒将充填在粗粒的孔隙中，颗粒间空隙比较小，其水分较难排除。必须借助机械方法进行脱除。

当然，脱水方法不同，颗粒表面剩余水分也不同。从图3-3中可见，脱水时加颤动及离心力过滤均可降低含水量。如增加颤动，使物料互相挤紧，迫使间隙中的水分排出；因离心力比重力大，可以克服毛细管吸力，使颗粒间毛细管中水分尽量排出，因而水分显著下降。

3.2.4.2 煤泥的矿物组成及影响

A 煤泥的矿物组成

煤泥的矿物组成是指煤泥中无机物的种类和数量分布。它是一个以多种无机物杂质和有机质煤颗粒组成的混合体。煤泥的矿物组成较为复杂，随煤种、产地、煤层分布、采煤方法不同而不同。主要有石英、方解石、黏土矿物和黄铁矿等。其中的黏土矿物种类很多，主要包括高岭石、水云母、蒙脱石、绿泥石、伊利石等，多达上百种。表3-4列出了煤中的矿物组成和分布。

表3-4 煤中的矿物组成和分布

页岩组	伊利石、蒙脱石、漂云母、白云母、水云母
高岭土组	高岭石、准埃洛石
硫化物组	黄铁矿、白铁矿
碳酸盐组	方解石、蓝石英、白云石、铁白云石
氯化物组	天然氯化钠、天然氯化钾
次要矿物类	石英、石膏、绿泥石、金红石、赤铁矿，磁铁矿、闪锌矿、长石、石榴石、角闪石、绿帘石、黑云母、辉石、铁绿泥石、硬水铝石、纤铁矿、重晶石、蓝晶石、十字石、黄玉、电气石、叶蜡石、叶绿泥石

煤中矿物质的来源和分布特性影响煤泥的矿物组成，煤中的矿物质通常分为以下3类：

(1) 原生矿物质。原生矿物质即结构矿物质，是成煤植物本身所含的矿物，主要是碱金属或碱土金属盐类，含量在1%~2%，对煤泥或煤泥水处理影响不是很大，且机械方法也无法分离。

(2) 次生矿物质。次生矿物质是成煤过程中由外界混入煤层中的高岭土、黄铁矿、方解石、石英、长石、云母等矿物，它们通常在煤中的嵌布状态为煤层中的矿物夹层、包裹体、细粒分布在煤基质中的浸染状和充填于煤裂隙中充填矿物。嵌布状态对矿物质在煤泥中分布有很大影响。

(3) 外来矿物质。外来矿物质指开采过程中混入的顶、底板或夹矸，主要是碳酸盐、硅酸盐类。

B 煤泥矿物组成的影响

黏土类矿物对煤泥水处理影响较大。因为这类矿物多为片状晶体结构，当含量高时，在分选及以后的产品处理过程中，极易泥化，且粒度微细，大大增加了煤泥水中细粒级的含量，使煤泥水的黏度大幅度增加，给浮选和煤泥水处理都带来较大的不利影响。黏土类物质，由于粒度小，具有较大的比表面积、分散性高、亲水性强、表面负电性强，易黏附到煤粒表面，影响末精煤质量，增加药剂消耗，并使煤泥水处理系统变得复杂，煤泥难以沉降、脱水和回收，致使煤泥在循环水中累积。因此，妥善处理这部分物料是煤泥水处理中的关键。为了使选煤厂生产正常进行，应及时将细泥从系统中排出，避免恶性循环。

研究结果表明：泥化程度和煤化程度有一定联系。煤化程度低的煤层中常含有较多的粉砂岩、泥质页岩及成岩作用差的黏土类分散矿物，水分子极易进入其晶格内部，并在水分子作用下迅速溶胀、分解成为微细颗粒。

黏土矿物中的钠离子含量对泥化程度有很大影响。通常，钠离子含量越高，泥化越严重。

黄铁矿含量较高的煤种，通常其产品的硫分较高，尤其是在黄铁矿的嵌布粒度比较细时。为了得到合格精矿，必须进行脱硫，要使黄铁矿和煤粒充分解离，须破碎到 1 ~ 3 mm，有时须进一步磨矿，增加了流程的复杂性，给煤泥水的分选、脱水、净化等环节增加负担。

粒度很细的黄铁矿虽可采用浮选进行脱硫，但效果不太理想，有待于进一步研究。

3.2.4.3 煤粒表面的物理化学性质

煤粒表面的物理化学性质除了对浮选有极大影响外，对矿物悬浮液的分散和絮凝也有很大影响。由于其表面性质不同，表面的双电层结构不同，可由其表面电荷的大小及符号决定煤粒处于分散或絮凝状态，并可决定细泥能否在煤粒表面进行覆盖。该部分内容在浮选中已有详细论述，此处不再重复。

3.3 煤泥水处理系统

煤泥水处理系统几乎包括湿法选煤过程的所有环节。传统的选煤厂因处理的原煤种类、原煤性质以及选后产品的用途不同而分成两大类：炼焦煤选煤厂和动力煤选煤厂。选煤厂的类型不同，所采用的流程就不同，煤泥水处理系统因此也不同。这两类选煤厂在工艺流程或煤泥水处理系统方面最大的差别在于：炼焦煤选煤厂要对小于 0.5 mm 粒级进行深度分选和脱水，将其中低灰部分精选出来作为炼焦煤的一部分，因而对其质量有严格要求，需要有完善的煤泥水处理系统；而动力煤选煤厂一般不对末煤或煤泥进行分选，相对而言工艺流程或煤泥水系统要简单得多。但是现在这个区别正在变小，许多动力煤选煤厂也开始对煤泥进行处理或分选。

3.3.1 炼焦煤选煤厂煤泥水处理系统

炼焦煤选煤厂主要入选焦煤、瘦煤和肥煤等冶金、化工行业所需的主焦煤和配焦煤。传统炼焦煤分选工艺以跳汰、重介、浮选为主，考虑到资源的稀缺性，小于 0.5 mm 的细粒级必须精选、脱水，这就给炼焦煤选煤厂的煤泥水处理增加了一定的难度。随着对精煤质量要求的提高，在新厂设计和老厂改扩建中较多采用了分选精度较高的重介质分选工艺。重介系统由于增加了脱介、脱泥、介质回收等环节，比起跳汰系统煤泥水处理更为复杂。

炼焦煤选煤厂几种较典型的流程如下，从中可以看出各种不同流程的特点。

3.3.1.1 混合跳汰煤泥浮选流程

图 3-4 是我国一种典型的传统炼焦煤选煤工艺流程图，它同时也较完整地表示了该工艺中所有煤泥水处理环节，包括煤泥水流向、煤泥水处理的工艺方法和特点，所以它也是一个完整的煤泥水处理系统流程图。老的炼焦煤选煤厂多采用此煤泥水处理流程。原煤不分级（包括煤泥）直接进入跳汰机分选，分选后跳汰精煤溢流携带着煤泥一起进入脱水和分级系统，得到合格的精煤产品和需去浮选进一步分选、回收和净化的煤泥水。

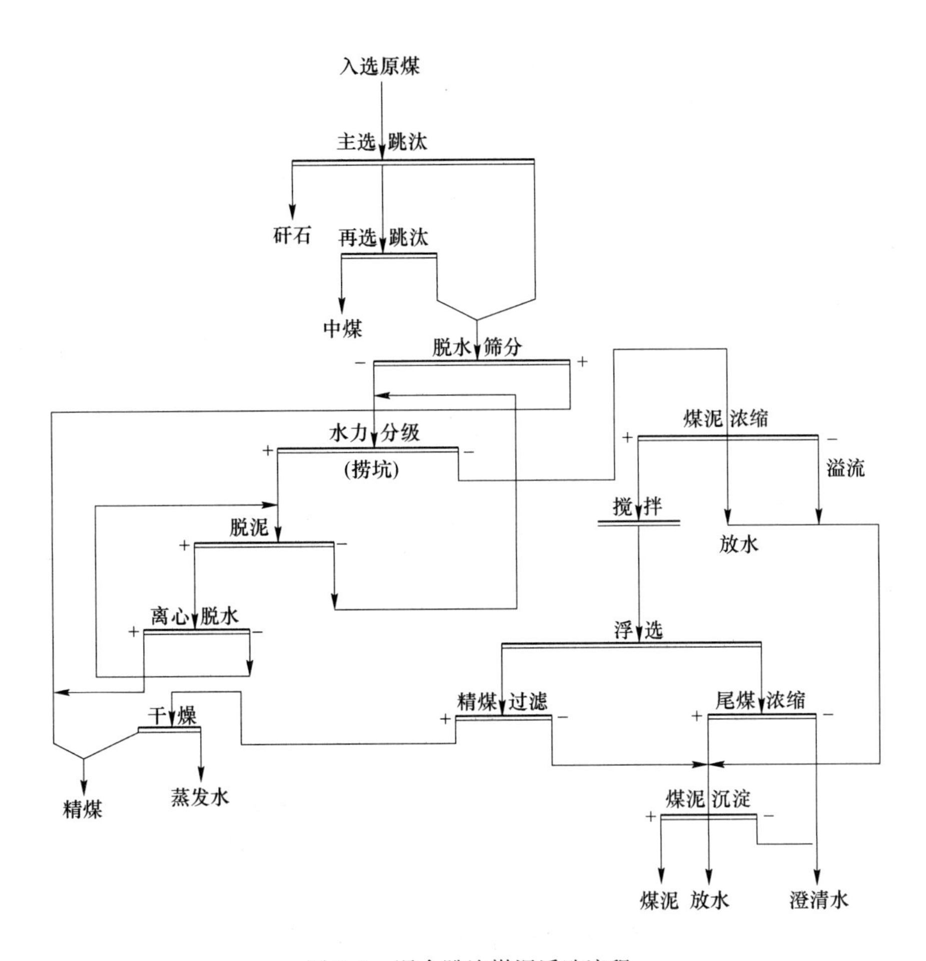

图 3-4 混合跳汰煤泥浮选流程

3.3.1.2 块煤跳汰-末煤重介煤泥浮选流程

如图 3-5 所示，该工艺原煤分级时用了 2 台筛子，在准备筛分后进行了脱泥作业，即把小于 13 mm 的物料在筛分过程中加水冲洗，将煤泥直接冲入煤泥水系统的水力分级作业。和图 3-4 所示的工艺流程显著不同的是煤泥浮选作业的工艺不同，在此流程中，水力分级低浓度的溢流直接去浮选作业，称为直接浮选工艺。而图 3-4 所示的工艺流程是煤泥水经过浓缩后再去浮选，称为浓缩浮选工艺。

3.3.1.3 三产品重介质旋流器煤泥浮选流程

三产品重介质旋流器选煤工艺是我国当前发展和推广最快的工艺。所谓三产品重介质旋流器，其结构为两个串联的旋流器组，入选上限可达 100(80) mm，采用一种密度的悬浮液，使用一套介质系统，实现原煤的有效分选，直接分选出精煤、中煤和矸石三个产品，大大简化了工艺系统，使得煤泥水处理系统也相对简化。根据分选条件，可分为有压给料与无压给料、选前脱泥与不脱泥（不分级）两种工艺。

A 有压给料与无压给料工艺

三产品重介质旋流器分为有压给料和无压给料两类，其结构见图 3-6。

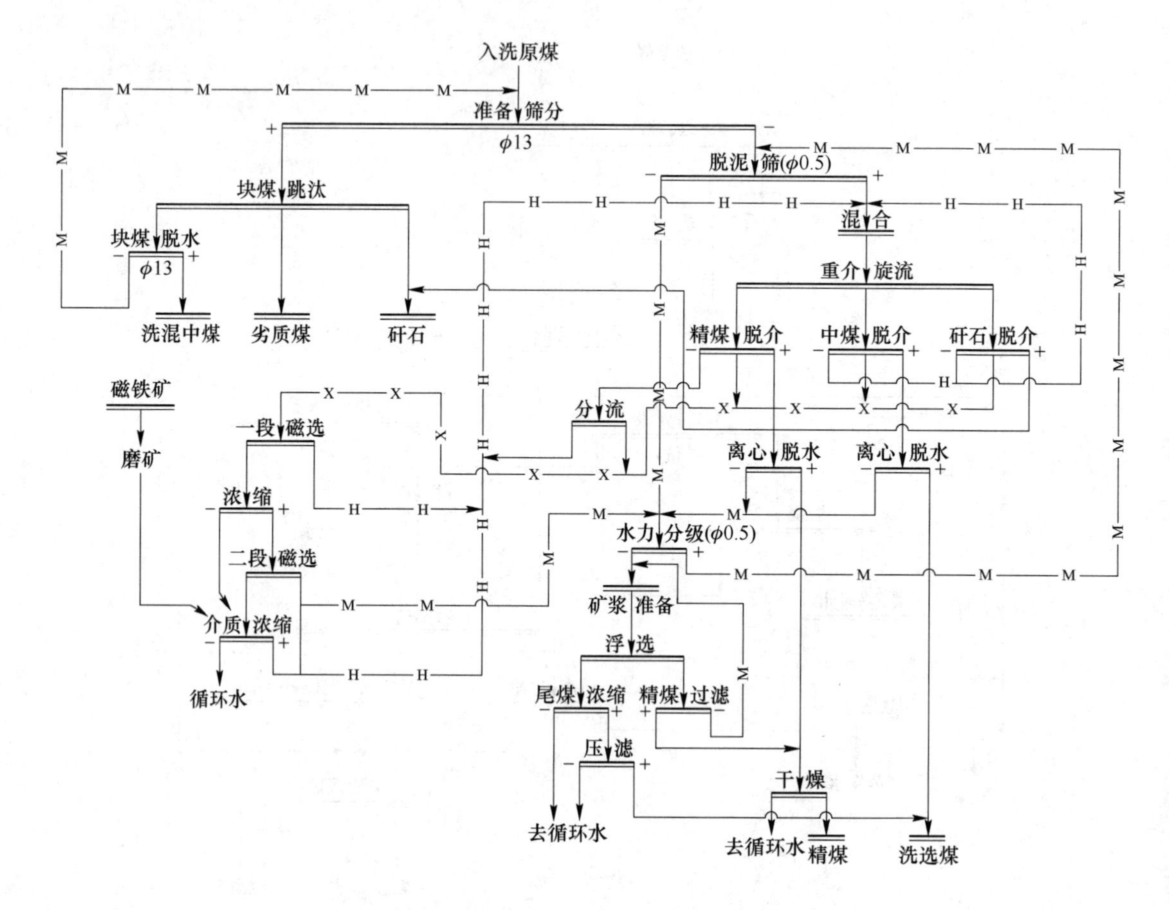

图 3-5　块煤跳汰-末煤重介-煤泥浮选流程

M—煤流；H—合格介质流；X—稀介质流

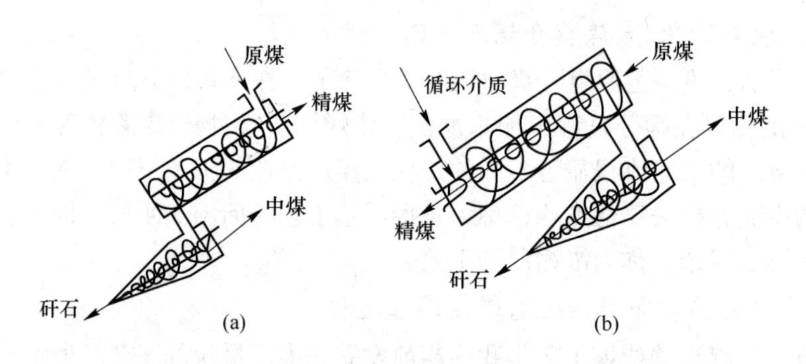

图 3-6　三产品重介质旋流器结构示意图

（a）3NZX 型有压给料；（b）3NWX 型无压给料

a　有压给料工艺流程

有压给料是将入选的原煤和悬浮液在混合桶混合后用泵压入旋流器，或者在定压漏斗混合后利用静压头压入旋流器中分选。优点是分选下限低，精度高，处理量大，适合粉末煤含量多的难选煤。缺点是产生的次生煤泥量大，特别是当原煤中含有大量泥岩矸石时，导致高灰非磁性物含量大大增加，悬浮液工作密度发生改变，对分选效果产生不利影响。

脱泥有压两产品重介质旋流器主再选 + 干扰床-煤泥浮选工艺流程图如图 3-7 所示。

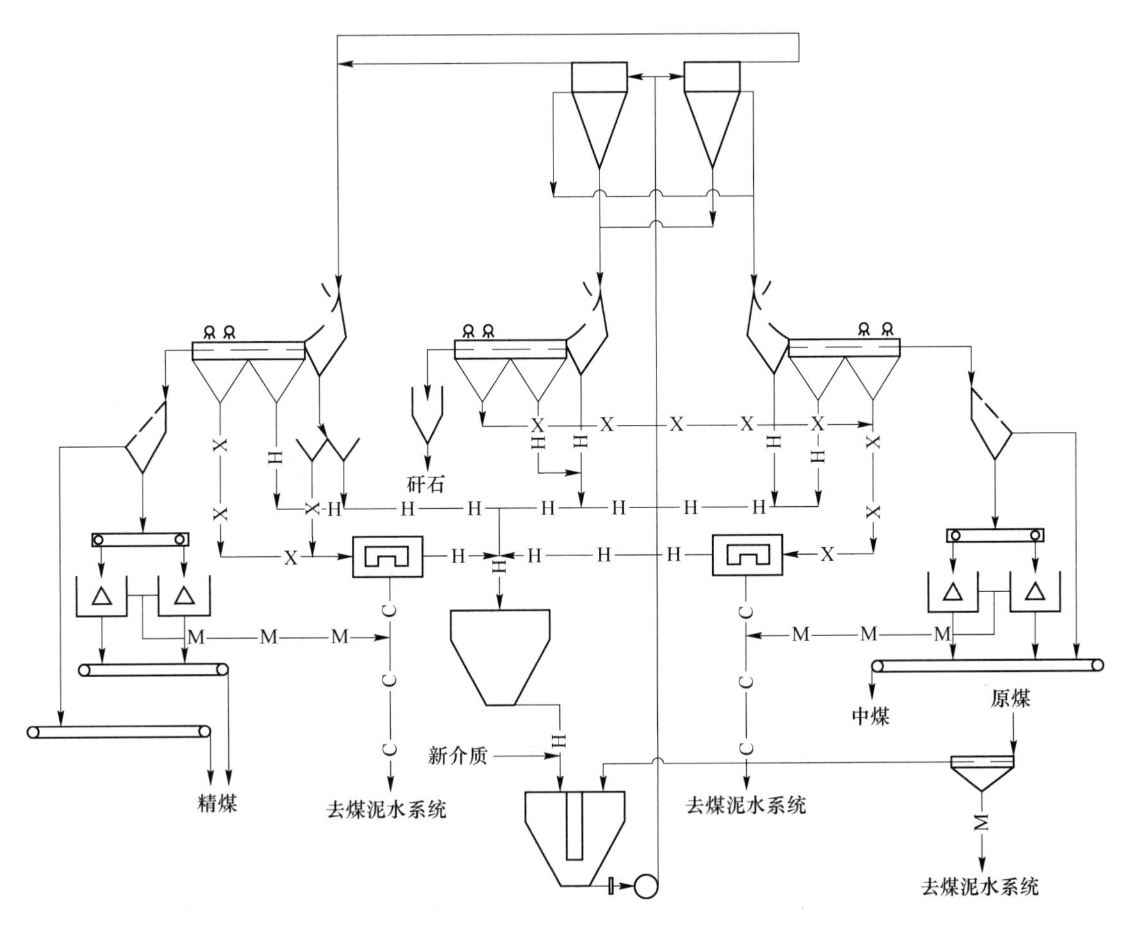

图 3-7 脱泥有压两产品重介质旋流器主再选 + 干扰床-煤泥浮选工艺流程图

M—煤流；H—合格介质流；X—稀介质流；C—非磁性物流

b 无压给料工艺流程

无压给料是将入选的原煤和少量的悬浮液由旋流器的上端中央入料管给入，而大量的悬浮液由介质泵经下端的切线口压入旋流器内。实行无压给料选煤时，原煤实际上是靠旋流器内的旋转流形成的负压旋入器内的。由于入选煤不需经过泵和压力管道，原料煤的再度粉碎概率减小，次生的煤泥量少。无压给料能减少煤泥水系统的负荷和对煤泥水管道的磨损，简化煤泥水处理系统的工艺。

该工艺配合煤泥重介质可有效分选出粗煤泥，减轻浮选的负担。从三产品旋流器一段的溢流中排出的是精煤和浓度较低、粒度较细的悬浮液，这部分悬浮液通过煤泥重介质分选，可把重介质选煤的下限进一步降低到 0.1 mm 左右，进而减轻了浮选的入料量。尤其对可浮性差的煤泥，使用煤泥重介质可保障精煤质量，提高精煤产率，降低运营成本。

不脱泥无压三产品重介质旋流器-粗煤泥旋流器-煤泥浮选工艺流程图如图 3-8 所示。

大型三产品重介质旋流器其一段内径达 1.5 m 以上，二段直径达 1.2 m 以上，能处理

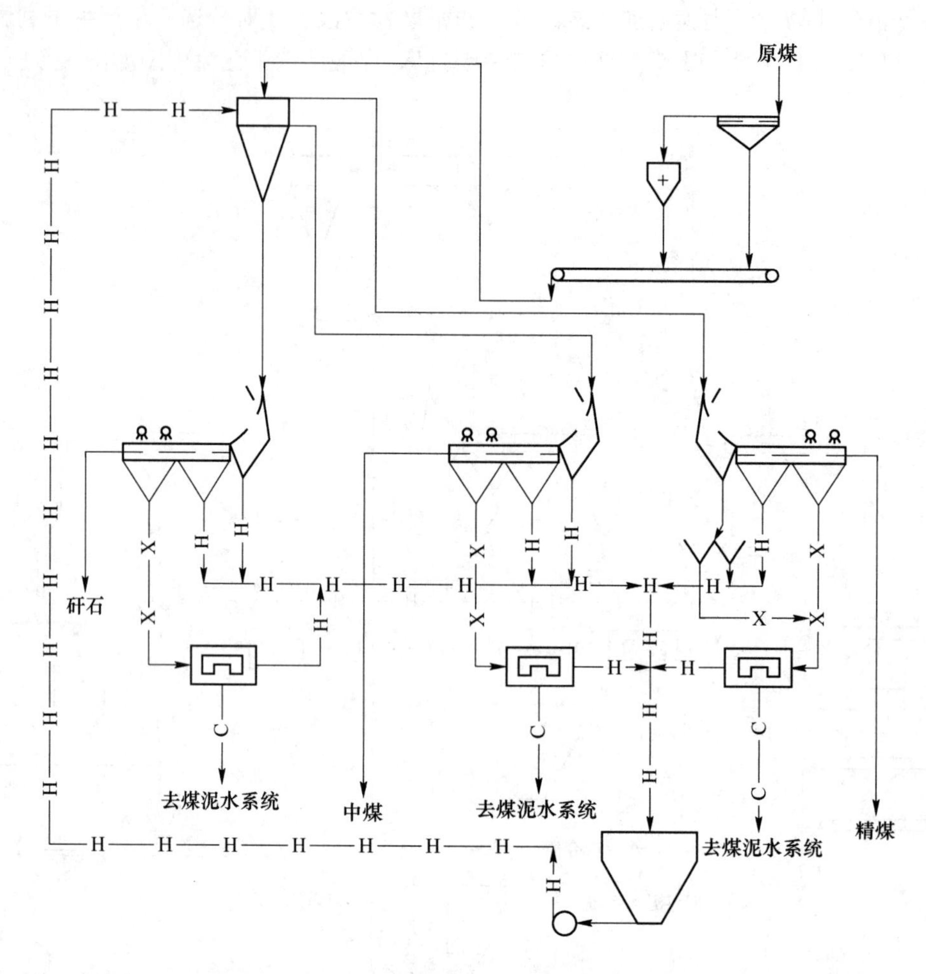

图 3-8 不脱泥无压三产品重介质旋流器-粗煤泥旋流器-煤泥浮选工艺流程图
M—煤流；H—合格介质流；X—稀介质流；C—非磁性物流

0～100(80) mm 的原煤，处理能力达 500 t/h 以上。对于炼焦煤选煤厂，采用与之配套的渣浆泵、直线振动脱介筛、翻转型弧形筛及稀土永磁筒式磁选机、浮选机或者浮选柱、加压过滤机和压滤机等，单机可组成一个单系统处理能力超 3.0 Mt/a 的选煤厂，该工艺操作简单、管理方便、易于实现自动化、适应性强，在大型选煤厂应用效果良好。

B 选前脱泥与不脱泥工艺

a 选前脱泥工艺流程

所谓脱泥，是指选前将小于 0.5 mm（或小于 1.5 mm）的煤泥全部脱出，使之不进入旋流器，先利用干扰床、水介质旋流器、螺旋分选机等设备分选出粗煤泥，之后再经浮选分选出细煤泥的工艺。该工艺的原则流程如图 3-9 所示。

优点是分选精度高，效率高。由于入料非磁性物（煤泥）含量少，产品脱介效果好，介质消耗也低。缺点是需要专门分选处理，工艺环节增多，工艺布置相对复杂。

b 选前不脱泥（不分级）工艺流程

原煤不设预先脱泥作业，全粒级给入三产品重介质旋流器进行分选。

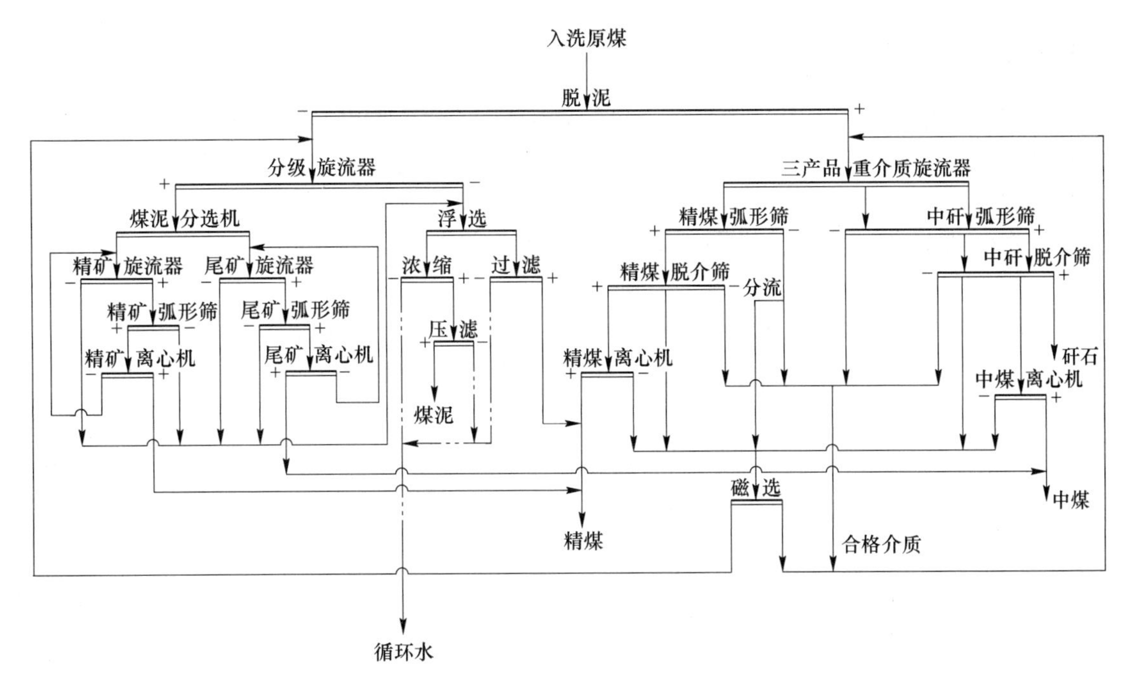

图 3-9 选前脱泥-三产品重介质旋流器煤泥浮选原则流程

该工艺的优点是简化了工艺环节，紧凑了工艺布置。缺点是对分选精度，尤其是细粒级物料的分选精度产生一定的影响。原生煤泥量大，且易泥化时的影响更明显。

该工艺的原则流程如图 3-10 所示。

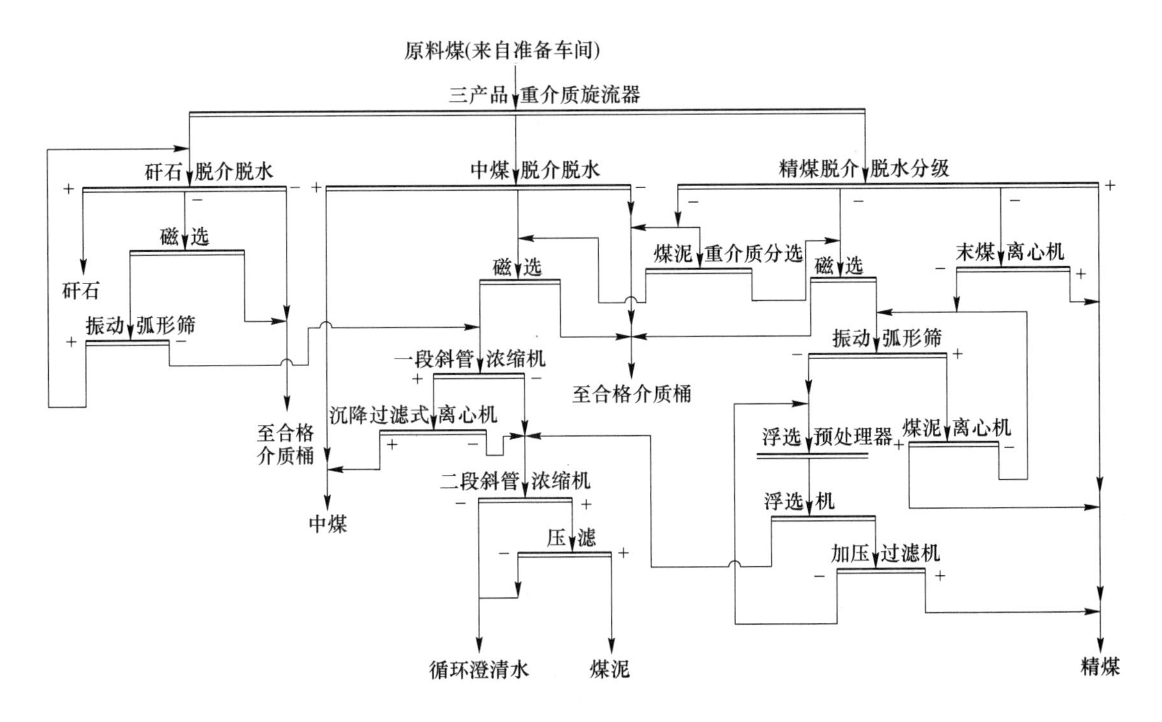

图 3-10 选前不脱泥-三产品重介质旋流器煤泥浮选原则流程

3.3.2　动力煤选煤厂煤泥水处理系统

我国动力煤选煤厂主要分选低变质程度煤和高变质程度烟煤及无烟煤。含矸量较大的块煤和部分高灰末煤入洗，煤泥一般不分选，其主要任务是排矸、降灰。因此，动力煤选煤厂煤泥水处理要比炼焦煤选煤厂简单。但随着对动力煤煤质要求和对环境保护要求的提高，现在的动力煤选煤厂对煤泥水的处理和质量要求也逐渐提高。

3.3.2.1　跳汰分选流程

如图3-11所示，该流程和图3-4流程相似，实质是少了煤泥浮选工艺，煤泥水浓缩后进行回收。其选后产品可作为炼焦配煤或动力煤，流程较灵活。

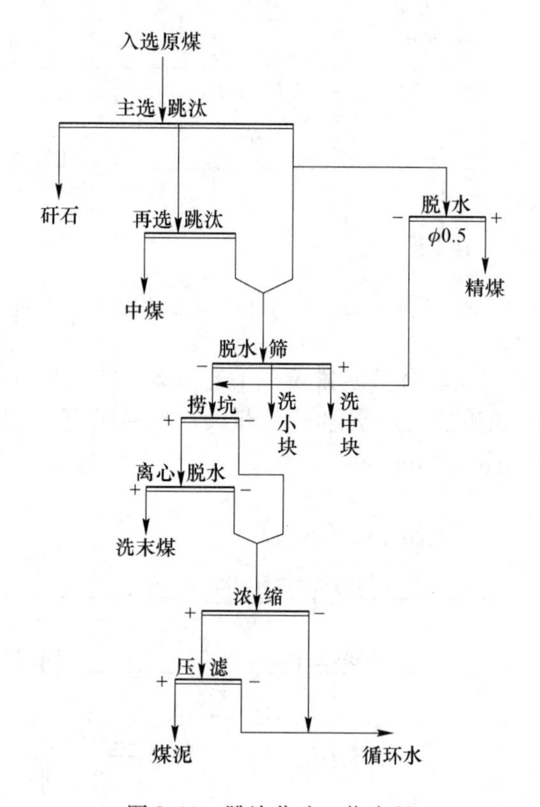

图3-11　跳汰分选工艺流程

3.3.2.2　块煤重介排矸流程

如图3-12所示，对经过预先筛分的大于13 mm的原煤再次进行脱泥作业（此脱泥作业可根据选煤厂原煤情况具体分析是否采用），脱泥后的小于1 mm的煤泥筛下水进入煤泥水系统回收煤泥，煤泥回收采用煤泥回收筛回收粗粒级、压滤机回收细粒级，分级和浓缩分别采用的是旋流器和浓缩机。

3.3.2.3　块煤重介浅槽-末煤重介流程

如图3-13所示，该流程原煤经13 mm分级，块煤脱泥后重介浅槽排矸，末煤脱泥后采用两产品重介质旋流器分选。煤泥水中的粗煤泥由弧形筛、离心机回收。细煤泥通过浓缩、压滤回收。此工艺对细粒级煤泥采用压滤机回收把关，保障了洗水闭路循环。

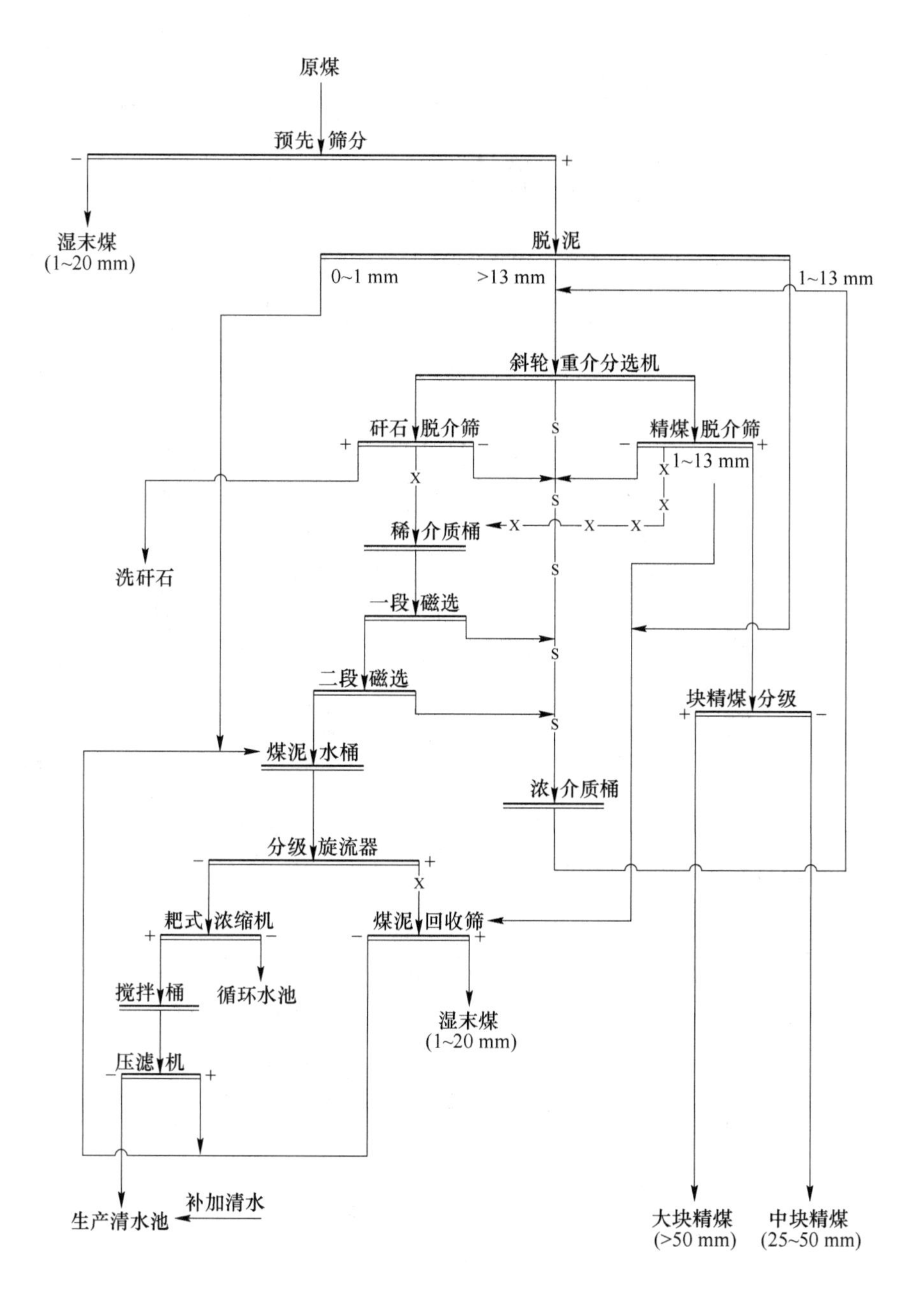

图 3-12　块煤重介排矸工艺流程

X—稀介质流；S—合格悬浮液

3.3.2.4 动筛跳汰流程

动筛跳汰机和以上设备组合可组成多种流程，如大于 50 mm 级原煤用动筛跳汰机，小于 50 mm 级用重介质旋流器；再如 13～200 mm 级用动筛跳汰机，小于 13 mm 级用重介质旋流器。工业运转情况表明，动筛跳汰机具有结构紧凑、单位面积处理能力大、分选精度高、入料粒度范围宽且分选上限高、适应性强、操作简便、不用风和重介质、循环水用量很小及系统简单等优点。

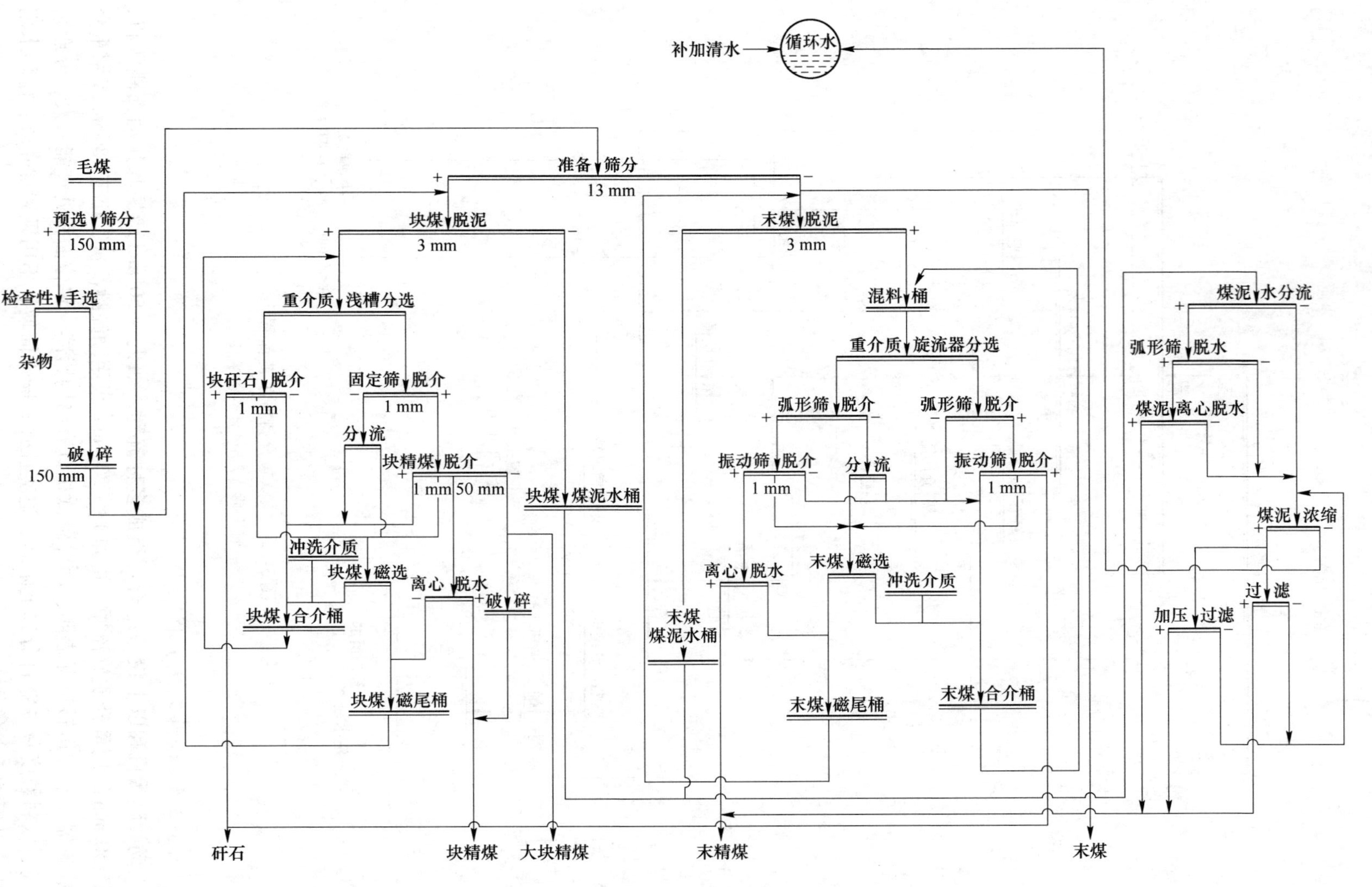

图 3-13 块煤重介浅槽-末煤重介流程

3.4　煤泥水处理流程的内部结构

煤泥水处理的内部结构是由不同处理方法和不同设备组成的选煤加工流程（除下述作业区Ⅰ的分选作业以外均可包含在这部分内容之内）。为便于分析，将炼焦煤选煤厂典型原则流程所包括的作业分成Ⅰ、Ⅱ、Ⅲ、Ⅳ作业区（见图3-14），动力煤选煤厂煤泥水原则流程所包括的作业分成A、B、C作业区（见图3-15）。煤泥水的分选作业通常可分为两个部分，即粗煤泥的回收和细煤泥的（分选）回收。

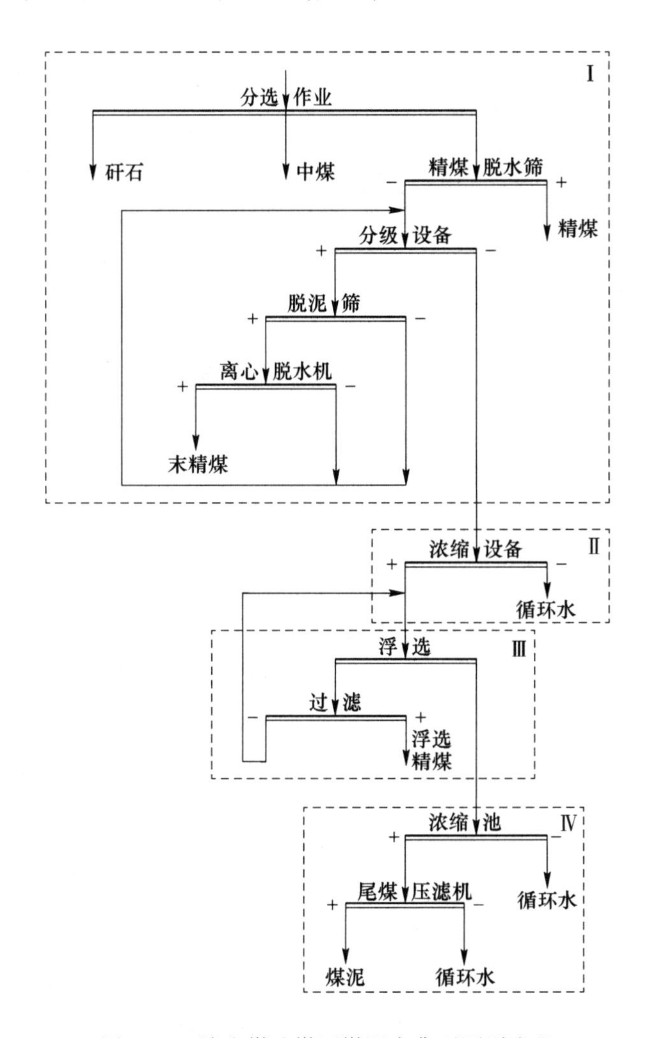

图3-14　炼焦煤选煤厂煤泥水典型原则流程

第一级由作业区Ⅰ或A构成，除原煤的精选外，实质上就是重选产品的脱水和粗煤泥回收作业，它构成煤泥水处理的前半段。

第二级由作业区Ⅱ、Ⅲ、Ⅳ或B、C构成，实质上是煤泥水流程中的细煤泥分选、回收和脱水作业，其任务是进一步回收低灰、有用的煤泥，同时得到洁净的循环水复用，它构成煤泥水处理的后半段。

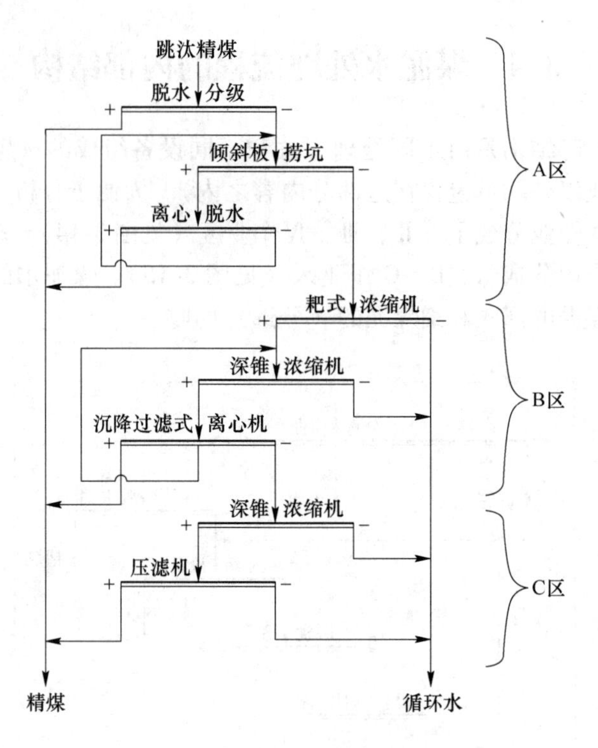

图 3-15　动力煤选煤厂煤泥水原则流程

3.4.1　粗煤泥回收的流程结构

在炼焦煤流程作业区Ⅰ中，除原煤的精选作业外，就是产品的脱水和粗煤泥回收等作业，构成了粗煤泥回收的流程结构。其任务是：（1）对产物进行脱水；（2）回收质量合格的精煤，使之不能进入煤泥水中；（3）排除质量不合格的细煤泥，以便后续浮选作业处理。

粗煤泥粒度范围通常是在上限 2～3 mm，下限约 0.5(0.25) mm 之间。由于新型重介质分选设备的分选下限降低，有时下限也取 0.25 mm 左右。细煤泥粒度上限通常取 0.5 mm。

以下是常见的粗煤泥回收原则流程。

3.4.1.1　脱水筛-斗子捞坑粗煤泥回收流程

脱水筛筛孔常为 13 mm，捞坑回收的粗煤泥经脱泥筛和离心脱水机两次脱水，成为最终产品。捞坑的溢流去细煤泥回收系统。其流程见图 3-16。

流程特点：（1）管理方便，使用可靠，经验丰富，应用较广；（2）能很好地保证浮选的入料上限，但局部有循环量。

适用范围：（1）适用于主选设备分选下限较低时，若分选下限高，将污染精煤质量；（2）不适用于细煤泥含量大的情况。

3.4.1.2　双层脱水筛-角锥池粗煤泥回收流程

双层筛的上层孔径为 13 mm 或 25 mm，下层孔径为 3 mm、1 mm、0.5 mm。角锥池作为粗煤泥回收设备。其流程见图 3-17。

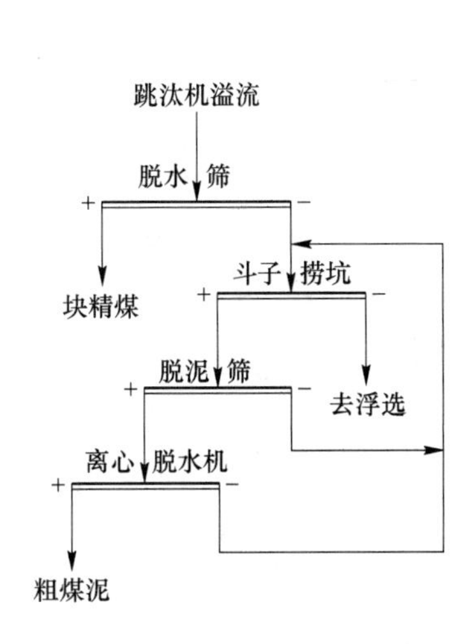

图 3-16　脱水筛-斗子捞坑粗煤泥回收流程

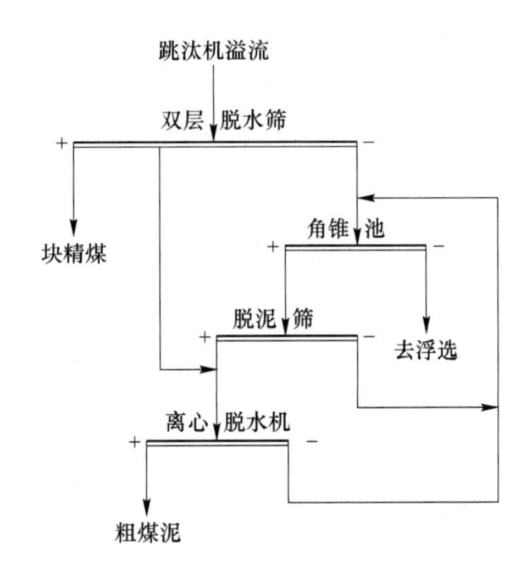

图 3-17　双层脱水筛-角锥池粗煤泥回收流程

流程特点：(1) 进入角锥池的物料量较少，对分级有利；(2) 高灰细泥对精煤的污染较小，主要是因为进入下层筛的水量大，易将筛网上物料表面的细泥冲走，从而提高了脱泥效率；(3) 能很好地保证浮选入料上限，但局部仍有循环量。

适用范围：该流程适用于细泥含量大且灰分较高的情况。

3.4.1.3　斗子捞坑-双层脱水筛粗煤泥回收流程

双层脱水筛的孔径同上。其流程见图 3-18。

流程特点：(1) 主选设备的轻产物全部进入捞坑，流程简单，设备少；(2) 捞坑入料量大，分级精度低，对精煤有一定污染，当主选设备分选下限高时，污染更严重；(3) 由于捞坑捞起物进入双层脱水筛，导致双层筛的脱泥效率低，污染精煤。

适用范围：适用于轻产物含量少，煤泥含量低，且灰分不高的情况。如很多选煤厂的矸石再洗工艺，正是该流程的典型代表。

3.4.1.4　脱水筛-斗子捞坑-旋流器粗煤泥回收流程

该流程与脱水筛-斗子捞坑粗煤泥回收流程相似，增加了粗煤泥回收旋流器。其流程见图 3-19。

流程特点：(1) 系统中循环煤泥量极少，能防止细泥积聚；(2) 能有效地防止粗颗粒物料进入下一道工序。

适用范围：可用于离心机筛缝较宽、浮选入料上限要求较严的选煤厂。

具体采用哪种粗煤泥回收流程，取决于煤泥性质、精煤质量要求和精煤数量等条件。在选煤厂的实际工作中应具体问题具体分析。

随着选煤技术的不断提高，粗煤泥回收的方法也越加多样，工艺也越加完善，出现了利用煤泥重介质旋流器、干扰床（TBS）、水介质旋流器、螺旋分选机等回收粗煤泥的工艺流程。

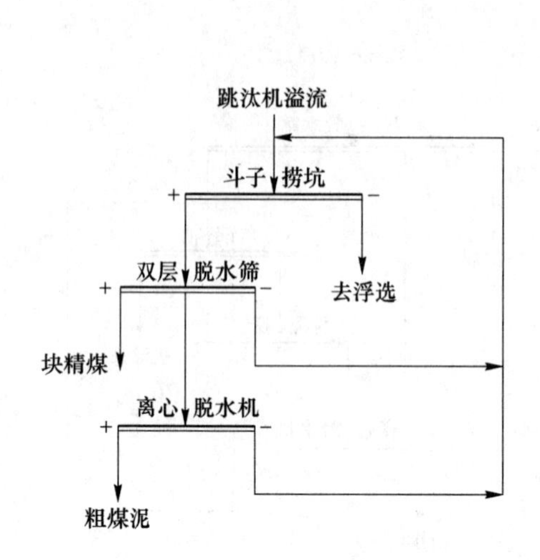

图 3-18 斗子捞坑-双层脱水筛粗煤泥回收流程

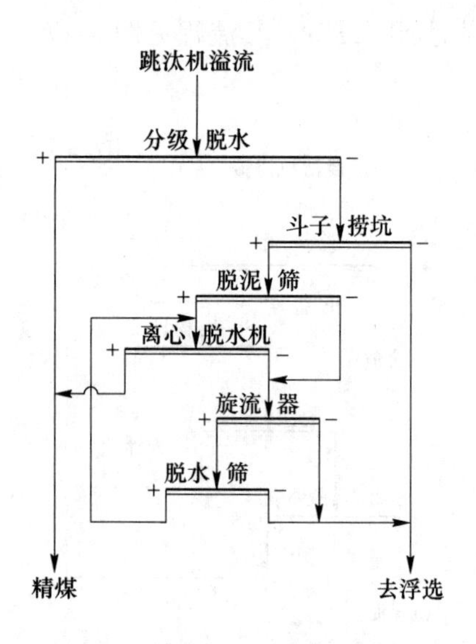

图 3-19 脱水筛-斗子捞坑-旋流器粗煤泥回收流程

3.4.1.5 煤泥重介质旋流器粗煤泥回收流程

煤泥重介质分选是主选采用不脱泥无压三产品重介质分选工艺的配套工艺。由于大直径重介质旋流器本身的分级、浓缩作用，使绝大部分小于 0.5 mm 煤泥与磁性介质中最细的部分一起随轻产物从溢流口排出，这部分物料就是精煤脱介筛下低密度悬浮液（即合格介质）。它是一种煤介混合物料，其中非磁性物就是小于 0.5 mm 的煤泥，正是需要进一步分选的对象。这种在不脱泥重介质分选过程中自然形成的重介悬浮液，恰好是煤泥重介质旋流器的最佳入料，直接用泵送入煤泥重介质旋流器（见图 3-20）分选，其有效分选下限可达 0.045 mm，分选的可能偏差 $E_p = 0.041 \sim 0.078$ kg/L。原则流程如图 3-21 所示。

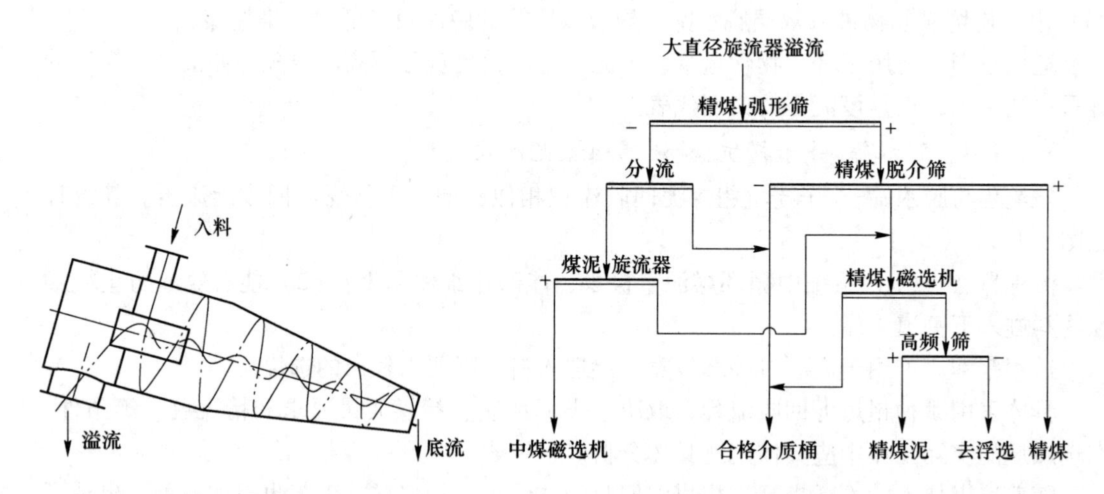

图 3-20 煤泥重介质旋流器

图 3-21 煤泥重介质旋流器分选粗煤泥原则流程

工艺特点：采用煤泥重介质旋流器工艺处理粗煤泥，分选精度高，分选密度宽，对入选原煤质量波动的适应性强。选后产品用煤泥离心机回收，简单易行，设备投资低。但也存在着分选密度难以控制、精煤灰分容易波动、入料中煤泥粒度范围窄及介耗较高等缺点。

3.4.1.6 干扰床（TBS）粗煤泥回收流程

干扰床（TBS）是一种利用上升水流在槽体内产生紊流的干扰沉降分选设备（见图3-22）。由于颗粒的密度不同，其干扰沉降速度存在差异，从而为分选提供了依据。沉降速度大于上升水流速度的颗粒进入干扰床槽体下部，形成由悬浮颗粒组成的流化床层，即自生介质干扰床层。入料中那些密度低于干扰床层平均密度的颗粒将浮起，进入溢流。而那些密度大于干扰床层平均密度的颗粒便穿透床层，进入底流通过底部排料门排出。干扰床分选粗煤泥的原则流程如图3-23所示。

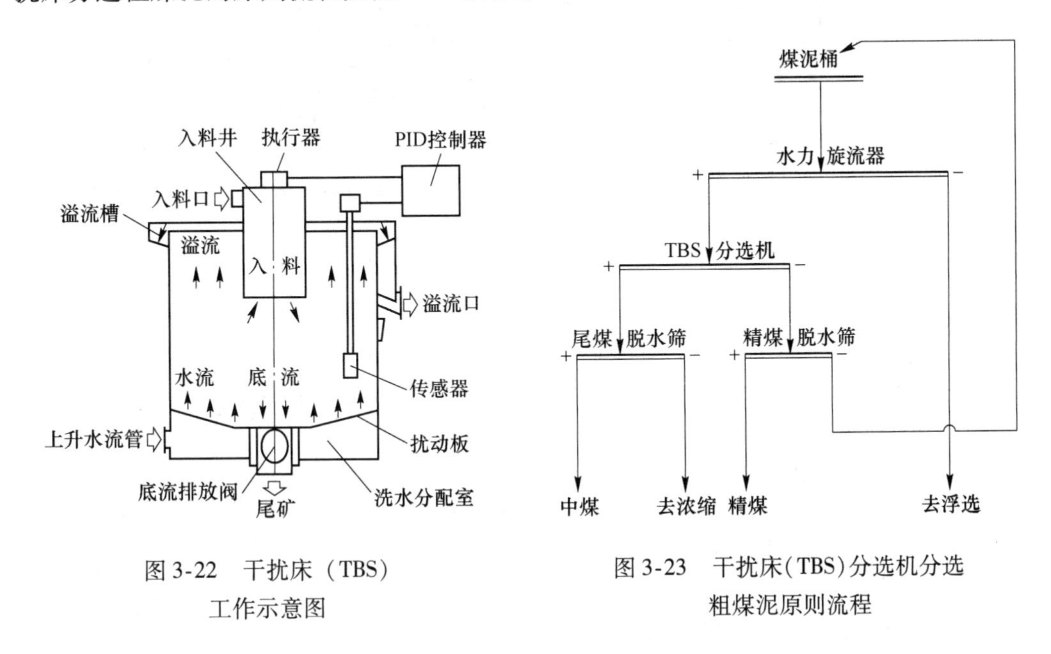

图3-22 干扰床（TBS）工作示意图

图3-23 干扰床（TBS）分选机分选粗煤泥原则流程

工艺特点：干扰床分选机是基于颗粒在液固两相流中的干扰沉降进行分层和分离的，其分选效率和分选精度较高，干扰床能有效分选0.1～4 mm的细粒煤，入料粒度上、下限之比以4∶1为宜，最佳分选粒度是0.25～1 mm的粗煤泥。干扰床设备本身无运动部件，用水量少（10～20 $m^3/(m^2 \cdot h)$ 工作面积），能实现低密度（1.4 kg/L）分选，其可能偏差 E_p 可达0.12 kg/L。其缺点是要求入料的粒度范围较窄，处理量较低。

3.4.1.7 水介质旋流器粗煤泥回收流程

水介质旋流器是用水作分选介质，利用离心力按密度进行分选的设备。其结构与一般旋流器基本相同，不同点是它的锥体角度大一些，如图3-24所示。在分选过程中，锥体部分有一个悬浮旋转床层，可起到类似重介质的作用。

工艺特点：水介质旋流器分选细粒煤，对煤质的适应性强。具有结构简单、无运转部件、操作方便及生产成本低、使用寿命长等优点，但存在分选精度低、分选密度低、精煤产率偏低的缺点。

国内外资料表明，其可能偏差 E_p 为0.09～0.21 kg/L。近年来国内有关单位对水介质旋流器的结构做了较大的改进（如三角锥水介质旋流器，见图3-25），分选精度有了一定改善，不完善度值可达0.18，其有效分选下限为0.25 mm。主要用在粗煤泥分选。原则流程如图3-26和图3-27所示。

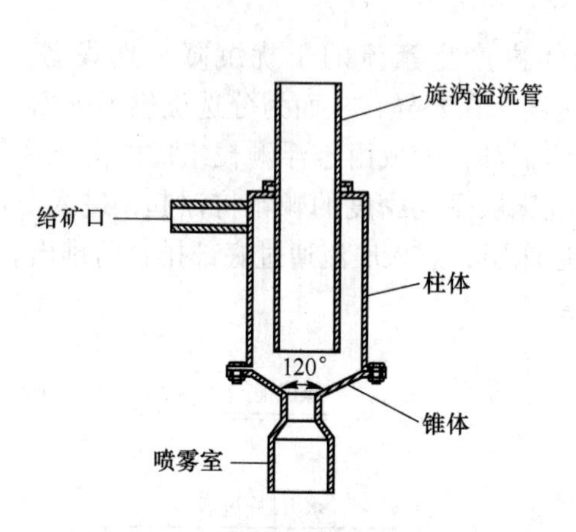

图3-24　水介质旋流器示意图

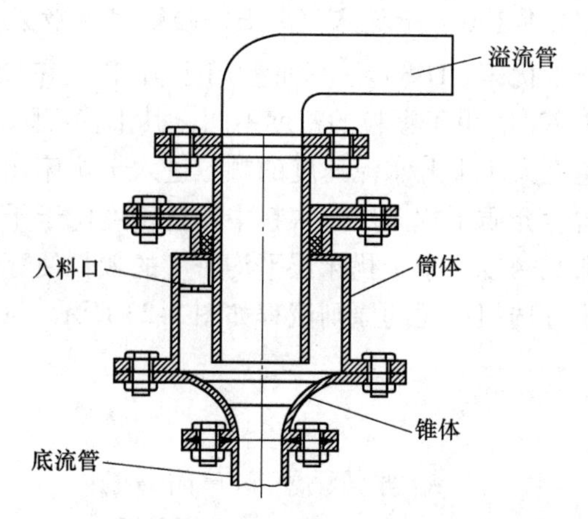

图3-25　三角锥水介质旋流器结构示意图

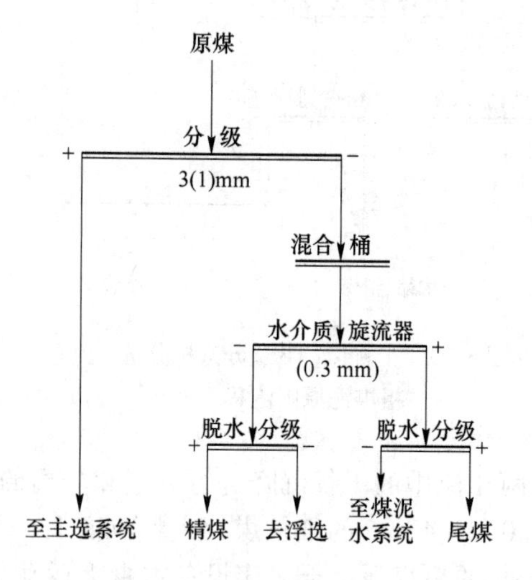

图3-26　水介质旋流器分选粗煤泥原则流程

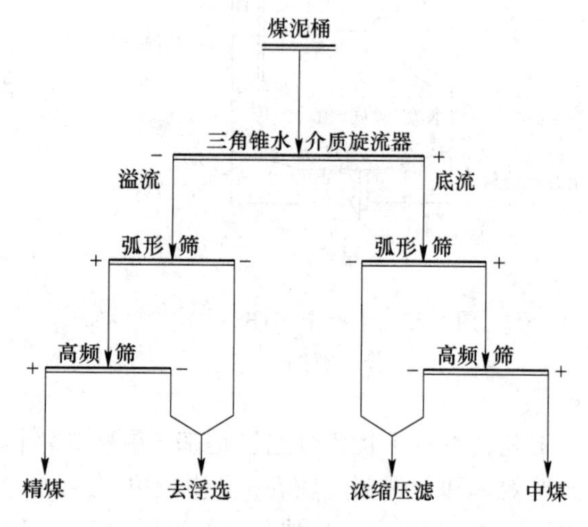

图3-27　三角锥水介质旋流器分选粗煤泥原则流程

3.4.1.8　螺旋分选机粗煤泥回收流程

螺旋分选机结构如图3-28所示。液流在螺旋槽面上运动的过程中，产生了离心力，并在螺旋槽横断面上形成螺旋断面环流。矿粒在螺旋槽中的分选过程大致分为3个阶段：第一阶段是颗粒群按密度分层；第二阶段是轻、重矿粒因离心力大小不同，沿螺旋槽横向展开（分带），这一阶段持续时间最长，需反复循环几次才能完成，这是螺旋分选机之所以设计成若干圈的根本原因；第三阶段运动达到平衡，不同密度的矿粒沿各自回转半径，横向从外缘至内缘均匀排列，设置在排料端部的截取器将矿带分割成精煤、中煤、尾煤三种产品，从而完成分选过程。原则流程如图3-29所示。

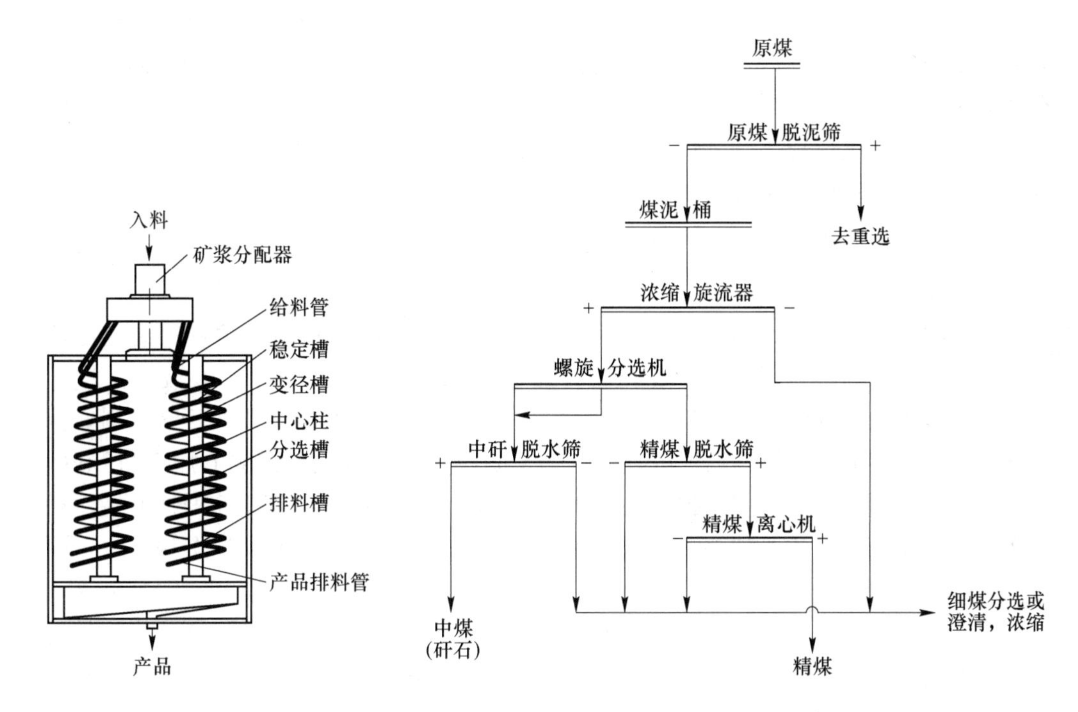

图 3-28　螺旋分选机结构示意图　　　　图 3-29　螺旋分选机分选粗煤泥原则流程

工艺特点：螺旋分选机具有基建和生产费用低、无动力、无运动部件、无噪声、结构简单、便于操作、占地面积小，以及见效快等优点。但其分选精度不高，不完善度仅为0.20～0.25，分选密度难以控制在1.7 kg/L(或1.65 kg/L)以下，因而不宜用在低密度条件下分选低灰精煤产品。螺旋分选机有效分选粒度为0.075～6 mm，但在实际生产中使用最多的分选粒度范围为0.15～2 mm。比较适合用于细粒动力煤和粗煤泥排除高灰泥质与硫化铁。

3.4.2　细煤泥回收的流程结构

作业区Ⅱ、Ⅲ、Ⅳ或B、C称为煤泥水处理系统中的细煤泥回收部分，它们构成煤泥水处理中的后半段，其任务是彻底回收低灰有用煤泥，同时得到洁净的循环水返回再用。

煤泥水处理系统工作好坏，一般有3个判据，即循环水浓度、煤泥厂内回收和洗水闭路循环。

(1) 循环水浓度。对选煤来说，循环水的浓度越低越好，有利于分选作业的进行，提高分选效果，减少细泥对产品的污染。由选后产品带出的煤泥量可知，精煤中煤泥含量随循环水固体含量增加而显著增多；且随产品粒度减小，污染量增大，导致精煤灰分也有所增加。因此，在选煤厂生产过程中，严格控制循环水浓度是非常必要的。

(2) 煤泥厂内回收。煤泥需在厂内回收，不应排出厂外污染环境。这些煤泥粒度极细，很容易形成飞尘，随风飘扬，造成大面积污染。

(3) 洗水闭路循环。选煤厂中所用洗水应全部经过澄清，并返回再用，不应排放至厂外。否则，既造成水资源的损失，又造成选煤厂环境污染。

动力煤选煤厂一般不设分选作业，细煤泥仅需通过分级、浓缩、过滤方式最大限度地得到回收。炼焦煤选煤厂不但要充分回收细煤泥，同时更重要的是保证煤泥质量。因此要有分选作业，最常用、最有效、最经济的方法仍是浮选。

以下仅对炼焦煤选煤厂细煤泥浮选的原则流程及内部结构加以分析。

3.4.2.1 细煤泥浮选的原则流程

煤泥浮选的原则流程有3种形式：浓缩浮选流程、直接浮选流程、半直接浮选流程。

A 浓缩浮选流程

所谓浓缩浮选流程，就是全部煤泥水（包括斗子捞坑的溢流、角锥沉淀池溢流、旋流器回收粗煤泥的旋流器溢流、煤泥回收筛筛下水及离心脱水机的离心液等）进入大面积的浓缩设备进行浓缩，浓缩设备溢流作循环水，其底流经稀释后作为浮选入料。浮选尾煤排出厂外废弃或进行沉淀后回收使用。为了防止因煤泥回收筛或离心脱水机筛网破损，粗粒物料进入浮选，致使粗粒损失在尾矿中，常将煤泥回收筛的筛下水及离心脱水机的离心液返回到原分级设备，如斗子捞坑、角锥沉淀池等设备中，进行再次分级。

a 流程基本组成

通常将流程划分为4个作业区，即选煤脱水作业区Ⅰ、浓缩作业区Ⅱ、煤泥精选脱水作业区Ⅲ及尾煤浓缩压滤作业区Ⅳ。以上4个作业区是选煤厂的基本组成部分。相同的作业区可以用不同的设备，如分级作业可用斗子捞坑，也可用角锥沉淀池，还可用倾斜板及水力分级旋流器等。

b 工作效果分析

选煤厂中各作业所用设备容积、用水量均很大，为了降低循环水的浓度，应做到洗水闭路循环，避免煤泥在系统中循环积累，生产过程中要注意两个问题：一是水量平衡问题；二是细泥排除问题。长期生产实践的经验表明，浓缩浮选存在着下面两个缺点。

（1）细泥不能从系统中排除。在浓缩浮选流程中，全部煤泥水都进入浓缩设备，在重力场中进行沉降，一些细粒和极细粒物料沉淀困难。而且，随浓度增大，沉淀更加困难。实际在浓缩设备中，只能沉淀部分煤泥，其余均进入溢流，在系统中反复循环，逐步累积。在循环过程中，由于煤泥量增大，加大了浓缩设备的负荷。还由于颗粒在循环中，经过多次泵送，不断破碎和泥化，粒度更细，进一步恶化了浓缩设备的沉降效果，使溢流中的煤泥量增大，增加细泥在系统中循环。

（2）水量不易平衡。由于细泥不能很好地从系统中排除，循环水中循环累积的煤泥量越来越多，增大了洗水浓度，严重影响跳汰选煤的效果。为了维持循环水浓度在合理的水平上，不可避免地要定期或不定期地排放高浓度的煤泥水。一方面造成煤泥的流失，另一方面使洗水不能全部复用，增加了系统的补加清水量，造成水量不平衡。

为了解决洗水浓度过高、浮选补加清水量过大的问题，一些选煤厂对所采用的浓缩浮选流程进行了改革，采用浓缩机底流大排放的办法，增大浓缩设备底流排放量，提高浓缩设备的沉淀效率，降低循环水浓度，减少浮选补加清水量，使水量达到平衡。对采用浓缩浮选流程的选煤厂，这是一项有效的改进措施。

B 直接浮选流程

为了克服浓缩浮选流程的缺点，对工艺进行改革，国内外都在推广直接浮选的煤泥水处理流程。

a　直接浮选流程的推导

如果将图 3-14 中的 4 个作业区以 4 个方块表示，并对进入各作业区的煤泥进行平衡，则得到如图 3-30 所示的煤泥分配关系，其中：Q_0 表示原煤新带进系统的煤泥；a 表示由产品带走煤泥占新进入系统煤泥的比值，通常产品带走的煤泥量很少，因此 a 值较小；b_1 表示浓缩作业的沉淀效率，指经沉淀的煤泥量占作业入料煤泥量的比值；尾煤浓缩过滤作业区也有一个效率，以 b_2 表示。

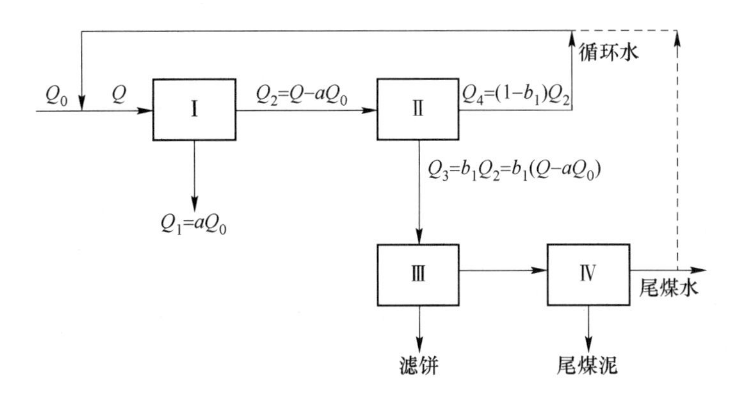

图 3-30　煤泥在系统中的分配

尾煤作业区Ⅳ通过絮凝浓缩沉降，再经高效压滤设备把关，可使浮选尾煤中的固体颗粒基本上全部沉淀下来，即 $b_2 \approx 1$，尾煤澄清水的浓度可近似等于零。

根据平衡关系，进入系统的新煤泥量 Q_0 应等于系统中各产物排出煤泥量的总和。进入作业区Ⅰ的煤泥量 Q，应该是 Q_0 和循环水中所带循环煤泥量 Q_4 之和，即

$$Q = Q_0 + Q_4 = Q_0 + (1 - b_1)(Q - aQ_0)$$

经整理后得

$$\frac{Q}{Q_0} = \frac{1 - a(1 - b_1)}{b_1} \tag{3-10}$$

循环煤泥和新进入系统煤泥的比值称为循环系数，以 K 表示。图 3-30 所示流程的循环系数 K_1 为

$$K_1 = \frac{Q_4}{Q_0} = \frac{Q - Q_0}{Q_0} = \frac{(1 - a)(1 - b_1)}{b_1} \tag{3-11}$$

循环系数 K 值越大，说明循环煤泥量越大，循环水的浓度越高。因此，循环系数是表征煤泥水系统工作成效的指标。此外，从式（3-11）还可看出 a 和 b_1 值越大，K 值就越小。但 a 值增大，表明煤泥对精煤的污染增加。b_1 则与煤质、设备及操作因素有关。原煤中含易泥化的黏土物质少、澄清设备的性能优、单位面积负荷小等均能提高沉淀效率 b_1 值。在其他效率相同时，澄清设备多排底流，底流的浓度尽量稀一些，不做过分的浓缩，也能显著提高沉淀效率。由实际生产技术检查资料中可得到，a 值常为 0.2～0.4，b_1 值为 0.2～0.5。如取 $a = 0.2$，$b_1 = 0.3$，则得到

$$K_1 = (1 - 0.2)(1 - 0.3)/0.3 = 1.87$$

K_1 的数据表明，进入系统的新煤泥量如果是 1 t，那么实际在系统中的煤泥量为 2.87 t。

图3-30中浓缩设备的溢流水，若分出一部分作为浮选入料的稀释水，其数量占浓缩设备溢流量为 n（n 为小数），此时可得到如图3-31所示的煤泥分配关系。

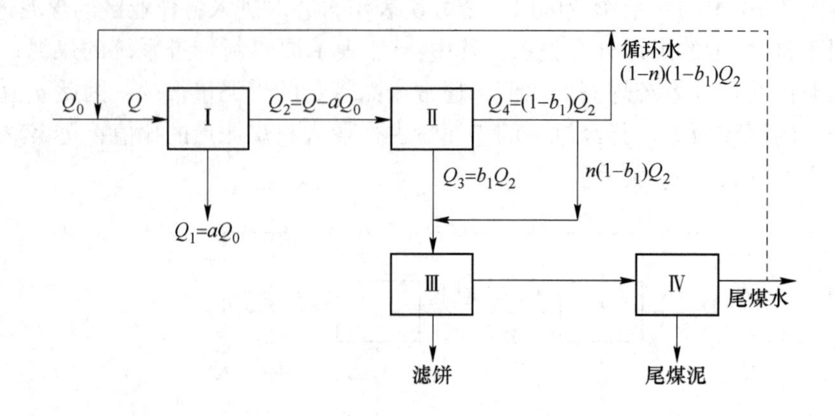

图3-31 浓缩设备溢流水，分出部分作浮选稀释水时的煤泥分配

如图3-31所示，循环煤泥量发生了变化，为 $(1-n)(1-b_1)Q_2=(1-n)(1-b_1)(Q-aQ_0)$，经整理后可得变化后的循环系数，以 K_2 表示：

$$K_2=\frac{(1-n)(1-a)(1-b_1)}{1-(1-n)(1-b_1)} \tag{3-12}$$

如果分出的数量占浓缩设备溢流量的0.2，a、b_1 值不变，此时

$$K_2=\frac{(1-0.2)(1-0.2)(1-0.3)}{1-(1-0.2)(1-0.3)}=1.02$$

循环煤泥量降低很多，几乎为原来的一半。

从式（3-12）可见，n 值越大，K_2 值越小。因此，增大 n 值对降低循环煤泥量、降低洗水浓度，促使细泥从系统中排出是有利的。但是，分出浓缩设备的溢流水作浮选稀释水，实际上是使一部分已经分离的溢流和底流重新混合，降低了设备的利用率。可以设想，若让这部分物料不经过浓缩设备，直接去浮选，也可以起到同样的作用。此时，图3-31改变为图3-32的形式。

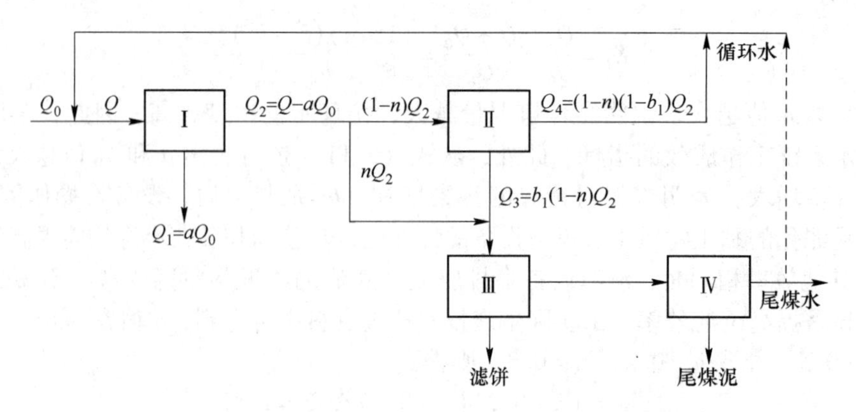

图3-32 部分煤泥水不经浓缩，直接去浮选的流程

改变后的流程，循环煤泥量仍为$(1-n)(1-b_1)Q_2$，经推导得出的循环系数K值也仍为式（3-12）的形式。但如前述，n的意义已发生了变化。因此，实际循环系数的数值要比图3-31的小。因为，分出部分煤泥水不经浓缩，直接去浮选，减少了进入浓缩设备的负荷量，即降低了浓缩设备的单位面积负荷，使沉淀效率b_1提高，降低了循环煤泥量。

假定，分出煤泥水n仍取0.2，而沉淀效率b_1由0.3提高到0.4，此时可得K_3为

$$K_3=\frac{(1-0.2)(1-0.2)(1-0.4)}{1-(1-0.2)(1-0.4)}=0.74$$

可见，循环煤泥量又有所降低。

只要浮选设备有足够能力，满足按矿浆体积计算的处理能力，n值就可以不受限制地增加，一直增加到全部煤泥水不经浓缩，直接去浮选。因而，省去了浓缩作业。此时，循环水全部由浮选尾煤经澄清后返回使用。

显然，当$n=1$时，循环水中基本没有煤泥。因此，循环系数等于零，即$K_4=0$。

这种简化的煤泥水流程称为直接浮选流程，如图3-33所示。

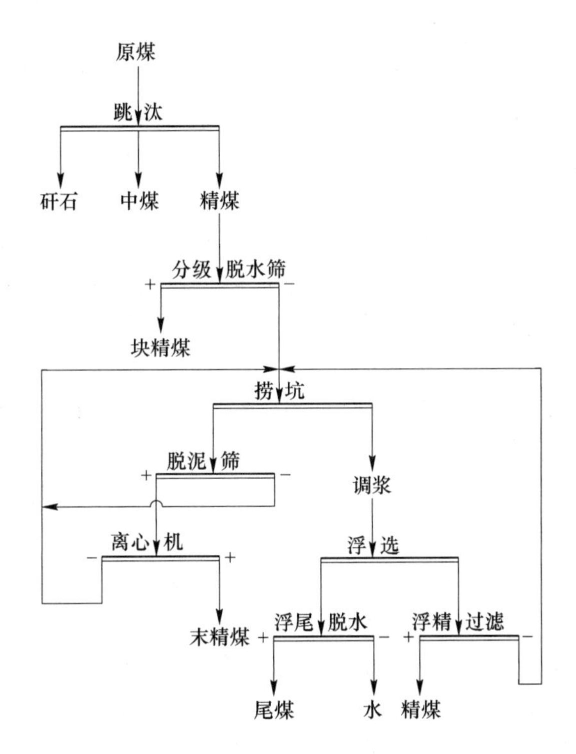

图3-33　直接浮选流程

b　直接浮选流程的优点

直接浮选流程具有下述优点：

(1) 作业数减少，流程简化。直接浮选流程取消了起浓缩作用的庞大浓缩设备，因此流程简化、管理方便，并降低了基建费用，减少了维修工作量。

(2) 提高煤泥的可浮性。省去了浓缩作业，缩短煤泥在水中的浸泡时间，使煤粒表面疏水性提高，增加煤和矸石表面性质的差别，提高煤泥的可浮性，从而使精煤回收率

提高。

(3) 提高煤泥浮选的选择性。采用直接浮选时，由于没有循环煤泥，因此减少了煤泥泵送次数，减轻了泥化现象，克服细泥选择性差的弊端，也减少了极细粒泥质杂质在煤粒表面覆盖的现象，使煤泥浮选过程的选择性提高，改善精煤质量。

(4) 提高其他作业效果。由于从系统中排除了细泥，降低了洗水浓度，提高了分选效果，减少了清水用量，使水量易于平衡。取消浓缩作业，可以解决浮选滞后水洗的现象，使浮选入料的粒度和浓度较为均匀，提高工时利用率，并可提高过滤作业的效果。

由此可见，直接浮选与浓缩浮选相比有较大的优越性。特别在简化流程、从系统中排除细泥、降低洗水浓度、促使洗水闭路循环及提高煤泥水系统的工作效果等方面有很大的前途。

c 直接浮选流程的使用条件

直接浮选虽有很多优点，但一些选煤厂使用该流程的生产实际结果表明，通常存在浮选入料浓度过低的现象。为了保证浮选入料有较合适的浓度，充分利用浮选设备，并有较稳定的操作条件，采用直接浮选流程，应具备下列条件：

(1) 控制选煤脱水作业区的用水量。采用直接浮选流程时，选煤脱水作业区的水量除由该作业区排出的产品带走外，全部进入浮选。如果水量不受控制，势必造成浮选入料浓度过低，致使浮选操作困难，并增加浮选机台数。采用直接浮选流程时，其浮选入料的理想浓度为60～80 g/L。

(2) 浮选前设置适当容积的缓冲池。浓缩浮选时，浮选入料为浓缩设备的底流。容积庞大的浓缩设备可起到缓冲作用，对原煤的含泥量及用水量进行调节。直接浮选取消了浓缩设备，为了提高浮选效果，稳定浮选操作，浮选前可设置适当容积的缓冲池，以调节各种因素的变化。

(3) 浮选尾煤需彻底澄清。使用直接浮选流程后，浮选尾煤澄清溢流水是选煤所用循环水的唯一来源。浮选尾煤粒度细、灰分高，不经彻底澄清，随循环水进入选煤作业后极易沾在块精煤的表面上，造成精煤污染。因此，浮选尾煤必须彻底澄清。

C 半直接浮选流程

直接浮选时，一些选煤厂浮选入料浓度甚至低于40 g/L。为了保证浮选入料浓度，可以采用半直接浮选流程，一般有两种情况：

(1) 部分浓缩，部分直接浮选。水力分级设备分出小部分溢流水不经浓缩直接作为浮选入料稀释水，既可保证浮选入料浓度，减少清水补加量，又可减轻浓缩机负荷，提高沉降效果，降低循环水中煤泥的循环量。该流程如图3-34所示。

该流程与浓缩浮选相比，可减少浓缩机的面积和台数。不是全部细煤泥在循环水中闭路循环，煤泥水中一部分细泥通过浮选尾煤排出系统，循环水浓度可以保持稳定。由于浮选入料为水力分级设备的溢流和浓缩机底流两种不同浓度的物料混合组成，可以通过调节直接浮选的煤泥水流量和调节浓缩机底流的排放浓度来获得最佳的浮选浓度。该流程也存在一些缺点：达不到直接浮选流程清水选煤的水平；浓缩机并未取消，工艺环节与浓缩流程一样多，仍有一部分细泥在循环水中泥化循环；生产管理不方便，体现在浮选作业滞后重选作业，浮选工艺参数（浓度、入料量、入料组成、加药制度）变化频繁，增加管理

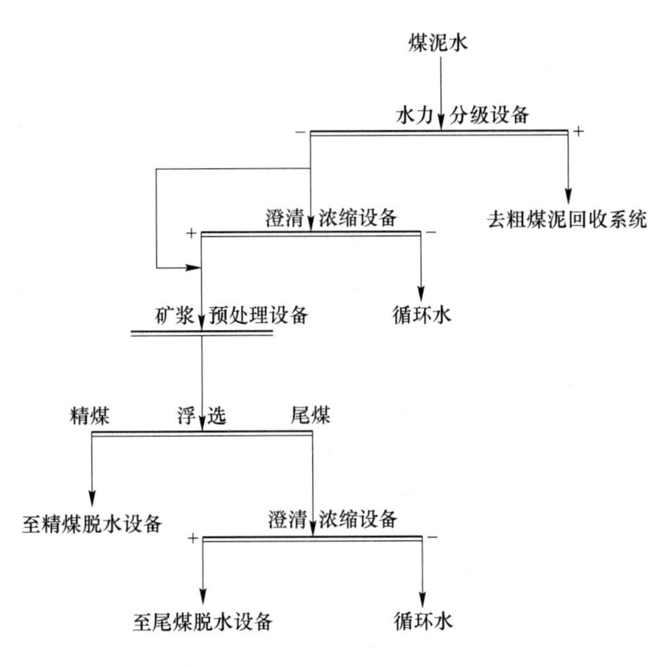

图 3-34 部分浓缩，部分直接浮选流程

难度，不利于实现浮选过程的自动化控制。

（2）部分循环，部分直接浮选。水力分级设备的一部分溢流直接去浮选，另一部分溢流返回与尾煤浓缩机澄清水混合在一起作为循环水使用，流程如图 3-35 所示。这种流程与全部直接浮选流程一样，取消了煤泥浓缩机，简化了流程。

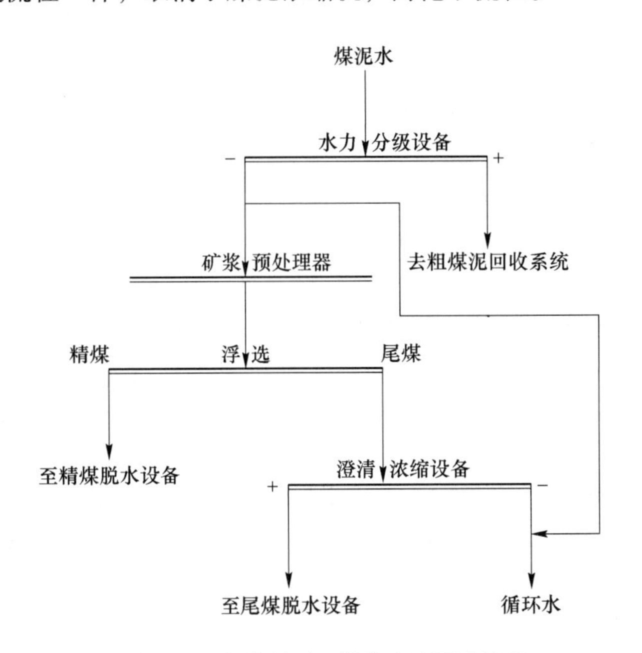

图 3-35 部分循环，部分直接浮选流程

该流程分两种情况：1）重选分设有主、再选水力分级设备（如捞坑）的大型厂，再

选入料通常是主选中煤，分选过程的大量煤泥都随主选精煤通过脱水筛进入主选捞坑。进入再选的煤泥量很少。再选捞坑溢流水浓度较低，常在 10 g/L 左右。据此，主选、再选分设捞坑后，主选捞坑的溢流水作浮选入料，因有较高的浓度；再选捞坑溢流水因其浓度较低，可以考虑直接作循环水。2）主、再选不分设水力分级设备的中、小型厂，可分出一部分溢流水作再选循环水，这样既减轻了入浮选矿浆量，又可适当提高浮选浓度。因再选本身煤泥量少，循环水中即使带进一些煤泥也不致影响分选效果。该流程有一定的循环量，不能彻底从系统中排除细泥，仅在细泥含量少时采用。但再选量较少，循环量通常不大，对分选影响较小。

采用三产品重介质旋流器选煤技术与直接浮选联合工艺流程的选煤厂，由于其吨煤用水量不超过 2 m^3，远远小于跳汰选煤的水量，一般不会存在入浮煤浆浓度过低、入料流量过大的问题。采用预先脱泥干扰床回收粗煤泥工艺时，由于水量较大，直接浮选入料浓度有时会偏低，应适当控制水量。另外，生产管理中随时控制好机械分级设备的粒度，避免粗粒进入浮选作业。

3.4.2.2　细煤泥浮选流程的内部结构

相对于金属矿来说，细煤泥的浮选流程简单，可根据煤泥性质、对精煤质量要求和规模等因素选择合适的流程内部结构。常用的煤泥浮选流程内部结构如下：

（1）一次浮选（粗选）。如图 3-36 所示，适用于易选或中等易浮煤泥，或精煤质量要求不高时。特点是流程简单，水、电消耗量小，便于操作管理，处理量大。

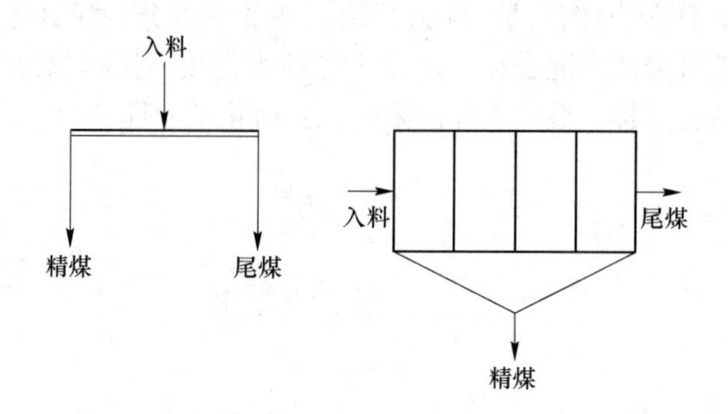

图 3-36　一次浮选流程

（2）中煤再选。如图 3-37 所示，中煤可返回再选或单独再选，适用于较难浮煤泥，可保证精煤、尾煤质量。返回再选可将粗选后的 1 ~ 2 室泡沫返回前几室浮选，以提高精煤回收率或降低其灰分；单独再选对降低灰分、提高精煤产率有利，但增加了设备，加大了管理难度。

（3）精煤再选。如图 3-38 所示，适用于高灰细泥含量大的难浮煤或对精煤质量要求高时。由于增设了浮选机，流程、操作、管理较复杂，水、电消耗量也较高。可采用大型浮选机解决。

（4）三产品浮选。同时出精煤、中煤和尾煤三个产品，比二产品更容易保证精煤和尾煤质量，如图 3-39 所示。该流程分简单和复杂两种形式，适用于浮选入料中煤含量较大，精煤、尾煤指标要求较高，二产品难以达到要求时。但要增加一套中煤过滤设备。

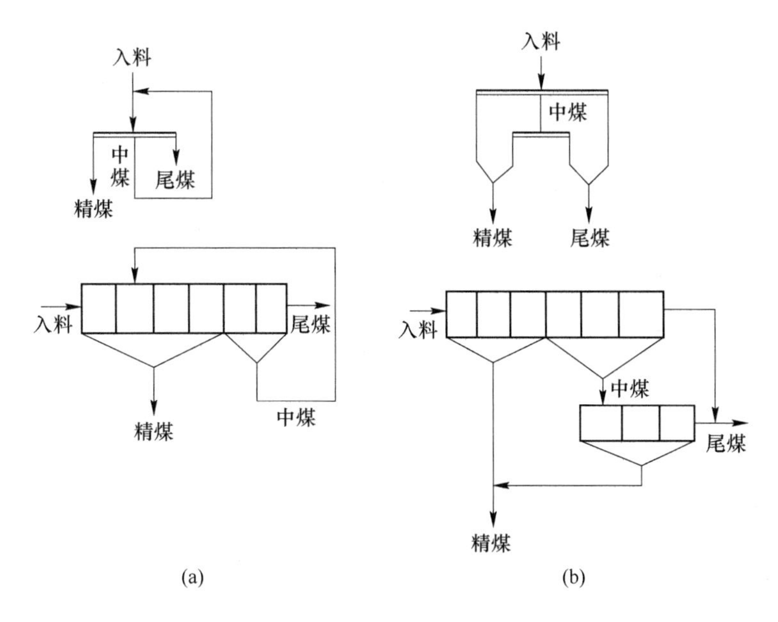

图 3-37 中煤再选流程

（a）中煤返回再选；（b）中煤单独再选

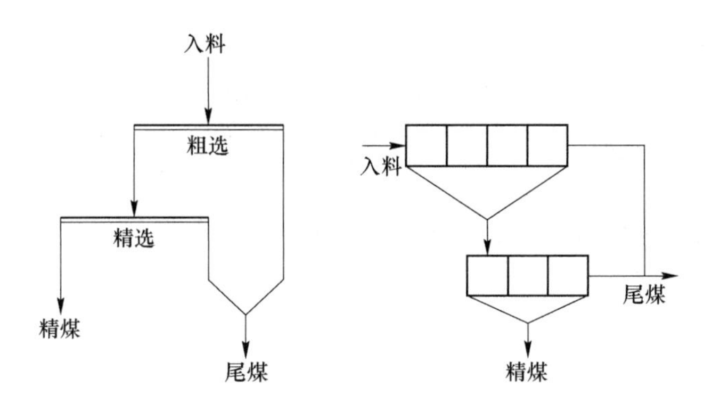

图 3-38 精煤再选流程

我国多采用一次浮选，如一次浮选精煤不合要求时需用精选作业。粗选、精选所需室数可根据所需的浮选时间确定，粗选时间应比精选长。因此粗选时可采用较高浓度，精选时采用较低浓度。一般经一次精选，灰分可降低 1 ~ 2 个百分点，但处理量要降低。具体流程应根据实验室和工业性试验确定。

3.4.2.3 细煤泥产品的脱水回收作业

细煤泥产品对于炼焦煤选煤厂来说主要是指浮选精煤和浮选尾煤，对于动力煤选煤厂一般是指经水力分级后产生的高灰细粒级煤泥。

A 浮选精煤的脱水回收

浮选精煤固体含量一般在 200 ~ 400 g/L，伴随着一定泡沫存在。传统的浮选精煤脱水均采用真空过滤机，滤液返回浮选作业，脱水后产品掺入重选精煤作为最终产品。由于真

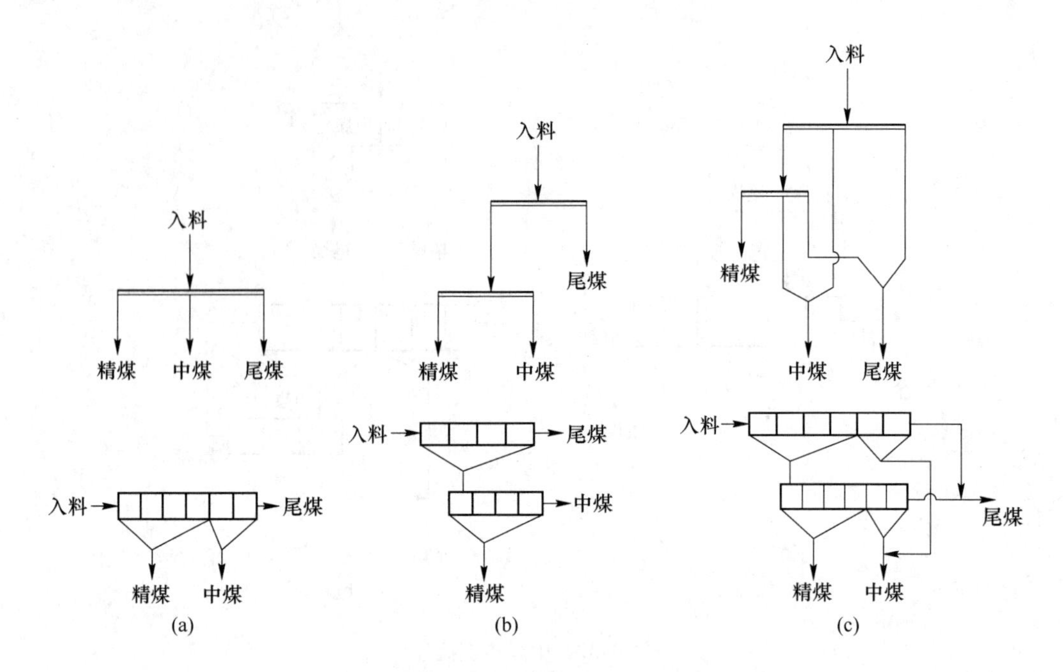

图 3-39 三产品浮选流程

（a）一次浮选出三产品；（b）精煤再选；（c）一次浮选出三产品精煤再选

空过滤压差小，浮选精煤量大时水分偏高，导致总精煤水分上升，精煤质量难以保证。

目前，浮选精煤脱水大多使用加压过滤机、隔膜挤压压滤机及沉降过滤式离心脱水机，不仅滤饼水分大大降低，而且滤液中固体含量也低，运营成本下降，工艺系统生产稳定。

在严寒地区为了防止精煤在储运中冻结，或是用户对精煤水分有严格要求时，还需经过热力干燥进一步降低水分。

B 浮选尾煤的脱水回收

浮选尾煤粒度细、浓度低、黏度大，必须采用合适的分级、浓缩沉降、过滤设备进行处理，以保证得到洁净的循环水。

浮选尾煤浓度一般为1% ~4%，需先经浓缩设备处理后再进行回收。为了提高浓缩、澄清效果，常在浓缩设备中添加絮凝剂。浓缩物水分可降至50%左右，再进一步经机械脱水，其水分将降到30%左右。

浮选尾煤脱水机械有很多种，其中压滤机工作效果最佳，如采用快开隔膜压滤机，滤饼水分可达20% ~25%，滤液基本是清水，比较容易实现洗水闭路循环。因此，很多选煤厂将压滤机作为煤泥厂内回收、洗水闭路循环的把关设备。同类设备还有带式压滤机、折带真空过滤机等，均可用于浮选尾煤脱水，但效果均不如压滤机。对于浮选尾煤粗粒含量较多，煤泥量少的小型选煤厂也可用沉降过滤式离心脱水机脱水。真空过滤机不适合处理浮选尾煤，原因是浮选尾煤灰分高、粒度细、所得的滤饼薄、水分较高。

浮选尾煤处理工艺主要有以下几种形式：

（1）浓缩—压滤回收工艺。该工艺也称全压滤流程。浮选尾煤经过一次浓缩，底流全部通过压滤机处理，如图3-40所示。该流程在一次浓缩效果较好的条件下，可以最大限度地避免循环水中细泥的积聚，浓缩机的溢流和压滤机的滤液可作为选煤厂循环水使用。适用于厂型小、煤泥量少或粒度组成细、灰分高、过滤性能差的选煤厂。

（2）浓缩—分级—压滤回收工艺。当浮选尾煤中粗粒、细粒含量接近时，用分级旋流器对浓缩后的底流进行分级，分级后的粗粒物料用高频振动筛或沉降过滤式离心机进行回收，分级的细粒物料用压滤机回收，如图 3-41 所示。该流程可避免细粒级在循环水中的积聚，减少压滤机数量和降低投资，适用于大中型选煤厂。

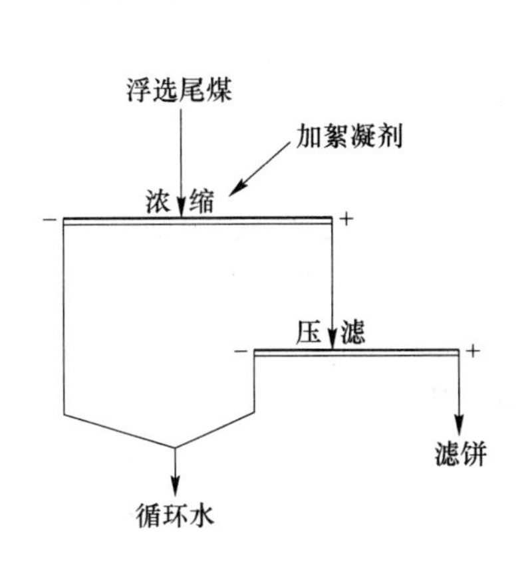

图 3-40　浓缩—压滤回收工艺流程

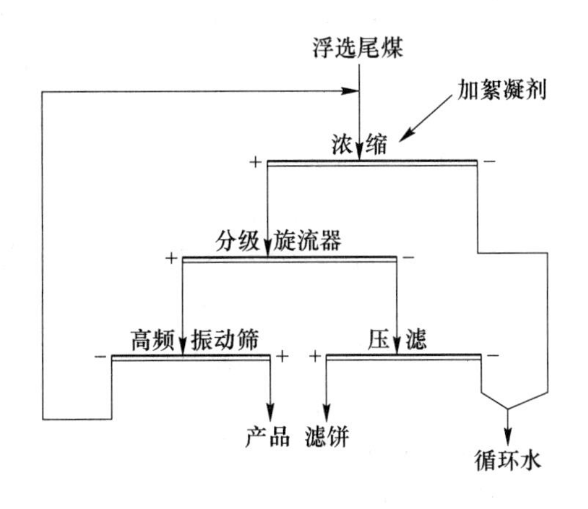

图 3-41　浓缩—分级—压滤回收工艺流程

（3）浓缩—分级—浓缩—压滤回收工艺。浮选尾煤经过浓缩后，底流用沉降过滤式离心机或高频振动筛回收，溢流与离心机的滤液进行再次浓缩，其底流用压滤机回收，滤液作为循环水，如图 3-42 所示。该工艺流程采用一段浓缩和一段回收来回收浮选尾煤中

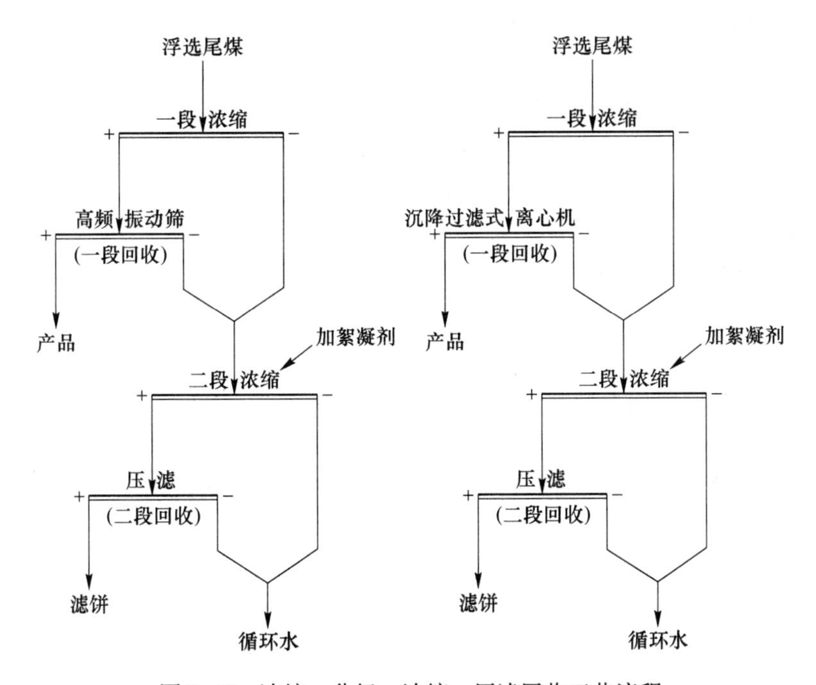

图 3-42　浓缩—分级—浓缩—压滤回收工艺流程

较粗粒级部分，可将其掺入洗混煤或洗末煤，提高经济效益；用二段浓缩和二段回收对一段未能回收的细粒级部分进一步回收，确保获得洁净的循环水。此流程的一段为粗粒级的自然沉降，二段为细粒级的絮凝强化沉降。一段粗粒级的回收可用沉降过滤式离心机或高频振动筛。

C　动力煤选煤厂煤泥脱水回收

动力煤选煤厂煤泥水系统中通常无煤泥分选工艺，直接经过分级、浓缩、澄清作业得到洁净的澄清水作为循环水，底流采用适合不同粒度的脱水设备（如快开隔膜压滤机等）将固体尽量回收。由于不经过分选作业，所以煤泥水浓度一般较高。当原煤变质程度较低、易泥化时，会造成浓缩、澄清设备效果差、溢流浓度高、底流浓度低、脱水设备出现堵、糊、挂现象和效率低的问题。

浓缩、澄清设备使用最多的几种依次为浓缩机、旋流器、沉淀塔、深锥浓缩机等。目前有一些选煤厂选用高效浓缩机和倾斜板沉淀设备来进行煤泥水的浓缩。

3.5　选煤厂洗水闭路循环

为了减少环境污染、避免资源浪费，选煤厂的设计、生产过程中必须做到洗水闭路循环、煤泥厂内回收。

3.5.1　选煤厂洗水闭路循环的三级标准

选煤厂洗水闭路循环的三级标准是为了防止环境污染、节约用水、增加经济效益和社会效益而制订的，其中一级标准的要求最高。

（1）一级标准：

1）实现清水洗煤，洗水实现动态平衡，不向厂区外排放，单位补充水量指标见表3-5；

2）煤泥全部在厂房内由机械回收；

3）设有缓冲池或浓缩池，并有完备的回水系统；

4）主选工艺为重介质选煤的选煤厂洗水浓度不大于0.5 g/L，主选工艺为跳汰选煤的选煤厂洗水浓度不大于5 g/L；

5）年入选原料煤量达到设计能力的70%以上。

（2）二级标准：

1）洗水实现动态平衡，不向厂区外排放，单位补充水量指标见表3-5；

2）煤泥全部在厂房内由机械回收；

3）设有缓冲池或浓缩池，并有完备的回水系统；

4）主选工艺为重介质选煤的选煤厂洗水浓度不大于1.5 g/L，主选工艺为跳汰选煤的选煤厂洗水浓度不大于10 g/L；

5）年入选原料煤量达到设计能力的50%以上。

（3）三级标准：

1）洗水实现动态平衡，不向厂区外排放，单位补充水量指标见表3-5；

2）煤泥全部在厂区内由机械回收；

3）沉淀池等沉淀澄清设施有完备的回水系统；

4）主选工艺为重介质选煤的选煤厂洗水浓度不大于5 g/L，主选工艺为跳汰选煤的选煤厂洗水浓度不大于30 g/L。

表3-5　选煤厂洗水闭路循环等级划分对照表

等　级			一级	二级	三级
是否向厂区外排放水			否	否	否
单位补充水量/$m^3 \cdot t^{-1}$	入选原料煤外在水分≥7%	入选下限50 mm	<0.030	<0.035	<0.040
		入选下限25 mm	<0.033	<0.039	<0.045
		入选下限13 mm	<0.040	<0.048	<0.055
		入选下限0 mm	<0.050	<0.060	<0.070
	入选原料煤外在水分<7%	入选下限50 mm	<0.055	<0.060	<0.065
		入选下限25 mm	<0.060	<0.067	<0.074
		入选下限13 mm	<0.070	<0.078	<0.085
		入选下限0 mm	<0.085	<0.095	<0.105
洗水浓度/$g \cdot L^{-1}$	重介质选煤		≤0.5	≤1.5	≤5.0
	跳汰选煤		≤5.0	≤10.0	≤30.0
煤泥回收			厂房内	厂房内	厂房内
年入选原料煤量达到设计能力的百分比/%			≥70	≥50	不要求

3.5.2　实现洗水闭路循环的措施

选煤厂的煤泥水系统是问题最多、最难解决的环节。不少选煤厂生产不正常，问题都出在煤泥水处理环节上。其原因有两点：一是管理不善，二是设备不配套。

（1）提高管理水平，建立洗水管理规章制度，加强洗水管理，减少清水用量，使水量平衡。

1）专人管理，清水计量。为了加强洗水管理，选煤厂应派专人管理洗水，并应对清水进行计量，做到用水心中有数。及时掌握洗水变化规律，做出适当调整，适应原煤可选性变化、原煤中含泥量变化等的要求。

2）减少各作业用水量。尽量减少各作业用水量，包括循环水和清水的用量，以便降低系统中各设备按矿浆体积计算的单位负荷，减少各作业的流动水量，方便洗水的管理。

3）补充清水的地点应慎重考虑。清水应补加在最需要的地方，如脱泥筛和脱水筛上。尤其是脱泥筛，在回收的粗煤泥中，通常均带有相当数量的高灰细泥。为了保证精煤灰分，降低高灰细泥对精煤的污染，应加部分清水对其进行喷洗。只有在产品带走水量多、清水有余量时，才可用到其他作业。严格禁止用清水冲刷地板。

4）加强洗水管理。各处滴水、冲刷地板的废水或检修、事故排放水均应管理好，集中设立水池作缓冲。经充分澄清处理后，其底流和溢流分别送到有关作业进行处理。

5）据循环水的水质决定用途。通常，再选含泥量较少，因此可以使用浓度较高的循环水，而将浓度低的循环水留给主选，可提高主选的分选效果。分级入选时，块煤可应用高浓度的循环水，末煤则应用低浓度的循环水。

6）各作业之间的配合。各作业之间应互相衔接配合，要有全局观点。

（2）设备能力满足需要。选煤厂的浓缩、澄清和煤泥回收，包括脱泥筛、过滤、压滤等设备的处理能力，应满足现有生产的需要。

很多选煤厂洗水不能闭路循环，煤泥未能实现厂内回收，其原因在于某些设备处理能力不足。例如，如果过滤设备处理能力不足，大量煤泥在浮选、过滤作业中进行循环，使浮选机的实际处理能力降低。对于使用浓缩浮选的选煤厂，会导致浓缩机溢流水浓度急剧增高。浓缩机的溢流水是水洗作业最主要的水源，浓度过高会严重恶化分选效果。为了保证生产过程正常进行，补救的办法是大量补加清水，造成向厂外排放煤泥，污染环境，并使洗水不能达到平衡。

因此，首先应在设计上对这些环节予以高度重视，充分考虑原煤性质，如原生煤泥量、次生煤泥量和煤泥的粒度等，保证这些环节有足够的处理能力，又不造成浪费，使各环节能够正常工作，为后续作业提供有利的生产条件。

其次，在上述设备能力不足的情况下，应努力提高操作管理水平，并在条件允许的情况下，配套对应能力的设备。

最后，为实现洗水闭路循环、煤泥厂内回收，应解决煤泥销路的问题。除外销外，可以考虑在厂内或矿内进行综合利用。消除煤泥堆积，促使煤泥采用机械回收，保证回收浮选尾煤中的洗水全部返回复用。

思　考　题

3-1　简述煤泥水处理的目的和任务、特点及主要内容。

3-2　煤泥水的主要性质有哪些？与分选回收有何关系？

3-3　什么是有效黏度？它与哪些因素有关？对煤泥水处理有何影响？

3-4　矿化度、硬度、水中溶解物及酸碱度对煤泥水处理有何影响？

3-5　煤泥的粒度及组成如何影响固液分离？

3-6　煤泥中的矿物组成有哪些？黏土类矿物对煤泥水处理有何影响？

3-7　炼焦煤选煤厂与动力煤选煤厂生产工艺有何不同？

3-8　试画出炼焦煤选煤厂选前脱泥-三产品重介质旋流器分选-煤泥浮选工艺流程图。

3-9　粗煤泥回收的流程结构是什么？其主要任务有哪些？

3-10　试分别画出脱水筛-斗子捞坑、煤泥重介质旋流器、干扰床、螺旋分选机粗煤泥回收流程图，并说明各自的工艺特点及适用范围。

3-11　试分析浓缩浮选、直接浮选、半直接浮选的工艺特点。

3-12　浮选尾煤常用的脱水设备有哪些？画出浮选尾煤主要回收工艺流程图。

3-13　选煤厂洗水闭路循环标准是什么？如何实现洗水闭路循环？

4 凝聚与絮凝

【本章提要】凝聚与絮凝是固液分离的重要手段之一。本章主要介绍了凝聚与絮凝的原理，凝聚剂与絮凝剂的特点，选煤厂絮凝剂与混凝剂的应用。

矿浆中微细颗粒呈悬浮状态，每个颗粒可以自由运动时，称为“分散状态”；如果颗粒相互黏附团聚，则称为“聚集状态”。

根据斯托克斯(Stokes)公式，颗粒的沉降速度和其直径的平方成正比。如直径为10 μm的颗粒，其沉降速度是1 μm颗粒的100倍；直径为100 μm的颗粒，沉降速度是1 μm颗粒的10000倍。

随直径减小，其重力作用也减小，布朗运动加剧，促使颗粒保持长时间的悬浮状态。在选煤厂的煤泥水体系中，多数粒度偏细，完全依靠重力作用进行沉降，通常比较困难。为解决这类煤泥水的澄清问题，需使微细颗粒预先凝聚和絮凝，使之形成絮团，增大粒度，加速它们的沉降速度，再配合一定的机械作用，从而达到脱水、澄清的目的。

4.1 凝聚与絮凝原理

根据聚集状态作用机理不同，可分为3种：

（1）凝聚（或称凝结，coagulation）。细粒物料在无机电解质作用下，失去稳定性、形成凝块的现象，称为凝聚。主要机理是外加电解质消除其表面电荷、压缩双电层。

（2）絮凝（flocculation）。细粒物料通过高分子絮凝剂的作用，构成松散、多孔、具有三维空间结构的絮状体，称高分子絮凝，简称絮凝。形成物称絮团，絮团中通常具有空隙，成为非致密体。

（3）团聚（agglomeration）。细粒物料在捕收剂作用下，表面形成疏水膜，颗粒之间由于疏水膜互相黏附、缔合成团称团聚。

前两种方法主要用于洗水澄清过程，第三种方法主要用于分选过程。凝聚和絮凝的模式见图4-1。

4.1.1 颗粒处于分散状态的原因

颗粒在液体中保持分散而不凝聚沉淀，主要有以下3个原因：

（1）颗粒具有双电层结构，不同颗粒表面带有相同符号的电荷，互相之间有一定的排斥力，使颗粒处于分散状态。

（2）颗粒表面具有未得到补偿的键能，水偶极子可以在表面进行定向排列，颗粒表面形成一定厚度的水化膜，阻止颗粒互相接触。

（3）颗粒较细时，所受重力作用极小，而布朗运动的作用相当强烈，促使颗粒处于分散状态。当然，布朗运动有时也促使颗粒碰撞，进行凝聚。

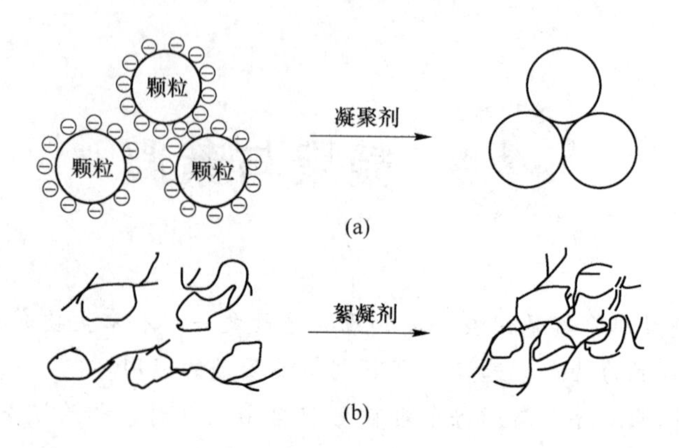

图 4-1 凝聚和絮凝的模式
(a) 凝聚; (b) 絮凝

为了破坏颗粒的悬浮分散状态，使之产生凝聚或絮凝，首先必须破坏分散系统的稳定性，即采取一定措施增大颗粒尺寸，如减少甚至消除颗粒表面电性；减少或消除颗粒之间的排斥力；或破坏颗粒表面的水化膜，使之互相接近，达到凝聚和絮凝的目的。

4.1.2 凝聚理论

4.1.2.1 D. L. V. O 理论

早在 1941 年和 1948 年，德贾吉恩、兰德、弗维和奥弗比克等四人首次提出了胶体稳定性理论，简称 D. L. V. O 理论。该理论建立的基础是胶体微粒之间具有范德华引力和静电斥力，认为颗粒的凝聚和分散特性受颗粒间双层静电能及分子作用能的支配，其总作用能为二者的代数和。

颗粒之间分子作用能指分子之间的范德华引力。两个单分子间的范德华力与其间距的六次方成反比。间距增大时，分子之间引力显著减小。当颗粒的直径很小时，微粒间的引力是多个分子综合作用的结果，它们与间距的关系不同于单分子，该力与间距的三次方、二次方及一次方成反比。间距越小，方次也越低。因此，多分子范德华力的作用范围较单分子更大。

颗粒间的静电能主要是颗粒接近到一定距离时，带有同号电荷的微粒产生斥力引起的。由于固体颗粒表面常带有剩余电荷，在固液界面上存有一定的电位差，因而在颗粒周围形成了双电层结构，如图 4-2 所示。在自然 pH 值下，多数颗粒处于电中性状态。单个颗粒在一定距离以外没有电场作用。当两个颗粒相互靠近时，根据库仑定律，其间产生斥力。特别是当两个颗粒双电层产生重叠时，重叠之处的反号离子同时处于两个颗粒作用范围之内，使原有的平衡状态受到破坏，重叠区的反号离子将重新平衡分配。重叠区的离子浓度高于其他部位，结果引起离子向非重叠区渗透。扩散区的重叠同样破坏原有的电平衡，出现附加的静电不平衡力。渗透力和静电力综合作用，使两个颗粒不能继续靠近，产生排斥现象，见图 4-3。

4.1.2.2 颗粒受力分析

上述两个力都与颗粒之间的距离有关，按照 D. L. V. O 理论，颗粒之间的引力和斥力是平衡的。当两个颗粒接近时，在任何距离都同时存在斥力和引力，综合能量的大小取决于两种力的强弱。

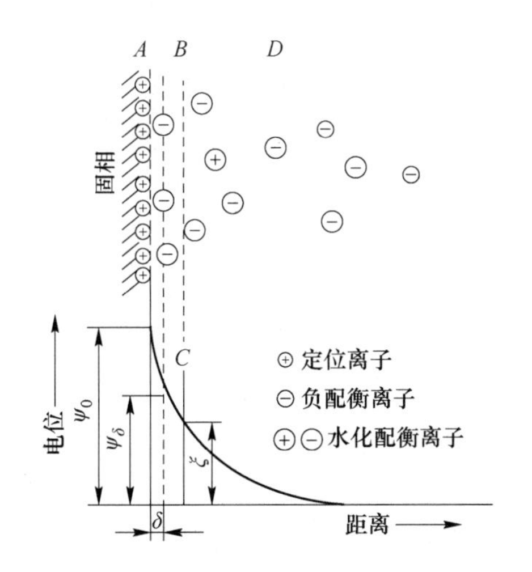

图 4-2 颗粒表面双电层示意图

A—内层；B—紧密层；C—滑动层；D—扩散层；ψ_0—表面总电位；ψ_δ—斯特恩电位；ζ—动电位；δ—紧密层的厚度

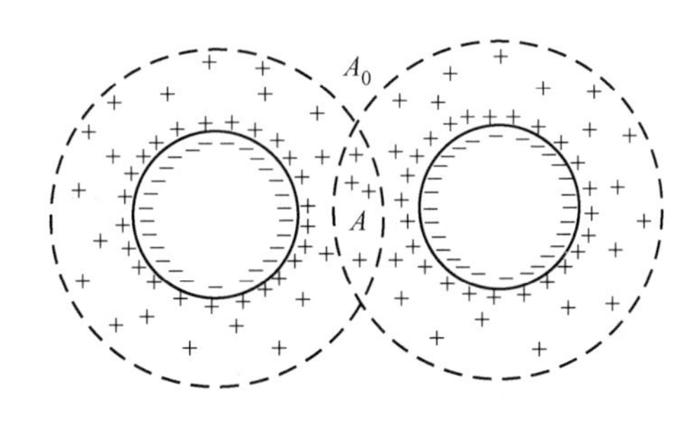

图 4-3 双电层扩散层的重叠

A 分子作用能

分子作用能是由构成颗粒分子间的瞬时偶极矩引起的，通常总是相互吸引的力。对于两个半径为 γ_1 和 γ_2 的球形颗粒，相距为 H_0 时，其分子作用能可用下式表示：

$$V_a = -\frac{A\gamma_1\gamma_2}{6(\gamma_1+\gamma_2)H_0} \tag{4-1}$$

式中 V_a——分子作用能；

A——哈马克（Hamaker）常数，表示分子间凝聚力的大小，A 越大，表示物质分子间的吸引力越大。

当物料 1 和物料 2 浸在液体 3 中时，哈马克常数可写为 $A_{12/3}$，并可由下式计算：

$$A_{12/3} = (\sqrt{A_{11}} - \sqrt{A_{33}})(\sqrt{A_{22}} - \sqrt{A_{33}}) \tag{4-2}$$

式中 A_{11}，A_{22}，A_{33}——物料 1 颗粒之间、物料 2 颗粒之间及液体 3 本身在真空中的哈马克常数。

B 静电作用能

静电作用能是颗粒双电层之间同号离子所产生的静电排斥力。该力是颗粒表面电位或电荷和溶液中离子组成的函数。上述两个颗粒的静电作用能 V_e 为

$$V_e = \frac{\gamma_1\gamma_2\varepsilon}{4(\gamma_1+\gamma_2)}\left\{2\psi_1\psi\ln\frac{1+\exp(-KH_0)}{1-\exp(-KH_0)} + (\psi_1^2+\psi_2^2)\ln[1-\exp(-2KH_0)]\right\} \tag{4-3}$$

式中 ψ_1，ψ_2——两颗粒的表面电位；

ε——介质的介电常数；

K——德拜（Debye）参数，表示双电层的扩散程度，其倒数为双电层紧密层的厚度 δ。

$$K = \frac{1}{\delta} = \left(\frac{8\pi ne^2z^2}{\varepsilon kT}\right)^{\frac{1}{2}} \tag{4-4}$$

式中 n——配衡离子的浓度，离子个数/cm^3；

e——电子电荷；

z——离子价数；

k——玻耳兹曼常数；

T——绝对温度。

由式（4-3）可知，颗粒之间静电能是颗粒间距离 H_0 的指数函数，电解质浓度对其有一定的影响。

当两个颗粒间的表面电位 ψ_1 和 ψ_2 同号时，静电作用能为正值，颗粒互相排斥；反之，两个颗粒表面电位异号，静电作用能为负值，颗粒之间互相吸引。

介质中颗粒所处状态是由静电作用能和分子作用能总和决定的，即

$$V = V_a + V_e \tag{4-5}$$

当两个颗粒间斥力占优势时，颗粒处于分散状态；反之，引力占优势时颗粒处于凝聚状态。它们之间的关系如图4-4所示，由图可知，颗粒距离较远时，其排斥力很小，几乎等于零，但仍有一定吸引力。随距离缩小，排斥力、吸引力均增大，其合力具有不同形式。

对函数 V 求导，$dV/dH_0=0$ 时，得 V 的极大值和极小值；在 H_0 较大时，有一缓平的极小值，称为第二能谷，此时可能形成准稳态的凝聚体，即形成的凝聚体系存在可逆性倾向，经过搅动，体系容易再次分散。随颗粒间距减小，总能量 V 逐步增大，直至达到极大值 V_m，称为势垒。为了形成稳定的凝聚体，必须降低势垒。势垒越小，越容易形成凝聚体。颗粒间距继续减小，又出现极小值，称第一能谷，此时颗粒可获得稳定的凝结状态。如要进行分散，需要相当大的能量。当 V_m 较小时，颗粒可借助分子热运动所赋予的动能克服势垒，形成稳定的凝聚体。克服势垒形成稳定的凝聚体后，随颗粒之间距离减小，总能量又有可能会骤然上升。

势垒及所对应的颗粒之间距离的大小受电解质浓度、双电层反号离子和电价等因素影响。反号离子浓度越高、电价越大时，德拜参数 K 也越大，双电层被压缩。颗粒的表面电位低。静电斥力降低，甚至不产生势垒，因而可使颗粒达到近距离互相接近，并使颗粒分散状态的稳定性发生变化，一直到形成凝聚为止。

C 同向凝聚和异向凝聚

由组分1和组分2组成的悬浮体，在介质中的表面电位有如下4种情况：

（1）$\psi_1=\psi_2$。

（2）$\psi_1\neq\psi_2$，符号相同。

（3）$\psi_1\neq\psi_2$，符号相反。

（4）$\psi_1=0$，$\psi_2\neq0$。

上述4种情况，颗粒间双电层相互作用静电能与颗粒间距离的关系见图4-5。

当 $\psi_1=\psi_2$ 时，颗粒表面电位的符号及大小均相同，此时所产生的凝聚称为同相凝聚。其静电作用能 V_e 恒为正值，且随颗粒间距离减小而不断增大。

表面电位不同（包括符号和数值）的异类颗粒之间的凝聚称为异相凝聚。在 ψ_1 与 ψ_2 异号或两者之一为零时的异相凝聚，V_e 均为负值，相互之间的静电作用能始终表现为引力，如曲线3和曲线4所示。如果 ψ_1 和 ψ_2 符号相同，但数值不同，相互作用力在距离较大时表现为斥力，颗粒接近并达到一定距离时变为引力，且有一极大值，其取决于 ψ 值

较低者。由斥力转变为引力的点即 V_e 为最大值时的点。

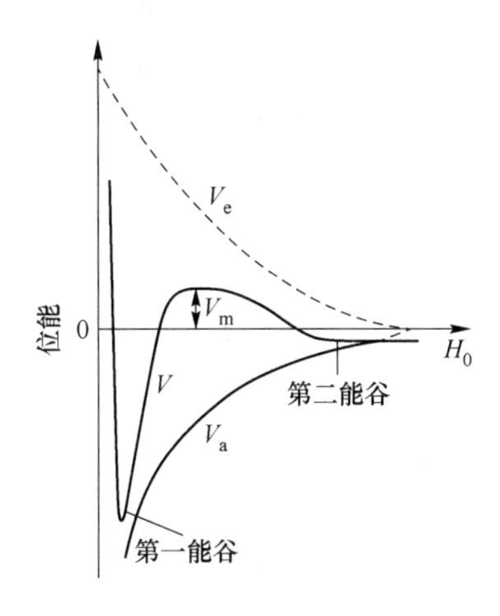

图 4-4 颗粒间总作用能 V、静电作用能 V_e、分子作用能 V_a 与颗粒之间距离 H_0 的关系

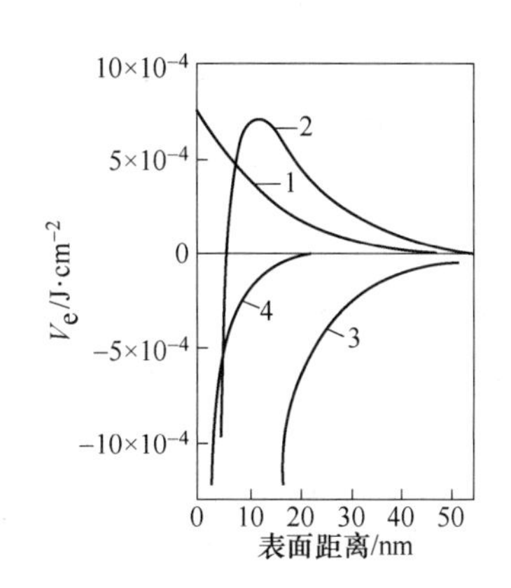

图 4-5 颗粒间双电层相互作用静电能与颗粒间距离的关系

（$K=1\times10^8$，1-1 型电解质 1 mol/m³）

1—$\psi_1=\psi_2=10$ mV；2—$\psi_1=10$ mV，$\psi_2=30$ mV；

3—$\psi_1=-10$ mV，$\psi_2=30$ mV；4—$\psi_1=0$，$\psi_2=10$ mV

异类颗粒间的分子作用能由哈马克常数 $A_{12/3}$ 决定，当 A_{33} 介于 A_{11} 和 A_{22} 之间时，$A_{12/3}$ 为负值，分子作用能为正值，颗粒间分子的作用力为排斥力，意味着异类颗粒间的分子引力小于颗粒与介质之间的分子引力。介质对颗粒的互相接近产生排斥作用。但在多数情况下，分子作用力表现为引力。

综上所述，颗粒的互凝与分散主要取决于颗粒的表面电位 ψ_1 和 ψ_2。当 $\psi_1\psi_2<0$ 时，静电作用为引力，互凝易于发生，$\psi_1\psi_2$ 的绝对值越大，互凝越激烈；当 $\psi_1\psi_2\geqslant0$ 时，其中一个值很小，静电排斥力也很小，互凝有可能发生；如 $\psi_1\psi_2\gg0$，颗粒将处于分散状态。颗粒在介质中的哈马克常数，对互凝有一定影响。

综合势能曲线如图 4-6 所示。通常吸引势能曲线不受双电层变化的影响，而排斥势能曲线随双电层扩散层厚度和电位值的大小变化。图 4-6 中曲线 1 和曲线 2 表示稳定分散状态的势能曲线，曲线 3 和曲线 4 为不稳定分散状态的势能曲线。对于稳定分散状态，其势垒可高达数千 kT，颗粒本身平均动能仅为 3/2 kT。因此，依靠颗粒本身布朗运动是无法越过势垒而实现凝聚的，势垒恒为正值。势垒 V_m 的大小可用以判断体系的稳定性。例如，当 $V_m>25$ kT 时，可认为是相当稳定的体系。

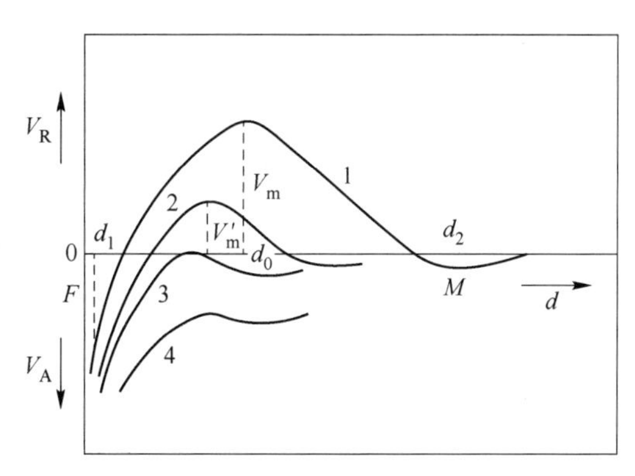

图 4-6 综合势能曲线

1，2—稳定溶胶的势能曲线；3，4—不稳定溶胶的势能曲线

V_R—排斥势能；V_A—吸引势能

如要破坏这种稳定体系，必须向体系中

添加电解质，使颗粒表面电位降低，压缩扩散层，使颗粒双电层重叠产生排斥力的颗粒之间距离变小，故排斥力也变小，如图4-6中的曲线2。部分动能较大的颗粒冲破势垒，产生凝聚。但由于排斥势阻的存在，该种凝聚是慢速的，即缓慢凝聚。药剂用量增多时，双电层继续被压缩，产生排斥力的颗粒间距更小，甚至开始产生排斥力的同时，吸引力已超过排斥力，此时可形成快速凝聚。

4.1.3　絮凝原理

絮凝作用是在悬浮液中添加高分子化合物，使颗粒互相凝集，也称为絮团作用。因此，高分子絮凝与凝聚作用是不相同的。用于絮凝的高分子化合物称为絮凝剂。絮凝剂的分子结构通常很长。例如，常用的聚丙烯酰胺，每个结构单元长度为0.25 nm，如果聚合度为14000，则每个分子长度达3.5 μm。这种线性高分子可以同时黏结几个颗粒，引起颗粒聚集，并以自己的活性基团和矿粒起作用。这种黏结作用类似架桥，因此，称为桥键作用或桥联作用。其桥键絮凝过程示意图见图4-7。

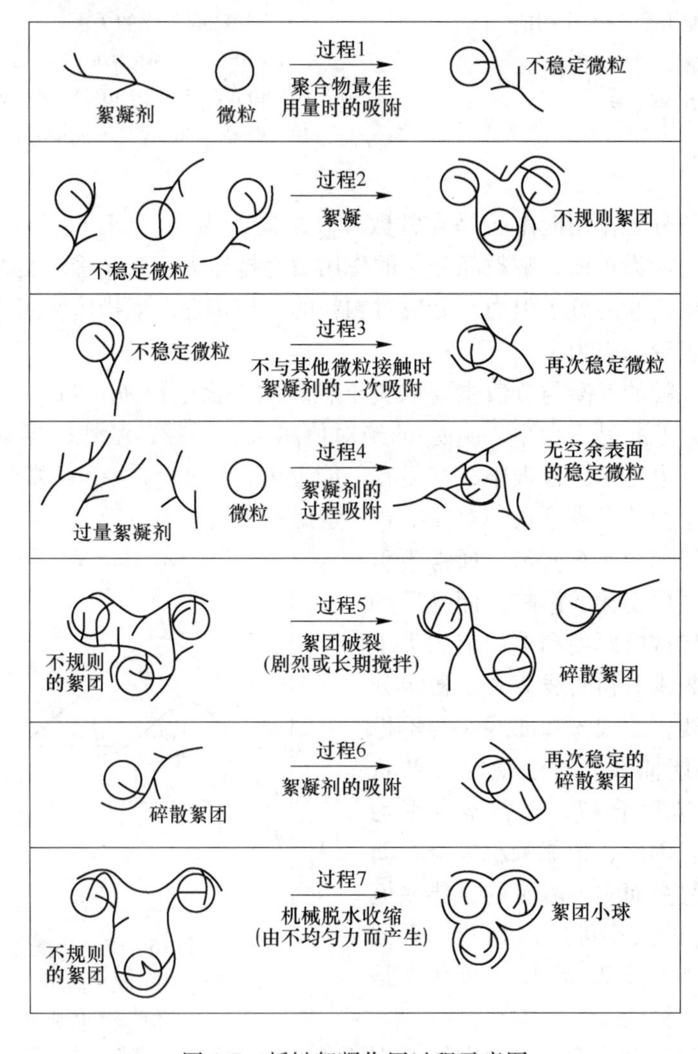

图4-7　桥键絮凝作用过程示意图

过程1：分散系中加入高分子絮凝剂，絮凝剂分子与颗粒碰撞，高分子中的某些基团在颗粒上吸附，其余部分伸向溶液。

过程2：不稳定颗粒上的絮凝剂分子在另一个有吸附空位的颗粒上吸附，形成随机絮团，此时的絮凝剂分子在颗粒间起着架桥作用。

过程3：不稳定颗粒上絮凝剂分子伸向溶液的另一部分，没有机会在其他颗粒上吸附，在运动过程中，有可能吸附在该颗粒的其他位置上重新形成稳定颗粒。

过程4：当絮凝剂添加过量，颗粒表面为絮凝剂分子所饱和而不再有吸附空位，高分子絮凝剂不仅起不了架桥作用，反而因位阻效应使颗粒稳定分散。

过程5、过程6：在强烈或长时间搅拌作用下，絮团破裂，伸向溶液的絮凝剂分子的另一部分在原吸附颗粒表面的其他部位吸附，使颗粒重新分散。

过程7：架桥作用的松散絮团，因外部作用力不均匀产生机械脱水收缩形成紧实的絮团。

用高分子聚合物进行桥联时，无论悬浮液中颗粒表面荷电状况如何、势垒多大，只要添加的絮凝剂分子具有可在颗粒表面吸附的官能团，或吸附活性，便可实现絮凝。絮凝剂分子可以与多个颗粒接触，形成絮团，使原来的悬浮体系解稳。过量的絮凝剂将颗粒包裹住，不利于与其他颗粒作用，使絮凝作用削弱，形成分散状态。试验表明，只要颗粒表面部分被絮凝剂覆盖，即所谓半饱和时，絮凝效果最佳。因此，应用絮凝剂一定要适量，避免过量起相反作用。实际中，出现强絮凝现象的絮凝剂用量往往很小，大量添加将导致颗粒分散。Lamar 提出，絮凝剂在颗粒表面吸附量达 50% 单分子覆盖时，效果最好。

此外，在溶液中絮凝剂分子多数呈扭曲状态，相对分子质量越大，卷伏现象越严重。因此，絮凝剂用量与相对分子质量有密切关系，最佳剂量随相对分子质量增大而增加。经恰当处理，使卷伏的分子适当舒展拉直，有利于桥键作用，提高絮凝效果。使用过量卷伏絮凝剂，容易导致颗粒分散。

絮凝剂在颗粒表面的吸附，主要有静电键合、氢键键合、共价键合三种类型的键合作用。

（1）静电键合：静电键合主要由双电层的静电作用引起。例如，颗粒表面荷正电，阴离子型高分子絮凝剂可进入双电层取代原有的配衡离子。离子型絮凝剂一般密度较高，带有大量荷电基团，即使用量很低，也能中和颗粒表面电荷，降低其电动电位，甚至变号。

（2）氢键键合：当絮凝剂分子中有—NH_2 和—OH 基团时，可与颗粒表面电负性较强的氧进行作用，形成氢键。虽然氢键键能较弱，但由于絮凝剂聚合度很大，氢键键合的总数也大，所以该项能量不可忽视。

单纯氢键键合的选择性较差，因此，靠氢键吸附的聚合物，只能用于全絮凝，不宜用于选择性絮凝。

（3）共价键合：高分子絮凝剂的活性基团在矿物表面的活性区吸附，并与表面离子产生共价键合作用。此种键合，常可在颗粒表面生成难溶的表面化合物或稳定的配合物、螯合物，并能导致絮凝剂的选择性吸附。

三种键合可以同时起作用，也可仅一种或两种起作用，具体视颗粒-聚合体系的特点和水溶液的性质而定。

4.2 凝聚剂和絮凝剂

以凝聚作用为主的药剂称为凝聚剂。多数凝聚剂为无机电解质。以架桥作用为主的药剂称为絮凝剂。多数絮凝剂为高分子聚合物。

4.2.1 无机电解质类凝聚剂

无机电解质类凝聚剂电离出来的离子应和颗粒所荷离子的电性相反，且离子的价态越高，所起凝聚作用越强。可分为阴离子型和阳离子型两类，由于大部分物质的颗粒荷负电，因此工业上常用的凝聚剂多为阳离子型。主要有以下几种：

无机盐类有硫酸铝、硫酸钾铝、硫酸铁、硫酸亚铁、碳酸镁、氯化铁、氯化铝、氯化锌、铝酸钠等。

金属的氢氧化物类有氢氧化铝、氢氧化铁、氢氧化钙和生石灰等。

聚合无机盐类有聚合铝、聚合铁等。聚合铝又可细分为碱式氯化铝 $[Al_2(OH)_nCl_{6-n}]_m$ 和碱式硫酸铝 $[Al_2(OH)_n(SO_4)_{3-n/2}]_m$，聚合铁又可细分为碱式氯化铁 $[Fe(OH)_nCl_{6-n}]_m$ 和碱式硫酸铁 $[Fe(OH)_n(SO_4)_{3-n/2}]_m$。上述各分子式中的 m 为聚合度。

在各类凝聚剂中，聚合物凝聚剂作用效果最好，但作用机理也最复杂。因为其凝聚作用并非只是单个的金属离子，起主要作用的是聚合离子。下面以硫酸铝和碱式氯化铝为例来介绍其凝聚原理。

（1）硫酸铝：硫酸铝是强酸弱碱盐，使用时通常将它配成浓度为10% ~20%的溶液，溶液的 pH 值为4。硫酸铝在水中的电离式为

$$Al_2(SO_4)_3 \rightleftharpoons 2Al^{3+} + 3SO_4^{2-}$$

将硫酸铝溶液加入悬浮液后，将继续发生下列水解和聚合反应：

$$Al^{3+} + nH_3O^+ \rightleftharpoons [Al(OH)_n]^{3-n} + 2nH^+$$

反应式中的 n 为1 ~6。显然，此反应和溶液的 pH 值有关。而起主要凝聚作用的不是 Al^{3+} 而是 $[Al(OH)_n]^{3-n}$ 离子。

（2）碱式氯化铝：它是用氧化铝生产中的废渣为原料制成的氯化铝和氢氧化铝的中间物的水解产物，其凝聚作用更为复杂。下面根据铝盐的水解过程来分析聚合铝的凝聚作用。

水解方程式为

$$Al(OH_2)_6^{3+} \xrightarrow{H_2O} [Al(OH_2)_6OH]^{2+} + H_3O^+$$

水解产物通过 OH^- 架桥，形成多核配合物，这种无机大分子化合物和悬浮液的 pH 值关系十分密切：

当 $pH<4$ 时，以 $[Al(OH)_n]^{3+}$ 离子形式存在，$n=6 \sim 10$。

当 $4 \leqslant pH<6$ 时，以 $[Al_6(OH)_{15}]^{3+}$、$[Al_7(OH)_{17}]^{4+}$、$[Al_8(OH)_{20}]^{4+}$、$[Al_{13}(OH)_{34}]^{5+}$ 等离子形式存在。

当 $6 \leqslant pH<8$ 时，会发生 $Al(OH)_3$ 沉淀。

当 $pH \geqslant 8$ 时，以 $[Al(OH)_4]^-$、$[Al_8(OH)_{26}]^{2-}$ 等离子形式存在。

在不同 pH 值矿浆中，聚合铝呈不同电性的高价离子，它们不仅压缩颗粒双电层，而且吸附于颗粒表面。另外，这些水合氧化物都是络合大分子，有很强的吸附能力，其本身也能同时吸附两个或两个以上的颗粒，使其成团，发生沉降，有的书上把这种作用称为聚团作用。

从以上碱式氯化铝的凝聚原理不难看出，使用凝聚剂时矿浆的 pH 值很重要。因此硫酸、盐酸、氢氧化钠等酸碱化合物又被用作助凝聚剂。

4.2.2 高分子化合物类絮凝剂

高分子化合物类絮凝剂，按原料来源可分为天然高分子化合物和合成高分子化合物两类；亦可按分子结构及离子类型等进行分类。按分子结构可分为聚合型、缩合型和混合型；按离子类型则可分为阴离子型、阳离子型、非离子型三大类。

4.2.2.1 天然高分子絮凝剂

天然高分子絮凝剂有淀粉类、纤维素的衍生物、腐植酸钠、藻类及其盐类和蛋白质等。

A 淀粉加工产品及其衍生物

淀粉主要来源于小麦、土豆、大米、玉米及高粱等，是一种高分子化合物，且是一种混合物。由可溶性的直链淀粉及不溶性的支链淀粉组成，分子式为（$C_6H_{10}O_5$）$_n$，亲水基主要是羟基—OH。通常，可溶性淀粉占25%左右，其余为非可溶性部分。如土豆中含有20% ~30%可溶性直链淀粉。

多数淀粉虽不溶于水，但经热处理或碱处理后，可变为糊状的水溶性物质，具有很好的絮凝性能。淀粉的相对分子质量可达6 万 ~10 万，其分子链长度可达200 nm 以上，多数在400 ~800 nm 范围内。

天然淀粉是一种多元醇，经化学处理得“加工淀粉”或“改性淀粉”，在结构单元的各个位置上加上不同的基团，成为阳离子淀粉或阴离子淀粉。

B 纤维素的衍生物

自然界纤维素分布最广，是构成植物细胞壁的基础物质，其通式和淀粉相同，但淀粉的结构单元是α-葡萄糖；而纤维素的结构单元是β-葡萄糖，且是一种直链的聚合体。纤维素本身不溶于水，但经化学处理后，其衍生物溶于水，且是很有效的絮凝剂。纤维素的相对分子质量从十几万到几十万，国内外此类产品有 CMC（羧甲基纤维素）、HEC（羟乙基纤维素）等。

C 腐植酸钠

腐植酸类化合物富含于褐煤、泥煤和风化煤中，是一种天然高分子聚合电解质，其最高含量在70% ~80%，平均相对分子质量为25000 ~27000，具有胶体化合物的性质。腐植酸本身不溶于水，但其钾盐和钠盐易溶于水。

腐植酸的分子式较为复杂，至今仍无定式。分子中含有 C、H、O、N 和少量 S、P 元素。光谱分析证实其富含羟基和高度氧化的木质素，易溶于氢氧化钠。

4.2.2.2 人工合成高分子絮凝剂

根据合成方法，可分为聚合型和缩合型两类。聚合型高分子絮凝剂是在聚合反应条件下生成的高分子化合物，即由不饱和的低分子相互加成，或由环状化合物开环，相互连接成大分子的反应。不饱和的低分子或环状化合物称为单体，其中含有 $>C=C<$ 双键。缩合型高分子化合物为缩合反应的产物，即由低分子化合物相互作用，同时析出水、卤化氢、氨、醇或酚等小分子化合物的反应。

絮凝剂官能团不同，其类型也不同。表4-1为常见的人工合成高分子絮凝剂的官能团。

表4-1 高分子絮凝剂主要官能团

类型	官能团	名称	类型	官能团	名称
阴离子型官能团	—COOH	羧基	阳离子型官能团	$-NH_2$	伯胺基
	$-SO_3H$	磺酸基		—NH—R	仲胺基
	$-OSO_3H$	硫酸酯基		$-\underset{\Large R}{\underset{\vert}{N}}-R$	叔胺基
非离子型官能团	—OH	羟基		$-\overset{\Large R}{\overset{\vert}{\underset{\Large R}{\underset{\vert}{N}}}}-R$	季胺基
	—CN	氰基			
	$-CONH_2$	酰胺基			

A 聚丙烯酸及盐类

制取聚丙烯酸的原料为丙烯腈。丙烯腈水解制得丙烯酸，反应如下：

$$CH_2=CHCN+2H_2O+HCl \longrightarrow CH_2=CHCOOH+NH_4Cl$$

或

$$CH\equiv CH+CO+H_2O \longrightarrow CH_2=CHCOOH$$

丙烯酸容易发生聚合反应和氧化反应，在催化剂的条件下，即可生成丙烯酸水溶液的聚合物。其结构式为

$$\left(\begin{array}{c}-\underset{\underset{\displaystyle COOH}{|}}{CH}-CH_2-\end{array}\right)_n$$

由于分子中含有—COOH，所以具有阴离子型絮凝剂的特征。可以为粉剂或黏稠状水溶液，是一种良好的絮凝剂。

B 聚丙烯酰胺

聚丙烯酰胺是目前世界上应用最广、效能最高的非离子型絮凝剂，也是我国目前使用最多的絮凝剂。

聚丙烯酰胺的生产，由丙烯腈水解生成丙烯酰胺，在引发剂的条件下，加温聚合生成聚丙烯酰胺，反应如下：

$$CH_2=CHCN+H_2O+H_2SO_4 \xrightarrow{85\sim100\ ℃} CH_2=CHCONH_2 \cdot H_2SO_4$$

$$CH_2=CHCONH_2 \cdot H_2SO_4+2NH_3 \xrightarrow{50\sim55\ ℃} CH_2=CHCONH_2+(NH_4)_2SO_4$$

或

$$CH_2=CHCONH_2 \cdot H_2SO_4+Ca(OH)_2 \longrightarrow CH_2CHCONH_2+CaSO_4+2H_2O$$

$$nCH_2CHCONH_2 \xrightarrow[\text{聚合}]{(NH_4)_2S_2O_8,50\sim65\ ℃} \left(\begin{array}{c} -CH_2-CH- \\ | \\ C=O \\ | \\ NH_2 \end{array} \right)_n$$

最终产品聚丙烯酰胺为黏稠状胶体物质，通常含聚丙烯酰胺8%。聚丙烯酰胺又称PAM。

丙烯酰胺也可由丙烯腈直接在催化剂作用下进行水化反应合成，反应式如下：

$$CH_2=CHCN + H_2O \xrightarrow[\substack{\text{压力}0.3\sim0.4\ MPa \\ 8.5\sim12.5\ ℃}]{\text{催化剂骨架铜}} CH_2=CHCONH_2$$

再经聚合得聚丙烯酰胺。后一种方法对催化剂要求较严格。

C　聚丙烯酰胺的部分水解产品

将聚丙烯酰胺同碱进行水解，即可得到聚丙烯酰胺的水解产品，又称PHP。该产品主要具有架桥作用，也有阴离子性质。后者对架桥作用的实现有一定作用。反应如下：

$$\left(\begin{array}{c} -CH_2-CH- \\ | \\ C=O \\ | \\ NH_2 \end{array} \right)_n + mNaOH \xrightarrow[\text{水解}]{50\sim80\ ℃}$$

$$\begin{array}{cccccc} \cdots-CH_2-CH & -CH_2-CH & -CH_2-CH-\cdots & + mNH_3 \\ | & | & | & \\ C=O & C=O & C=O & \\ | & | & | & \\ NH_2 & NH_2 & ONa & \end{array}$$

聚合物在碱性或中性溶液中进行水解：

$$\begin{array}{ccc} \cdots-CH_2-CH & -CH_2-CH & -CH_2-CH-\cdots \longrightarrow \\ | & | & | \\ CONH_2 & CONH_2 & COONa \end{array}$$

$$\begin{array}{cccc} \cdots CH_2-CH & -CH_2-CH & -CH_2-CH-\cdots & \\ | & | & | & + Na^+ \\ CONH_2 & CONH_2 & COO^- & \end{array}$$

在两个—COO^-基团之间存在斥力，使卷伏的大分子伸展。水解度对分子卷伏的影响见图4-8。

（1）水解度小于30%的聚丙烯酰胺。当聚丙烯酰胺水解度小于30%时，分子链上—COO^-基团较少，因此分子卷伏较厉害，不容易展开，架桥作用较差，使絮凝效率受到一定影响，但由于—COOH解离量少，所以电负性较弱，起絮凝作用时，与带负电的颗粒表面静电斥力也较小。

（2）水解度大于30%的聚丙烯酰胺。当聚丙烯酰胺水解度增大时，分子链上的—COO^-基团增加，—COO^-之间斥力增加，因此分子链伸展比较好，但聚合物本身电负

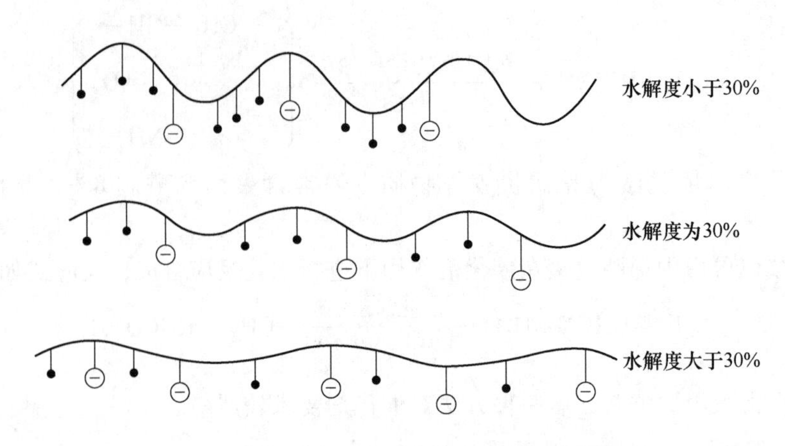

图 4-8 水解度对分子卷伏的影响

性也随之增强，聚合物和颗粒表面斥力也增加，甚至可以阻止架桥作用产生，大大削弱了聚合物的絮凝作用。

（3）水解度为30%的聚丙烯酰胺。当聚丙烯酰胺水解度为30%时，聚丙烯酰胺分子链上每隔两个—$CONH_2$ 基团就有一个—COO^- 基团。此种聚丙烯酰胺，电负性比较适中，不致使大分子过于卷伏，又有利于架桥作用的产生，因此其絮凝效果最好。

在酸性溶液中，聚丙烯酰胺可与 H^+ 进行下面的反应：

$$R-C(=O)-NH_2 + H^+ \longrightarrow R-C(=O)-NH_3^+$$

分子链上的—NH_3^+ 容易与—COO^- 基团进行作用，而使分子产生卷伏，影响絮凝效果。

4.3 絮凝剂的应用

4.3.1 絮凝剂在选煤厂的用途

自从合成高分子絮凝剂首次在选煤厂应用以来，该项技术在选煤厂煤泥水处理工艺中很快得到普及。尤其近年对环境保护的要求越来越严格，其在选煤厂中的作用显得更重要。絮凝剂的应用比较简单，少量药剂即可取得较好的效果，因而受到普遍的重视。

目前，絮凝剂在选煤厂中最主要的用途是提高澄清、浓缩设备固液分离的效果，加速微细颗粒在煤泥水中的沉降速度，得到澄清的溢流水供选煤作业，满足其用水要求，防止细泥在煤泥水体系中循环累积而造成恶性循环，提高沉淀煤泥的浓度，以适应下一作业的需要，利于煤泥厂内回收。使用絮凝剂后，澄清水的浓度可降至0.5 g/L左右。

絮凝剂在选煤厂的另一个用途是适应某些特殊设备的需要，如深锥浓缩机、带式压滤机等设备，需要有适当的絮凝剂配合使用，才能充分发挥作用，提高设备的利用效率。

最后，由于选煤厂大多采用直接浮选，浮选入料粒度变细，为了提高过滤设备的处理能力，可以适当加少许絮凝剂作助滤剂。

4.3.2 絮凝剂的选择

选择絮凝剂时，应考虑其价格和来源，以保证在选煤厂推广使用。最常用的絮凝剂是聚丙烯酰胺及其衍生物。

由于絮凝剂与矿物之间的作用过程比较复杂，目前仍无法根据煤泥水体系的参数预测絮凝剂的作用及效果，需要逐个进行试验，选定絮凝剂的种类及用量。

絮凝剂的用量应包括两部分，一部分消耗于包裹悬浮物的分子，有利于絮团的形成；另一部分消耗于一些被破坏絮团重新吸附絮凝剂而聚集成新的絮团。其中前者，即形成絮团的絮凝剂用量与颗粒表面积呈线性关系；后者则与表面积无关，而与颗粒表面被絮凝剂包裹的程度有关。

选取高分子絮凝剂应注意：

（1）选择正确的类型。使用高分子絮凝剂时，应选择正确的类型。因其絮凝能力和电荷密度、相对分子质量等均有关，因此需具体进行试验后确定。

（2）用量恰当。絮凝剂的用量除了直接影响絮凝效果外，还影响选煤厂的成本，其用量应选择恰当，原因如下：

1）正如前面所述，絮凝剂在矿物表面的覆盖量约50%时，可以达到最佳絮凝效果。用量过小，效力不足；用量过大，反而产生保护胶体作用，促使颗粒处于分散状态。

2）高分子絮凝剂本身价格昂贵，用量过大会导致选煤成本增加。

3）丙烯酰胺单体是一种具有巨大毒性、影响神经的药剂。在聚丙烯酰胺合成过程中，不可避免仍有部分单体存在。即使要求在聚丙烯酰胺中的残留单体含量小于0.05%，仍应严格控制聚丙烯酰胺的用量，减少丙烯酰胺单体毒性对人体造成的危害。

4.3.3 絮凝剂溶液的配制和添加

4.3.3.1 絮凝剂水溶液的配制

为了充分发挥絮凝剂的作用，应将其配制成水溶液使用，其浓度一般低于0.1%。选煤厂中常使用0.1%～0.15%的聚丙烯酰胺水溶液。浓度太高，药剂可能溶解不完全，使活性下降，影响使用效果。

水溶液的配制：首先用定量的水配制成浓度1%左右的溶液，然后再稀释使用。可使用容积较小的溶解搅拌桶，提高溶解效率。

配制水溶液时应有充分的搅拌和混合时间，使絮凝剂完全溶解，又要防止过度搅拌引起絮凝剂分子的降解。对于聚丙烯酰胺，工业使用的有固体粉末和含量8%水解体两种，后者比较容易溶解。粉末状的絮凝剂，溶解时应保证每个颗粒进入水中后都能立刻被水包围，避免遇水溶胀，如几个颗粒聚在一起，不能分开，导致溶解不完全。

4.3.3.2 聚丙烯酰胺水溶液的贮存

聚丙烯酰胺水溶液容易变质，因而需现配现用。此外，铁在氧化过程中容易使絮凝剂性能降低，特别是对浓度较稀的溶液影响更大，因此不宜用铁质容器长期贮存此类药剂。

4.3.3.3 絮凝剂的添加

为充分发挥絮凝剂的作用，加速煤泥水体系中煤泥颗粒的沉降速度，必须使絮凝剂在煤泥水体系中充分分散。比较理想的混合条件是：快速搅拌，使絮凝剂充分分散，在煤泥水体系失稳后，转入比较稳定的絮凝沉降环境。如在尾煤浓缩机中添加药剂，加药点与浓缩机中心给料管之间应有一定距离，并以此调节搅拌分散时间。在溜槽、管道中的快速流动起到搅拌作用，进入浓缩机后即开始絮凝沉降。

有下列几种添加方式：

（1）多点加到溜槽中。

（2）多点加到管道中。

（3）加到浓缩机上特制的带搅拌叶轮的加料筒中。

（4）用喷射器进行混合。

（5）应尽量采用药剂多点添加，使之更均匀地和整个矿浆混合，提高药剂效能。

4.3.4　凝聚剂与絮凝剂的联合使用

凝聚剂也可和絮凝剂联合使用，既能降低各自用量，又可提高使用效果。

凝聚剂是靠改变颗粒表面电性来实现凝聚作用的，对荷电量小的微细颗粒作用较好，得到的澄清水和沉淀物的质量较高。当用它处理粒度大、荷电量大的颗粒时，使用量会增加，导致生产成本增加。絮凝剂用于处理煤泥水时，由于具有强大的桥键作用，用量很少。但它不改变颗粒表面电性，颗粒间的斥力仍然存在，产生的絮团蓬松，其间含有大量的水，澄清水中还含有细小的粒子。由此可看出，凝聚剂和絮凝剂在处理煤泥水时都各有优缺点。实践表明，把两者配合起来使用将获得较理想的效果。其作用原理是：凝聚剂先把细小颗粒凝聚成较大一点的颗粒，这些颗粒荷电量较小，容易参与絮凝剂的架桥作用，且颗粒与颗粒间的斥力小了，产生的絮团比较紧实。由于细小的颗粒都被凝聚成团，产生的澄清水质量也较高。图4-9形象地描述出了凝聚剂在絮凝过程中的作用。

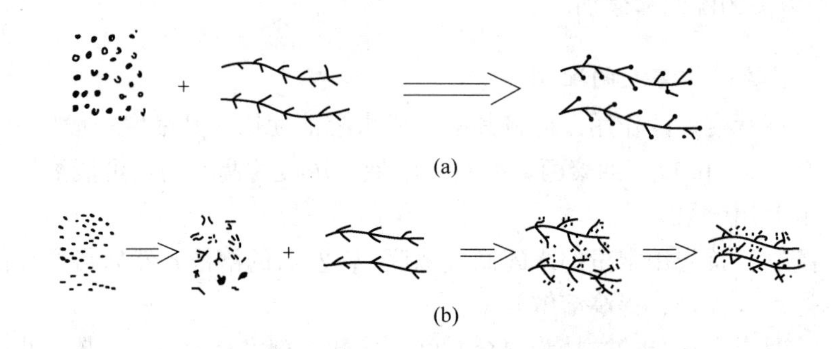

图4-9　凝聚剂在絮凝过程中的作用

（a）不加凝聚剂的絮凝过程；（b）加入凝聚剂的絮凝过程

针对我国一些选煤厂的实际情况，由于选煤用水的硬度偏低和煤泥水中含有大量的细泥物，细泥物表面所带电荷往往较高，颗粒间彼此斥力较大，单独使用一种高分子絮凝剂往往达不到预期的沉降效果，导致煤泥水难以澄清。此时需要首先加入一定量的无机电解质凝聚剂进行凝聚，以压缩颗粒表面双电层，然后加入高分子絮凝剂进行絮凝，这些颗粒才能很好地絮凝沉降。所以目前越来越多的选煤厂采用先加无机电解质凝聚剂后加高分子絮凝剂的联合加药方式。

实际生产中无机凝聚剂和高分子絮凝剂的选择主要根据具体的煤泥水体系的性质，通过试验效果确定适宜的配方和使用方法。实践表明，两种药剂配合使用时，可使大多数选煤厂的用药成本降低。

思 考 题

4-1　何为凝聚？何为同向凝聚和异向凝聚？

4-2　简述凝聚原理，并对颗粒受力进行分析。

4-3　何为絮凝？简述其原理。

4-4　试说明絮凝剂水解度对絮凝效果的影响。

4-5　使用聚丙烯酰胺时应注意什么？

4-6　凝聚剂与絮凝剂为何要联合使用？举例说明这种联合使用的效果。

5 筛分脱水

【本章提要】筛分脱水是选煤厂粗颗粒产品脱水的重要作业环节。本章主要介绍了选煤厂常用脱水筛的结构、原理及应用特点，简要介绍了脱水斗式提升机。

筛分脱水是物料以薄层通过筛面时发生的水分与颗粒脱离的过程。从原理上讲，筛分脱水是一种在重力场或离心力场中进行的过滤过程，故有时筛分脱水也称为筛滤。

筛分脱水一般应用于0.5 mm以上的较粗物料脱水，也可用于粒度范围为0.1 ~1 mm的较细物料的脱水。在选煤厂中，脱水筛的使用非常广泛，如：洗选后的精煤和粗粒煤泥的脱水常在脱水筛上进行，而且精煤脱水筛不仅起脱水作用，还能将大量煤泥脱掉，使产品质量得到保证。在重介质选矿、选煤时，产品与加重质的分离（脱介）也常在脱水筛上进行。在生产实践中，筛分、脱水、脱介、脱泥有时是在同一设备、同一作业中完成的。

5.1 脱 水 筛

脱水筛是选煤厂常用的脱水设备之一。通常分级用的筛分设备均可用于脱水，但其构造应做相应的改变，使其有利于水分与固体的分离。

脱水筛脱水基本上仍是利用水分本身重力的自然脱水方法。物料在筛面上铺成薄层，在沿筛面运动的过程中，受到筛分机械的强烈振动，使水分迅速从颗粒表面脱除，进入筛下漏斗。

筛分机械的类型很多，用于脱水的筛分机械，按其运动和结构可分为固定筛、摇动筛和振动筛三种。

选煤厂筛分设备不但要求具有较高的处理能力、较好的脱水效果、较低的动力消耗，还应具备结构简单、制造容易、安装维修方便等机械性能。摇动筛的上述性能较差，目前在使用上受到一定限制，已逐步被工艺效果好、构造简单、维修方便的振动筛所代替。

5.1.1 固定筛

固定筛的工作部件——筛面是固定不动的，物料在倾斜的筛面上完全靠自身重力下滑，水分通过筛孔，进入筛下，完成脱水过程。

固定筛在选煤厂中主要安装在运动的脱水筛之前，进行预先脱水，以减少进入运动脱水筛的水量，提高脱水筛的脱水效率。固定筛通常分为条缝筛、弧形筛和旋流筛三种。

5.1.1.1 条缝筛

条缝筛安置在脱水筛的给料槽上，其宽度与溜槽相等，长度一般不超过2 m，见图5-1。

筛缝尺寸一般为0.5 ~1 mm。最高泄水能力可达200 ~300 $m^3/(m^2 \cdot h)$。

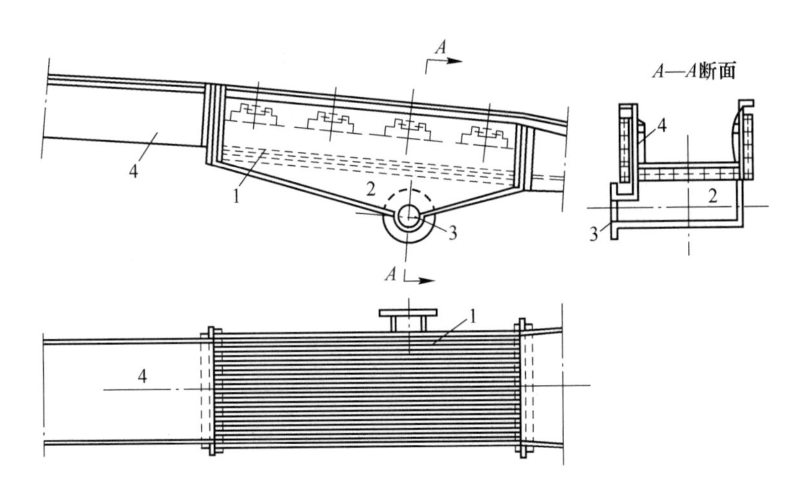

图 5-1 条缝筛示意图

1—条缝筛筛板；2—锥形漏斗；3—煤泥水排出管；4—溜槽

条缝筛的长度对脱水效果有很大影响。若长度不足，脱水效率低；长度过大，煤易堆积在筛面上造成堵塞。

条缝筛面积可由下式确定：

$$S = \frac{aw}{q} \tag{5-1}$$

式中 a——条缝筛泄下的水量占总水量的系数；

w——应该排泄的总水量，m^3/h；

q——单位条缝筛面面积所能排泄的水量，$m^3/(m^2 \cdot h)$，可按表 5-1 选取。

表 5-1 条缝筛及弧形筛的单位面积泄水量

设备名称	用 途	不同筛孔尺寸的单位面积泄水量/$m^3 \cdot (m^2 \cdot h)^{-1}$			
		2 mm	1 mm	0.75 mm	0.5 mm
条缝筛	精煤脱水 块精煤、中煤、矸石脱介	80 ~ 100	50 ~ 70	40 ~ 60	30 ~ 40
弧形筛	精煤脱水 粗煤泥脱水 未精煤、中煤、矸石脱水		120 ~ 140 100 ~ 120 80 ~ 100	70 ~ 90 60 ~ 80 50 ~ 70	50 ~ 60 40 ~ 50

5.1.1.2 弧形筛

弧形筛是另一种预先脱水筛，其结构简单、脱水效果好，既可用于细粒物料的脱泥、脱水，也可用于悬浮液中细小颗粒的精确分级，还可以用于重介质选矿、选煤产品的脱介。

弧形筛的筛条由不锈钢制成。截面为长方形或梯形，筛缝宽度为 0.5 ~ 1 mm。筛条排列成圆弧形，物料沿筛面的切线方向给入，流速为 3 ~ 6 m/s。在离心力和筛条的分割作用下，大量的水通过筛缝泄出，并泄出部分细泥。弧形筛示意图见图 5-2。

选煤厂弧形筛主要设在跳汰机溢流槽和脱水筛给料溜槽之间，也可设在重介质分选机各产品集料箱与脱介筛之间。其分级精确度较高，如当筛缝宽度为 1 mm 时，筛下物的粒度不大于 0.5 mm。

当物料在筛面上运动、离开某一个筛条并沿切线继续前进时，其运动图解见图 5-3，根据图中关系，颗粒接触到下一个筛条侧面的宽度 Δ 应符合下式：

$$R^2 + b^2 = (R + \Delta)^2 \tag{5-2}$$

式中 R——筛面曲率半径，mm；

b——筛缝宽度，mm。

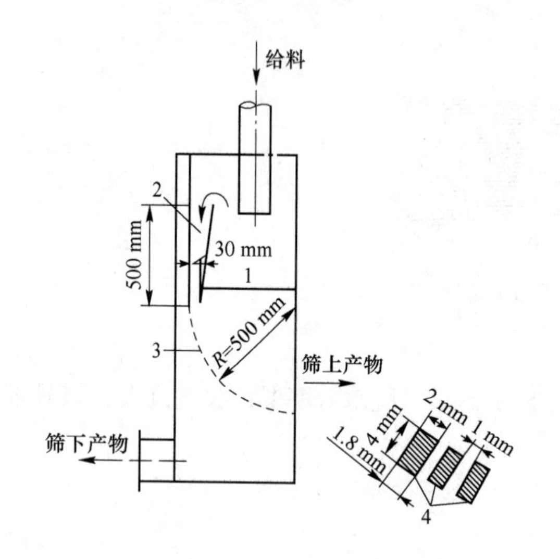

图 5-2 弧形筛示意图

1—给料容器；2—给料漏斗；

3—圆弧形条缝筛面；4—筛棒的横截面

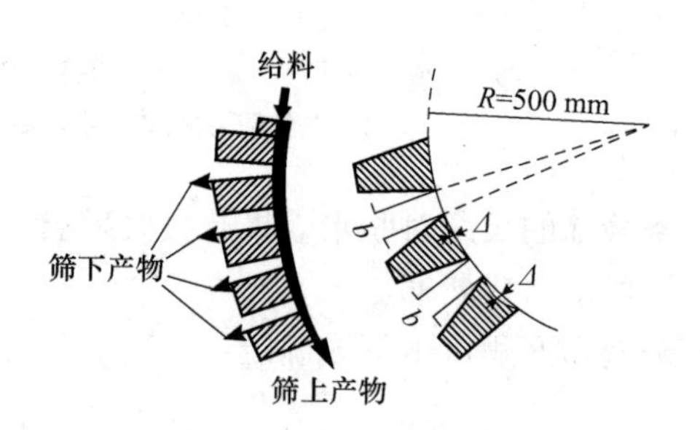

图 5-3 物料在筛面上的运动图解

由于 Δ^2 项很小，将其忽略后得

$$\Delta = \frac{b^2}{2R} \tag{5-3}$$

当 $R = 500$ mm、$b = 1$ mm 时，接触面的宽度仅为 0.001 mm，远小于筛孔尺寸。因此，比筛孔小得多的颗粒都可滑过筛缝，进入筛上产物。经验表明，筛孔尺寸为筛下产品中最大粒度的 1.5～2 倍。如需要分出 0～0.25 mm 的物料，筛缝宽度为 0.4 mm 左右；如需分出 0～0.5 mm 级，则筛缝宽度为 0.8～1 mm。

弧形筛给料方式有两种：一种为无压给料，称自流弧形筛，给料速度为 0.5～3 m/s；另一种为压力给料，称压力弧形筛，给料压力为 0.1～0.2 MPa，料浆速度一般可达 10 m/s。弧形筛规格以筛面的曲率半径（R）、筛面宽度（B）、弧度角（α）表示，例如 500 mm × 700 mm × 180°。自流弧形筛的弧度角有 45°、60°、90°等，多用于选煤厂的脱水及金属选矿厂的产品分级；压力弧形筛的弧度角有 180°和 270°，其中 270°弧形筛多用于水泥工业。

弧形筛的优点是结构简单、轻便、占地面积小、无运动部件、处理能力大，按给料计算可达单位筛面面积 200～250 $m^3/(m^2 \cdot h)$。其缺点是筛条磨损严重，筛面的安装和维护要求较高，而且弧面要求平整光滑。否则，脱水和分级效果会大大降低。

为了克服筛面磨损的问题，不少弧形筛制成可翻转式，当一侧磨损后，可将筛面转动 180°，重新使用。可翻转式弧形筛常见的形式如图 5-4 所示。

为防止临近筛孔物料堵塞筛孔，提高筛面利用率，可在弧形筛加一击振装置，通过振动清理筛面，进一步提高弧形筛的脱水效率。图 5-5 是击振式弧形筛（DSM 击振细筛）的一种击振形式。该击振装置是一套独立机构，装在筛箱后部，其中一个气动活塞通过一根杆将打击传到筛面后部，以防止筛面堵塞。击振式弧形筛的筛缝最小可达 0.05 mm，其处理能力较高。

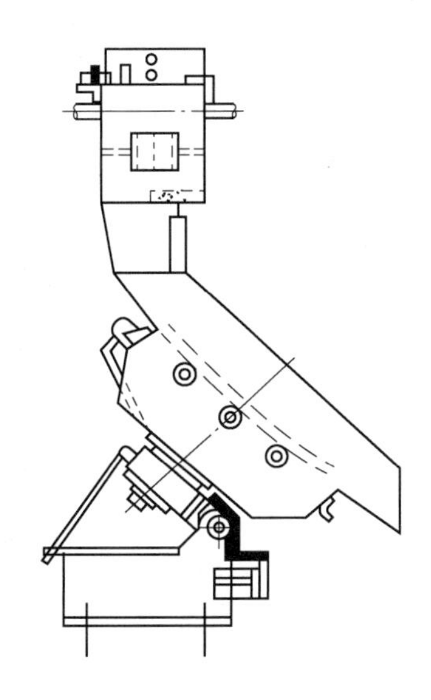

图 5-4　可翻转式弧形筛

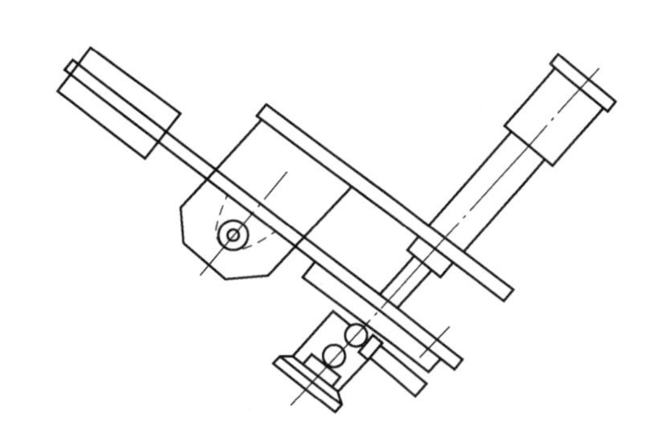

图 5-5　DSM 击振细筛的击振形式

5.1.1.3　*旋流筛*

旋流筛的工作原理与弧形筛相似。旋流筛的工作表面为圆锥形，物料由切线给入导流槽，然后进入锥形筛面脱水，其结构见图 5-6。奥索（OSO）旋流筛有 A 型、B 型和 C 型三种，其技术规格和工艺参数见表 5-2。

旋流筛兼具固定筛和离心脱水机的优点。其本身没有运动部件，无需动力，单位面积处理能力比振动筛大 2～3 倍，运转稳定可靠，投资少，维护费用低，缺点是筛条磨损比较严重。

旋流筛可用于末煤跳汰机 0.5～10 mm 级精煤的初步脱水、末煤的脱泥和细粒煤的分级。工作时物料在流体静压下导入旋流脱水槽，经入料喷口，再沿切线方向流入导向槽，并变为旋流状态。旋流的物料流入锥形条缝筛网，在离心力的作用下，液体穿过筛网，固体留在筛网上，完成脱水过程。

旋流筛内，筛网条缝的宽度和方向均有变化。上部的条缝与机体近于平行，下部条缝则

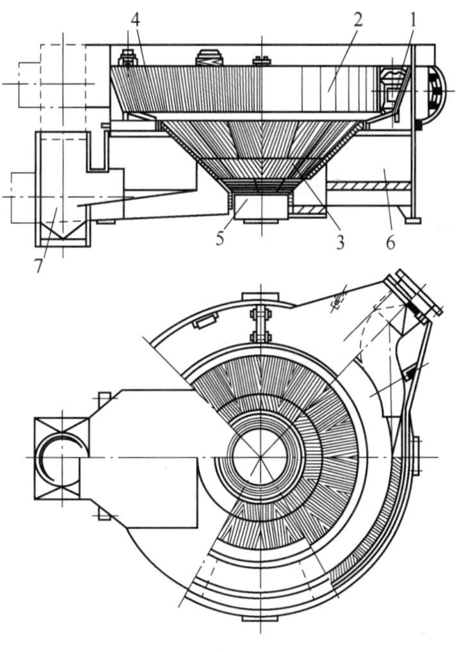

图 5-6　奥索旋流筛的结构

1—入料喷口；2—圆形导向槽；3—锥形条缝筛；4—导向筛网；5—固体物料出口；6—外箱；7—筛下水出口

与机体垂直，而且比上部筛缝约宽50%。条缝的方向是依据外层物料螺旋运动特点和减少筛网在运转期间的磨损而设计的。筛缝宽窄的变化，则可保证整个锥形筛网上尽可能获得相同的分级粒度，并考虑了物料流速和锥面形状的关系。

表 5-2 奥索旋流筛技术规格及工艺参数

型号	工艺参数							
	锥形筛网直径/mm	锥形筛网工作面积/m²	导向筛网工作面积/m²	额定处理量/$m^3 \cdot h^{-1}$	最小处理量/$m^3 \cdot h^{-1}$	最大处理量/$m^3 \cdot h^{-1}$	最小入料压力/Pa	额定入料压力/Pa
A型	1200	1.5		150	100	190	5884	9806～11768
	1600	2.5		250	170	330	6864	
	2000	4		400	280	520	8825	10787～79613
	2400	6		600			10787	
	2800	8		800			13729	16671～24516
	3200	10		1000			16671	
B型	1200	1.5	0.8	230	160	300	5884	9806～11768
	1600	2.5	1.5	400	280	520	6864	
	2000	4	2	600	420	780	8825	10787～79613
	2400	6	3				10787	
	2800	8	4				13729	16671～24516
	3200	10	5				16671	

此外，旋流筛导向槽内加带垂直条缝的筛网衬作导向筛网，可以增大设备的有效工作面积。

通过调整入料喷口的位置可以改变入料方向，使混合物料在导向槽内做左旋或右旋运动，以增加筛网的寿命。

末煤脱水选择奥索筛时，为了保证设备正常运转，在保持最小入料速度（最小压力）状态下，应使入料量大于筛分设备的额定处理量。应选择额定压力的上限值。

对于细粒级煤的脱水、脱泥和分级，为保证运转期间有恒定的分级粒度和处理量，在筛分设备运转400～600 h后，应改变一次物料旋流方向，并检查筛面磨损情况。

对于末煤脱水可以使用0.75 mm筛缝的筛网；未经脱泥的末煤脱水或浓度大于50 g/L的循环水脱泥或末煤脱泥，可以采用1.0 mm筛缝的筛网。

5.1.2 振动筛

振动筛具有结构简单、操作维修方便、处理能力高等优点。因此，振动筛近来发展极快，种类繁多，有圆运动振动筛、直线振动筛、高频振动筛、香蕉筛和共振筛等。选煤厂脱水主要用直线振动筛、高频振动筛和香蕉筛，即双轴振动筛。而分级主要用圆运动振动筛，即单轴振动筛。

5.1.2.1 直线振动筛

A 直线振动筛的构造

各种直线振动筛，结构大同小异。我国目前使用的直线振动筛分座式和吊式两种，生产产品主要有 ZS 和 DS 两个系列，又有单层和双层之分。

无论是直线振动筛，还是圆运动振动筛，都由筛箱、激振器及弹簧支撑或吊挂的装置组成，见图 5-7。

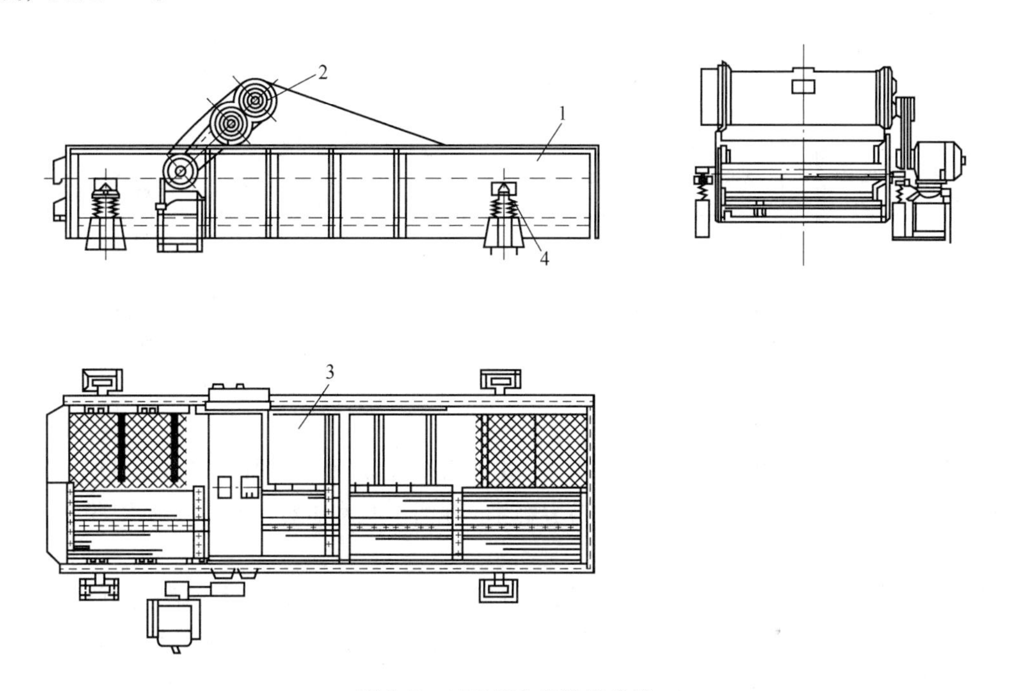

图 5-7 2ZS1756 直线振动筛

1—筛箱；2—激振器；3—筛网；4—弹簧

筛网是脱水筛的主要工作部件，应具有足够的机械强度、最大的开孔率，且筛孔不易堵塞等性质。常用的筛网有板状筛网、编织筛网和条缝筛网等。脱水采用编织筛网和条缝筛网，脱水兼分级时也可使用板状筛网。

筛网固定在筛箱上必须张紧。因脱水筛筛孔通常较小，其张紧装置用图 5-8 形式。先将筛网用螺栓经压板固定在框架上，再将框架固定在筛箱上。紧固方式采用压木和木楔。

B 直线振动筛的工作原理

直线振动筛利用激振器产生的定向激振力，使筛箱做倾斜的往复运动。如图 5-9 所示，当主动轴和从动轴的不平衡重相对同步回转时，各瞬时位置，离心力沿 x—x 方向的分力总是互相抵消，而沿 y—y 方向的分力总是互相叠加，形成了 y—y 方向的激振力，驱动筛分设备做直线运动。两根轴的不平衡重在图 5-9 中（1）和（3）位置时，离心力完全叠加，激振力最大；而（2）和（4）位置的激振力方向相反，离心力完全抵消，激振力为零。

直线振动筛的激振力很大，据计算，2ZS2-1.5 型直线振动筛，最大激振力可达 148 kN。

激振器用齿轮传动会有经常发热、漏油、产生强烈的噪声等问题，给生产和维修增加困难，为了改善这一状况，近年来采用了双电机拖动的传动装置，使激振器的两根轴分别由两个异步电动机拖动，两轴之间无强迫联系，完全依靠力学关系保证同步运转。

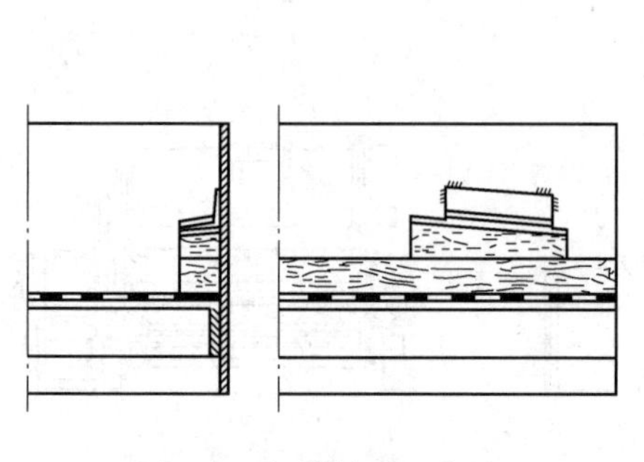

图 5-8 板状筛网和条缝筛网的张紧装置

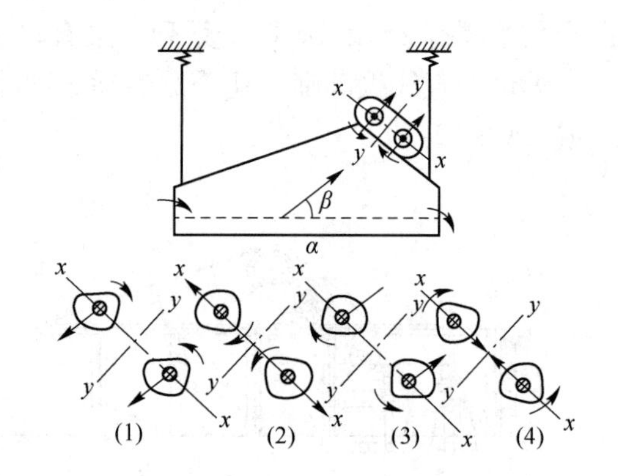

图 5-9 直线振动筛两轴的旋转方向及同步情况

C 直线振动筛在脱水中的应用

直线振动筛的抛射角一般在 30°~65°。我国直线振动筛的抛射角多采用 45°。物料在筛面上运动时，加速度大，物料的行进距离远，有利于脱水过程的进行，所以脱水广泛采用直线振动筛。

物料在筛面上的脱水过程，特别是煤泥的脱水，通常分 3 个阶段：第一阶段为初步脱水，第二阶段为喷洗，第三阶段为最终脱水。喷洗的目的是冲洗掉混在产品中的高灰细泥，降低产品灰分，对降低产品的水分也有好处。如果是重介质分选，喷水也可降低介质消耗。加喷水对产品脱水效果的影响见表 5-3。

表 5-3 加喷水对产品脱水效果的影响

指　标	末精煤（0.5~13 mm）		煤　泥	
水分/%	不加喷水	加喷水	不加喷水	加喷水
	13.2	12.1	26.8	25.0

由于高灰细泥在产品中的夹杂，将阻碍水分的自由排泄，导致产品水分较高。因此，脱水过程常和脱泥过程同时进行。

所加喷水应该是清洁的补充水，或经过澄清的循环水。水压常为 0.15~0.20 MPa，使水通过筛上的物料层时，有效对物料进行喷洗。实践证明，应将煤中大部分自由水分脱出之后，再进行喷水，可提高喷水的效果。因此，喷水管一般设在筛面长度的一半处。喷水应尽量喷在整个筛面宽度上。

喷水管是带有几排小孔的水管，但小孔易堵塞，易导致水流压力损失大，水流喷出后分散无力。因此，最好装设直径为 3~4 mm 的喷嘴，个数以能喷洗整个筛面宽度为限，这样可以提高喷洗效果。

所用喷水量与物料粒度和性质有关，其关系见表5-4。

表5-4 喷水量与物料性质的关系

物料性质	吨煤喷水量/m^3	物料性质	吨煤喷水量/m^3
块精煤	0.25	煤泥	1.0
末精煤	0.3	原煤煤泥	2.0

目前，为了实现洗水闭路循环，选煤厂大多采用澄清循环水作喷水。在煤泥量较少、细泥污染不严重、保证精煤质量的前提下，尽量降低用水量。

经过脱水后的产品，其水分含量与处理量有极大关系。其他条件相同时，处理量增大，即单位筛面的负荷增大，筛面上的物料层厚度增加，物料中间夹带的水分增多，其脱水效果降低。而且，由于物料层加厚，喷水的效果降低，使脱泥效果亦随之恶化。处理量对脱水效果的影响见表5-5。

表5-5 筛分设备负荷对脱水效果的影响

筛上物料层厚度/mm	回收煤泥的灰分/%	水分/%
8	8.98	20
27	17.52	24
30	18.90	26

经脱水筛脱水后的产品水分见表5-6。

表5-6 产品性质及水分

产品性质	水分/%	产品性质	水分/%
不含煤泥的块煤	6~7	细粒精煤	15~18
带煤泥的块煤	7~8	粗煤泥	22~25

对块煤脱水，为提高脱水筛的处理能力，并减少对小筛孔条缝筛的磨损，通常采用双层筛，上层用编织筛网，筛孔为13 mm，下层用条缝筛网，筛孔为0.5 mm。

物料脱水时所需脱水筛面积可按下式计算：

$$S = K\frac{Q}{q} \tag{5-4}$$

式中 K——给料不均匀系数（脱水时取1.15）；

Q——给料量，t/h；

q——单位筛面面积处理量（见表5-7），t/(m^2·h)；

S——所需筛面面积，m^2。

表5-7　脱水筛单位筛面面积处理能力

作　业	块煤脱水		末煤脱水		粗煤泥回收	
筛孔/mm	13	6	1	0.5	0.5	0.25
生产能力/t·$(m^2 \cdot h)^{-1}$	14~16	16~12	7~9	5~7	1.5~2	1~1.5
泄水量/$m^3 \cdot (m^2 \cdot h)^{-1}$			50~60		30~40	

5.1.2.2　高频振动筛

高频振动筛是一种以高频率、高振动强度为特征的振动筛，选煤厂常用的高频直线振动筛工作频率在20~25 Hz，适用于粗煤泥回收或浮选尾煤的预先脱水。产品有GZ型和GZT型。

高频振动筛的高频振动可破坏矿浆表面张力和细粒黏附于粗粒上的黏附力，降低细粒物料之间因分子引力和静电引起的团聚力，有利于物料松散和分层，增加细粒透筛机会。同时，高速振荡增加了物料与筛面的接触，增大了透筛概率，并可减少筛孔的堵塞。图5-10是高频振动筛工作原理图。

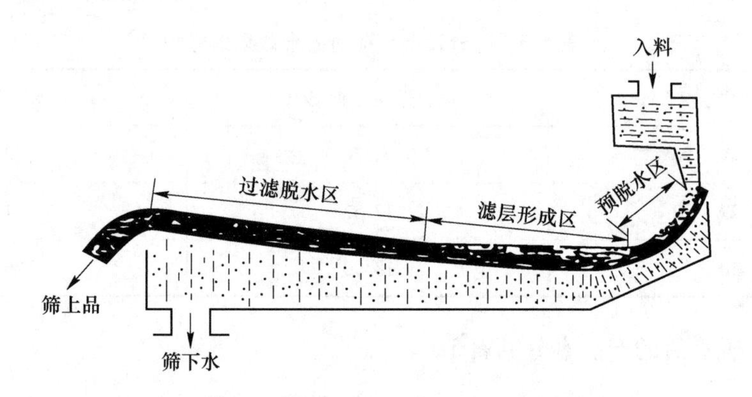

图5-10　高频振动筛工作原理图

高频振动筛筛面由弧形筛面和反倾角-5°的直线筛面两部分构成。矿浆通过给料箱靠重力沿切向均匀、定压给入筛子的弧形段，在弧形筛条的剪切和振动作用下，部分细粒和液体得以透筛脱除，弧形段被称为筛子的预脱水区，可脱除入料中1/3的水分。筛上固液混合物沿筛面进入与直线段的结合部后，运动速度突然下降，使矿浆出现聚集，形成“水池”，在筛面的高频振动作用下，矿浆中的固体颗粒加速沉降，由于先接触筛面的细粒不断透筛，筛面上逐渐形成一个粗粒阻隔细粒的滤层，滤层较薄，且滤层以上的液体和微细颗粒仍不断透过滤层透筛，与固体实现分离。由于筛面对物料的抛掷运动，滤层不断沿筛面向前输送，进入过滤脱水区。在过滤脱水区，“水池”中的液体、细粒继续沉降并透筛脱除，由于排料端设置的堰板的阻挡作用，筛上料层加厚，高频率、高振动强度的抛掷运动使料层逐渐垒实，料层中的游离水分进一步被脱除。

高频振动筛具有寿命长、效率高、耗电量少、维修方便等优点，适用于入料粒度为0~1 mm的末煤及煤泥的脱水、脱介，对大中型选煤厂粗煤泥回收，以及中小型选煤厂细粒煤泥的脱水、脱介更为适宜。GZ型高频振动筛如图5-11所示，其技术特征见表5-8。

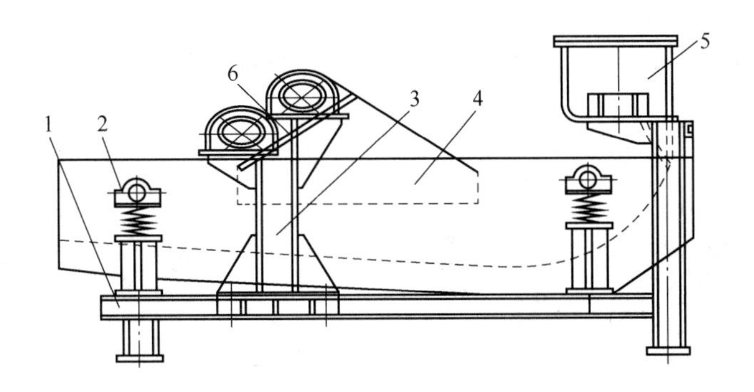

图 5-11　GZ 型高频振动筛

1—底架；2—支撑装置；3—电机架；4—筛箱；5—给料箱；6—振动装置

表 5-8　GZ 型高频振动筛技术特征

序号	技术特征		GZ731	GZ1031	GZ1231	GZ1531
1	用途		煤泥、尾矿脱水			
2	入料浓度/%		>40			
3	筛面规格(宽×长)/mm×mm		750×3100	1000×3100	1250×3100	1500×3100
4	工作面积/m^2		2	2.8	3.5	4.2
5	筛缝尺寸(条缝筛面)/mm		0.25，0.3，0.5			
6	筛面层数		1			
7	工作频率/Hz		24			
8	双振幅/mm		4~6			
9	抛射角/(°)		50			
10	筛面倾角/(°)		-5			
11	生产率/(干燥量)/$t \cdot h^{-1}$		7~10	10~14	14~17	17~21
12	电动机	型号	Y112M-4	Y112M-4	Y132S-4	Y132M-4
		功率/kW	2×4	2×4	2×5.5	2×7.5
		转速/$r \cdot min^{-1}$	1400	1400	1400	1400
13	外形尺寸(长×宽×高)/mm×mm×mm		3048×1679×1915	3048×1943×1970	3063×2248×1970	3067×2540×1970
14	设备总质量/kg		2000	2700	3300	4000
15	单支点工作动负荷/N		±222	±279	±372	±444

5.1.2.3　香蕉筛（等厚筛）

香蕉筛筛面不是一个平面，是由 3~5 段筛面组合而成的折线型筛面。入料段筛面倾角最大，中间段即筛分段的筛面倾角次之，出料段的筛面倾角最小或水平。因其外形弯曲形似香蕉，故称之为香蕉筛，如图 5-12 所示。其工作原理（见图 5-13）与双轴直线振动筛一样。筛面的这种变化可更好地适应性质不同的物料，提高筛分效率。

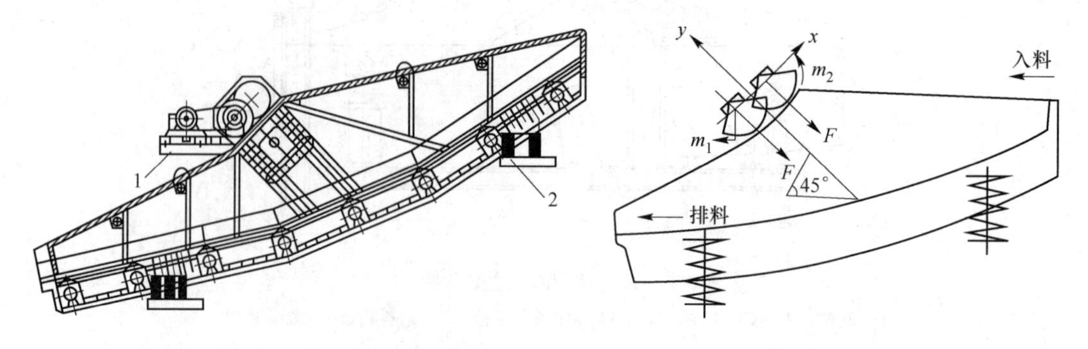

图 5-12 ABS3661 香蕉筛结构示意图
1—传动装置；2—隔振弹簧

图 5-13 香蕉筛工作原理示意图

不同于水平直线振动筛，香蕉筛的激振力通过筛机质心的出料端一侧，因此入料段振幅小、出料段振幅大。

工作时，香蕉筛的入料段物料量最多，由于筛面倾角最大，主要依靠势能转化为动能，物料运动速度最快，料层薄、分层快，使细小颗粒最快地接近筛面而透筛，尤其是用于脱水、脱泥和脱介时，大量的水裹挟着细颗粒快速透筛。这一阶段，物料在筛面上的运动以滑动为主、跳动为辅；中间段，筛面倾角变小，物料的运动是靠颗粒入料端残余动能和床面振动的双重作用，随着颗粒与筛面的碰撞和摩擦，残余动能逐渐被消耗，物料的运行速度减小，料层厚度有所增加。在中间段，物料运动是滑行和跳动并存；在出料段，筛面倾角最小，物料运行速度最慢，料层厚度最厚。由于此段筛面振幅大，振动方向角也大，物料跳得高，松散性好，有利于喷水清洗煤炭颗粒上的介质及细泥。同时，跳动次数增多，也增加了更多的透筛机会。出料段物料运动主要以跳动为主。在整个筛分过程中，筛面上物料层厚度保持比较均匀，因此，香蕉筛又称为等厚筛。

香蕉筛尤其适合较小颗粒物料的脱水、脱泥和脱介。大颗粒煤炭的脱介不宜选取香蕉筛，一般采用水平筛面直线筛。当物料颗粒介于细和粗之间时一般采用平面筛面倾斜安装。

近年来，大型选煤厂的建设，要求与之配套的设备大型化。香蕉筛（等厚筛）因处理量大、筛分效率高和可靠性高等优点，被大型选煤厂广泛采用。

5.1.3 影响脱水筛脱水效果的因素

脱水筛的功能是最大限度地从悬浮液中回收固体颗粒和最大可能地降低所回收的固相中的水分。粒度越小，脱水的难度越大。对于 0.5 mm 以下的细粒物料，要实现高质量的脱水需着重考虑下列因素。

5.1.3.1 物料性质

（1）颗粒形状：球形、立方形或多角形颗粒形成的床层有足够的空隙而易于脱水，扁平形的颗粒沉降阻力大而不利于脱水。

（2）粒度和粒度特征：粒度分布是最为重要的影响因素，尤其是细粒物料。脱水效果在很大程度上取决于最初形成的滤床。它或由最先落在筛面上的粗粒构成，或由细粒在筛面架桥形成。为获得较高的脱水效率，需要保持大于平均粒度的颗粒占有一定的比例。一般认为，在体积固液比为1∶1时，大于平均粒度的颗粒含量应占40%。

（3）物料密度：固液密度差较小时，固体颗粒随液流损失的可能性增大，此时应采用在相当慢流速下进行脱水的固定筛。

（4）物料组成：黏土类物料含量较大时，将因料浆黏度增高而不利于脱水。

5.1.3.2 脱水筛的结构性能

（1）筛面：要有足够的强度，有效面积（筛孔总面积与整个筛面面积的比）大，筛孔不易堵塞，物料在运动时与筛孔相遇的机会较多。

（2）筛孔孔径及开孔率：筛面的开孔率决定筛子的脱水能力，同时开孔率又受筛面材质、筛孔形状、筛孔孔径等因素制约。一般孔径较大时，开孔率相应较大；而孔径较小时很难获得较高的开孔率。

（3）所需脱水面积：所需脱水面积主要受物料粒度影响，应采用实验方法提供的实际参数，根据若干经验公式来确定。

5.1.3.3 操作因素

（1）工作频率、投料角和筛面倾斜度：在脱水应用中，所选择的频率应和筛子的最佳输送能力和脱水效率相匹配，并保证对脱水床层干扰最小。如电磁筛的频率高达5000～7000次/min；而由不平衡振动器所带动的高速振动筛的振次为1450～1800次/min。

（2）输送速率：输送速率取决于投料角度和加速度，也受筛面倾斜度的影响，对于输送速率为0.2～0.25 m/s的不平衡振动筛，其投料角度与水平成40°～45°角时效果较好。筛面的倾斜角有正倾斜式（筛面沿料流流动方向下倾）、水平式和反倾斜式之分。反倾斜式斜面可延长物料在筛面的停留时间。

（3）料浆的固液比：料浆固液比过高，会因黏度过大而影响脱水效果；料浆固液比过小，则因筛面上液流强度过高而造成细粒损失，且搅乱脱水床层。如在对粒度小于0.5 mm、含量为30%～40%的煤泥水进行脱水之前，必须先有一个增浓阶段。

5.2 脱 水 提 斗

脱水提斗也称脱水提升机、脱水斗子提升机。

5.2.1 脱水提斗的用途

脱水提斗通常兼有脱水和运输双重作用。作为脱水设备时，可作最终脱水设备，也可做初步脱水之用。

对于大块物料及水分要求不太严格的产品，如跳汰分选作业的中煤、矸石，可用脱水提斗直接作为最终脱水设备，获得最终出厂产品。对粒度较细或脱水不太容易、水分又要求较严格的产品，脱水提斗可做初步脱水。如粗煤泥回收作业，对捞坑沉淀的煤泥先经脱水提斗初步脱水，再进一步用脱水筛和离心脱水机作最终脱水。

5.2.2 脱水提斗的构造

脱水提斗的构造见图5-14。

斗链绕过机斗的星轮和机尾的滚轮形成无级循环的牵引机构，电动机通过减速器经链轮使主轴上的星轮转动，拖动斗在导轨上运行。其构造与输送用的提斗相同。

（1）机头。机头包括传动装置和紧链装置。

传动装置见图5-15。脱水提斗的标准设计采用链轮传动，该传动方式具有简单轻便的特点。

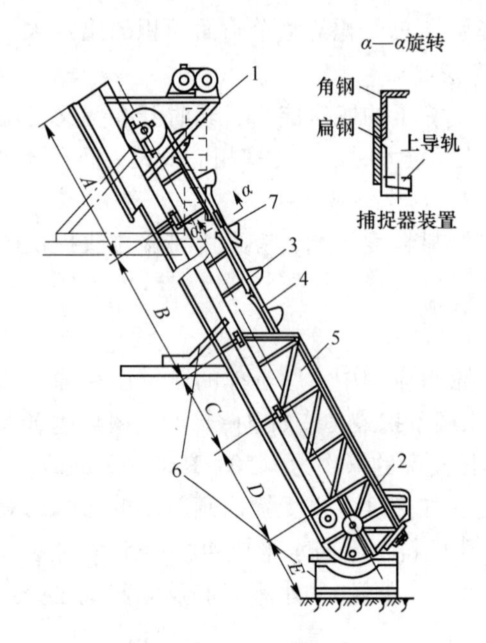

图5-14 脱水提斗的构造

1—机头；2—机尾；3—斗链；4—导轨；5—机壳；6—机架；7—捕捉器

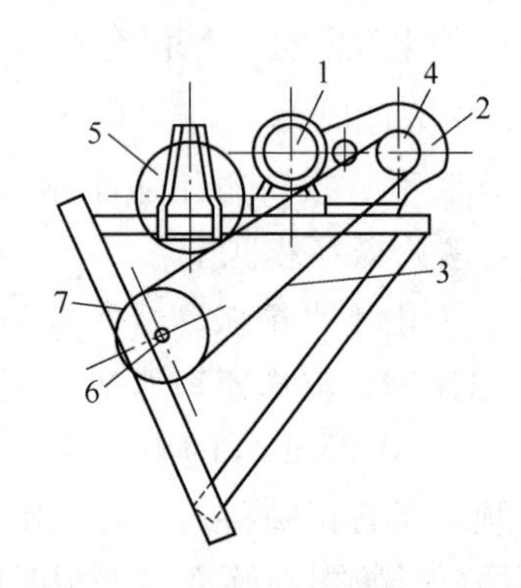

图5-15 脱水提斗的传动装置

1—电动机；2—减速器；3—传动链；4—主动链轮；5—压紧链轮；6—主轴；7—从动链轮

紧链装置见图5-16。轴承借助丝杠5的旋转而沿着紧链装置底座上的燕尾导轨4移动，调节斗链的张紧程度。

主轴上的星轮，我国采用四方形星轮和六边星形星轮两种。由于六边星形星轮磨损后修补困难，因此目前采用四方形星轮居多。

（2）机尾。机尾是斗链的导向装置，安装在整个脱水提斗的下部。

（3）斗链。斗链由料斗和链板或圆环链组成，见图5-17。每组斗链由一个料斗和两节链板构成。

为了满足脱水需要，料斗应由带有长条形孔的钢板制成，通常筛孔尺寸为4 mm × 20 mm，这种筛孔不易堵塞。

（4）机壳和机架。机壳由钢板焊接而成，中间带有槽钢骨架，用以支撑重量，使构件坚固耐用。

机壳内铺设导轨，斗链在导轨的扁钢上滑行。

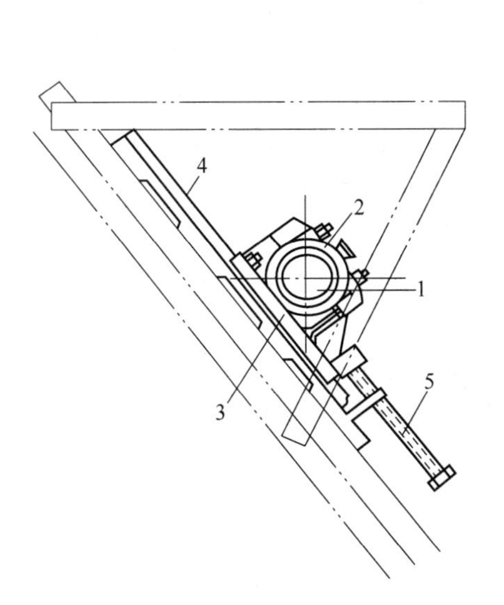

图5-16 脱水提斗的紧链装置
1—主轴；2—斜轴承；3—轴承座；
4—燕尾导轨；5—丝杠

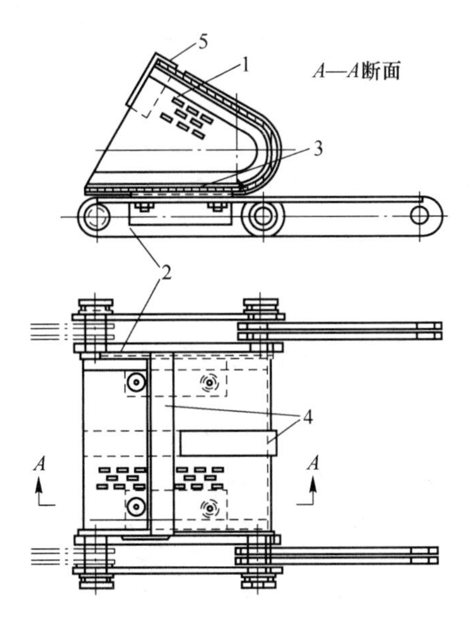

图5-17 斗链
1—料斗；2—链板；3—带榫螺栓；
4—扁钢；5—角钢

机架由槽钢和角钢焊接而成，通过机架将机壳固定在基础和楼板上。

（5）安全装置。安全装置包括安全销和捕捉器。前者可防止发生断链事故；后者防止因断链事故而导致斗子被抛出或落入机尾，扩大事故。

安全销装在星轮主轴和从动链轮之间。运行中如发生料斗卡住时，安全销即被切断，提斗停止运转，避免造成事故。

捕捉器成对地焊接在机壳敞开段两侧导轨的角钢上。链板在导轨和捕捉器之间运动，若斗链断裂时，捕捉器将斗链挡住，不致向外翻倒而造成严重事故。

5.2.3 脱水提斗的安装要求及脱水效果

5.2.3.1 安装要求

为了适应脱水作业的要求，脱水提斗的安装与运输提斗不同，通常有两方面的差别：

（1）脱水提斗安装时，其机身倾斜角度不应超过70°，两个提斗之间应有足够距离，避免前一个提斗排泄的水分落在后一个提斗中。倾角角度常在50°~70°。

（2）保证有适当的脱水时间。物料提升机将物料提出水面后，应有一段继续运行距离，以保证足够的脱水时间。脱水时间与料斗运动距离及离开水面后的运输高度有关。处理粗粒物料，应达20~25 s；对于细粒物料，应有40~50 s。实际经验表明，脱水提斗的提升高度至少应高出水面4 m。粗粒物料可选择5~7 m；细粒物料可选择7~8 m。因此，对于粗粒物料脱水，提斗运动速度可稍快，为0.25~0.27 m/s；对于细粒物料脱水，应取较慢的速度，为0.15~0.17 m/s。

5.2.3.2 脱水效果

不同的物料性质和粒度有不同的脱水效果，见表5-9。

表 5-9 不同的物料性质和粒度对脱水效果的影响

物料的性质和粒度	粗粒精煤	粗粒中煤和矸石	细粒精煤	细粒中煤	细粒矸石
水分/%	9 ~ 10	14 ~ 18	18 ~ 22	20 ~ 25	20 ~ 30

粒度越细，亲水性越强；孔隙越多的物料，脱水越困难，脱水后产品水分也越高。

思考题

5-1 选煤厂常用的脱水筛有哪几种？主要用途是什么？

5-2 弧形筛主要特点是什么？在选煤厂主要应用在哪些作业环节？

5-3 简述直线振动筛的工作原理，并说明筛上加喷水的目的及对脱水效果的影响。

5-4 高频振动筛是如何实现物料脱水的？

5-5 试分析香蕉筛的结构特点及对物料脱水效果的影响。

5-6 简述影响脱水筛脱水效果的因素。

5-7 用于脱水的提斗与运输提斗有什么差别？说明脱水提斗在选煤厂的用途。

6　离 心 脱 水

【本章提要】离心脱水是保障选煤厂产品水分的重要作业环节。本章主要介绍了过滤式离心脱水机、沉降式离心脱水机和沉降过滤式离心脱水机的结构、原理及应用特点。

依靠重力作用进行自然脱水，其效果受含水物料性质限制很大，尤其是含有大量细粒物料时，效果更差。为了提高这部分物料的脱水效果，必须借助外力。对于细粒煤泥脱水，多年来广泛采用在离心力场中连续工作的离心脱水机。利用离心力进行固体和液体的分离过程称离心脱水过程。

离心脱水过程可应用离心过滤和离心沉降两种不同的原理，也可将两种原理结合在一起。离心脱水机的分类和用途见表6-1。

表6-1　离心脱水机的分类和用途

分　类			用　途
离心脱水机	离心过滤式	惯性卸料离心脱水机	末精煤和粗煤泥的脱水
		螺旋卸料离心胶水机	
		振动卸料离心脱水机	
	离心沉降式	沉降式离心脱水机	浮选尾煤脱水
	沉降过滤式	沉降过滤式离心脱水机	浮选精煤、细煤泥脱水

6.1　过滤式离心脱水机

6.1.1　过滤式离心脱水机的工作原理

离心脱水机中产生的离心力要比重力大上百倍，甚至上千倍，因而其脱水效果优于自然脱水效果。

6.1.1.1　工作原理

过滤式离心脱水机的主要工作部件锥形筛篮，经传动轴由电动机带动旋转。湿物料给到筛篮的中心，受离心力的作用甩到筛篮的壁上，形成沉淀物，水分通过沉淀物空隙和筛篮上的筛孔排出，实现物料和水分的分离。其工作原理见图6-1。

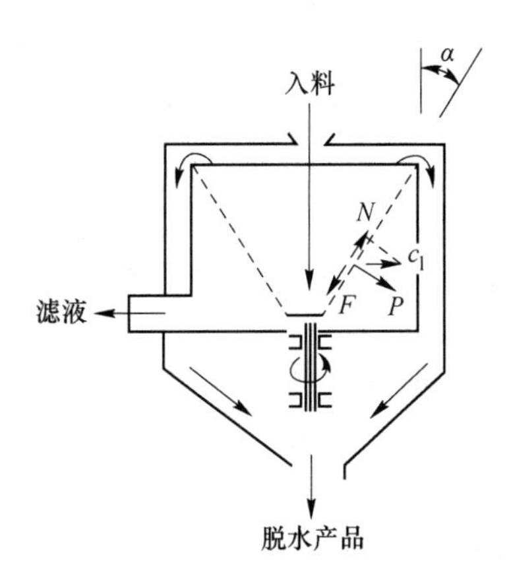

图6-1　过滤式离心脱水机的工作原理

假定有一质量为 m 的质点，沿着半径 r 进行圆周运动，角速度为 ω，则该质点的圆周速度可通过下式求得：

$$v = \frac{2\pi rn}{60} = \omega r \tag{6-1}$$

式中 n——转速，r/min。

在此等速回转运动中，将产生一个向心加速度 a_x 和与其等值的离心加速度 a_1，则

$$a_x = a_1 = \omega^2 r \tag{6-2}$$

该质点的向心力 c_x 和与其相反的离心惯性力 c_1 为

$$c_x = c_1 = m\omega^2 r \tag{6-3}$$

离心惯性力分解为对筛面的正压力 P 和平行于筛面的作用力 N，其值分别为

$$P = c_1 \cos\alpha \tag{6-4}$$

$$N = c_1 \sin\alpha \tag{6-5}$$

式中 α——筛篮锥角的一半，(°)。

平行于筛面的作用力 N 使物料沿筛面向排料口移动，而正压力 P 产生物料沿筛面滑动时的摩擦力 F：

$$F = Pf = c_1 f \cos\alpha \tag{6-6}$$

式中 f——物料与筛面之间的滑动摩擦因数。

显然，只有当 $N > F$ 时，物料才能沿筛面滑动，即下式必须成立：

$$c_1 \sin\alpha > f c_1 \cos\alpha \tag{6-7}$$

$$f < \tan\alpha \tag{6-8}$$

如果 β 是物料沿筛面滑动的摩擦角，得 $f = \tan\beta$，则

$$\tan\alpha > \tan\beta \tag{6-9}$$

$$\alpha > \beta \tag{6-10}$$

由式（6-10）可见，只有当筛篮锥角的一半大于物料沿筛面滑动时的摩擦角，物料才能沿筛面滑动，完成脱水过程。

6.1.1.2 分离因数

分离因数亦称离心强度。分离因数表示在离心力场中产生的离心加速度和重力加速度相比时的倍数。

$$Z = \frac{\text{离心加速度}}{\text{重力加速度}} = \frac{R\omega^2}{g} = \frac{\pi^2 R n^2}{900g} \approx 1.12 \times 10^{-5} n^2 R \tag{6-11}$$

式中 R——旋转半径，cm；

ω——角速度，s^{-1}；

n——转速，r/min；

g——重力加速度，取 981 cm/s^2。

可见，离心脱水机的分离因数与筛篮转速 n 的平方及旋转半径的一次方成正比，采用提高转速来提高分离因数比增加半径更加有效。因此，离心机的结构常采用高转速、小直径。

分离因数是表示离心力大小的指标，也即表示离心脱水机分离能力的指标。分离因数 Z 越大，物料所受离心力越强，越容易实现固液分离，因此分离效果亦越好。

由于煤粒较脆，容易粉碎，过高的分离因数将使煤粒粉碎度提高，增加脱水过程煤粒在滤液中的损失。同时设备的磨损增大，动力消耗亦相应增大。选煤用离心脱水机分离因数常在 80～200。对粒度较小的浮选精煤和尾煤脱水用的离心脱水机，如沉降式离心脱水机或沉降过滤式离心脱水机，其分离因数在 500～1000。

6.1.2 不同类型的过滤式离心脱水机

过滤式离心脱水机有惯性卸料式、螺旋卸料式和振动卸料式3种类型。惯性卸料离心脱水机，物料在筛篮内依靠惯性力滑动并排出，所以锥形筛篮的半锥角必须大于物料的滑动摩擦角。虽然结构简单，但笨重、脱水效率低、生产量小，目前已基本不用，已被螺旋卸料离心脱水机和振动卸料离心脱水机代替。

6.1.2.1 螺旋卸料离心脱水机

螺旋卸料离心脱水机，其卸料不是靠惯性力，而是依靠增设的螺旋刮刀完成的。

以LL-9型离心脱水机为例，其结构见图6-2。

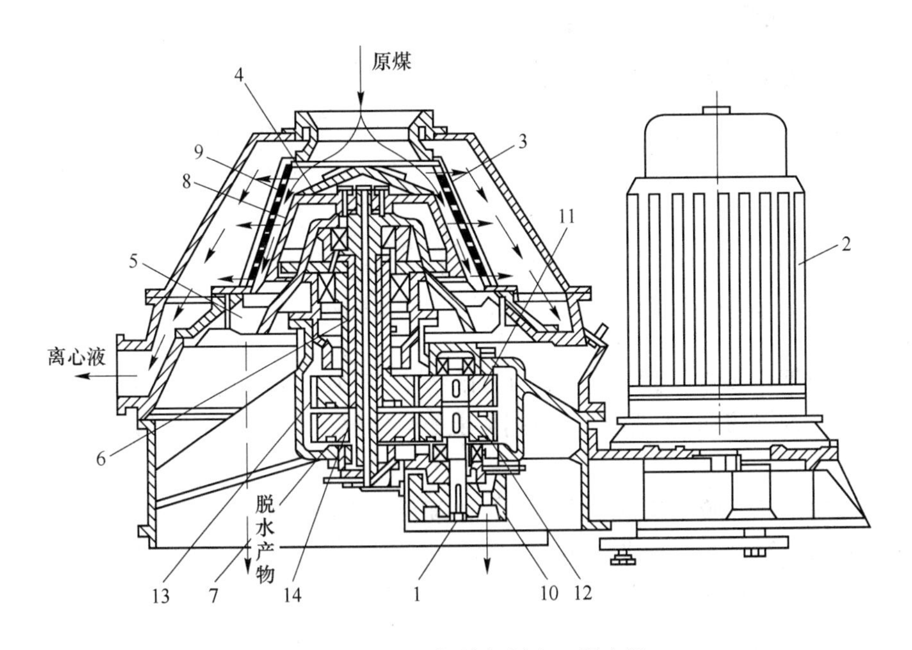

图6-2 LL-9型螺旋卸料离心脱水机

1—中间轴；2—电动机；3—筛篮；4—给料分配盘；5—钟形罩；6—空心套轴；7—垂直心轴；8—刮刀转子；9—筛网；10—皮带轮；11～14—斜齿轮

全机由5部分组成，有传动系统、工作部件、机壳、隔振装置和润滑装置。机壳为不动部件，主要对筛网起保护作用，并降低从筛缝中甩出的高速水流速度。隔振装置是为了减小离心脱水机高速旋转时，对厂房造成的振动，而润滑装置则为了保证传动系统灵活运转。传动系统和工作部件为主要部分。

（1）传动系统。LL-9型离心脱水机传动系统的主要部件是一根贯穿离心脱水机的垂直心轴7，其外有空心套轴6，下部装有减速器。空心套轴和心轴通过齿轮与由电动机带动旋转的中间轴连接。

空心套轴与心轴分别与筛篮和刮刀转子相连，同时旋转，而且方向相同。这是由于相连的传动齿轮数不同得到的。齿轮11齿数为72，齿轮12齿数为71，齿轮13和14齿数为88。因此使筛篮和转子之间差速为7 r/min，并决定了物料在离心机中的停留时间。

（2）工作部件。工作部件由筛篮3、钟形罩5、刮刀转子8、给料分配盘4和筛网9

组成。筛篮和刮刀转子结构见图 6-3。

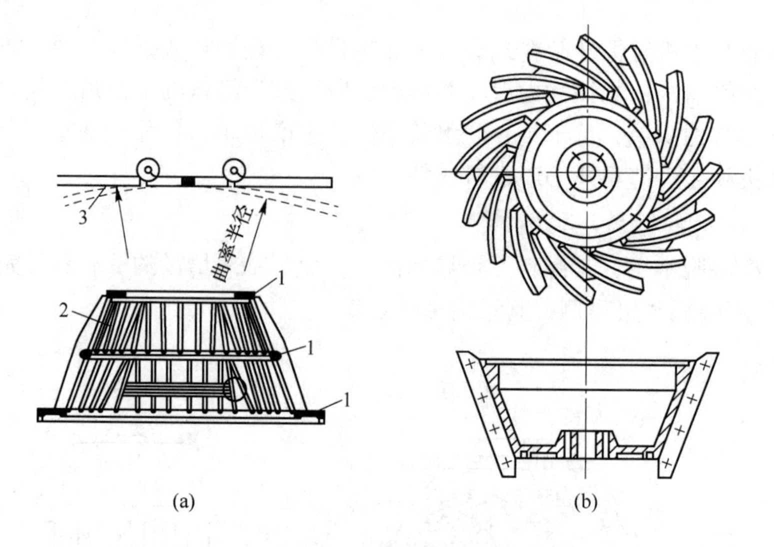

图 6-3　筛篮和刮刀转子

(a) 筛篮；(b) 刮刀转子

1—圆环骨架；2—拉杆；3—筛条

筛篮上有扁钢焊接成的圆环骨架，上面绕着断面为梯形的筛条，筛条由拉杆穿在一起，构成整体结构。筛篮用螺栓安设在钟形罩的轮缘上。钟形罩旋转时，筛篮便一起旋转。

筛篮是过滤式离心脱水机的工作表面，必须保证内表面呈圆形，才能保证筛面与螺旋刮刀之间的间隙。筛篮上的筛条顺圆周方向排列，筛条缝隙通常为 0.35 ~ 0.5 mm。较小的筛缝可减轻筛条的磨损，延长筛面的寿命，并减少离心液中的固体含量，因此在保证水分的前提下应尽量减小筛缝。

筛篮和刮刀转子之间的间隙，对离心脱水机的工作有很大影响。随间隙的减小，筛面上泄留的煤量减少，离心脱水机的负荷降低。减少筛网被堵塞的现象，有利于脱水过程的进行；若间隙增大，筛面上将黏附一层不脱落的物料，新进入设备的料流，只能沿料层滑动，一方面加大物料移动阻力，在相同处理能力时，使之负荷增加，动力消耗增大，并增加对物料的磨碎作用；另一方面，泄出的水分必须通过该黏附的物料层，增加水分排泄阻力，降低脱水效果。因此，筛篮和刮刀之间的间隙是离心脱水机工作中调整的因素之一。

对于螺旋刮刀卸料的离心脱水机，间隙要求为(2 ±1) mm。并可通过增减心轴凸缘上的垫片，使刮刀转子升高或降低，借以调整二者之间的间隙。磨损过于严重，无法进行调整时，应更换刮刀。

筛篮与刮刀转子之间的差速，以及由于刮刀的作用，使脱水物料按被迫设计的刮刀螺旋线移动，移动的煤流与筛缝斜切，使筛缝有效宽度变大。如图 6-4 所示，当筛缝宽度为 b、物料运动轨迹与筛条之间夹角为 β（β 即刮刀的螺旋角）时，筛缝的有效宽度应为

$$B = \frac{b}{\sin\beta} \tag{6-12}$$

螺旋角β随刮刀螺距的增大而增大。因此，随螺距增大，筛缝有效宽度B减小，水流越难通过。但煤流沿螺旋线的运动速度加快，增加了离心脱水机的处理能力，同时离心脱水后产品的水分增加，离心脱水效果降低。所以，正确选择刮刀螺距，对离心脱水机的工作有很大意义。

分配盘用于使物料均匀地甩向筛篮内壁，改善离心脱水机的工作效果。分配盘由球墨铸铁铸成，并用螺栓固定在刮刀转子上，因此分配盘随刮刀转子一起转动。分配盘见图6-5。

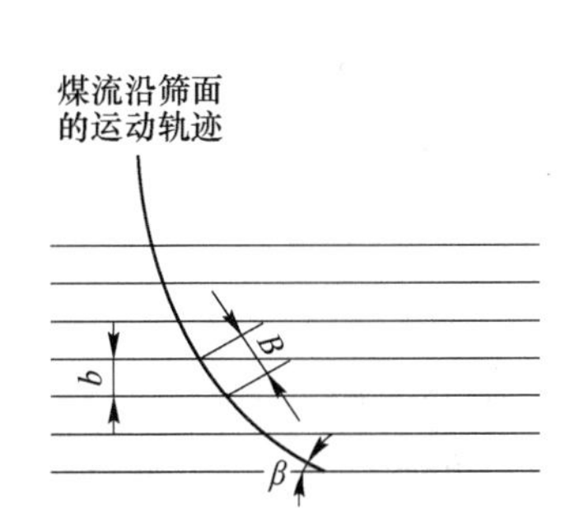

图6-4　物料在筛面上的移动方向

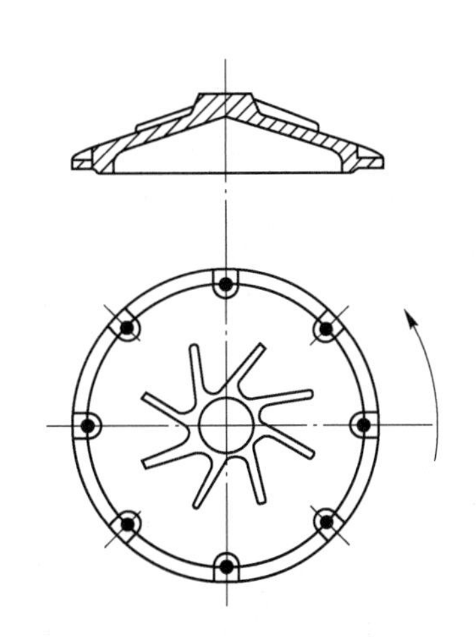

图6-5　分配盘

6.1.2.2　振动卸料离心脱水机

振动卸料离心脱水机出现比较晚，经过不断发展和改进，目前已趋完善。机型很多，其主要差别是振动系统和激振方法不同。目前生产的振动离心脱水机的分离因数一般在60～140，适用于0～13 mm精煤脱水，处理能力范围在25～250 t/h，产品水分为5%～11%。水分高低受粒度组成影响，平均粒度越小，水分越高。

振动卸料离心脱水机的传动机构使筛篮一方面绕轴做旋转运动，另一方面又沿该轴做轴向振动，因此强化了物料的离心脱水作用，并促使筛面上的物料均匀地向前移动。物料层抖动时，还有助于清理过滤表面，防止筛面被颗粒堵塞，减轻物料对筛面的磨损等。由于具有以上特点，振动离心脱水机得到了日益广泛的应用。

振动卸料离心脱水机又分卧式和立式两种。前者有WZL-1000型、TWZ-1300型等，后者有VC-48和VC-56等引进设备，我国的型号为TZ-12和TZ-14。

A　卧式振动离心脱水机

a　工作原理

在卧式振动离心脱水机中，物料在筛篮内除受径向旋转的离心力作用外，还受轴向振动的惯性力作用，重力因比离心力小得多，故将其忽略。物料在筛篮中的受力分析见图6-6。

物料在运动过程中，其振动惯性力的方向和绝对值都是变量。下面讨论惯性力向右达到最大值时的情况。

离心力 C 和振动惯性力均可分解为对筛面的正压力 C_p 和 J_p，以及沿筛面的切向分力 C_t 和 J_t。如果筛篮的半锥角为 α，则分力分别为

$$C_p = C\cos\alpha \tag{6-13}$$

$$C_t = C\sin\alpha \tag{6-14}$$

$$J_p = J\sin\alpha \tag{6-15}$$

$$J_t = J\cos\alpha \tag{6-16}$$

如两个切向分力之和大于摩擦力 F，物料就可以克服摩擦力向筛篮大直径端，即卸料端运动。

摩擦力与两个正压力及摩擦因数 f 的关系如下：

$$F = f(C_p - J_p) = f(C\cos\alpha - J\sin\alpha) \tag{6-17}$$

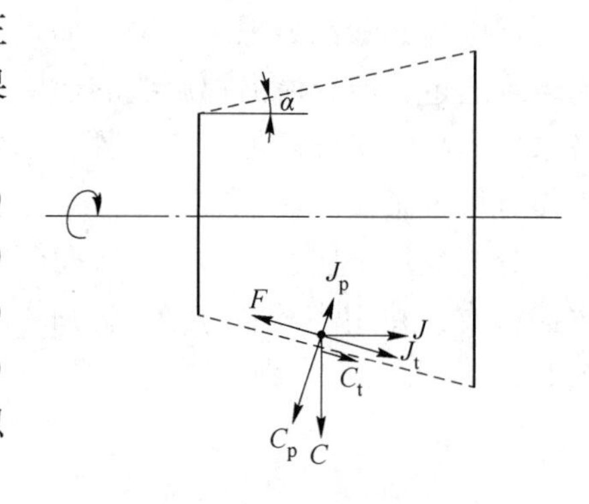

图 6-6　卧式振动离心脱水机物料的受力分析

因此，物料能够在筛面上滑动的条件应为

$$C\sin\alpha + J\cos\alpha > f(C\cos\alpha - J\sin\alpha) \tag{6-18}$$

经整理后得

$$\tan\alpha = \frac{fC - J}{C + fJ} \tag{6-19}$$

煤与金属筛网之间的摩擦因数为 0.3～0.5。考虑筛网表面比较光滑，由于振动作用，物料又不是处于密集状态，所以摩擦因数取小值，摩擦角相当于 17°，而筛篮的半锥角常在 10°～15°，因此，单靠离心力的切向分力 C_t，物料不可能沿筛面滑动。由于振动惯性力的切向分力 J_t 的方向和绝对值都是变量，因此，两个作用力的切向分力之和也是变量。当其合力大于摩擦力时，物料在筛面上可以向排料端运动，当合力小于摩擦力时，物料停止运动。即物料在筛篮中是间断地向前运动的。筛篮的锥角越大，物料向排料端运动的速度亦越大。

在物料运动和停止的交替过程中，使物料处于松散状态，促使水分通过物料间空隙排出，强化了细粒物料的脱水作用，改善脱水效果。

b　WZL 卧式振动离心脱水机的结构

WZL 卧式振动离心脱水机的结构见图 6-7，由工作部件、回转系统、振动系统、润滑系统四大部分组成。

筛篮是离心脱水机的主要工作部件，由筛座和筛框两部分组成。筛框用 1Cr18N19Ti 不锈钢楔形筛条焊接而成。筛篮倾角为 13°。为减少物料沿轴向运动的摩擦力，筛条沿锥体母线排列，筛缝为 0.25 mm。筛篮极易磨损，一般寿命为 1500～2000 h 或通过 0.15 Mt 煤后即应进行更换，否则因筛条磨损而影响脱水效果。对 0～13 mm 末精煤，筛缝的磨损极限可定为实际筛缝宽度大于 0.6 mm 的数量超过 90%。

回转系统是使筛篮旋转的系统。包括传动装置、主轴装置和支承装置三部分。

主轴由一对推力向心球面滚子轴承支承。由于轴承在工作过程中所受的径向载荷比轴向振动产生的惯性力小得多，而且轴向力每分钟变化方向达 1500～1800 次，因此为保证轴承正常工作，必须用 4 个蝶形弹簧将主轴各部件压紧。

为了适应设备大型化的发展，又研制了 TWZ-1300 型卧式振动离心脱水机。该机将原来的振动系统改为双质量的非线性振动系统，并用环形剪切弹簧代替了原来的短板弹簧，

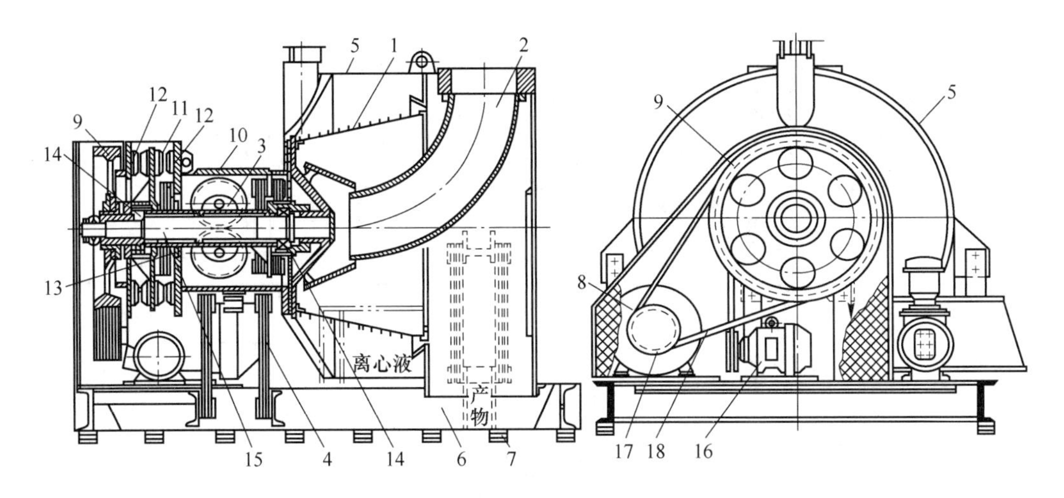

图 6-7 WZL-1000 型卧式振动离心脱水机

1—筛篮；2—给料管；3—主轴套；4—长板弹簧；5—机壳；6—机架；7—橡胶弹簧；8—主电机；9，17—皮带轮；10—偏心轮；11—缓冲橡胶弹簧；12—冲击板；13—短板弹簧；14—轴承；15—主轴；16—激振用电动机；18—三角皮带

提高了离心脱水机的工作稳定性并改善了其脱水效果。

WZL-1000 型和 TWZ-1300 型离心脱水机技术规格见表 6-2。

表 6-2 WZL-1000 型和 TWZ-1300 型离心脱水机技术规格

型 号	入料粒度 /mm	处理能力 /t·h^{-1}	产品水分 /%	工作面积 /m^2	筛网缝隙 /mm	筛篮转速 /r·min^{-1}	振动频率 /Hz	筛篮振幅 /mm
WZL-1000	0～13	100	7～9	1.4	0.25	380	25～30	5～6
TWZ-1300	0～13	200			0.4	310	26～29.3	4～6

型 号	旋转电动机		振动电动机		润滑电动机		筛网大端直径 /mm	总质量 /t	外形尺寸（长×宽×高）/mm×mm×mm
	功率 /kW	转速 /r·min^{-1}	功率 /kW	转速 /r·min^{-1}	功率 /kW	转速 /r·min^{-1}			
WZL-1000	22	1470	3.0	1420	0.35	1450	1000	3.15	2150×1870×1765
TWZ-1300	45	980	5.5	1440			1300	6.42	2980×2320×2310

B 立式振动离心脱水机。

VC-48 和 VC-56 两种立式振动离心脱水机的结构见图 6-8。该类振动离心脱水机采用曲柄连杆激振的双质量线性振动系统，可用于 0.5～75 mm 物料的脱水。

VC 型离心脱水机的技术特征见表 6-3。

表 6-3 VC 型离心脱水机的技术特征

型 号	入料水分 /%	筛篮大端直径/mm	筛篮大端离心强度	筛面形式	筛缝宽度 /mm	开孔率 /%	筛篮寿命 /h	总质量 /kg
VC-48	35	1220	72	楔形筛条	1，0.75，0.5	24，18，13	2000	5700
VC-56	35	1420	74	楔形筛条	1，0.75，0.5	24，18，13	2000	10450

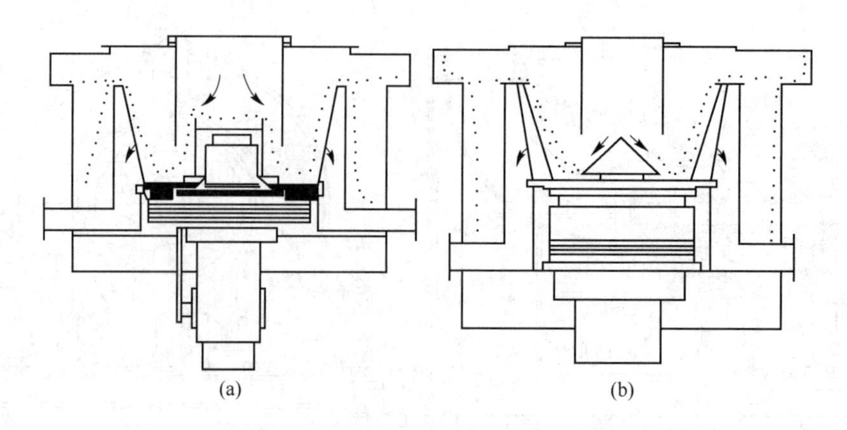

图6-8 立式振动离心脱水机的结构
（a）VC-48；（b）VC-56

a 工作原理

物料经入料漏斗进入离心脱水机，并均匀地分配到筛篮底部。在摩擦力的作用下，逐渐加速，并达到筛篮同速运动。筛篮除做旋转运动外，同时做垂直的振动。在振动力作用下，物料沿筛篮表面向上运动，在此过程中，水分通过筛孔排出，脱水后产品最终从筛篮顶部进入卸料区。振动有助于使物料处于松散状态，促进固液分离，提高物料脱水效果。

b 结构特点

（1）入料漏斗口径大，入料方便，不需入料溜槽。物料汇集在接收器内自然形成的耐磨层上。因此，不用耐磨衬板，减少了产品的粉碎量。（2）采用大型橡胶隔振装置，经久耐用。（3）电机装设在外部，便于检修，可连续振动。（4）采用直接传动的齿轮油泵进行连续润滑，循环油能进入所有内部轴承。（5）采用宽系列滚柱轴承向筛篮传递振动力，减少故障产生。

该类型离心脱水机还有缝条筛篮耐磨性能好、寿命长、耗电量小等优点。

6.1.3 过滤式离心脱水机工作效果的评价和主要影响因素

6.1.3.1 过滤式离心脱水机工作效果的评价

工作效果可从两方面进行评价：其一脱水产品的水分；其二离心液中固体含量。并希望在脱水过程中兼具脱泥、脱灰作用，还降低了物料在脱水过程的粉碎程度。主要以水分、离心液固体含量两个指标进行评价。理想的离心脱水机应具有脱水产品水分低、离心液中固体含量低，以及脱泥降灰效果好、粉碎程度低等性质。

6.1.3.2 过滤式离心脱水机工作效果的主要影响因素

影响因素很多，但主要可以分为两类：一类属于机械结构方面的因素，另一类属于工艺条件方面的因素。

（1）机械结构参数的影响。机械结构参数有分离因数、筛篮直径、锥角、高度、筛网的特征等。

1）分离因数。分离因数反映离心力的大小，它由转速决定，并影响脱水后产品的水分。通常，产品水分在8% ~10%以下时，再提高分离因数，不但不能降低产物水分，反而增高离心液中固体含量，增加物料在离心液中的损失。水分在10%以上时，提高分离因数可增强离心机的脱水作用，降低产品水分。

对螺旋卸料离心脱水机进行了试验，分离因数由100提高到800，脱水后产物水分降低1%～2%；卧式振动离心脱水机，筛篮转速由400 r/min提高到610 r/min，分离因数提高1.9倍，而水分只降低0.7%。

2）筛篮的结构参数。一般筛篮的高度决定物料在筛篮中的停留时间。选择筛篮高度时，应保证物料在离心脱水机中有足够的脱水时间。但不同的离心脱水机有不同的要求。如惯性卸料离心脱水机，物料运动速度快，所以筛篮高度较大；螺旋卸料离心脱水机，物料在机中运动速度由筛篮与刮刀的相对转速决定，高度可以略低。国内外生产的这种类型的离心脱水机，筛篮高度常在0.5 m左右，脱水时间约1 s。

筛篮半锥角，亦称筛篮倾角，指筛篮母线与筛篮轴线之间的夹角，对脱水效果影响较大。倾角越小，离心液中固体含量越低，对水分影响越小。对振动卸料离心脱水机的实验表明，当入料中 -0.5 mm级含量相同、倾角为10°时，物料损失在离心液中的量为2%，产物水分为7%～9%；而当筛篮倾角为15°时，物料的损失量增至5%，水分则为7%～14%。

筛篮直径主要影响设备的生产能力。过度提高生产能力，会使筛面上物料层过厚，影响脱水过程顺利进行，增加脱水后产品水分。

3）筛网特征。筛网特征指筛缝宽度。螺旋卸料离心脱水机和振动卸料离心脱水机都采用缝条筛网。缝宽常为0.25～0.5 mm。在一定范围内，缝宽对脱水后产品水分影响不明显，而对物料在离心液中的损失有较大影响，而且缝宽与损失量几乎成正比。

离心脱水机筛网较易磨损，为控制物料在离心液中的损失量，应及时进行检查与更换。

（2）工艺条件对离心脱水机工作效果的影响。属于该方面的因素有给料量、给料粒度组成及入料水分等。

1）给料量的影响，根据对国内外各种过滤式离心脱水机的统计得知螺旋卸料离心脱水机的单机生产能力为30～100 t/h，单位面积负荷为45～167 t/(m^2·h)；振动卸料式的单机生产能力为100～150 t/h，单位筛网面积负荷为62～117 t/(m^2·h)。

当离心脱水机的给料量在上述范围内时，给料量变化对产物水分和物料在离心液中的损失量影响均不大。如某选煤厂对LL-9型离心脱水机的试验结果见表6-4。

表6-4 LL-9型离心脱水机试验结果

给料量 /t·h^{-1}	入料中 -0.5 mm级含量 /%	入料水分 /%	脱水后产品水分 /%	离心液浓度 /g·L^{-1}	离心液中固体损失占入料量 /%
17～25	2.59	12.49	4.18		
	11.38	17.17	6.33	31.3	5.80
30～35	1.21	12.24	4.81		
	11.65	19.17	7.55	31.2	6.13
50	2.56	14.20	5.02		

由表6-4可见，当给料量增加一倍多，由17～25 t/h增加到50 t/h时，水分只上升0.84%。物料在离心液中的损失量变化不大。

另有资料表明，当给料量超过上述范围时，产品水分急剧上升，而对离心液中的固体损失量仍影响不大。

2）入料粒度组成及水分的影响。入料粒度组成主要取决于入料中细粒级别的含量，并与入料水分有密切关系。入料水分、粒度组成的变化对产物水分的影响不同，其结果见图6-9。

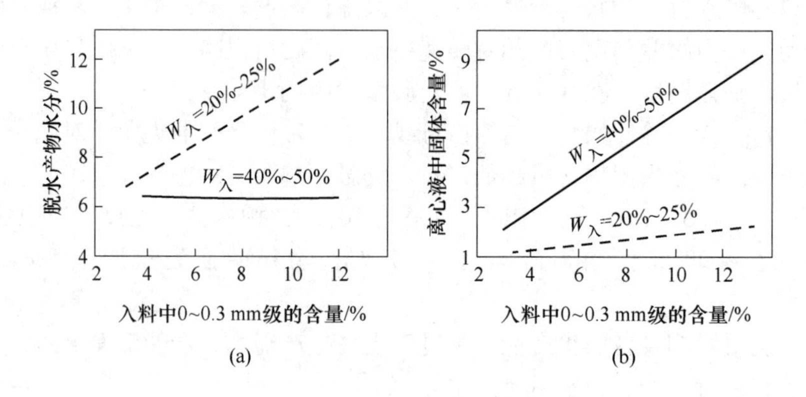

图6-9 粒度组成对脱水效果的影响

（a）对产物水分的影响；（b）对离心液中固体含量的影响

由图6-9可见，入料水分在20%～25%时，粒度组成对产物水分有很大影响，而且水分随-0.3 mm级含量增大而增加，但对离心液中固体含量影响不大，即平均粒度越小，水分越高。其原因是细粒级比表面积大，可携带较多的水分。

当入料水分增加到40%～50%时，细粒级含量对离心液中固体含量有明显影响，但对产物水分几乎没有影响。这是由于入料煤水分高，随离心液带出的细泥量增多，使离心液中固体含量有较大的提高，同时减少了物料中保持水分的细粒级含量，所以水分比较稳定。当入料中细泥含量较高时，为降低产物水分，在离心脱水机中可适当喷水，但喷水会提高离心液中固体的损失量。

6.2 沉降式离心脱水机

沉降式离心脱水机利用离心力使煤水混合物中的固体浓缩并沉降在筒壁上，用螺旋刮刀进行卸料，溢流水由另一侧排出，实现固液分离。由于是依靠沉降作用进行分离，所以入料浓度范围较宽。入料浓度最大可达40%～50%，经脱水后沉淀物水分为20%～30%。

该设备主要用于处理颗粒粒度为0～13 mm的末煤或0～1 mm的煤泥水。在选煤厂中，目前多用于浮选尾煤的脱水作业，也可用于其他煤泥的脱水作业。一般采用的离心强度为400～1500，最低为278。提高离心强度虽对固液分离过程有利，但却增加了机械受到的应力，并使机械磨损加剧。

6.2.1　沉降式离心脱水机的工作原理

沉降式离心脱水机多数是卧式的，其工作原理见图6-10。需进行固液分离的混合物由中心给料管5给入，在轴壳内初步加速后，经螺旋转子2上的喷料口6进入分离转筒内。因物料密度较大，在离心力作用下，被甩到转筒筒壁上，形成环状沉淀层。再由螺旋转子将其从沉降区运至干燥区，进一步挤压脱水，然后由沉淀物排出口3排出。在沉淀物形成过程中，外转筒1中的液体不断澄清，并连续向溢流口流动，最终从溢流口4排出。实现了固液分离。

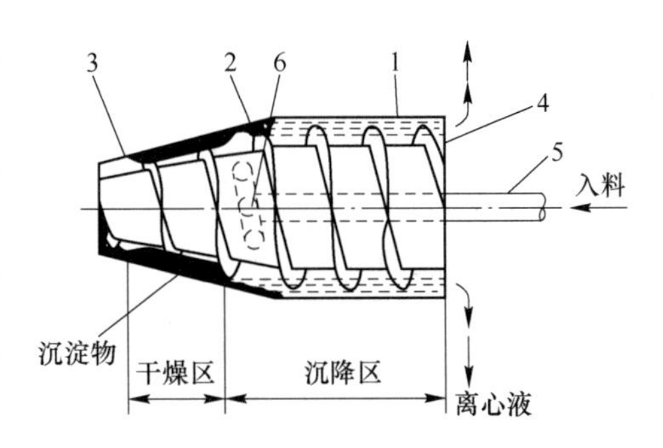

图6-10　卧式沉降离心脱水机工作原理
1—外转筒；2—螺旋转子；3—沉淀物排出口；4—溢流口；5—中心给料管；6—喷料口

物料在机中的脱水过程由两个阶段组成，第一阶段为离心沉降阶段，固体颗粒在沉降区受离心力作用进行沉降，形成沉淀层；第二阶段为沉淀物在脱水区进一步被压紧，挤出沉淀物间隙中的残余水分。第一阶段为主要脱水阶段。

6.2.2　分级粒度的确定

沉降式离心脱水机与过滤式离心脱水机不同，其粒度不是由筛孔或筛缝大小控制，而是由颗粒在离心力场中的沉降速度而定。

为了简化计算过程，借用重力场中的沉降速度公式计算颗粒的离心沉降速度，但重力加速度应改用离心加速度。

处理煤泥水时，由于粒度很细，雷诺数 Re 常小于1，因此离心沉降速度 v_0 用斯托克斯公式计算：

$$v_0 = \frac{d^2(\delta - \rho)\omega^2 R}{18\mu} \tag{6-20}$$

式中　v_0——离心沉降速度，cm/s；

d——颗粒直径，cm；

δ——颗粒的密度，g/cm^3；

ρ——水的密度，g/cm^3；

ω——颗粒旋转的角速度，rad/s；

R——颗粒重心处的半径，cm；

μ——液体的动力黏度，Pa・s。

颗粒在沉降式离心脱水机中的干扰沉降速度 v_H 为

$$v_H = \theta^n v_0 \tag{6-21}$$

式中　θ——松散系数；

n——指数，$n = 2.5 \sim 3.5$。

可见，颗粒的沉降速度随旋转半径 R 的改变而变化。沉降速度的计算见图6-11，速度方程为

$$v = \frac{\mathrm{d}R}{\mathrm{d}t} \tag{6-22}$$

式（6-22）经积分可得颗粒从液面离心沉降到转筒壁所需的时间：

$$t = \int_{R_1}^{R_2} \frac{\mathrm{d}R}{v} \tag{6-23}$$

式中　R_1——液面处的半径，cm；

R_2——转筒内壁直径，cm。

经变换得

$$v = \frac{d^2(\delta - \rho)\omega^2 R}{18\mu}\theta^n \tag{6-24}$$

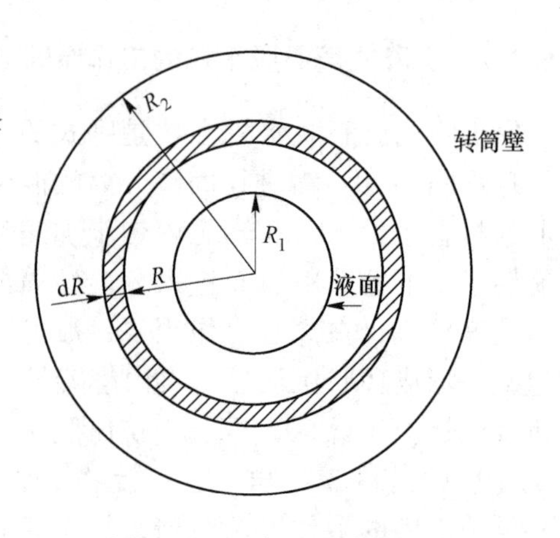

图6-11　沉淀时间计算简图

令

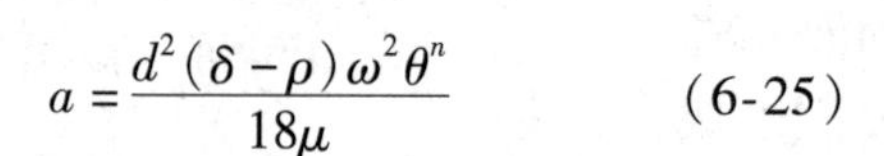

$$a = \frac{d^2(\delta - \rho)\omega^2\theta^n}{18\mu} \tag{6-25}$$

则

$$v = aR \tag{6-26}$$

代入式（6-23），求出颗粒自 R_1 沉降到 R_2 处所经历的时间 t_1 为

$$t_1 = \int_{R_1}^{R_2} \frac{1}{a}\frac{\mathrm{d}R}{R} = \frac{1}{a}\ln\frac{R_2}{R_1} \tag{6-27}$$

即

$$t_1 = \frac{18\mu}{d^2(\delta - \rho)\omega^2\theta^n}\ln\frac{R_2}{R_1} \tag{6-28}$$

如果混合物浓度很小，$\theta \approx 1$，得

$$t_1 = \frac{18\mu}{d^2(\delta - \rho)\omega^2}\ln\frac{R_2}{R_1} \tag{6-29}$$

为了使物料在离心脱水机中有足够的脱水时间，物料在离心机中的停留时间必须大于 t_1，否则物料来不及沉淀，将随溢流水排出。

当颗粒沿离心脱水机轴向运动的水平速度为 v_h、沉降区长度为 l 时，颗粒经沉降区至排出所需时间为 t_2：

$$t_2 = \frac{l}{v_h} \tag{6-30}$$

v_h 可由离心脱水机所处理的矿浆量求出。

根据分级粒度的定义，可得 $t_1 = t_2$ 时的粒度：

$$d = \sqrt{\frac{18\mu v_h \ln(R_2/R_1)}{l(\delta - \rho)\omega^2}} \tag{6-31}$$

即为分级粒度。为了保证较好地控制粒度，t_2 必须大于等于 t_1。当需要获得澄清的几乎不含固体的离心液时，可在沉降式离心脱水机中添加絮凝剂，此时离心强度可小于1300。过大的离心强度，常使絮凝剂所受机械应力加大，用量增加。

6.2.3　沉降式离心脱水机的结构

沉降式离心脱水机的种类很多，如美国的伯德型、夏普尔型、德国的洪堡特-伯德型、日本的三菱-伯德(LBM)型等。按其入料方式又可分为顺流式和逆流式两种（见图6-12），工作原理基本相同，只是一些结构参数有差别。如顺流式入料从转筒大端给入，沉淀物和澄清水同向运动，澄清水再返回从大端溢流排出；而逆流式入料从中部给入，沉淀物和澄清水向相反方向运动，并排出。目前我国选煤厂产品脱水中常见的逆流式有LBM、WX-1、TC型，顺流式有S4-1型。下面以LBM型沉降式离心脱水机为例，简单说明其结构（见图6-13）。

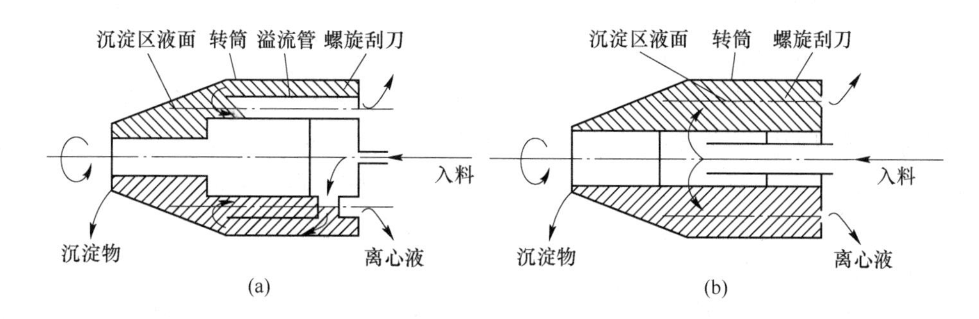

图6-12 沉降式离心脱水机工作情况示意图
（a）顺流式；（b）逆流式

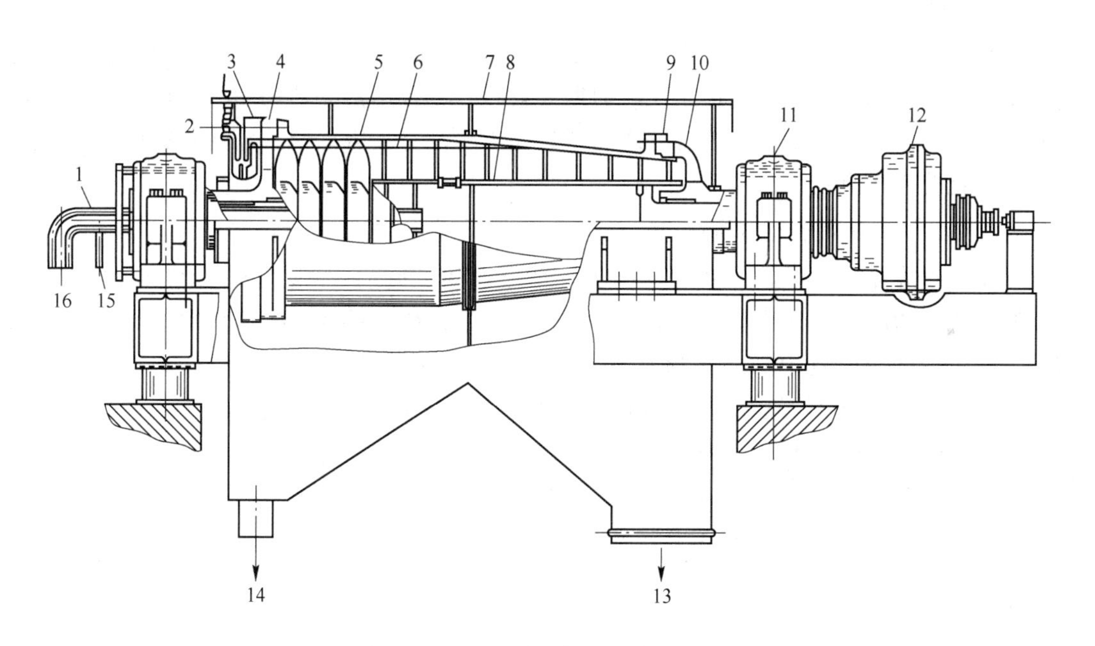

图6-13 LBM型沉降离心脱水机结构
1—给料管；2—溢流口；3—溢流闸板；4—转筒大端；5—转筒；6—液位；7—外壳顶板；8—螺旋转子；9—转筒小端；10—沉淀物排料口；11—轴承座和主轴承；12—齿轮减速器；13—沉淀物；14—溢流；15—絮凝剂入口；16—煤浆入口

（1）转筒。转筒形状为圆柱—圆锥形，两端支在主轴承上。圆锥形端部设有沉淀物排出口，圆柱形端部设有溢流排出口，用闸板或堰调节溢流口的高低。改变溢流口高度，脱水区和干燥区的长度比例也相应改变。

（2）螺旋转子。螺旋转子的轴颈与围绕在螺旋转子轴壳外部的螺旋叶片两端相接。轴颈一端与减速器相连，另一端为空心轴，并设有给料管。

（3）传动装置。转筒由电机直接带动，螺旋转子则由电机通过齿轮减速器带动。两者的旋转速度有一差值，使转筒和螺旋转子之间产生相对运动，借此将沉淀在筒壁的物料推移到转筒小端排出。

6.2.4　沉降式离心脱水机的主要参数

6.2.4.1　转筒的长度、直径和锥角

转筒的长度主要影响物料在离心脱水机中经受离心分离作用时间及设备的处理能力。较长的转筒，可以使固液分离彻底，得到较好的指标，并提高处理能力。但转筒长度增加后，动平衡要求提高，制造难度增大，使成本增高。一般沉降式离心脱水机转筒长度与直径之比为1.5～2.5。但美国夏普尔沉降式离心脱水机，为减少溢流产物中的固体含量，增大转筒长度，其转筒长度与直径之比为3.7。

锥角与转筒长度是相互关联的。当长度和大端直径一定时，变化锥角可直接改变脱水区和沉降区的比例。随锥角减小，沉降区增长，因此可降低溢流产物中的固体含量，反之，增大锥角，可使脱水区增长，降低沉淀物水分。目前，国内外煤用沉降式离心脱水机，锥角常为20°～30°。

转筒直径对生产能力有很大影响。在转筒长度与直径比值一定时，沉降式离心脱水机生产能力与直径的三次方大致成正比。但增大直径，不仅增加制造难度，而且动平衡不易保证，使振动加剧。特别在处理难分离物料且需要较高分离因数时，该问题更加突出。因此，转筒宜选用小直径。

6.2.4.2　给料点和溢流堰高度

给料点与溢流堰也是相互关联的因素。溢流堰的高度决定了离心脱水机沉降区的长度。随溢流堰增高，沉降区长度增加，分级粒度和溢流中固体含量降低。但增加到一定程度后，分级粒度和溢流中固体含量基本上不再变化。这是因为转筒内环状液体直径减小使沉降的离心力降低，抵消了沉降区增长的作用。试验证明，溢流堰的高度到超过锥形转筒最大直径的1/4后，再增加高度对沉淀效果没有明显的影响。因此，溢流堰高度 h 常取转筒最大直径的0.15～0.3。

给料点的位置则由给料管伸入离心脱水机中的长短决定，见图6-14。伸进的长度应与溢流堰高度相适应。溢流堰越低，给料点离溢流堰的水平距离越短，沉降区越短，溢流中固体含量增高。

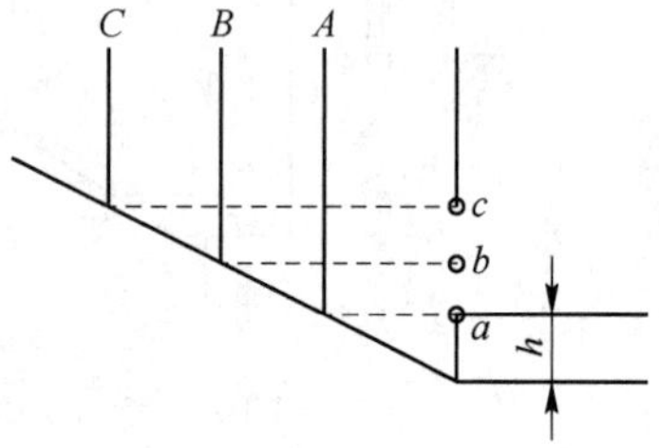

图6-14　给料点与溢流堰高度的关系

A，B，C—给料点位置；

a，b，c—溢流堰高度

6.2.4.3　转筒转速

转速决定分离因数。分离因数越大，沉淀效果越好。通常，悬浮液中固体颗粒越细、密度越小、沉淀越困难，所需分离因数越大，转速也越大。虽然沉降式离心脱水机自振频率比工作频率高许多，不可能出现共振，但转筒和螺旋转子转速均较高，又有一定转差，

仍易出现低频振动现象，或使旋转体振动加剧。

转速增加，使功率消耗增大，增加转筒和螺旋转子的磨损，缩短机器使用寿命。通常小型沉降式离心脱水机采用小直径、高转速；而大型沉降式离心脱水机采用大直径、低转速。

6.2.4.4 工作效果评价

工作效果评价和其他离心脱水机一样，采用两个指标：一是沉淀物的水分，越低越好；二是溢流产物的固体含量，亦越低越好。

沉降式离心脱水机在我国仅用于浮选尾煤的脱水，虽比浓缩机、真空过滤机体积小，系统简单，但产物水分高，溢流中固体含量较大，而且转速高，制造维护均较困难，因此在我国没有得到广泛的推广应用。

6.3 沉降过滤式离心脱水机

沉降过滤式离心脱水机是近年来国内外新发展起来的一种产品，将沉降式和过滤式离心脱水机组合在一起，兼具以上二者的优点。

属于这一类的离心脱水机有美国伯德型、德国洪堡特-伯德型、我国 WLG-900 型。主要用于浮选精煤脱水，代替真空过滤机，其技术参数见表 6-5。

表 6-5 沉降过滤式离心脱水机技术参数

型　号	TCL-0918	TCL-0924	TCL-1134	TCL-1418	SVS-800×1300	WLG-900
规格	ϕ915 mm × 1830 mm	ϕ915 mm × 2440 mm	ϕ1120 mm × 3350 mm	ϕ1370 mm × 1780 mm	ϕ800 mm × 1300 mm	ϕ900 mm × 1700 mm
转筒最大内径/mm	915	915	1120	1370	800	900
转筒长度/mm	1830	2440	3350	1780	1300	1700
转速/r·min^{-1}	700～1600	700～1400	700～1150	300～900	1010～1280	800,900,1000
筛缝/mm	0.3～0.35	0.3～0.35	0.3～0.35	0.25～0.35	0.2～0.3	0.2～0.25
入料粒度(−44 μm 比例)/%	15～20	15～20	15～20	17～25		20
入料浓度/g·L^{-1}	200～270	200～270	200～270	250		230～270
处理物料	浮选精煤					
矿浆处理量/m^3·h^{-1}	200	200	400	250		
处理能力/t·h^{-1}	10～20	15～25	35～50	35～60		15～20
最大处理能力/t·h^{-1}	25	35	60	100		
产品水分/%	15～20	15～20	15～20	12～20		
回收率/%	95～97	95～98	97～98	80～90		
溢流固体含量/%	2～3	2～3	2～3	3～7		
外形尺寸(长×宽×高)/mm×mm×mm	4040×3500×1470		9600×2900×1860	4690×4160×1900		
总质量/t	8	10	17	15	9	12

6.3.1 沉降过滤式离心脱水机的结构

以 WLG-900 型为例，其结构见图 6-15。除转筒与沉降式离心脱水机不同外，其他结构大同小异。沉降过滤式离心脱水机转筒由圆柱—圆锥—圆柱三段焊接组成。筒体大端为溢流端，端面上开有 4 个溢流口，并设有调节溢流口高度的挡板。转筒的小端为脱水后产品排出端，脱水区筒体上开设筛孔。脱水区进一步脱除的水分可通过筛孔排出。

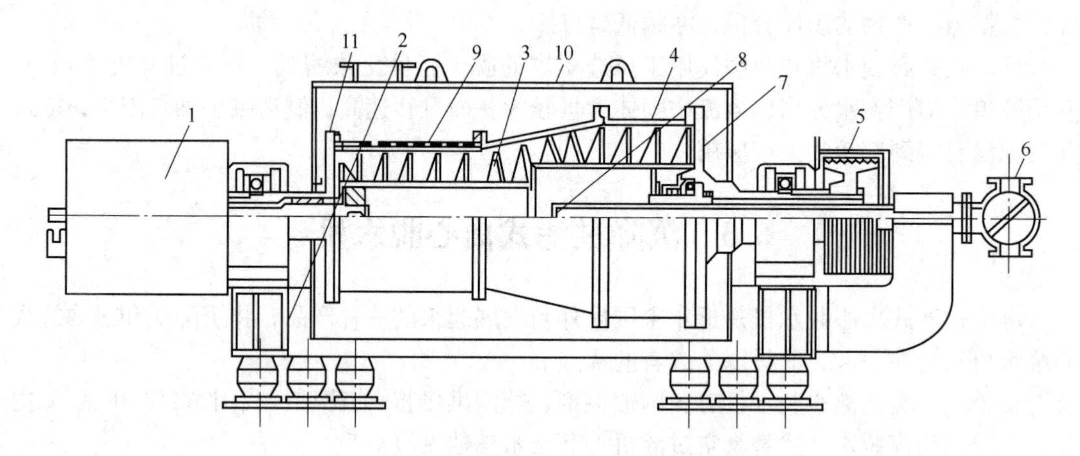

图 6-15 WLG-900 型沉降过滤式离心脱水机结构

1—行星齿轮减速器；2—机架；3—螺旋转子；4—转鼓；5—传动装置及润滑系统；
6—给料管；7—溢流口；8—喷料口；9—滤网；10—外壳；11—固体排料口

离心机的转鼓采用分段结构（见图 6-16），共分 3 段，每段可采用铸造或铆焊。WLG-900 型离心机采用焊接结构。过滤段内有不锈钢筛条焊接的整体筛篮，筛缝为 0.25（0.2）mm。

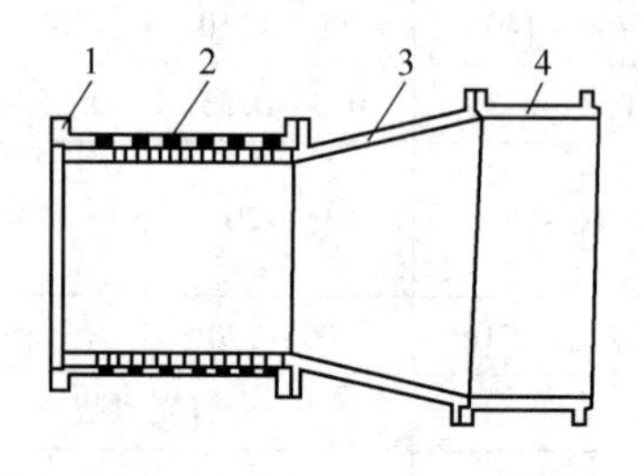

图 6-16 转鼓

1—过滤段转鼓；2—筛网；3—圆锥段转鼓；4—圆柱段转鼓

6.3.2 沉降过滤式离心脱水机的工作原理

矿浆经给料管给入离心脱水机转鼓锥段中部，依靠转鼓高速旋转产生的离心力，使固体在沉降段进行沉降，并脱除大部分水分。沉降至转鼓内壁的物料，依靠与转鼓同方向旋转，但速度低于转鼓 2% 的螺旋转子推到离心过滤脱水段。在离心力作用下，物料进一步脱水，脱水后的物料经排料口排出。由溢流口排出的离心液含有少量微细颗粒。由过滤段排出的离心液，通常固体含量较高，再返回到入料。

该离心脱水机沉淀物的水分约比沉降式离心脱水机低一半。

伯德型和洪堡特-伯德型沉降过滤离心脱水机均设有单独冲洗过滤段筛网的设施，并单独排出冲洗液。

6.3.3 沉降过滤式离心脱水机工作效果的影响因素

该类型离心脱水机的工作效果的影响因素主要有入料粒度组成筒体结构、处理量及分离因数。

6.3.3.1 入料粒度组成

入料粒度组成与脱水效果关系极大，特别是 -44 μm 物料的含量。当 -44 μm 含量小于20%时，通常对产品水分影响不显著。当 -44 μm 含量超过20%时，脱水后产品水分上升极快，同时离心液中固体含量急剧增加。根据国外经验介绍，当 -44 μm 含量大于40%时，就不宜采用沉降过滤式离心脱水机。

据统计，入料中 -320 网目物料含量与固体回收率和产品水分之间的关系见表6-6。

固体回收率随 -320 网目物料含量增多而降低主要是由于粒度变细，即使在离心力场下，也变得难于沉降，而且通过筛网的量也随之增多，导致沉淀物回收率降低。

沉淀物水分增高，和其他脱水方法原因相同。随粒度减小，比表面积增大，沉淀物之间空隙变小，水分不易排出。

6.3.3.2 筒体结构

筒体结构指转筒长度和转筒直径之比，主要影响沉降时间。沉降过滤式离心脱水机分长筒体和短筒体两种，长度和直径之比不小于2的为长筒体；反之，为短筒体。选择筒体的长短，可据对产品的要求进行。如果对产品水分要求不严格，沉降时间可适当缩短时，可考虑采用短筒体，此时溢流产物的浓度往往较高；反之，则用长筒体，产品水分可以降低，溢流产物中固体含量较少。

表6-6　-320 网目物料含量对固体回收率及产品水分的影响

入料中 -320 网目物料含量/%	沉淀物的回收率/%	沉淀物的水分/%
15	97 ~ 99	13 ~ 14
25	85 ~ 93	13 ~ 20
35	69 ~ 78	15 ~ 20
45	59 ~ 67	18 ~ 24
55	52 ~ 60	

6.3.3.3 处理量对产品水分的影响

处理量超过规定范围时，相当于缩短了沉降脱水的时间，因而沉淀物水分增高，此外溢流产物中固体含量也随之增加。

当细粒级别含量过高时，由于沉淀物的回收率降低，增加了循环量，使离心脱水机在处理量不变的条件下，实际入料量增高，恶化工作效果。为了保证原有的工作指标，处理量将大大降低。

6.3.3.4 分离因数的影响

分离因数对沉降过滤式离心脱水机的固液分离有很大影响，与沉降式离心脱水机基本相同，在此不再赘述。

伯德型沉降过滤式离心脱水机，通常可回收95% ~99%的干煤泥，而产品水分可降至12% ~20%。比选煤厂广泛应用的真空过滤机滤饼水分低5% ~7%，所需功率消耗却比真空过滤机低20%。

思考题

6-1 何为分离因数？对脱水有何影响？

6-2 选煤厂常用的离心脱水机有哪几类？分别简述其工作原理。

6-3 如何评价过滤型离心脱水机的工作效果？

6-4 各类离心脱水机工作时的影响因素有哪些？如何影响？

6-5 试比较各类离心脱水机的主要特点。

7 分级与浓缩

【本章提要】分级与浓缩是煤泥水处理的重要内容。本章首先介绍了分级的原理、分级设备的结构、工作过程及应用特点，其次重点介绍了沉降浓缩的基本原理、浓缩设备的结构、工作过程及应用特点，并简述了分级浓缩效果的评定方法。

分级作业要求按粒度进行分离，沉到容器底部的主要是规定粒度以上的较粗颗粒，浓度较高；没有沉下去、从设备上部排出的是规定粒度以下的较细颗粒，浓度较低。

浓缩作业则是将浓度较低的煤泥水中的悬浮颗粒沉降，成为符合下一作业浓度要求的浓缩矿浆，从底部排出；从设备上部排出的只是含有少量细粒和极细粒煤泥的低浓度溢流水。因此，浓缩作业实际也是分级过程。它们之间的差别只对粒度和浓度的要求不同，分级作业主要控制粒度；而浓缩作业主要控制浓度。

选煤厂中澄清作业实质上亦是浓缩过程，该作业要求煤泥水在容器中停留足够长的时间，使其中固体颗粒尽可能全部沉下来，并要求得到比较洁净的溢流水。只是溢流水中固体含量的控制更加严格，含量要求更低。该作业目前已被尾煤压滤作业所取代。

7.1 分级原理

7.1.1 分级的实质

分级是在水介质中进行的，颗粒在水介质中的自由沉降速度可按斯托克斯公式求得：

$$v_{os} = \frac{1}{18\mu} d^2 (\delta - \rho) g\chi \tag{7-1}$$

颗粒在煤泥水中的沉降为干扰沉降，其沉降速度可按利亚申柯公式计算：

$$v_g = v_{os}(1 - \lambda)^n \tag{7-2}$$

式中 v_{os}——颗粒在水中的自由沉降速度，cm/s；

v_g——颗粒在煤泥水中的干扰沉降速度，cm/s；

μ——常温下水的黏度，$\mu = 0.001$ Pa · s；

δ——颗粒的密度，g/cm³；

d——颗粒的粒度，cm；

χ——颗粒的球形系数，一般取 $\chi = 0.3$；

ρ——水的密度，$\rho = 1$ g/cm³；

g——重力加速度，一般取 $g = 981$ cm/s²；

n——实验指数，一般取 $n = 5 \sim 6$；

λ——煤泥水的固体容积浓度（以小数表示），$\lambda = \frac{1}{R\delta + 1}$；

R——煤泥水的液固比。

把上述已知数值代入式（7-2）可得

$$v_g = 1635(\delta - 1)d^2\left(1 - \frac{1}{R\delta + 1}\right)^n \tag{7-3}$$

从式（7-3）可以看出，v_g 取决于颗粒的粒度、颗粒的密度以及悬浮液的浓度。其中 $v_g \propto d^2$，即颗粒的粒度对 v_g 的影响最大，而 v_g 又决定分级，因此可以说对分级起主要作用的是颗粒的粒度，或者可以说粒度决定分级，有的书中习惯叫分级粒度。但 v_g 又受颗粒的密度和悬浮液浓度的影响，实际上应尽量克服两者的干扰。选煤厂分级设备的分级粒度应与主选设备的分选下限相一致，通过分级把主选设备已完成分选的部分和未完成分选的部分区分开来，分别进行处理。

7.1.2　分级设备的工作原理

分散体系的煤泥水沉降可用层流状态下的斯托克斯公式来描述，分级设备中的沉降分离过程，一般可引用海伦模型。该模型假定：煤泥水的颗粒和流动速度在整个水池断面上是均匀分布的，并保持不变。悬浮液在分级设备中流动是理想的缓慢流动，颗粒只要一离开流动层，就认为已经成为沉物。该模型又称浅池原理。

在实际生产中，分级工作是一个连续的过程。物料由一端给入，溢流由另一端排出，沉物则由下部排出。若分级设备的长度为 L，宽度为 B，进入设备的煤泥水量为 W。如果分级设备有足够的深度，煤泥水溢流从另一端排出时，其上部有一流动层，其厚度设为 h，在流动层下部的煤泥水可以认为是静止的。流动层中的颗粒同时受到两个力的作用，其一为重力，使颗粒具有一个下沉速度 v；其二是物料给入容器后受到的向前的推动力，因此有一水平速度 u。所以，颗粒在流动层中的运动轨迹是一条曲线。当入料量 W 一定时，曲线倾斜程度主要受颗粒大小的影响。按照海伦模型，颗粒从给料端运动到溢流端以前，不管在何处由于轨迹的偏移离开了流动层，那么该颗粒在流动层下部将继续下沉，最终作为沉物排出。反之，颗粒从给料端运动到溢流端，仍处于流动层中，则该颗粒将从溢流端排出，成为溢流产品，见图 7-1。

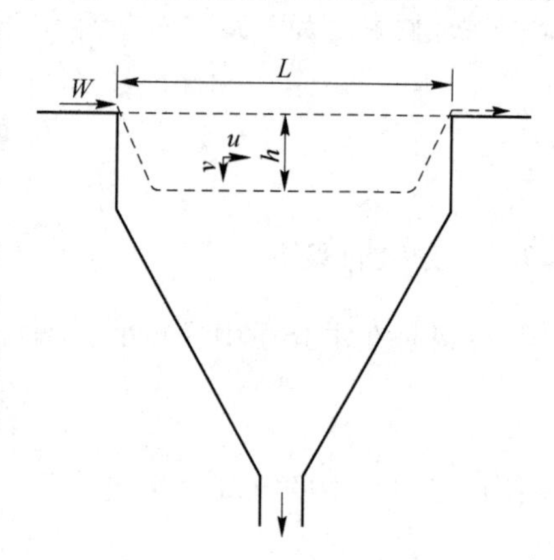

图 7-1　分级原理示意图

按上面的分析有如下关系：煤泥水在设备中的水平流速 u 为

$$u = \frac{W}{Bh} \tag{7-4}$$

颗粒从给料端运动到溢流端所需时间 t_1 为

$$t_1 = \frac{L}{u} = \frac{Ah}{W} \tag{7-5}$$

式中　A——分级设备面积，$A = BL$。

任一粒度为 d 的颗粒，其下沉速度为 v，通过流动层所需时间 t_2 为

$$t_2 = \frac{h}{v} \tag{7-6}$$

如果某颗粒从给料端运动到溢流端所需时间 t_1 大于其通过流动层的时间 t_2，即 $t_1 > t_2$，则该颗粒未到达溢流端时，已通过流动层，即成为沉物；反之，当 $t_1 < t_2$，颗粒到达溢流端时，仍处在流动层中，则从溢流端排出，成为溢流产品。如果某颗粒的 $t_1 = t_2$，则该颗粒运动到溢流端时，恰好在流动层的边界上。这种颗粒成为沉物和成为溢流的机会均等，有可能从溢流端排出，也可能成为沉物，该颗粒的大小被称为分级粒度。

当 $t_1 = t_2$ 时，可得下式：

$$W = Av \tag{7-7}$$

式（7-7）为煤泥水流量、设备面积和分级粒度下沉速度之间的关系。对于既定的设备，不同的处理量可求出不同的 v 值，即有不同的分级粒度。当要求的分级粒度一定时，所需分级面积 A 与煤泥水的流量成正比。当煤泥水的流量一定时，所需要的分级面积 A 与分级粒度的下沉速度成反比，即与分级粒度成反比。

通常以每平方米沉淀面积、每小时所能处理的矿浆量立方米数来表示沉淀设备的能力，称为沉淀设备单位负荷。用 ω 表示。

式（7-7）中的 A 以 1 m^2 代入，得

$$W = v = \omega \tag{7-8}$$

简单式（7-8）表示，只要已知所需分级粒度的下沉速度，即可求出所需最小分级面积。因为该下沉速度的数值代表该分级粒度下的最大单位面积负荷。

要求的分级粒度越细，沉降速度越慢，单位面积负荷亦越小，所需要的分级设备面积则越大。因此，可以通过控制分级设备的面积来控制分级粒度。

分级设备面积选取，在设计中常用沉淀设备单位面积负荷计算。该法为经验数据法，各种沉淀设备的单位面积负荷见表 7-1。

表 7-1 沉淀设备单位面积负荷 [$m^3/(m^2 \cdot h)$]

斗子捞坑、角锥沉淀池	倾斜板沉淀池	煤泥捞坑	沉淀塔	浓缩机
15～20	50～70	13～15	5～8	2.0～3.5

$$A = \frac{KW}{\omega} \tag{7-9}$$

式中 K——不均衡系数，煤泥水系统通常取 1.25。

若取斗子捞坑的单位面积负荷为 17.5 $m^3/(m^2 \cdot h)$，则分级粒度沉降速度约为 4.86 mm/s。

7.1.3 分级设备工作效果的影响因素

影响分级设备工作效果的因素主要有分级设备的沉淀面积、溢流宽度、水流运动状态等。

（1）分级设备的沉淀面积：由式（7-7）可见，在矿浆量一定时，随分级面积的减小，分级粒度的沉降速度增加，会导致分级粒度增大；反之分级粒度减小。过大和过小的分级设备面积都会给生产带来不利影响，因此决定分级设备面积应该慎重。

（2）溢流宽度的影响：溢流宽度增大，可减薄流动层厚度 h，使 t_2 变小；细小的颗粒也容易穿过流动层进入底流产品，使分级粒度变小；起到了增加分级设备面积的作用。

溢流宽度增加后，还可以减小水体流动中的死角，充分利用沉淀面积，增大面积利用系数。

（3）水流运动状态的影响：颗粒在沉淀设备中，完全依靠重力进行沉降。煤泥由于粒度细、密度小、重量轻，受水流运动的影响很大。为了提高自然沉降设备的工作效果，应尽量保持液面稳定。通常，工作中应注意下述各点：

1）全宽给料。为了使入料平稳，应尽量降低入料速度，做到全宽给料，使物料进入设备后能平衡地流向溢流端。

2）物料沿水平方向给入。物料应沿水平方向给入，而不是垂直方向给入，这样不致破坏流动层的平衡。

3）给料处加稳流圈或稳流罩。对于中心给料的设备，应尽量在中心给料管处加稳流圈或稳流罩，使物料从四周均匀流出，减少入料对周围水流的影响。

4）底流排放应尽量均匀。底流排放均匀、及时，可使底流排放量稳定，因而使沉淀物流态稳定，不致影响溢流量波动。为达到此目的，底流排放最好进行自动控制。

（4）各作业之间的配合。各作业之间能力应互相适应，实现稳定操作，避免造成局部循环而使部分作业工作状态恶化、影响其他作业。

7.2　常用的分级设备

7.2.1　重力场中的分级设备

7.2.1.1　角锥沉淀池

角锥沉淀池由若干个并列的底部为角锥形的钢筋混凝土容器组成，各分级室之间及其内部无隔板，角锥底部的倾角为65°～70°，角锥池一端入料，另一端为溢流端，沉物沉到锥底，锥底装有闸门以便排卸沉淀物料。煤泥水的入料方式有并联和串联两种，见图7-2。当以串联方式给料时，入料端底流排放物粒度组成较粗，出料端底流排放量小且粒度组成较细；当以并联方式给料时，底流物的质量没有差别。若要获得不同粒度的产品时，可选择串联给料方式。但当给料量一定时，采用串联给料方式会使液流在角锥池中的流速较大，这对分级不利，所以选煤厂实际生产中多用并联给料。

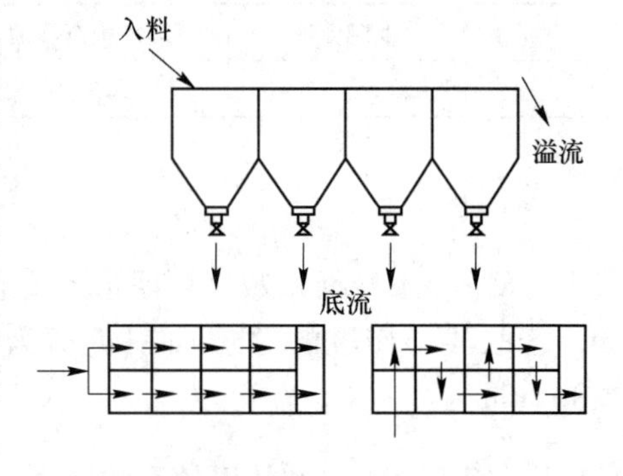

图7-2　角锥沉淀池

角锥沉淀池对入料的浓度和粒度都有一定的限制，较理想的入料浓度是100～150 g/L，入料粒度一般为0～1 mm。根据现场试验，得出了关于角锥池的一组经验数据：当要求分级粒度为0.3 mm、入料的固体含量为50 g/L时，其单位面积负荷不应超过15 $m^3/(m^2 \cdot h)$；入料的固体含量为150 g/L时，单位面积负荷不应超过9.5 $m^3/(m^2 \cdot h)$；固体含量为200 g/L时，单位面积负荷不应超过8 $m^3/(m^2 \cdot h)$；而固体含量为250 g/L时，单位面积负荷不应超过7 $m^3/(m^2 \cdot h)$。由此可看出，入料浓度对角锥池的工作效果影响较大。

角锥池的溢流自动排出，其底流由阀门靠人工控制排放，有时为了防止堵塞底流排放管路，需在其管路的侧壁接清水管或压缩空气管。由于人工控制底流排放阀门，所以分级粒度难以掌握。这是角锥分级设备的一大缺陷，应研制根据粒度检测来自动排料的装置。

7.2.1.2 斗子捞坑

捞坑通常为方锥形或圆锥形钢筋混凝土结构，锥壁倾角为60°～70°，由中心或单侧给料，从周边或旁侧流出溢流。广泛采用的是中心给料周边溢流的方式。锥形容器中安有一台斗子提升机，用来排出沉淀物，排出沉淀物的同时，还对物料有脱水的作用。沉淀物进入斗子的方式有3种：喂入式、挖掘式和半喂入式。喂入式的斗子提升机位于捞坑倒锥之外，如图7-3(a)所示；挖掘式的斗子提升机置于捞坑之中，如图7-3(c)所示；而半喂入式介于以上两者之间，吸取了前两种形式的优点，机尾在捞坑外部，但斗子位于捞坑之内，如图7-3(b)所示。半喂入式既避免了检修斗子提升机时的不便，又避免了物料在池内堆积的缺点，因此实际中以半喂入式应用最多。

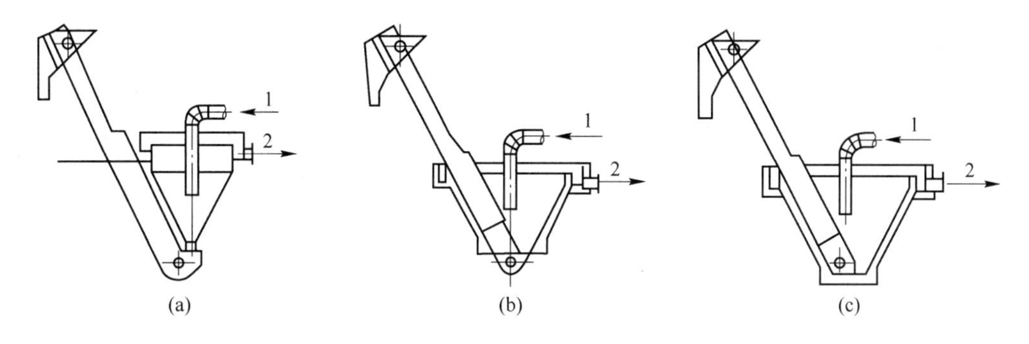

图7-3 斗子捞坑中斗子的给料方式
(a) 喂入式；(b) 半喂入式；(c) 挖掘式
1—入料；2—溢流

斗子捞坑在选煤厂应用十分普遍。它的适应能力较强，入料的粒度范围宽，一般为0～50 mm。但有时为了提高捞坑的分级精度，应尽量缩小捞坑入料的粒度范围，实际捞坑的入料粒度一般为0～13 mm。捞坑的分级粒度一般为0.2～0.5 mm。

斗子捞坑的工作原理同角锥沉淀池一样，都是借重力作用实现颗粒沉淀的。但是，斗子捞坑中颗粒沉淀的条件与角锥沉淀池不同，一是煤泥在斗子捞坑中将随较粗精煤颗粒（如6～13 mm）一起沉淀，这对较细颗粒的沉淀有利；二是沉淀物及时用斗子提升机从捞坑中排出，不受人为因素的影响。所以斗子捞坑的沉淀与排料条件都比角锥沉淀池理想。这也正是斗子捞坑的分级效率比角锥沉淀池分级效率高的原因。

为了保证捞坑的分级效果，入料处应设缓冲套筒，以减小入料的流速对分级设备流动层的影响。锥壁若不光滑，其上容易“挂腊”，严重时捞坑“棚拱”，导致捞坑不能正常工作。为了防止“挂腊”，捞坑的锥壁最好铺瓷砖。

7.2.1.3 倾斜板分级设备

通常，自然沉淀设备的面积较大，如能提高设备的处理能力、缩小设备的体积，则可减少基建费用。由于分级设备是依据浅池原理进行工作的，所以物料在池中的沉降分级与池深无关。因此，为了提高设备的单位面积处理量，应该充分利用池深。在分级沉淀设备中，加设一组倾斜放置的沉淀板，即倾斜板装置，可提高分级沉淀设备的处理能力。

倾斜板的安装可以缩短颗粒的沉降距离，减少沉降时间，增大分级设备的沉淀面积，使沉淀好的物料顺利排出，如图 7-4 所示。倾斜板的安装角度 $\theta = 50° \sim 60°$，θ 越小越有利于增大沉淀面积，但不利于沉淀后煤泥的排出。选煤厂倾斜板的实际安装角度多采用 60°。倾斜板的层数增多，也有利于增加沉淀面积。层数越多则板间距越小，过小的板间距会使水流的流动对沉物的沉淀及排放产生干扰。板间距一般可取 100～150 mm。

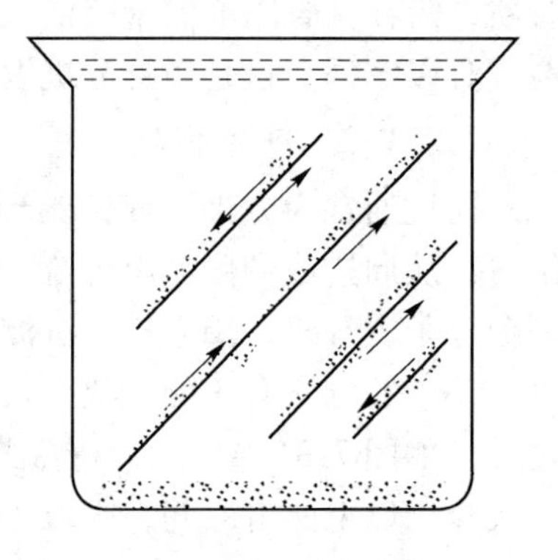

图 7-4　倾斜板沉降示意图

制作倾斜板的材料必须质轻、平整光滑且耐磨、耐腐蚀。最好采用质轻的乙烯树脂板，也可采用塑料板、不锈钢或铁板。用铁板时，必须涂上耐磨、耐腐蚀的涂料。

A　倾斜板的入料形式

倾斜板的入料形式有 3 种，即上向流、下向流和横向流，如图 7-5 所示。

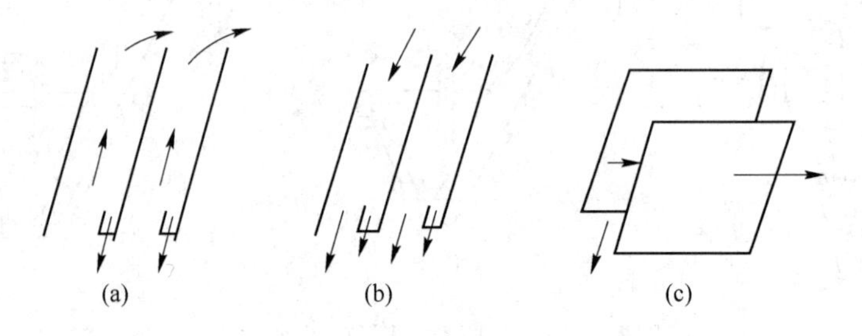

图 7-5　倾斜板的入料类型

（a）上向流；（b）下向流；（c）横向流

（1）上向流：煤泥水由下部给入，溢流由上部排出，沉物由下部排出。特点：液流运动方向与沉物运动方向相反，故液流对已沉积在板表面上的物料有干扰作用，粗颗粒先沉到板的下部，不易下滑的细颗粒沉在板的上部，这些细颗粒沉物易被上升流带走。另外，上升流对沉物的滑落还会有阻滞作用。但上向流的有效沉淀面积最大。

（2）下向流：煤泥水从上部给入，沉物由下部排出，溢流由下部排出。特点：入料及沉物运动方向相同，对沉淀有利，细颗粒沉在板的下部，粗颗粒沉在上部，对沉物排放有利，但把沉物和溢流很好地分开较困难。

（3）横向流：其入料是一侧给入，沉物由下部排出，另一侧出溢流。特点：液流方向与沉物排出方向有一定夹角，液流对沉物的干扰作用较小，产物的排除也易于实现。

B　上向流倾斜板设备工作原理

图 7-6 为上向流倾斜板装置的几何尺寸和沉淀过程各参数的关系。

从下部给入的煤泥水，沿着与水平方向成 θ 角的一组平行倾斜的空间，以平均速度 u 向上方运动，当煤泥水量为 W 时，其流速 u 为

$$u = \frac{W}{BL\sin\theta} \tag{7-10}$$

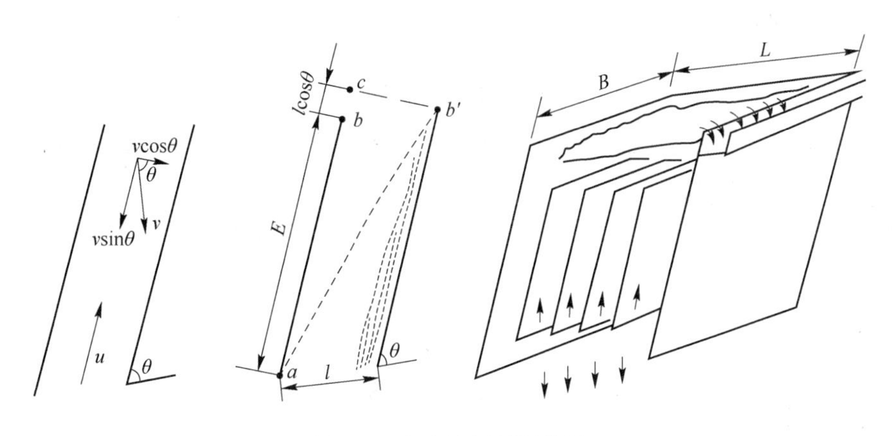

图 7-6 上向流倾斜板装置

煤粒下沉落到倾斜板上面后，就不再受水流运动的影响，只能沿着倾斜板下滑，最后集中在槽底，作为沉淀物排出。

煤粒在倾斜板空间的下沉速度 v 可以分解成垂直于倾斜板和平行于倾斜板两个方向的分速度 $v\cos\theta$ 和 $v\sin\theta$。当煤粒通过两块倾斜板之间垂直距离 cb' 所需时间等于通过从倾斜板一端到另一端的距离 ac 所需的时间时，这个颗粒有 50% 的机会落在 b' 点上作为底流排出，该颗粒的大小即为分级粒度。分级粒度颗粒的实际运动途径为 ab' 曲线。

按照上述条件，分级粒度的颗粒通过两块倾斜板之间垂直距离所需时间与从倾斜板一端到另一端所需时间有如下关系：

$$\frac{E + l\cos\theta}{u - v\sin\theta} = \frac{l\sin\theta}{v\cos\theta} \tag{7-11}$$

经整理得

$$v = \frac{ul\sin\theta}{E\cos\theta + l} \tag{7-12}$$

与式（7-10）联立，得

$$v = \frac{W}{\frac{L}{l}BE\cos\theta + BL} \tag{7-13}$$

式中的 L/l 是倾斜板沉淀设备中的倾斜板块数，可用 n 表示。BE 是一块倾斜板的面积。因此，$(L/l)BE\cos\theta$ 等于全部倾斜板在水平面上投影面积的总和。BL 是沉淀设备未加倾斜板的水面面积。如前者以 A_e 表示，后者以 A 表示，则式（7-13）可简化为

$$v = \frac{W}{A_e + A} \tag{7-14}$$

与式（7-7）的转换形式 $v = W/A$ 相比，倾斜板沉淀设备的面积比未加倾斜板前的设备面积多了一项 A_e。因此，在一般沉淀设备中如加设倾斜板，可以增加沉淀面积，提高设备的处理能力。A_e 称为所加设倾斜板的等效面积。

为了充分利用倾斜板沉淀设备中的倾斜板面积和原有设备的沉淀面积，实际工作中，倾斜板上面应该有一定高度的自由水面，才能保证分级粒度的颗粒恰好落到 b' 上。否则，只上行了一定距离就落到斜板上。若没有自由水面，经推算，处理量、分级粒度的下沉速

度和沉淀面积之间有如下关系：

$$v = \frac{W}{A_e + A\sin^2\theta} \tag{7-15}$$

可见，在没有自由水面时，沉淀设备原来的沉淀面积不能全部利用。因此，没有自由水面时不如有自由水面时效果好。

同理可推导出下向流和横向流在没有自由水面时的公式（只是几何关系与上向流不同）：

（1）下向流：

$$v = \frac{W}{A_e - A\sin^2\theta} \tag{7-16}$$

（2）横向流：

$$v = \frac{W}{A_e} \tag{7-17}$$

表 7-2 列出了倾斜板沉淀设备型式与沉淀设备面积利用的关系。

表 7-2　倾斜板沉淀设备型式与沉淀设备面积利用的关系

倾斜板型式	有自由水面	无自由水面
上向流		$v = \frac{W}{A_e + A\sin^2\theta}$
横向流	$v = \frac{W}{A_e + A}$	$v = \frac{W}{A_e}$
下向流		$v = \frac{W}{A_e - A\sin^2\theta}$

C　倾斜板沉淀槽

倾斜板沉淀槽是以倾斜板为主要工作部件的煤泥水分级设备。图 7-7 为上向流倾斜板沉淀槽的简图。槽体是一个斜方体的容器，下部接两个作收集和排放沉淀物用的倒锥体。在斜方体容器内排列着斜置的倾斜板。每块板的下部都有“L”形的入料隔板。容器的侧板下部有很多开口，每个开口均与“L”形入料隔板相对。侧板与扩散状的入料槽相连，煤泥水通过入料槽和各开口分配到各倾斜板之间。由于“L”形入料隔板的作用，进到每个隔间的煤泥水转为上升流，使入料不致干扰顺倾斜板下滑的沉淀煤泥。槽体的上部有溢流汇集管，溢流由此排出槽外。

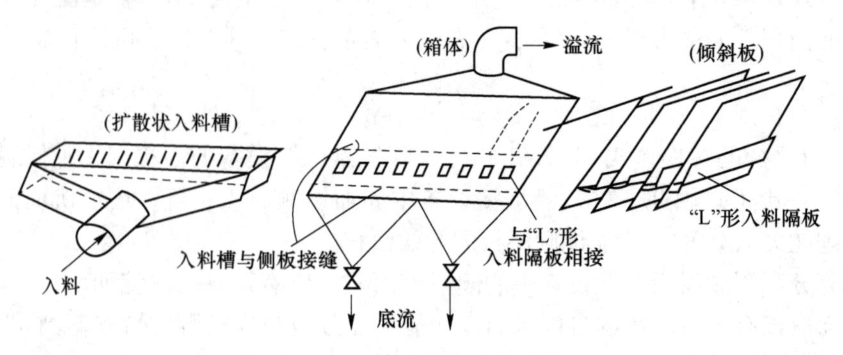

图 7-7　上向流倾斜板沉淀槽

通过大量的生产实践，发现沉淀槽的溢流排放不合理。溢流是按整个槽宽产生的，而排放时却汇集到一个很细的溢流管，这就使得溢流管处的液流速度急剧增高，对分级不利；而沉淀槽两端由于受锥形罩的阻力，溢流运动速度很低，大量煤泥淤积在溢流箱两端，堵塞了板与板之间溢流水通道（见图7-8），使倾斜板的利用率下降。改进后的倾斜板沉淀槽将封闭式的溢流箱改为敞开式，消除了原溢流箱两端对上升水流的阻力，防止沉淀槽两端煤泥的淤积，使溢流的流速正常，提高了分级效率。

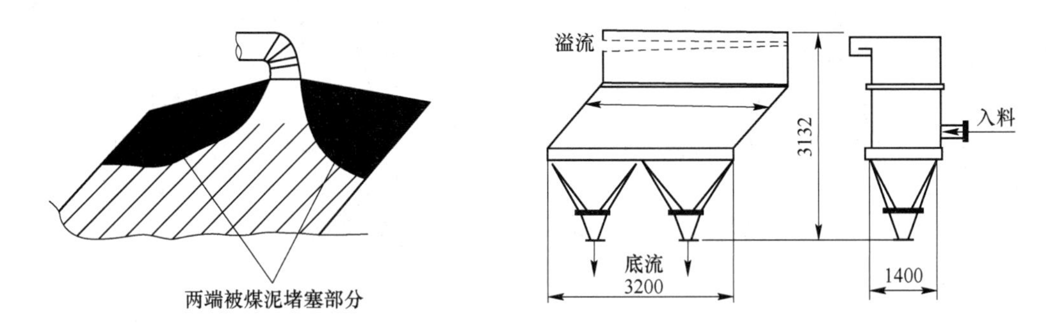

图7-8　倾斜板沉淀槽的弊端及改进（单位：mm）

D　圆锥形倾斜板沉淀池

倾斜板沉淀槽的单位面积处理量虽较大，但单台体积小，单台的处理量也小。在大型选煤厂中，由于煤泥水量大，致使需要的台数很多，从而造成物料收集、排放管路复杂。因此，倾斜板沉淀槽的应用面并不广。为了充分发挥倾斜板沉淀设备体积小、效率高、配置灵活、投资省等优点，应该寻找新结构的倾斜板沉淀设备，圆锥形倾斜板沉淀池即是一种新型的倾斜板装置，见图7-9。

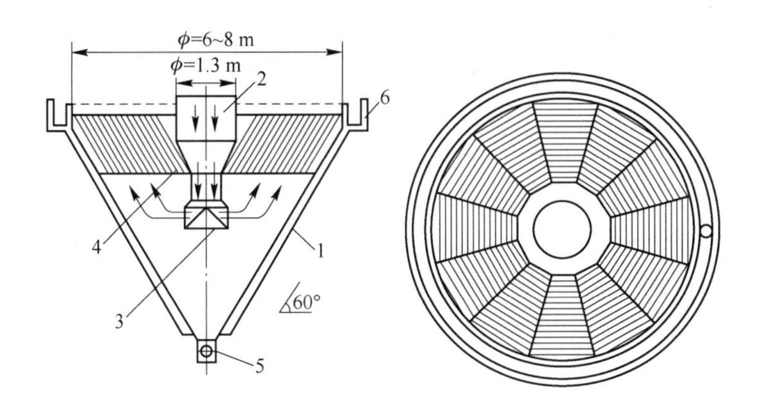

图7-9　圆锥形倾斜板

1—上部敞开的圆锥形混凝土池；2—进料筒；3—布水帽；4—倾斜板沉淀区；5—排料管及闸门；6—溢流槽

圆锥形倾斜板是在圆锥形混凝土池中加设倾斜板的装置。由于加设了倾斜板，使单位面积处理量提高。

（1）倾斜板类型。图7-9所示倾斜板装置为上向流型，倾斜板布置按同心圆进行。亦可按辐射状布置，此时常采用横向流型。矿浆进入倾斜板沉淀设备的位置较深，由布水帽均匀分布，自倾斜板的下端进入向上运动。如果倾斜板采用辐射状布置，矿浆进入位置较浅，由倾斜板的一侧进入。

(2) 工作过程。煤泥水从沉淀池中心的进料筒进入，进入时受到布水帽的阻挡，使之沿倾斜板入料方向均匀分布，并改变水流方向，成为上升流，进入倾斜板沉淀区。为了排除一些混入、可能堵塞沉淀池下部排料口的杂物，进料筒中可设置滤网。

煤泥水进入倾斜板沉淀区，按照颗粒在倾斜板中沉降的原理，一部分煤泥颗粒沉淀在倾斜板上，并沿倾斜板下滑，落到沉淀池下部，进一步浓缩后，经阀门排出。另一些来不及沉淀的细煤泥随水流上升，从溢流排出，从而完成分级过程。

倾斜板沉淀装置工作效果好与坏与其布水和集水关系极大。圆锥形倾斜板沉淀池的布水帽，可以在一定高度范围内进行调节，力求使布水均匀、平稳；集水采用全池周边溢流方式；底流的排放可用核辐射密度计和电动闸门以及相应的电控系统对管道内的煤浆密(浓)度进行连续、快速和准确的测量并控制闸门，根据需要合理排放。

E 倾斜板装置的设计

倾斜板的设计，一般有如下几方面：

(1) 决定采用倾斜板的形式。

(2) 决定所需分级粒度。如在原有设备中另设斜板，则应算出原设备分级粒度的下沉速度，亦即沉淀设备的单位面积负荷。

(3) 计算上述分级粒度下应采用的沉淀面积；或保持相同沉降效果时新的沉淀面积。

(4) 计算所需倾斜板面积，并决定倾斜板的安放角度。

(5) 决定每块倾斜板的长度和宽度及放置距离。

7.2.2 离心场中的分级设备

7.2.2.1 水力旋流器

水力旋流器的基本分离原理为离心沉降，即悬浮颗粒受回转流作用所产生的离心力而进行沉降分级。但与分离原理相同的离心机不同，本身没有运动部件，其离心力是由流体本身运动造成的。

A 结构

水力旋流器主要由空心圆筒体和空心圆锥体两部分连接而成。圆筒体的周壁上装有给矿管，顶部装有溢流管，圆锥体的下面连接底流口。其结构简图见图 7-10。水力旋流器的构造简单，体积小。最小的旋流器，直径仅 50 mm；最大的旋流器，直径达 2 m；常用的为 125 ~ 500 mm 直径的旋流器。

B 水力旋流器分级原理

矿浆在一定压力下通过切向进料口给入旋流器，于是在旋流器内形成回转流。在旋流器中心处矿浆回转速度达到最大，因而产生的离心力亦最大。矿浆向周围扩展运动，在中心轴周围形成一个低压带。此时通过底流口吸入空气，在中心轴处形成一个低压空气柱。

作用于旋流器内矿粒上的离心力与矿粒的质量成正比，因而在矿粒密度接近时便可按粒度大小分级（密度不同则得到的是等降颗粒）。

矿浆在旋流器内既有切向回转运动，又有向内的径向运动，而靠近中心的矿浆又沿轴向上（溢流管）运动，外围矿浆则主要向下（底流口）运动，所以它属于三维空间运动。在轴向，矿浆存在一个方向转变的零速点，连接各点在空间构成一近似锥形的面，称作零速包络面（见图7-11）。细小颗粒离心沉降速度小，被向心的液流推动进入零速包络面由溢流管排出成为溢流产物；而较粗颗粒则借较大离心力作用，保留在零速包络面外，最后由底流口排出成为底流产物。零速包络面的位置大致决定了分级粒度。

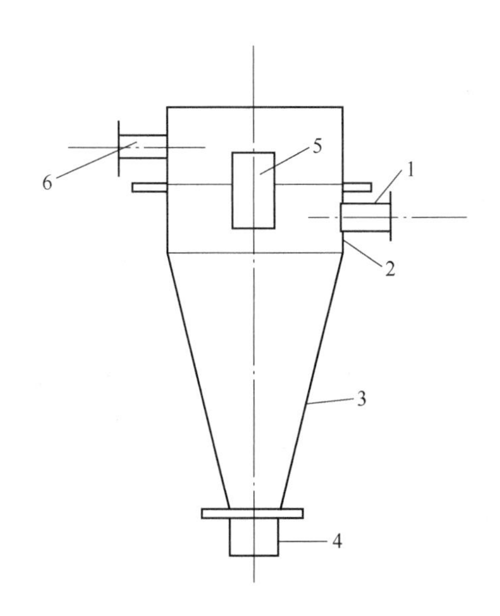

图7-10 水力旋流器结构简图
1—给料管；2—圆筒部分；3—圆锥部分；
4—底流口；5—中心溢流管；6—溢流排出口

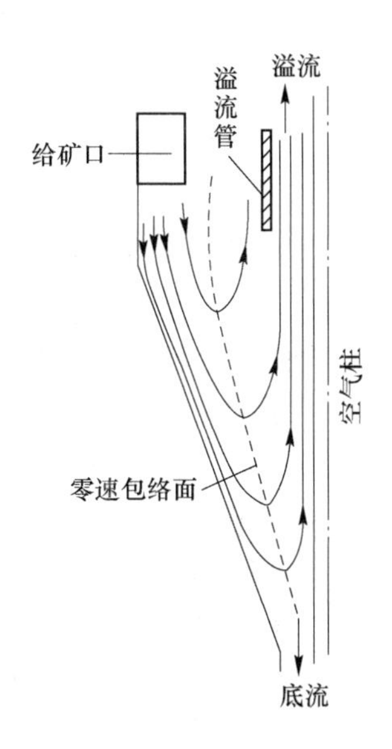

图7-11 水力旋流器分级原理示意图

C 影响水力旋流器工作的因素

影响水力旋流器工作的因素包括结构参数、操作条件和物料性质等。

a 直径 D 对旋流器工作的影响

直径 D 主要影响处理能力和分级粒度，两者均随直径增加而增大，因此，分级粒度较细时，应选用小直径的旋流器。但在处理量相同时，大直径的水力旋流器比小直径水力旋流器更具优势，其使用简单可靠，且不易堵塞。如能取得相同工艺指标，则应该选用大直径的水力旋流器。

除考虑处理能力和分级粒度外，选择水力旋流器直径时，还应考虑给矿中物料的粒度特性。如物料中接近分离粒度含量较少、矿浆浓度较低时，可选用大直径水力旋流器。当矿浆中细泥含量较多、浓度较高时，宜选用中等直径和小直径的水力旋流器。

b 给矿管直径 d_g 对旋流器工作的影响

给矿口的大小对处理能力、分级粒度以及分级效率均有一定影响。给矿管直径常与旋流器直径呈一定比例，大多 $d_g=(0.08\sim0.25)D$。给矿口的横断面形状以矩形较好；而纵断面常为图7-12(a)所示的切线型，但由于这种进料方式易使矿浆在进入旋流器时与器壁冲击产生局部旋涡影响分级效率，因此出现了如图7-12(b)所示的渐开线型及其他型式的给矿管。

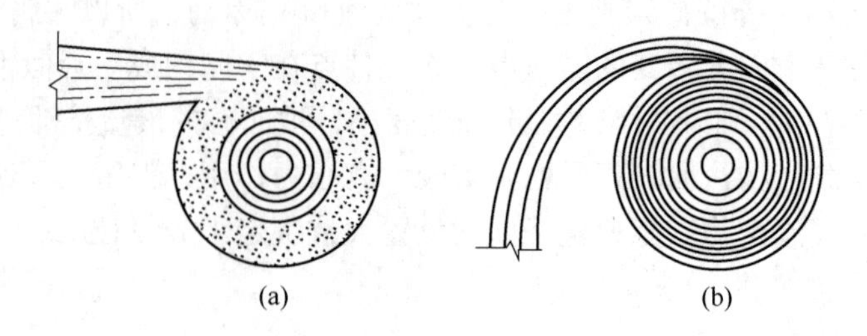

图7-12 切线型及渐开线型给矿管
（a）切线型；（b）渐开线型

c 溢流管直径 d_y 对旋流器工作的影响

溢流管直径应与旋流器直径呈一定比例，一般为 $d_y=(0.2\sim0.4)D$。增大溢流管直径，溢流量增加，溢流粒度变粗，底流中细粒级减少，底流浓度增加。

d 底流口直径 d_d 对旋流器工作的影响

底流口直径常与溢流管直径呈一定比例关系，d_y/d_d 称为角锥比。试验得出，角锥比常以3～4为宜，它是改变分级粒度的有效手段。底流口是旋流器中最易磨损的零件，常因磨损而增大排出口面积，使底流产量增加，浓度降低。如果底流口过小，粗颗粒在锥顶越积越多，会引起底流口堵塞。底流口大小的变化对旋流器处理能力影响不大。

e 锥角对旋流器工作的影响

锥角大小影响矿浆向下流动的阻力和分级自由面的高度。一般来说，细分级或脱水用旋流器应采用较小的锥角，最小达10°～15°；粗分级或浓缩用旋流器采用大锥角，达20°～45°。

旋流器圆柱体高度 h 主要影响物料在旋流器中的停留时间，一般取 $h=(0.6\sim1.0)D$。溢流管插入深度 h_y 大致接近圆柱体高度，为 $(0.7\sim0.8)h$，过长或过短均将引起溢流跑粗。

f 给矿压力对旋流器工作的影响

给矿压力是旋流器工作的重要参数，提高给矿压力，矿浆流速增大，可以提高分级效率和底流浓度；通过增大压力来降低分级粒度成效甚微，而动能消耗却将大幅度增加，且旋流器特别是底流口的磨损将更严重。故在处理粗粒物料时，应尽可能采用低压力（0.05～0.1 MPa）操作；只有在处理细粒及泥质物料时，才采用较高压力（0.1～0.3 MPa）操作。

旋流器的给矿主要有两种方式：

（1）稳压箱给矿。依靠高差用管道自流给入旋流器或用砂泵将矿浆扬送到高处稳压箱中再引入旋流器。这种给矿受高差条件限制，只能在低压给矿时使用。

（2）砂泵直接给矿。这种给矿方式可获得较高的给矿压力，配置方便，管路少，便于维护，因此使用广泛。

g 给矿性质对旋流器工作的影响

其中最主要的是给矿粒度组成（包括含泥量）和给矿浓度。给矿粒度组成和对产物的粒度要求影响选用的旋流器直径和给矿压力。当旋流器尺寸及压力一定时，给矿浓度对溢流粒度及分级效率有重要影响。给矿浓度高，分级粒度变粗，分级效率亦将降低。当分级粒度为 0.074 mm 时，给矿浓度以 10% ~ 20% 为宜；分级粒度为 0.019 mm 时，给矿浓度应取 5% ~10%。

用于分级的旋流器最佳工作状态应是底流呈伞状喷出，伞的中心有不大的空气吸入口。这样使空气在向上流动时能携带内层矿浆中的细颗粒从溢流中排出，因而有利于提高分级效率。此时伞的锥角应如图 7-13 所示大小。如旋流器用于浓缩时可采用绳状排出，此时底流浓度最高。而在用于脱水时，底流应以最大角度的伞状排出，这时底流浓度最低，相应可获得固体含量最少的溢流。

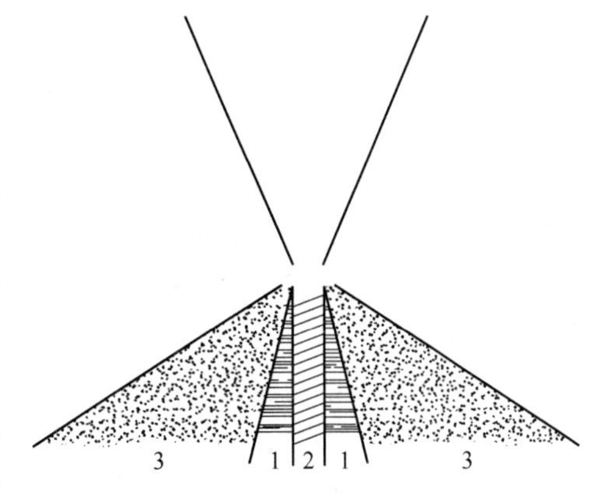

图 7-13　旋流器底流不同排出状况示意图
1—伞状；2—绳状（底流口很小）；
3—大锥角伞状（底流口很大）

7.2.2.2　电磁振动旋流筛

电磁振动旋流筛结构如图 7-14 所示。该筛的外壳由钢板焊制而成，上、下壳体用螺栓连接。其主要工作部件是导向筛和锥形筛。导向筛固定不动，筛面向外倾斜 15°，由 3 块或 4 块筛板组成，可根据磨损情况及时进行更换。锥形筛支撑在外壳下部 4 个支柱橡胶弹簧上。圆形防水电磁振动器与锥形筛下部底盘用螺栓固定，振动时使锥形筛面沿垂直方向上下振动。

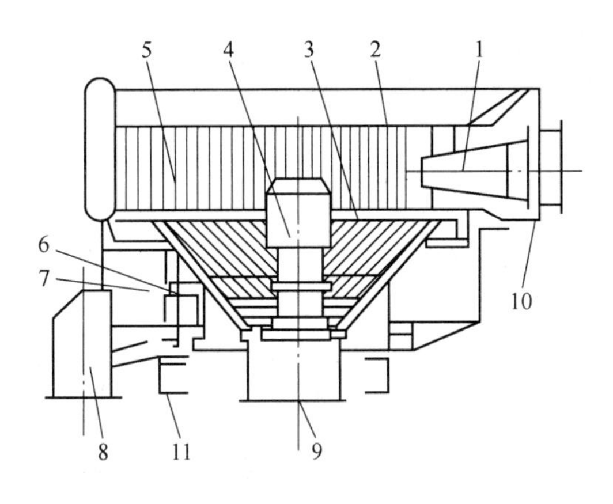

图 7-14　电磁振动旋流筛
1—喷嘴；2—导向槽；3—锥形筛；4—电磁振动器；5—导向筛；6—橡胶弹簧；7—壳体；
8—滤液出口；9—固体物料出口；10—固液混合物入口；11—支撑架

锥形筛的外形是倒圆台形，筛面与竖向成 45°角，筛条上部是竖向布置，下部是圆环状水平排列，且筛缝比上部宽 50%，主要是由于物料运动到下部时，已经脱除了一部分水，使物料的浓度增高，阻力加大，横向布置筛条有利于物料的运输。另外，浓度增大后，水流运动速度变小，颗粒透筛概率降低，为保证同一分级粒度，需要加大筛缝的宽度。

旋流筛工作时，将固液混合物料用定压箱或泵导入旋流筛喷嘴，物料经喷嘴沿切线方向进入导向筛。在离心力、摩擦力及物料重力的联合作用下，混合物料由直线运动转变为沿筛壁呈螺旋式下降的旋流运动。大颗粒物料因为质量大，受的离心力也大，贴着导向筛及锥形筛网旋转形成外物料层。含有细颗粒的液流形成内层，而外层和内层都分别呈螺旋式向下流动。

在沿筛网的纵向旋流运动中，外层大颗粒物料受的摩擦阻力大，因而旋流速度低（切向运动速度小），向下螺旋坡度大（纵向运动速度大）；而内层含液体较多，物料颗粒小，密度小，受的摩擦阻力小，因而旋流速度高（切向运动速度大），向下螺旋坡度小（纵向运动速度小）。由于切向运动速度和纵向运动速度各自大小的不同，造成合成运动的明显差异，从而使内层液体与外层物料错开。含有小颗粒固体（或高灰细泥）的内层液体透过粗粒固体间隙和筛缝排出，外层的大颗粒筛上物经锥形筛底部排出。

电磁振动旋流筛主要应用于选煤厂粗煤泥的预先脱水、脱泥、分级等粗煤泥回收作业。允许入料粒度为 0 ~ 13 mm。在用于水力分级作业时，它可代替斗子捞坑。

旋流筛的主要缺点是筛网（特别是导向筛网）使用寿命较短。可以通过调整入料的方向，使混合物料在导向筛网内作左旋或右旋运动，增加筛网的使用寿命。

7.3　沉降浓缩原理

7.3.1　沉降试验

沉降试验的目的是确定矿浆在设备中的停留时间，并以此决定分级、浓缩设备所需面积。沉降试验可采用带刻度的量筒进行。

该法是将一定浓度的煤泥水装在量筒中，经过均匀搅拌，静止放置，然后进行观察。沉降过程见图 7-15。

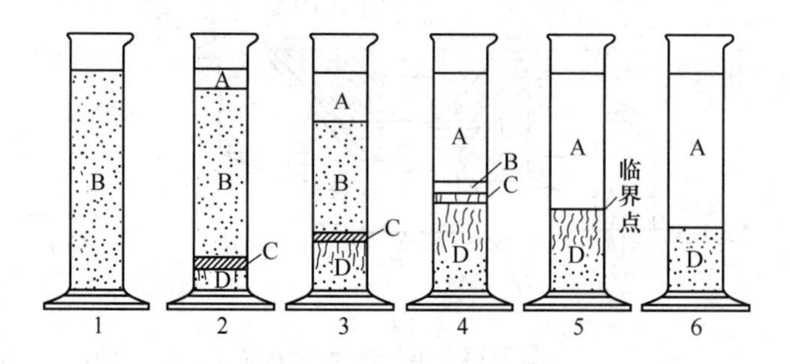

图 7-15　量筒沉降过程

A—澄清区；B—沉降区；C—过渡区；D—压缩区

在沉降开始前，整个悬浮液浓度均匀，如图 7-15 中的量筒 1。沉降开始后，悬浮液中的固体颗粒以其沉降末速进行下沉，颗粒越大沉降越快，并逐渐堆积在容器底部，因此，底部悬浮固体密度增大，如图 7-15 量筒 2 中的 D 区，称为压缩区。同时，量筒的上部出现澄清液，如量筒 2 中的 A 区，称为澄清区。澄清区的下部是沉降区，如图 7-15 量筒 1、2 中的 B 区，该区的浓度和开始沉降时的悬浮浓度相同。沉降区和压缩区之间没有明显的界线，中间存在一个过渡区，如图 7-15 中的 C 区。随沉降时间的增长，A 区和 D 区均逐渐增加；B 区则逐渐减小，直到消失。B 区消失后，过渡区 C 也随之消失，只剩下澄清区

A 和压缩区 D，如图 7-15 量筒 5 所示。沉降区和过渡区消失后，在一段时间内，压缩区的煤泥由于重力挤压作用，其高度还在继续减小，澄清区继续扩大。B 区消失的点称为临界点。

7.3.2 沉降曲线

根据沉降试验，每隔一定的时间，记录观察到的澄清区 A 和沉降区 B 的交界面位置及相应的时间。以沉降时间为横坐标、澄清区高度（清水层高度）为纵坐标，作出沉降时间与澄清区高度的关系曲线，如图 7-16 所示，称为沉降曲线。

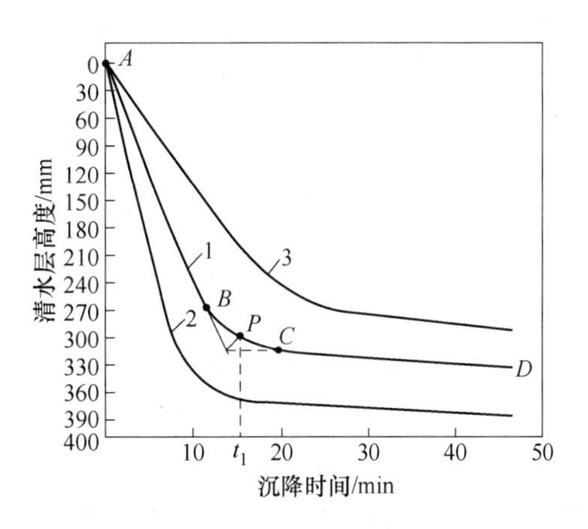

图 7-16 沉降曲线

1—煤泥水浓度 25 g/L；2—煤泥水浓度 10 g/L；3—煤泥水浓度 50 g/L

整个沉降曲线由 3 段组成，第一段和第三段为直线，中间段为圆滑曲线。

曲线的第一段，表示澄清水面的下降速度。该段为直线，而且斜率较大，显示澄清水层以较高的速度下降，如图 7-16 中的 *AB* 段。以后曲线的斜率减小，并且是个渐变的过程，曲线呈弯曲状，如 *BC* 段。表明悬浮液体积减小，浓度增加，使界面下降速度减缓。第三段为斜率很小的直线段。表明此时浓度已经很高，颗粒之间互相接触，属于沉淀物的压缩阶段。

AB 段和 *CD* 段延长线夹角的角平分线与曲线的交点 *P* 为临界点。在临界点到达以前，即沉降时间小于 t_1，此时与澄清区交界的是沉降区。矿浆的澄清速度由沉降区的沉降速度决定。接近 t_1，沉降区很快消失，沉降速度减缓。沉降时间大于 t_1，即达到临界点以后，与澄清区交界的则是压缩区，矿浆的澄清速度由压缩区的沉降速度决定。但沉降区消失的瞬间，压缩区的致密程度稍差、空隙较多。所以压缩区沉降速度变化较快，曲线仍呈弯曲状态。

线段 *AB* 和 *CD* 的斜率分别代表矿浆在沉降区和压缩区的沉降速度。而且，矿浆在沉降区的沉降速度要比在压缩区的沉降速度大得多。

实际生产中应用的分级、沉淀浓缩设备都是连续的沉降过程。矿浆连续进入设备，并连续不断以产品形式排出。因而，沉降区总是存在的，矿浆的澄清速度可由沉降区的沉降速度计算。

根据澄清层的高度，可以计算出混浊层的高度，从而确定矿浆经过一定沉降时间后，可能得到的沉淀产物的平均浓度。因此，沉降时间决定了沉淀产物的浓度，也即矿浆在设备中的停留时间决定了沉淀产物的浓度。

煤泥水中悬浮固体的浓度对沉降速度有很大影响。浓度降低时，可提高颗粒在煤泥水中的沉降速度，如图 7-16 中的曲线 2。随着浓度增加，其沉降速度明显降低，如图 7-16 中的曲线 3。

7.3.3 浓缩机的浓缩过程

浓缩机是一种利用煤泥水中固体颗粒自然沉淀的原理，来完成对煤泥水进行连续浓缩的设备。煤泥水在浓缩池中进行沉淀的过程，通常可分为5个区，如图7-17所示。

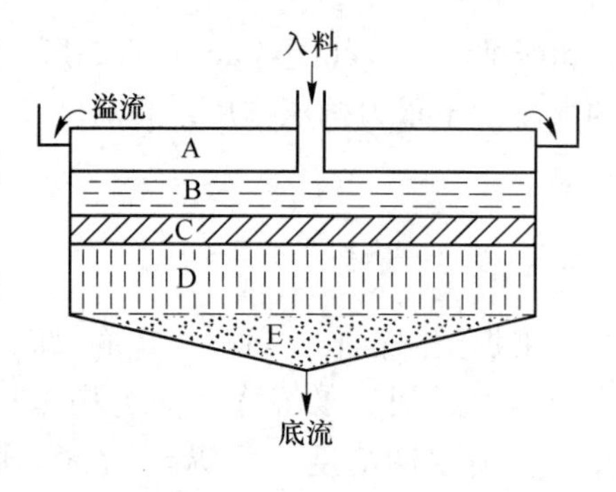

图7-17 浓缩机的浓缩过程

A区为澄清区，得到的澄清水经过该区从溢流堰中排出，称为浓缩机的溢流产物。

B区为自由沉降区，亦称悬浮沉降区。需要浓缩的煤泥水首先进入该区，颗粒依靠自重迅速下沉，进入压缩区。

D区为压缩区。在该区中，矿浆中的固体颗粒已成为紧密接触的絮团，絮团继续下沉，但其速度已缓慢。

压缩区下面便是浓缩区E。由于该区有刮板运输，使之形成一个锥形表面，浓缩物由于刮板的压力，使水分渗透出，进一步提高浓度，最终由浓缩机的底流口排出，称为浓缩机的底流产品。

在自由沉降区与压缩区之间，有一过渡区C。在该区中，部分颗粒由于自重作用下沉，部分颗粒受到密集颗粒的阻碍，不能进行沉降，形成了介于B、D之间的过渡区。

这5个区中，B、C、D反映了浓缩的过程，A、E两区是浓缩的结果，即产物区。为使浓缩过程顺利进行，浓缩机池体需有一定深度，该深度应包括5个区各自的高度。

在煤泥水浓缩过程中，颗粒的运动是复杂的。由于入料的浓度比较低，因此将颗粒在B区的运动看作自由沉降。C区以后，煤泥水的浓度逐渐增大，颗粒的运动成为干扰沉降。所以在整个浓缩过程中，颗粒运动速度的变化，与其中煤泥的粒度、密度、煤泥水的浓度、温度等均有关系。

7.3.4 浓缩理论模型

7.3.4.1 科-克莱文杰（Coe-Clevenger）静态沉降模型

该模型的中心论点是：(1) 自由沉降区的浓度通常等于进入浓缩机的悬浮液的初始浓度；(2) 在自由沉降区内颗粒呈群体以相同速度沉降，称为区域沉降，以区别于两相流中固体颗粒的自由沉降；(3) 区域沉降的特点是在该区内每一个截面均以同一速度下降，同一层的颗粒也以同一速度下降，而且各层速度均相同；(4) 悬浮液在自由沉降区的这种沉降速度只是该区浓度 c 的函数，而与颗粒大小、密度无关，即

$$u = f(c) \tag{7-18}$$

引入概念：固体流量，是指单位面积上通过的固体速率，即单位时间单位面积通过的固体物的量，也称固体通量。

前已述及，浓缩过程由数个不同的区域组成。在间断试验中，这几个区域随时间做相应的变化；但在连续工作的浓缩机中，工作达到平衡状态后，几个区域不再发生变化。不同的区域，颗粒沉降有不同的特点。其中，最主要的区域为自由沉降区和过渡区。

(1) 自由沉降区。在整个自由沉降区中，矿浆的浓度可以认为是均一的，而且通常浓度都在自由沉降范围内，因而具有区域沉降的特性，即颗粒的沉降速度仅仅是浓度的函数，该区内每一个截面都以同一速度下沉，而且同一水平层的颗粒又都以同一速度沉降。自由沉降区的浓度可认为与初始浓度 c_0 相同，所以自由沉降区中的沉降速度 $u = f(c_0)$。

实际上，该区的沉降速度一般由沉降试验确定。而且，可由该沉降速度判断煤泥水体系沉降的难易程度。

对于任一水平面上固体向下流动的流量，科-克莱文杰导出了如下静态沉降模型公式：

$$G=\frac{u}{\frac{1}{c}-\frac{1}{c_u}} \tag{7-19}$$

式中 G——任一水平面上颗粒向下流动的固体流量，$kg/(m^2 \cdot h)$；

c——该水平层固体颗粒的浓度，kg/m^3；

u——对应浓度固体颗粒的沉降速度，m/h；

c_u——浓缩机底流中固体颗粒的浓度，kg/m^3。

模型公式推导如下：设浓缩机正常工作时，悬浮液的给料浓度、某一液位处的浓度、底流浓度分别为 c_f、c、c_u（kg/m^3）；悬浮液的给料量、某一液位处的流量、底流流量、溢流流量分别为 Q_f、Q、Q_u、Q_0（m^3/h）；浓缩截面面积为 A（m^2）。

假设浓缩机已达到稳定工作状态且溢流中不含固体，此时在入料和底流出口之间的任何液位上总的固体流量则应相等，即

$$Q_f c_f = Qc = Q_u c_u \tag{7-20}$$

根据液体容积平衡，有

$$Q_0 = Q\left(1-\frac{c}{\rho_s}\right)-Q_u\left(1-\frac{c_u}{\rho_s}\right) \tag{7-21}$$

联立上列两式，得

$$Q_0 = Q_f c_f\left(\frac{1}{c}-\frac{1}{c_u}\right) \tag{7-22}$$

式（7-22）两边同除以 A，得

$$\frac{Q_0}{A}=\frac{Q_f c_f}{A}\left(\frac{1}{c}-\frac{1}{c_u}\right) \tag{7-23}$$

这里的 Q_0/A 实际就是被沉降的固体所置换的液体的表观速度 u'，式（7-23）表示若要求浓缩机排出的是澄清的（即不含固体的）溢流，则该速度决不能超过浓度为 c 时的固体沉降速度 u，即 $u' \leqslant u$。从而式（7-23）可写为

$$u'=\frac{Q_f c_f}{A}\left(\frac{1}{c}-\frac{1}{c_u}\right) \leqslant u \tag{7-24}$$

其中，$Q_f c_f/A$ 即为固体通量 G，则

$$G=\frac{u}{\frac{1}{c}-\frac{1}{c_u}}$$

科-克莱文杰静态沉降模型公式用于计算浓缩机面积时，需要做一系列不同浓度的悬浮液的实验，其浓度范围应在所设计的浓缩机给料和底流浓度之间，然后根据实验结果绘制出沉降曲线，求出沉降区界面沉降速度 u，取其最小值用于设计。该法又称为 C-C 法。

由式（7-19）可见，固体颗粒向下流动的量，除与通过水平层的固体浓度有关外，还与底流的排放浓度有关。对于浓度较低的自由沉降区，底流排放浓度的影响可以忽略，

则颗粒向下流动的固体流量可简化为如下形式：

$$G = uc \tag{7-25}$$

式（7-25）即为重力作用下，在自由沉降区中的固体迁移量。

实际上，即使在自由沉降区，浓度也是渐变的过程，不同水平面上的固体流量也是逐渐变化的，仅仅是变化量较小而已。

（2）过渡区。过渡区属于变浓区，亦称凯奇区。随浓度变化，固体流量也发生变化，而且浓度逐渐增加。将不同浓度的每个平面看成是不同初始浓度的单元实验，由不同浓度的 c 值即可求出该浓度下的沉降速度。将它们分别代入式（7-19），对于任何一个确定的 c_u 值，便有一组与不同浓度 c 相应的固体流量 G。根据固体浓度 c 和对应的固体流量 G 作固体流量曲线如图 7-18 所示。

曲线上存在着某一浓度 c_c，此时固体流量 G_c 为最小，则浓度 c_c 称为临界浓度。对于一个连续工作的浓缩机，图 7-18 中的曲线可理解为通过不同浓度水平面的固体流量。当浓缩机给料浓度 $c_f < c_c$ 时，底流浓度较高，则进入底流的最大固体流量为 G_c。当给料浓度 $c_f > c_c$ 时，其中固体颗粒不能及时排出，固体流量超过了临界浓度为 c_c 时的最小值，固体颗粒在池中滞留，形成浓度为 c_c 的临界区域。随着滞留的固体颗粒增多，临界区域高度增加，最后迫使固体颗粒从溢流中排出。为了保证浓缩机溢流中不含有固体颗粒，必须增加浓缩机面积，保证在给矿速度和底流浓度已定的情况下，使固体流量不超过 G_c。

如给矿中固体流量小于 G_c，固体颗粒向下通过该区的速度比其在顶部充满该区时的速度更快，不至于形成临界层。

实际上，只有在给矿中，固体颗粒的含量相当于或超过浓缩机的区域沉降能力时，才可能存在临界区域。在正常浓缩机中，不应存在临界浓度区，以最小单位面积处理能力的浓度层为基础，该层称为速度限制层。为了保证浓缩机具有足够的沉降面积，必须使固体通过量小于该速度限制层的能力。

7.3.4.2　凯奇（Kynch）第三定理

上面所述方法，需要对不同煤泥水浓度做许多试验，才能得到不同浓度的沉降速度。凯奇从 $u = f(c)$ 这个基本假设出发，利用连续性研究手段得出，只用一个单元试验，便可得到浓缩机所有区域的沉降数据。

如图 7-19 所示，在沉降试验中相应于浓缩机中速度限制层的浓度为 c，其中固体颗粒相对于筒壁的沉降速度为 u。由于是速度限制层，下部高浓度物料有一向上的传播速度 u_u，此层中固体颗粒相对于该层的沉降速度为 $u + u_u$。因为速度是渐变的，在该层的上一层浓度为 $c - \mathrm{d}c$，上层固体颗粒相对于筒壁的沉降速度为 $u + \mathrm{d}u$，相对于速度限制层的速度则为 $u + \mathrm{d}u + u_u$。假定这一层固体颗粒的浓度不变，并从上层进入该层，再从该层排出，其物料平衡关系为

$$(c - \mathrm{d}c)(u + \mathrm{d}u + u_u)F = c(u + u_u)F \tag{7-26}$$

式中　F——垂直于固体物料流的面积，m^2。

由式（7-26）可得到

$$u_u = c\frac{\mathrm{d}u}{\mathrm{d}c} - u - \mathrm{d}u \tag{7-27}$$

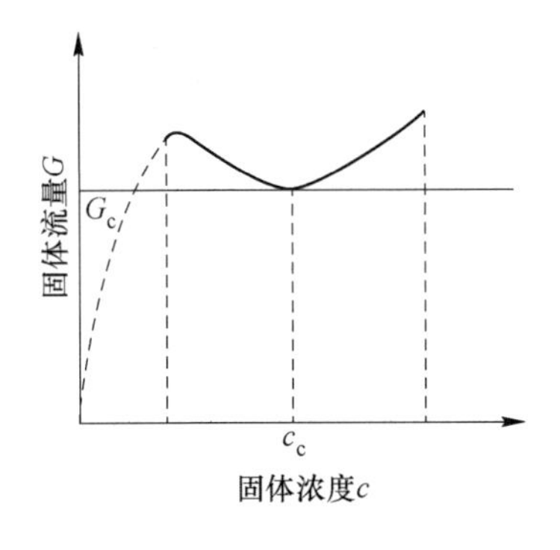

图 7-18 固体流量曲线

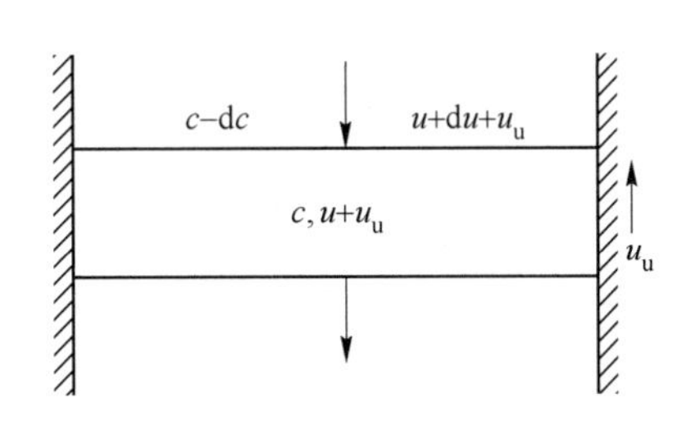

图 7-19 浓缩机中沉降速度分析简图

由于 du 很小，将其忽略，得

$$u_u = c\frac{du}{dc} - u \tag{7-28}$$

根据 $u = f(c)$ 的关系，$du/dc = f'(c)$，式（7-28）可写为

$$u_u = cf'(c) - f(c) \tag{7-29}$$

因为这一层浓度 c 是常数，故 $f'(c)$、$f(c)$ 及 u_u 均为常数。

设沉降试验中矿浆的初始浓度和高度分别为 c_0、H_0，若 F 为量筒的横断面面积，则矿浆中固体的总质量为 c_0H_0F。沉降过程中如果有速度限制层存在，开始时首先在底部形成，然后逐步向上推移，达到界面所需时间为 t，该层的浓度假设为 c，则从该层通过的固体量为 $cFt(u+u_u)$，该量应等于全部的固体量，即

$$cFt(u+u_u) = c_0H_0F \tag{7-30}$$

如果在 t 时的界面高度为 H，u_u 又是常数，则有

$$u_u = \frac{H}{t} \tag{7-31}$$

将式（7-31）代入式（7-30），化简后得

$$c = \frac{c_0H_0}{H+ut} \tag{7-32}$$

将实验结果绘制成沉降曲线，通过曲线上 C 点作切线与纵坐标相交于 H_i，见图 7-20，该点切线的斜率即为固体对筒壁的沉降速度 u，则

$$u = \frac{H_i - H}{t} \tag{7-33}$$

或

$$H_i = H + ut \tag{7-34}$$

将式（7-32）中的 $H+ut$ 以 H_i 代入得

$$cH_i = c_0H_0 \tag{7-35}$$

或

$$c = c_0H_0/H_i \tag{7-36}$$

式（7-35）或式（7-36）即为凯奇第三定理的表达式。该式可推广到任意选择的时间，对沉降曲线作出相应的切线，得到该切线的斜率和截距，利用已知的初始浓度和高度计算

出相应的浓度，其斜率即为沉降速度。并可继而绘出沉降速度与浓度关系曲线，见图7-21，用以求出浓缩机在不同浓度下的单位浓缩面积f：

$$f=\frac{c_D-c}{c_D cu} \tag{7-37}$$

式中 c_D——浓缩产品浓度，即底流浓度。

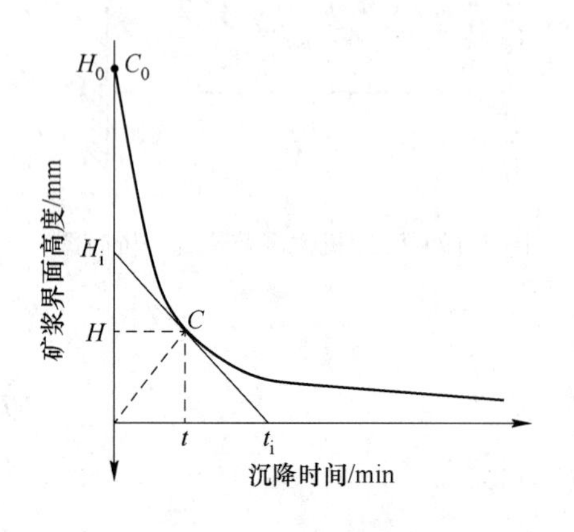

图7-20 凯奇第三定理关系图

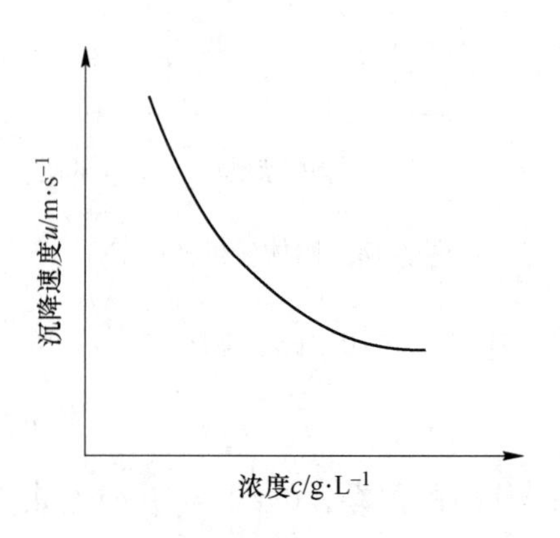

图7-21 沉降速度与浓度关系曲线

实际计算中常用液固比表示浓度，还要考虑波动系数k($k=0.7\sim0.8$)。设浓缩机入料（浓度）液固比为R_0、底流液固比为R_2，则单位浓缩面积可表示为

$$f=\frac{R_0-R_2}{uk} \tag{7-38}$$

利用u-c曲线，在不同矿浆浓度c时求出不同的f值，选浓缩机面积时应选用最大的f值。

7.3.5 浓缩机的计算

浓缩机的计算包括深度计算和面积计算。

7.3.5.1 浓缩机深度计算

浓缩机的深度应该是前面所述5个区高度的总和，但过渡区一般不单独考虑。底流排出矿浆浓度的大小与矿浆在池内停留时间有关，停留时间越长，所得底流浓度越高。而停留时间又与浓缩机的深度有关。浓缩机深度可由下式计算：

$$H=H_1+H_2+H_3+H_4 \tag{7-39}$$

式中 H——浓缩机深度，m；

H_1——澄清区高度，m；

H_2——自由沉降区高度，m；

H_3——压缩区高度，m；

H_4——浓缩区（亦称刮板运动区）高度，m。

澄清区的高度，为了保证得到澄清的溢流水，常保持在0.5～0.8 m。自由沉降区的高度可由实验确定，一般在0.3～0.6 m。压缩区高度可由试验和计算确定。首先，在实验室中测定煤浆浓缩至规定浓度所需的时间t。矿浆在浓缩机中所停留的时间，应当与浓

缩所需时间相等，即与通过压缩区高度所需时间相等。当从底流口排出 1 t 干煤泥时，排出的浓缩物体积应为

$$V = \frac{1}{\delta} + R = \frac{1 + \delta R}{\delta} \tag{7-40}$$

式中　R——矿浆在压缩区中的平均液固比；

　　δ——煤的密度，t/m³。

$$H_3 = \frac{Vt}{f} = \frac{(1 + \delta R)t}{\delta f} \tag{7-41}$$

式中　t——试验测定的浓缩至规定浓度所需时间，h；

　　f——沉淀 1 t 煤泥所需浓缩机面积，$m^2/(t \cdot h)$，f 值见表 7-3。

表 7-3　煤泥沉淀所需沉淀面积

入料煤泥中的液固比/$m^3 \cdot t^{-1}$	沉淀 1 t 煤泥所需的浓缩机面积/$m^2 \cdot (t \cdot h)^{-1}$											
	当沉淀的煤泥粒度 >0.05 mm 时浓缩物的液固比/$m^3 \cdot t^{-1}$						当沉淀的煤泥粒度 >0.1 mm 时浓缩物的液固比/$m^3 \cdot t^{-1}$					
	8	6	5	4	3	2	8	6	5	4	3	2
25	17.5	19.6	20.6	21.6	22.7	23.7	4.4	4.9	5.2	5.4	5.7	5.9
20	12.6	14.7	15.8	16.8	17.9	19.0	3.2	3.7	4.0	4.2	4.5	4.8
15	10.0	11.1	12.2	13.3	14.4	15.6	1.95	2.5	2.8	3.1	3.35	3.6
12	4.7	7.0	8.1	9.35	10.5	11.7	1.2	1.75	2.06	2.3	2.6	2.9
10	2.5	4.95	6.2	7.4	8.65	9.9	0.6	1.2	1.5	1.85	2.15	2.5
9	1.3	3.85	6.15	6.4	7.7	9.0	0.3	1.0	1.3	1.6	1.95	2.25
8		2.7	4.0	5.4	6.7	8.05		0.7	1.0	1.35	1.7	2.0
7		1.45	2.85	4.8	5.7	7.15		0.35	0.7	1.1	1.45	1.8
6			1.6	3.15	4.7	6.6			0.4	0.8	1.2	1.6
5				1.8	3.7	5.5				0.45	0.9	1.4
4					2.45	4.9					0.6	1.2

压缩区高度可由下式求得：

$$H_4 = \frac{D}{2}\tan\alpha \tag{7-42}$$

式中　D——浓缩机直径，m；

　　α——浓缩机底部倾角，(°)。

浓缩所需时间 t 是指煤浆沉淀到临界点后，从临界点开始到所需要浓度时的时间，可通过试验求得。

选煤厂的浓缩机深度一般不需计算，都已定型。

7.3.5.2　浓缩机面积计算

浓缩机面积常根据处理量确定。浓缩机属于自然沉降设备，可以利用计算沉淀设备面积的公式。其沉降速度可由沉降试验测得。但目前选煤厂设计中，浓缩机所需面积 F 按

下式计算：

$$F = fG \tag{7-43}$$

式中 G——浓缩机入料中的煤泥吨数，t/h。

浓缩机在选煤厂常用于浓缩作业和澄清作业，入料煤泥粒度小于0.5 mm，因此所需面积通常较大。底流浓度可达300～450 g/L，如需要，还可以继续提高，但底流浓度过高容易造成压耙事故。

7.4 常用的浓缩设备

7.4.1 沉淀塔

沉淀塔是一种高度较大、直径较小（通常直径在12 m左右）的倒立圆锥形水塔式浓缩澄清设备，用钢筋混凝土浇制，锥角为60°，塔高可达20 m，如图7-22所示。中心入料，周边溢流，底流通过锥体底部的自重阀门排放。沉淀塔主要用于循环水的浓缩和澄清，由于塔身较高，其溢流水可直接进入跳汰机，而不用定压水箱。该设备由于处理量较小，逐渐被其他浓缩设备取代。

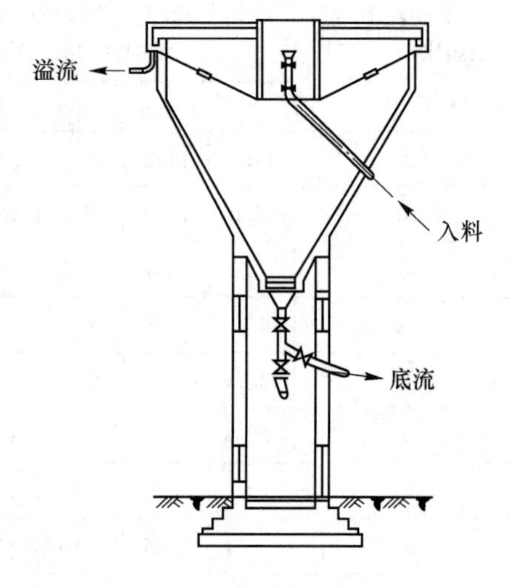

图7-22 沉淀塔

7.4.2 耙式浓缩机

耙式浓缩机通常可分为中心传动式和周边传动式两大类，构造大致相同，都是由池体、耙架、传动装置、给料装置、排料装置、安全信号及耙架提升装置组成。

浓缩机的池体一般用水泥制成，小型号的可用钢板焊制，为了便于运输物料，底部有6°～12°的倾角；与池底距离最近的是耙架，耙架下有刮板；浓缩机的给料一般是先由给料溜槽把矿浆给入池中的中心受料筒，而后再向四周辐射；矿浆中的固体颗粒逐渐浓缩沉降到底部，并由耙架下的刮板刮入池底中心的圆锥形卸料斗中，再用砂泵排出；池体的上部周边设有环形溢流槽，最终的澄清水由环形溢流槽排出；当给料量过多或沉积物浓度过大时，安全装置发出信号，通过人工手动或自动提耙装置将耙架提起，以免烧坏电机或损坏机件。

7.4.2.1 中心传动耙式浓缩机

大型中心传动耙式浓缩机的结构见图7-23。其耙臂由中心桁架支承，桁架和传动装置置于钢结构或钢筋混凝土结构的中心柱上。由电动机带动的蜗轮减速机的输出轴上安有齿轮，它和内齿圈啮合，内齿圈和稳流筒连在一起，通过它带动中心旋转架（如图7-23(b) 中点线示意）绕中心柱旋转，再带动耙架旋转。可以把一对较长的耙架的横断面做成三角形，三角形的斜边两端用铰链和旋转架连接，因为是铰链连接，耙架便可绕三角形斜边转动，当发生淤耙时，耙架受到的阻力增大，通过铰链的作用，可以使耙架向上向后提起。

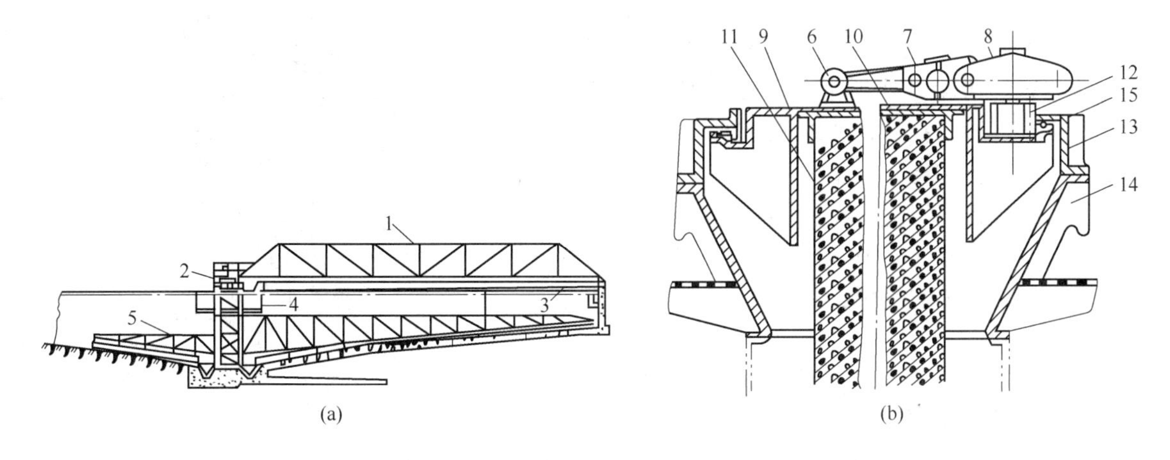

图 7-23 大型中心传动耙式浓缩机结构

(a) 中心柱式中心传动耙式浓缩机；(b) 耙式浓缩机传动机构

1—桁架；2—传动装置；3—溜槽；4—给料井；5—耙架；6—电动机；7—减速器；8—蜗轮减速器；9—底座；10—座盖；11—混凝土支柱；12—齿轮；13—内齿圈；14—稳流筒；15—滚球

7.4.2.2 周边传动耙式浓缩机

周边传动耙式浓缩机的结构如图 7-24 所示。池中心有一个钢筋混凝土支柱，耙架一端借助特殊轴承置于中心支柱上，其另一端与传动小车相连，小车上的辊轮由固定在小车上的电机经减速器、齿轮齿条传动装置驱动，使其在轨道上滚动，带动耙架回转。为了向电机供电，在中心支柱上装有环形接点，沿环滑动的集电接点与耙架相连，将电流引入电机。

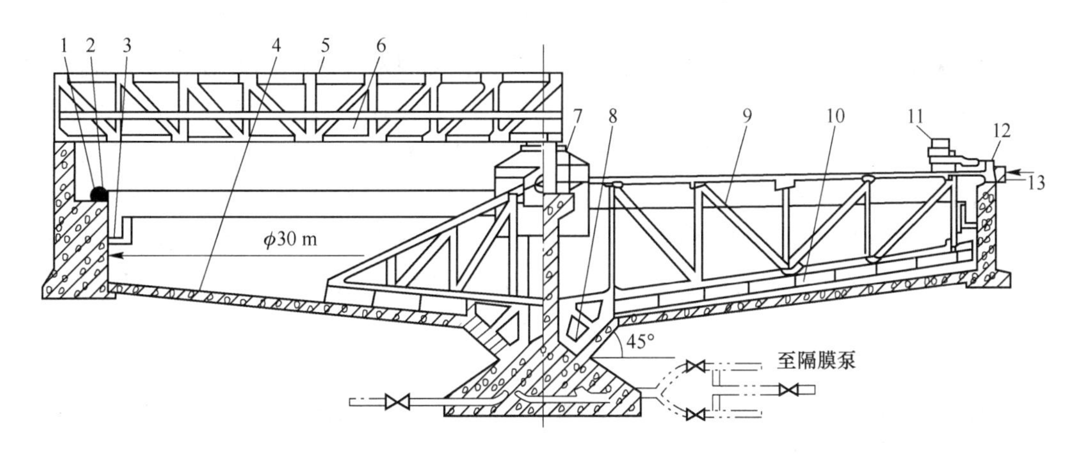

图 7-24 周边传动耙式浓缩机结构

1—齿条；2—轨道；3—溢流槽；4—浓缩池；5—托架；6—给料槽；7—集电装置；8—卸料口；9—耙架；10—刮板；11—传动小车；12—辊轮；13—齿轮

借助辊轮和轨道间的摩擦力而传动的浓缩机，不需设特殊的安全装置，因为当耙架所受阻力过大时，辊轮会自动打滑，耙子就停止前进。但这种周边传动的浓缩机仅适用于较小规格，而且不适用于冻冰的北方。在直径较大的周边传动浓缩机上，与轨道并列安装有固定齿条，传动装置的齿轮减速器上有一小齿轮与齿条啮合，带动小车运转。在这种浓缩机上要设过负荷继电器来保护电动机和耙架。

我国生产的周边传动浓缩机的直径有 15 m、18 m、24 m、30 m、38 m、45 m 和 53 m，并已生产出 100 m 的浓缩机，但国外的最大直径已达 198 m。

7.4.3 深锥浓缩机

深锥浓缩机的结构特点是其池深尺寸大于池的直径尺寸，如图 7-25 所示。整机呈立式桶锥形。深锥浓缩机工作时，一般要加絮凝剂。

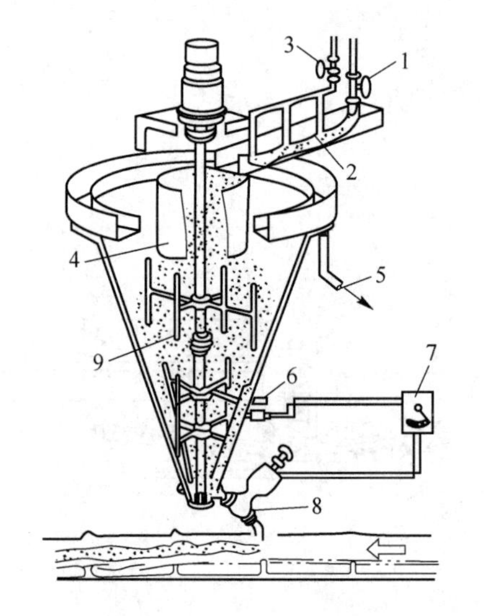

图 7-25 深锥浓缩机

1—入料调节器；2—给料槽；3—药剂调节阀；4—稳流管；5—溢流管；6—测压单元；7—排料调节器；8—排料阀；9—搅拌器

煤泥水和絮凝剂的混合是深锥浓缩机工作的关键。为了使絮凝剂与矿浆均匀混合，理想的加药方式是连续的多点加药。

深锥浓缩机不加絮凝剂也可用于浓缩浮选尾煤，其浓缩结果见表 7-4。

表 7-4 深锥浓缩机不加絮凝剂处理浮选尾煤的效果

单位面积处理量 /$m^3\cdot(m^2\cdot h)^{-1}$	溢流水中固体含量 /$g\cdot L^{-1}$	单位面积处理量 /$m^3\cdot(m^2\cdot h)^{-1}$	溢流水中固体含量 /$g\cdot L^{-1}$
0.2 ~ 0.25	—	0.6	3 ~ 4
0.4	0.3 ~ 0.5	0.8 ~ 1	15 ~ 18

由表 7-4 可见，当单位面积处理量高时，深锥浓缩机溢流中固体含量大，不宜作循环水使用。所以当处理量超过 0.5 $m^3/(m^2\cdot h)$ 时，必须添加絮凝剂。不加絮凝剂，浓缩产品的浓度较低。实践表明，当添加絮凝剂时，即使处理量为 2.5 ~ 3.5 $m^3/(m^2\cdot h)$，底流固体含量也在 200 ~ 800 g/L 的范围内变化。

我国生产的用于浓缩浮选尾煤的深锥浓缩机，其直径为 5 m，在尾煤入料浓度为 30 g/L、入料量为 50 ~ 70 m^3/h、絮凝剂添加量为 3 ~ 5 g/m^3 的条件下，底流浓度可达 55%。

7.4.4 高效浓缩机

传统的选煤厂煤泥水的浓缩与澄清大都使用普通耙式浓缩机。由于普通耙式浓缩机在连续作业过程中固体颗粒的沉降与清水上升运动方向相反，细泥颗粒容易被上升水流带入溢流，细泥颗粒必然在生产工艺系统中不断循环积聚，使洗水浓度增高。因此，普通耙式浓缩机存在着浓缩效率低、底流固体回收率低、澄清水质量差、处理能力小等问题。

高效浓缩机是新型浓缩设备，其结构与耙式浓缩机相似，主要特点是：（1）在待浓缩的物料中添加一定量的絮凝剂，使矿浆中的固体颗粒形成絮团或凝聚体，加快其沉降速度，提高浓缩效率。（2）给料筒向下延伸，将絮凝料浆送至浓缩区及澄清区界面下；由于直接给入浓缩机的下部或底部，经过稳流装置或折流板强制以辐射状向水平方向扩散，流速变缓，进入预先形成的高浓度絮团层，入料经絮团层过滤，清水通过絮团层从上部溢流堰排出。这种浓缩机只存在澄清区和浓缩区，而无沉降区，缩短了煤泥沉降的距离，有助于煤泥颗粒的沉降，由于增加了煤泥进入溢流的阻力，使得大部分煤泥进入池底，提高了沉降效果（故称其为高效浓缩机）；图 7-26 为两者分区情况比较图。（3）设有自动控制系统，控制药剂用量、底流浓度等。（4）必要时可添加倾斜板，增大沉淀面积，提升处理能力。同时避免入料对澄清层的干扰，提高细粒物料的沉淀效果。

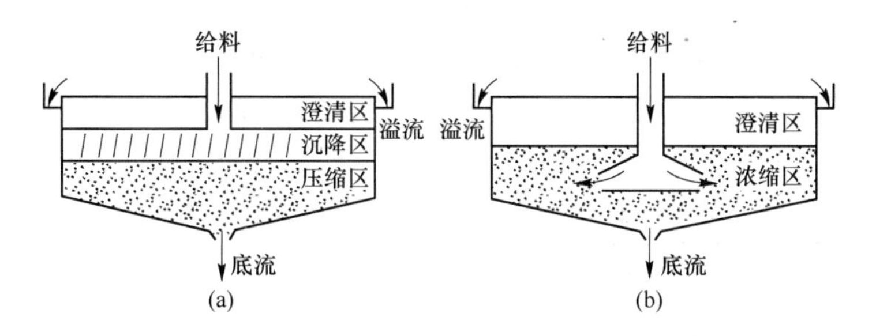

图 7-26 普通浓缩机和高效浓缩机内料浆沉降过程分区情况比较

（a）普通浓缩机；（b）高效浓缩机

有资料报道，高效浓缩机的单位面积处理能力为常规耙式浓缩机的 4～9 倍。单位面积造价虽然较高，但按单位面积处理能力的投资来算，比常规浓缩机约低 30%。

高效浓缩机的种类很多，主要区别在于给料-混凝装置和自控方式。下面简要介绍几种较有特点的高效浓缩机。

7.4.4.1 艾姆科型高效浓缩机

艾姆科型高效浓缩机的结构如图 7-27 所示。这种高效浓缩机的给料筒 4 内设有搅拌器，搅拌器由专门的调速电动机系统带动旋转，搅拌叶分为三段，叶径逐渐减小，使搅拌

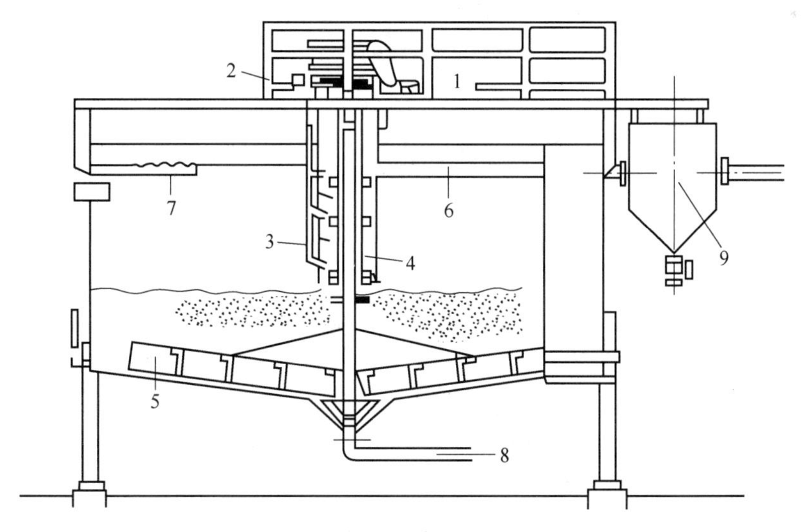

图 7-27 艾姆科型高效浓缩机结构

1—耙架传动装置；2—混合器传动装置；3—絮凝剂给料管；4—给料筒；5—耙臂；6—给料管；7—溢流槽；8—排料管；9—排气系统

强度逐渐降低。料浆先给入排气系统 9，排出空气后经给料管 6 进入给料筒，絮凝剂则由给料管 3 分段给入筒内和料浆混合，混凝后的料浆由下部呈放射状的给料筒直接进入浓缩-沉积层上、中部，料浆絮团迅速沉降，液体则在浆体自重的液压力作用下向上经浓缩-沉积层过滤出来，形成澄清的溢流排出。

7.4.4.2 GXN 系列高效浓缩机

GXN 系列高效浓缩机采用中心传动、自动提耙，具有浓缩效果好、占地面积小、处理能力大、使用效果好等特点。入料从消泡器进入混合管，到中心筒下部，沿水平方向辐射扩散，不会影响沉淀层。与普通浓缩机相比，处理能力可提高 3 倍。由于自动提耙灵活、方便，消除了压耙事故，机械运转平稳可靠。溢流浓度低于 3 g/L，底流浓度可达 500 g/L。根据需要可加倾斜板，增加过滤面积。表 7-5 所列为 GXN 系列高效浓缩机的主要技术参数。

表 7-5　GXN 系列中心传动高效浓缩机技术参数

<table>
<tr><th rowspan="2">型 号</th><th rowspan="2">干煤处理量 /t·h⁻¹</th><th colspan="3">电 动 机</th><th rowspan="2">提耙高度 /m</th><th colspan="4">池体主要尺寸</th></tr>
<tr><th>型号</th><th>功率 /kW</th><th>转速 /r·min⁻¹</th><th>内径 /m</th><th>池内斜度 /(°)</th><th>沉淀面积 /m²</th><th>耙子转速 /r·min⁻¹</th></tr>
<tr><td>GXN-6</td><td>4 ~ 7.5</td><td rowspan="2">Y100L1-4</td><td rowspan="2">2.5</td><td rowspan="6">1500</td><td rowspan="3">0.3</td><td>6</td><td rowspan="5">10</td><td>28.3</td><td>0.3</td></tr>
<tr><td>GXN-9</td><td>8 ~ 16</td><td>9</td><td>63.6</td><td>0.25</td></tr>
<tr><td>GXN-12</td><td>15 ~ 25</td><td rowspan="2">Y132S-4</td><td rowspan="2">5.5</td><td>12</td><td>113</td><td>0.2</td></tr>
<tr><td>GXN-15</td><td>20 ~ 30</td><td rowspan="3">0.4</td><td>15</td><td>176</td><td>0.13</td></tr>
<tr><td>GXN-18</td><td>25 ~ 40</td><td rowspan="2">Y132M-4</td><td rowspan="2">7.5</td><td>18</td><td>255</td><td>0.1</td></tr>
<tr><td>GXN-20</td><td>40 ~ 60</td><td>20</td><td>13</td><td>314</td><td>0.09</td></tr>
</table>

GXN-18 高效浓缩机用于浮选尾煤水的浓缩、澄清，其结构简图见图 7-28。工作原

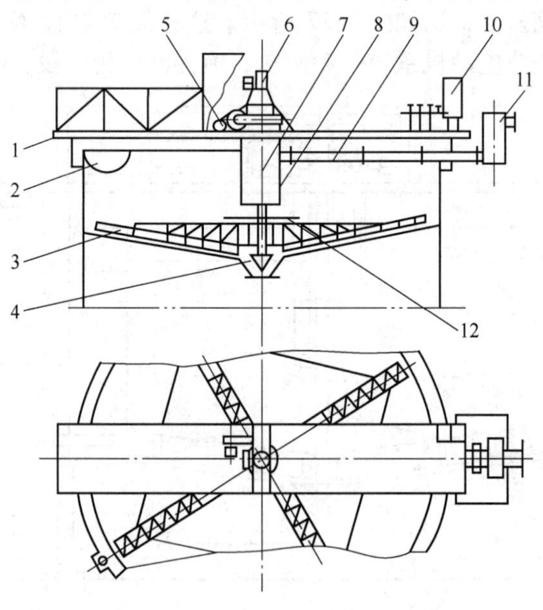

图 7-28　GXN 高效浓缩机结构简图

1—桥架；2—溢流堰；3—耙子；4—漏斗；5—传动装置；6—提耙机构；7—主轴组件；8—中心给料筒；9—静态混合器；10—给药箱；11—消泡器；12—折射板

理：煤泥水经消泡器 11 除气后进入静态混合器 9，与絮凝剂充分混合均匀形成絮凝状态，由中心给料筒 8 减速给入浓缩池的下部，经折射板 12 沿水平流缓缓向四周扩散，絮凝后的煤泥在水中形成大而密实的絮团，快速、短距离沉降并形成连续而又稳定致密的絮团过滤层，未絮凝的颗粒在随水流上升的过程中受到絮团过滤层的阻滞作用，最终随絮团层的沉降进入浓缩机下部的压缩区，因而形成高效浓缩机的澄清区和压缩区，达到煤泥水絮凝浓缩与澄清的目的。

7.4.4.3 XGN 系列高效浓缩机

XGN 系列高效浓缩机采用中心传动或周边传动并装有倾斜板（管），直径有 9 m、12 m、15 m、18 m、20 m、24 m、30 m 等多种规格，技术参数见表 7-6。表 7-6 中 XGN-15Z 型和 XGN-18Z 型高效浓缩机是由 15 m、18 m 两种周边传动的普通浓缩机改造而成的。

表 7-6 XGN 系列高效浓缩机技术参数

型号			XGN-12	XGN-20	XGN-15Z	XGN-18Z
浓缩池直径/m			12	20	15	18
浓缩池深度/m			3.6	4.4	4.4	4.4
浓缩池沉淀面积/m^2			113	314	176	254
倾斜板沉淀面积/m^2			244	1400	800	1200
传动部	电动机	型号	YCT180-A4	YCT200-A4	YCT180-A4	YCT200-A4
		功率/kW	4	5.5	4	5.5
		转速/$r \cdot min^{-1}$	125 ~ 1250			
	减速器	型号	XWE4-95	XWE5.5-106	XWE4-95	XWE5.5-106
		转矩/N·m	9000	12000	9000	12000
		减速比	2065			
提升搅拌部	电动机	型号	YCT160-A4			
		功率/kW	2.2			
		转速/$r \cdot min^{-1}$	125 ~ 1250			
倾斜板	垂直高度/m		1.15	1.2	1.15	1.3
	水平距离/m		0.12 ~ 0.15			
	倾斜角/(°)		60 ~ 65			
	分面		24 等分			
	材料		玻璃钢、工程塑料			
耙架每转时间/$min \cdot r^{-1}$			5 ~ 20			
最大提耙高度/m			0.4	0.5	0.4	0.5
处理能力（干煤泥）/$t \cdot h^{-1}$			30 ~ 45	45 ~ 65	30 ~ 45	40 ~ 60
总功率/kW			8.4	9.4	8.4	9.4
总质量/t			20	30	25	27

XGN-20 型高效浓缩机结构见图 7-29。其工作原理为：经预处理的煤泥水给入特制的

搅拌絮凝给料井，形成最佳絮凝条件，使煤泥水到达给料井下部排料口时呈最佳絮凝状态，初步呈现出固液分离，絮团从给料井下部排料口排入距溢流液面2.5 m深处，同时借助于水平折流板平稳地向四周分散，使大部分絮团很快沉降于池底保持稳定的压缩区。当部分絮团随上升水流浮起时，由于所处位置是在絮团过滤层之下，上浮的絮团会受到絮团过滤层的过滤作用而被截留在过滤层。处于干扰沉降区上层的极细颗粒随倾斜板间的层流落在倾斜板上，形成新的絮团层并沿倾斜板向下滑落，进行第二次干扰沉降。

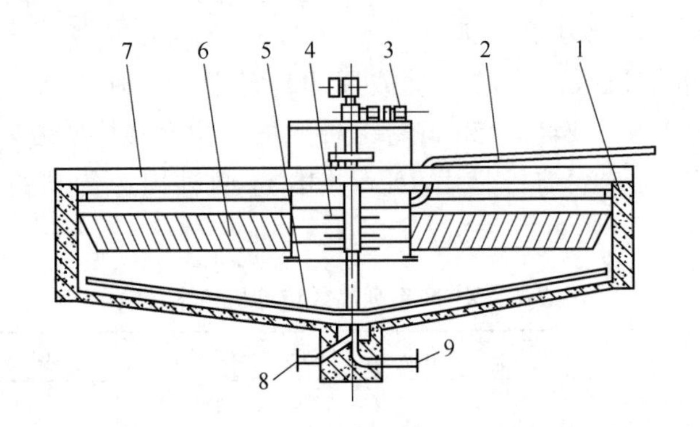

图7-29 XGN-20型高效浓缩机结构

1—浓缩池；2—给料管；3—主传动系统；4—搅拌絮凝给料井；5—耙架；
6—倾斜板；7—钢梁；8—底流排放管；9—密封高压水胶管

总之，高效浓缩机在处理微细颗粒物料方面明显优于普通浓缩机，特别适用于矿泥含量高的尾矿如浮选尾煤泥的浓缩澄清，但在选择时应注意以下几种情况：一是当絮凝剂对某种矿浆无明显的经济效益或是使用絮凝剂在经济上不合算时不宜采用；二是可压缩性很差的矿浆也不宜采用；三是起缓冲作用或遇意外情况存放煤泥水时也不宜使用。对于这三种情况，还是采用普通浓缩机为宜。此外，应注意絮凝剂用量过大会增加沉积物的黏度而降低其流动性，可能在池底形成堆积泥或埋堵耙子。

7.5 分级浓缩效果评定

煤泥水分级浓缩作业是选煤厂生产工艺过程的中间作业，其工作效果的好坏将影响其他作业。由于分级、浓缩、澄清作业的工作原理基本相同，因此其工作效果评定的内容也基本相同。但由于它们的工艺要求不同，故对其评定的侧重也有所不同，对于分级作业应着重考查粒度的变化，而浓缩作业应着重分析浓度的变化。

7.5.1 定性分析

通过产品外观可以粗略进行评价。现场有经验的操作人员和深入现场的工程技术人员都有这方面的经验和能力，通过观察和手感判断分级设备溢流中是否有过粗粒、浓度是否符合要求、产物的大概灰分等。还可以通过小筛分资料进行分析。

（1）浓度。对分级、浓缩作业各产品都有一定的浓度要求，通过溢流、底流的浓度进行观察。对浓缩作业，底流浓度高、溢流浓度低，表示浓缩作业澄清效果好。但底流的具体浓度，需看实际生产的需要。浓缩机溢流作循环水，浓度越低越好，特别是尾煤浓缩更应如此。溢流浓度增高，由于高灰细泥悬浮在溢流水中，返回到分选作业，容易对水洗精煤和粗煤泥造成污染。

（2）粒度。通过手感判断，也可从入料、溢流、底流三产品的小筛分资料分析产品的数量质量情况，初步估计作业的工作效果。斗子捞坑是回收合格的大于0.5 mm的粗煤泥和细精煤的设备，斗子捞取物中大于0.5 mm的量越多，说明已分选的合格物料回收越多，效果越好；小于0.5 mm级物料在捞取物中的量则越少越好，否则脱泥筛中不易脱净，影响精煤质量。

7.5.2 评价指标

分级、浓缩作业，在实际工作过程中都不可避免地要产生一定的混杂，混杂程度越轻，说明工作效果越好。必须有具体指标进行评价。

7.5.2.1 分级效率

分级效率常用η_f表示。分级效率和筛分效率类似，不同的是筛分用筛孔控制粒度，而分级通过调整煤泥水在容器中的停留时间控制粒度。分级效率和筛分效率相同，要同时考虑产物中合格粒度的含量和非合格粒度的含量。底流可看作筛上物，溢流看作筛下物，因此分级效率可用下式计算：

$$\eta_f = \frac{100(\beta - \alpha)(\alpha - \theta)}{\alpha(100 - \alpha)(\beta - \theta)} \times 100\% \tag{7-44}$$

式中 α，β，θ——入料、溢流、底流中小于规定粒度的含量，%。

规定粒度一般由分级作业的工艺要求决定。分级设备的溢流，无论是浓缩浮选流程或直接浮选流程，最终都是浮选作业的入料，浮选入料的上限一般为0.5 mm，因此规定粒度可结合分选作业下限一起考虑确定，常取0.5 mm。

分级效率也可按下式计算：

$$\eta_f = \frac{\gamma_y(\beta - \alpha)}{\alpha(100 - \alpha)} \times 100\% \tag{7-45}$$

式中 γ_y——溢流产物的固体产率，%。

式（7-45）中其他符号意义同式（7-44）。使用式（7-45）时，γ_y必须用粒度平衡法求得。

7.5.2.2 浓缩效率

浓缩作业要求将煤泥水中的煤泥尽可能多地沉降下来，溢流水中只应含有一些来不及下沉的颗粒，因此底流中的固体回收率应该越高越好。因为不是按粒度进行分级，不能按粒度进行计算，需要按浓度进行计算。浓缩效率可用下式计算：

$$\eta_n = \frac{(C_g - C_y)(C_g - C_d)}{C_g(100 - C_g)(C_y - C_d)} \times 100\% \tag{7-46}$$

式中 C_g，C_y，C_d——给料、溢流、底流中固体质量分数，%；

η_n——浓缩效率，%。

浓缩效率也可用下式计算：

$$\eta_n = \frac{V_d(C_d - C_g)}{C_g(100 - C_g)} \times 100\% \qquad (7\text{-}47)$$

式中 V_d——底流矿浆质量产率,%。

式（7-47）中其他符号意义同式（7-46）。按要求，底流矿浆质量产率应该用浓度平衡法求得。

7.5.2.3 辅助指标

（1）通过粒度。通过粒度是指分级设备溢流中，固体物通过量为95%的标准筛筛孔直径。通过粒度越接近规定粒度越好，但不应大于规定粒度。

为了确定通过粒度，可对溢流产物做小筛分试验，作出粒度曲线，从曲线上查得。

（2）底流固体回收率。底流固体回收率即底流固体产率。底流固体产率可用下式计算:

$$\varepsilon_d = \frac{C_d(C_g - C_y)}{C_g(C_d - C_y)} \times 100\% \qquad (7\text{-}48)$$

式中 ε_d——底流回收率,%。

式（7-48）中其他符号意义同式（7-46）。

思 考 题

7-1 分级、浓缩、澄清作业有何异同？如何进行控制？

7-2 绘图说明分级设备的工作原理，并叙述影响分级设备工作效果的因素。

7-3 选煤厂用于分级的设备有哪些？简述其各自特点。

7-4 简述倾斜板分级设备的工作原理，并说明如何对其进行设计。

7-5 一台0.9 m×0.9 m的倾斜分级浓缩箱，安装60块倾斜板，尺寸为$BL=0.9\ \text{m}\times0.48\ \text{m}$，倾角为50°，试计算总有效分级面积和面积增大倍数。（cos50°=0.643）

7-6 分析水力旋流器的工作原理及工作效果的影响因素。

7-7 何为沉降曲线、区域沉降、固体通量和速度限制层？

7-8 何为科-克莱文杰浓缩模型？说明如何用C-C法设计浓缩机？

7-9 何为凯奇第三定理？如何利用该定理计算浓缩机的面积？

7-10 某选煤厂新建浓缩机，实验测得几种不同浓度矿浆的沉降试验结果如下：给矿液固比R_0(m^3/t)为5，4，3，2；沉降速度u(m/d)为15，8，6，5。
当要求浓缩产品的液固比$R_2=1$、固体生产率为200 t/d、面积校正系数$K=0.7$时，试计算各次的单位浓缩面积f和所需浓缩机的面积。

7-11 选煤厂常用的浓缩设备有哪些？简述高效浓缩机的特点。

7-12 说明分级效率及浓缩效率的物理意义。如何评价分级浓缩的效果？

8 过 滤 原 理

【本章提要】过滤是微细粒物料固液分离最常用的方式。本章主要介绍了滤饼过滤的基本原理、不可压缩滤饼和可压缩滤饼过滤基本方程，简述了影响过滤的基本因素。

8.1 概 述

过滤是将悬浮在液体或气体中的固体颗粒分离出来的一种工艺。其基本原理是：在压强差作用下，悬浮液中的流体（气体或液体）透过可渗性介质（过滤介质），固体颗粒被介质所截留，从而实现流体和固体的分离。本章仅涉及固液分离领域中的过滤过程。

实现过滤必须具备两个条件：

（1）具有实现分离过程所必需的设备（包括过滤介质）。

（2）在过滤介质两侧要保持一定的压力差（推动力）。

按照推动力的类型（重力、真空负压力、正压力、惯性离心力），常用的过滤方法可分为重力过滤、真空过滤、加压过滤和离心过滤。重力过滤的压强差由料浆液柱高度形成，真空过滤的推动力为真空源，加压过滤的压强由压缩机或压力泵提供。在工业生产中，可根据不同的滤料性质及对工艺指标的不同要求采用不同的过滤方法。成饼速度与过滤机的选择可参考表 8-1。

表 8-1 成饼速度与可用压滤机

类别	成饼速度	可选用的过滤机
快速	0.1～10 cm/s	重力盘，脱水筛，上部进料圆筒真空过滤机，水平带式真空过滤机，连续给料过滤离心机，推进式过滤离心机
中速	0.1～10 cm/min	圆筒真空过滤机，圆盘真空过滤机，水平带式真空过滤机，水平圆盘真空过滤机
慢速	0.1～10 cm/h	压滤机，圆盘和管式过滤机，沉降或离心式过滤机
澄清	形不成滤饼	预涂层圆筒真空过滤机，滤芯过滤器，筛网过滤器

从本质上看，过滤是多相流体通过多孔介质的流动过程，它有两个显著的特点：

（1）流体通过多孔介质的流动属于极慢流动，即渗流运动。影响流体运动的因素有两个，一是宏观的流体力学因素，如滤饼结构、压差、滤液黏度、过滤介质特性等；二是微观的物化因素，如电化学现象、毛细现象、絮凝作用等。粒径越小的固体颗粒，其微观物化因素的影响越大，当粒径在 10～20 μm 时，其影响尤为突出。

（2）悬浮液中的固体颗粒连续不断地沉积在介质内部孔隙中或介质表面上，因此在过滤过程中，过滤阻力是不断增加的。

在实际操作中，过滤主要分为两大类：滤饼过滤和深层过滤。

滤饼过滤主要应用表面过滤机。滤浆流向过滤介质时，大于或相近于过滤介质孔隙的固体颗粒先以架桥方式在介质表面形成初始层，其孔隙通道比过滤介质孔隙更小，能截留住更小的颗粒，因此其后沉积的固体颗粒便逐渐在初始层上形成一定厚度的滤饼，如图 8-1(a)所示。在大多数情况下，滤饼厚度为 4～20 mm，个别情况下为 1～2 mm 或 40～50 mm。滤饼的过滤阻力远大于过滤介质的过滤阻力，因而滤饼对过滤速率起决定性的作用。

深层过滤时，如图 8-1(b)所示固体颗粒被截留于介质内部的孔隙中。其过滤介质一般采用 0.4～2.5 mm 的砂粒或其他多孔介质，悬浮液多自上而下流动，但有时自下而上的流动方式过滤效果更好。深层过滤的过滤速度一般为 5～15 m/h，其过滤阻力实质上为介质阻力。

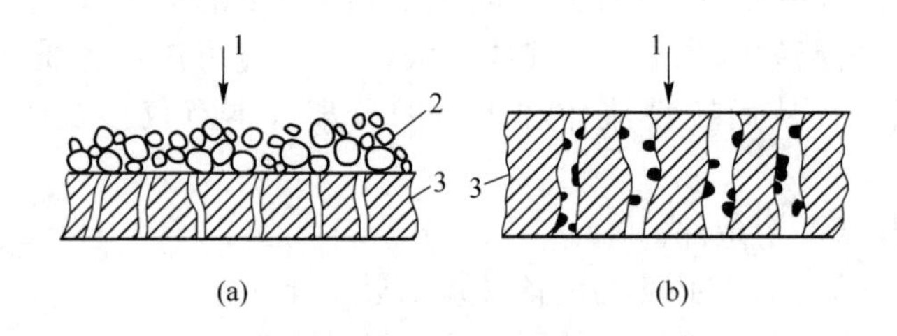

图 8-1　两种不同的过滤方式

(a) 滤饼过滤；(b) 深层过滤

1—悬浮液；2—滤饼；3—过滤介质

在工业生产中，滤饼过滤通常用于处理浓度较高的悬浮液，其体积浓度常高于 1%；因为浓度过低的悬浮液易使过滤介质堵塞而大大增加过滤阻力。深层过滤通常用于从很稀的悬浮液（例如体积浓度低于 0.1%）中分离出微细固体颗粒，常用于液体净化。如果在悬浮液中添加絮凝剂或多孔粒状助滤剂，一些低浓度的悬浮液也可采用滤饼过滤。显然，即便在最佳条件下，总会有一些颗粒滞留在过滤介质中形成堵塞，因此过滤过程中的介质清洗是一个不容忽视的环节。

在效率相近的情况下，深层过滤器的起始压强降一般比表面过滤机高，且随着所收集的颗粒增多，其压强降（Δp）会逐渐增高，当 Δp 增至最大允许值时，必须停止过滤，以清洗过滤介质。

相较于其他固液分离手段，过滤比离心分离和热力干燥更为经济，但固相产品水分偏高；重力沉降和离心沉降浓缩较过滤简便易行，但分离效率很低。

近几十年来，过滤方法的应用范围迅速扩展，广泛地应用于化工、石油炼制、冶金工业、轻工、食品、纺织、医药、国防工业、环境保护等领域。例如，化工生产中重碱的脱水，合成氨生产过程中催化剂的脱水；轻工、食品工业中砂糖、酒精等产品及冶金矿业中选矿产品的脱水。随着环境保护的地位日益提高，三废治理也向过滤工艺提出了越来越高的要求，在这些过滤操作中，或获得了所需要的产品，或大幅度提高了某些产品质量。如采用硅藻土过滤，可得到清亮的啤酒，其浊度低于 0.6 EBC，微生物含量也相当低（一般 100 mL 中低于 5 个酵母细胞）。

8.2　流量速率与压力降的关系

工业上常见的过滤形式是滤饼过滤，所形成的滤饼可分为不可压缩滤饼和可压缩滤饼。过滤时，流过滤饼的液体，通过表面的动量传递，会给固体颗粒一个曳应力，此力通过点接触的颗粒向前传递，沿流动方向逐渐积累。若滤饼结构在此累积的曳应力的作用下，颗粒不相互错动，滤饼的孔隙度不产生变化，则称这种滤饼为不可压缩滤饼；否则为可压缩滤饼。在不可压缩滤饼中，由于固体颗粒在床层中是静止的，床层的孔隙率均匀不变，因而通过滤饼任一横截面的滤液平均线速度也是常量。通常选煤（矿）厂产品过滤所形成的滤饼可视为不可压缩滤饼。实际上，这种理想的滤饼并不存在，工业上的滤饼或多或少都有一定的可压缩性。

滤饼过滤过程中，滤液流量与压力降之间的关系可从以下两个方面描述。

8.2.1　清洁的过滤介质

在开始进行间歇式滤饼过滤时，因为在介质表面尚未形成滤饼，所以过滤介质本身受到全部的压力降（推动力）。由于过滤介质中的孔隙通常很小，滤液的流速也很低，所以几乎总是处于层流条件下。

把黏度μ、滤液的流速Q、通过滤饼层厚度L、滤饼层表面积A与推动力Δp等关联起来的达西（Darcy）过滤基本方程为

$$Q = K\frac{A\Delta p}{\mu L} \tag{8-1}$$

式中　K——与滤饼层渗透性有关的常数。

式（8-1）通常写成下列形式：

$$Q = \frac{A\Delta p}{\mu R} \tag{8-2}$$

式中　R——过滤介质阻力，$R = L/K$，即过滤介质厚度除以滤饼层渗透性系数。

如果被过滤的液体是一种澄清液，则式（8-1）和式（8-2）中各项参数均为常数，结果是压力降不变时，使滤液流量不变，滤液累积体积将随时间的延长呈线性增加，如图8-2所示。

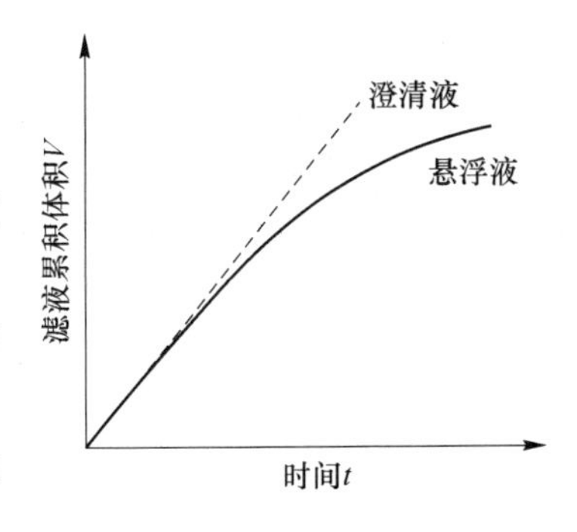

图8-2　滤液累积体积与时间的关系

然而在间歇过滤中，凡是对含有颗粒的悬浮液进行过滤时，均在过滤介质表面开始建立滤饼层，因此滤饼本身所占的压力降的比例也逐渐加大。其结果是促使滤层的阻力显著增加，导致过滤速率Q逐渐下降。表示滤液累积体积的速度将随时间的延长而逐渐缓慢，见图8-2。

8.2.2　表面形成滤饼的过滤介质

根据8.2.1节所述，在推动力保持恒定时，液流的流量是时间的函数，因为滤液先后受到两个阻力，一个是过滤介质的阻力R，可假定是一个常数；另一个是滤饼的阻力R_c，

R_c 随时间的延长而增大。于是式（8-2）可写为

$$Q = \frac{A\Delta p}{\mu(R + R_c)} \tag{8-3}$$

然而，实际上，当固体颗粒碰撞过滤介质时，因为过滤介质不可避免地会发生被固体颗粒穿透和孔隙被堵塞的现象，所以上述过滤介质阻力假定为一个常数往往是不确切的。

假定滤饼的阻力与沉积的滤饼质量成正比（仅对不可压缩的滤饼而言），则

$$R_c = \alpha w \tag{8-4}$$

式中 w——单位面积上所沉积的滤饼质量，kg/m²；

α——滤饼比阻，m/kg。

将式（8-4）的 R_c 代入式（8-3）得到

$$Q = \frac{A\Delta p}{\alpha\mu w + \mu R} \tag{8-5}$$

式（8-5）表示了过滤速率 Q 与压力降 Δp、沉积滤饼质量 w，以及在某种情况下可认为是常数的其他参数的关系。现对这些参数作扼要讨论。

（1）压力降。根据所使用的泵的特性和所使用的推动力可知，压力降可以是一个常数，也可以随着时间而变化。如果随时间变化，则函数 $\Delta p = f(t)$ 一般是已知的。

（2）过滤介质的表面积。过滤介质的表面积 A 通常是一个常数，然而也有少数的情况例外。例如在使用管状过滤介质或在转鼓过滤机累积滤饼相当厚的那些过滤装置的情况下，过滤介质的表面积 A 是有所变化的。

（3）液体黏度。如果过滤过程中温度保持不变且流体是牛顿流体，则液体黏度 μ 是一个常数。

（4）滤饼比阻。不可压缩滤饼的滤饼比阻 α 应为一个常数，但是由于滤饼在液流作用下变得密实，所以滤饼比阻 α 将随时间而变化；同样，在变速过滤情况下，由于可变的表观速度，滤饼比阻 α 也会随着时间而变化。

然而大多数的滤饼是可压缩的，并且滤饼比阻是随着滤饼两侧压强 Δp_c 的变化而变化的。在此种情况下应以平均滤饼比阻 α_{av} 代替式（8-5）中的 α。如果利用中间过滤试验，或使用压缩—渗透试验中已知函数 $\alpha = f(\Delta p_c)$，则 α_{av} 可按下式计算：

$$\frac{1}{\alpha_{av}} = \frac{1}{\Delta p_c}\int_0^{\Delta p_c} \frac{d(\Delta p_c)}{\alpha} \tag{8-6}$$

在一个限定的压力范围内，有时可以采用下列来自实验的经验公式：

$$\alpha = \alpha_0(\Delta p_c)^n \tag{8-7}$$

式中 α_0——单位压力降下的滤饼比阻；

n——由实验获得的压缩性指数（对于不可压缩物质来说，其指数等于零）。

使用式（8-7），可根据式（8-6）把平均滤饼比阻 α_{av} 表示为

$$\alpha_{av} = (1 - n)\alpha_0(\Delta p_c)^n \tag{8-8}$$

（5）单位面积上沉积滤饼的质量。在间歇过滤过程中，单位面积上沉积滤饼的质量 w 是时间的函数。在时间 t 内，沉积滤饼质量 w 与滤液累积体积 V 之间的关系由下式表示：

$$\omega A = cV \tag{8-9}$$

式中 c——悬浮液中所含固体的浓度，即单位滤液体积中固体的质量，kg/m^3。

这里未考虑被滤饼所截留液体中的量，因为在大多数情况下，这个量值是可以忽略的。

（6）过滤介质阻力。通常过滤介质阻力 R 是不变的，然而由于一些固体颗粒进入过滤介质，会使过滤介质阻力 R 随着时间的变化而变化；并且有时由于过滤介质中纤维的可压缩性，过滤介质阻力 R 也会随所使用压力的变化而变化。

一台安装好的过滤机的总压力降不仅应包括过滤介质中的压力损失，还应包括有关管路，以及进口与出口的压力损失。因此，在实践中，应将这些附加的阻力包括在过滤介质阻力 R 值中。

8.3 不可压缩滤饼的过滤

一般的过滤方程是把式（8-9）中的 $w(t)$ 代入式（8-5）中，变为

$$Q=\frac{A\Delta p}{\alpha\mu c\left(\frac{V}{A}\right)+\mu R} \tag{8-10}$$

因为滤液总的体积是滤液流速的积分函数，即

$$Q=\frac{\mathrm{d}V}{\mathrm{d}t} \tag{8-11}$$

所以，式（8-11）可以重新写成更便于进一步处理的倒数形式（因此给出了单位体积滤液所需时间）：

$$\frac{\mathrm{d}t}{\mathrm{d}V}=\alpha\mu c\frac{V}{A^2\Delta p}+\frac{\mu R}{A\Delta p} \tag{8-12}$$

为在数学上对式（8-12）进行简化，定义 a_1 和 b_1 两个常数：

$$a_1=\alpha\mu c \tag{8-13}$$

$$b_1=\mu R \tag{8-14}$$

如果 α、μ 和 c 是常数，则 a_1 是与进料悬浮液性质和悬浮固体性质有关的一个常数。b_1 是“滤布-滤液”常数。

于是，式（8-12）变为

$$\frac{\mathrm{d}t}{\mathrm{d}V}=a_1\frac{V}{A^2\Delta p}+\frac{b_1}{A\Delta p} \tag{8-15}$$

8.3.1 恒压过滤

如果 Δp 是一个常数，则可对式（8-15）进行积分：

$$\int_0^t\mathrm{d}t=\frac{a_1}{A^2\Delta p}\int_0^V V\mathrm{d}V+\frac{b_1}{A\Delta p}\int_0^V\mathrm{d}V \tag{8-16}$$

得到

$$t=a_1\frac{V^2}{2A^2\Delta p}+b_1\frac{V}{A\Delta p} \tag{8-17}$$

假定所有的常数都是已知的，利用式（8-17），则可以根据其他的变量，由 t 值计算

V 值，或由 V 值计算 t 值。

为了用实验方法确定 α 和 R 值，通常把式（8-17）改写成如下形式：

$$\frac{t}{V} = aV + b \tag{8-18}$$

其中，$a = \frac{a_1}{2A^2\Delta p}$，$b = \frac{b_1}{A\Delta p}$。

如果以 t/V 对 V 作图（见图 8-3），则可得出一条直线，当然式（8-18）和图 8-3 仅适用于过滤操作一开始就一直应用给定压力降的情况。

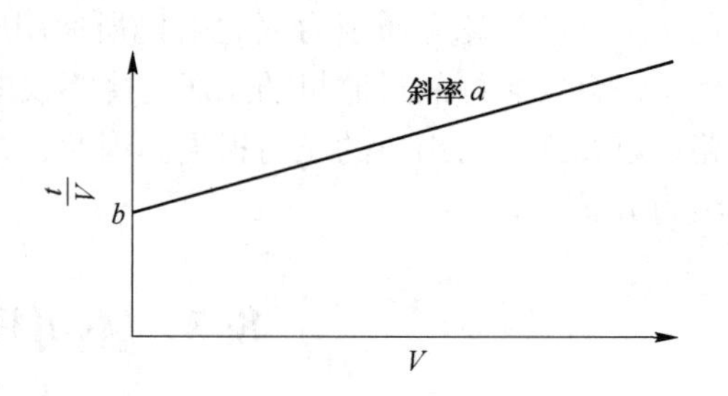

图 8-3　在恒压过滤和不可压缩滤饼条件下的 t/V-V 图

为了防止固体穿透清洁的过滤介质而导致滤液污染，并且保证滤饼沉积均匀，经常在过滤开始时，避免对清洁的过滤介质使用较高的起始流量速率。

此种情况下，在进入恒压阶段之前，必须先进行一个压降从低值逐渐增加的阶段（这个阶段可能是一个接近恒速的阶段）。

从实际恒压过滤阶段起始处的 t_s、V_s 开始对式（8-15）进行积分，得到下列基本方程计算 α 和 R 值：

$$\frac{t - t_s}{V - V_s} = \frac{\alpha\mu c}{2A^2\Delta p}(V + V_s) + \frac{\mu R}{A\Delta p} \tag{8-19}$$

现举例说明计算 α 和 R 的实际方法。

【例题 8-1】 根据中间试验结果，计算滤饼比阻 α 和过滤介质阻力 R。

过滤试验是根据下列条件，在一台板框式压滤机上进行的：

（1）固体颗粒：$\rho_n = 2710\ \text{kg/m}^3$。

（2）液体：水，20 ℃，$\mu = 0.001\ \text{N} \cdot \text{s/m}^2$。

（3）悬浮液：浓度 $c = 10\ \text{kg/m}^3$。

（4）过滤机：板框压滤机，1 块板框，板框尺寸为 430 mm × 430 mm × 35 mm（由于滤板具有各种凹槽，因此滤饼的实际厚度要大于 35 mm）。

当 $V = 0.56\ \text{m}^3$ 时，板框充满滤饼。

选与 3686 s 相应的值 0.3 m^3 作为恒压操作的起始点，即 $V_s = 0.3\ \text{m}^3$，$t_s = 3686$ s。

从过滤试验中所得到的数据如表 8-2 所示，恒压过滤的压力为 150000 N/m^2，过滤起始阶段的压力由人工控制。试确定这一试验中的滤饼比阻 α 和过滤介质阻力 R。

表 8-2　例题 8-1 过滤试验数据

Δp/N · m^{-2}①	t/s	V/m^3	$\frac{t - t_s}{V - V_s}$(计算值)/s · m^{-3}
0.4×10^5	447	0.04	12453
0.5×10^5	851	0.07	12326
0.7×10^5	1262	0.10	12120

续表 8-2

Δp/N · m^{-2}①	t/s	V/m^3	$\dfrac{t-t_s}{V-V_s}$(计算值)/s · m^{-3}
0.8×10^5	1516	0.13	12765
1.1×10^5	1886	0.16	12857
1.3×10^5	2167	0.19	13809
1.3×10^5	2552	0.22	14176
1.3×10^5	2909	0.25	15540
1.5×10^5	3381	0.28	15250
1.5×10^5	3686	0.30	—
1.5×10^5	4043	0.32	17850
1.5×10^5	4398	0.34	17800
1.5×10^5	4793	0.36	18450
1.5×10^5	5190	0.38	18800
1.5×10^5	5652	0.40	19660
1.5×10^5	6117	0.42	20258
1.5×10^5	6610	0.44	20886
1.5×10^5	7100	0.46	21337
1.5×10^5	7608	0.48	21789
1.5×10^5	8136	0.50	22250
1.5×10^5	8680	0.52	22700
1.5×10^5	9256	0.54	23203

① 1 N · m^{-2} = 1 Pa。

解：用式（8-19）来计算常数 a 和 b，有

$$\frac{t-t_s}{V-V_s}=a(V+V_s)+b$$

以$(t-t_s)/(V-V_s)$对 V 作图，如图 8-4 所示。与恒压操作即 $V\geqslant V_s$（$V_s=0.3\ \mathrm{m}^3$）相应的那部分曲线是一条直线，测量这条直线的斜率（a），以及直线在纵轴上的截距（$b+aV_s$）。

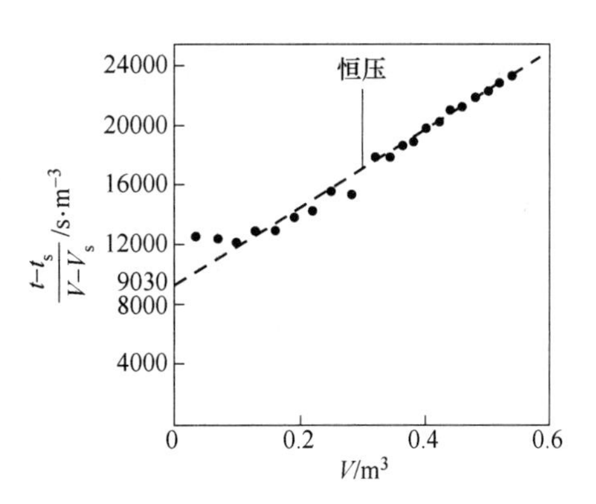

图 8-4 例题 8-1 $\dfrac{t-t_s}{V-V_s}$-V 图

所得的斜率为

$$a=26219\ \mathrm{s/m^6}$$

截距为

$$b+aV_s=9030\ \mathrm{s/m^3}$$

由上述斜率和截距可求得

$$b=9030-26219\times0.3=1164.3\ \mathrm{s/m^3}$$

根据常数 a 和 b 的定义，即式（8-13）、式（8-14）和式（8-18），求得

$$a=\frac{\alpha\mu c}{2A^2\Delta p},b=\frac{\mu R}{A\Delta p}$$

由 a 和 b 值计算 α 和 R 值，取 $A = 0.43 \times 0.43 \times 2 = 0.37\ \mathrm{m^2}$，$c = 10\ \mathrm{kg/m^3}$ 悬浮液 $= 10/(1 - 0.00369) = 10.037\ \mathrm{kg/m^3}$ 滤液（10 kg 固体所占的体积 $= 10/2710 = 0.00369\ \mathrm{m^3}$），计算得出

$$\alpha = \frac{2A^2 \Delta p a}{\mu c} = \frac{2 \times 0.13675 \times 1.5 \times 10^5 \times 2.6219 \times 10^4}{0.001 \times 10.037} = 1.069 \times 10^{11}\ \mathrm{m/kg}$$

和

$$R = \frac{A \Delta p b}{\mu} = \frac{0.37 \times 1.5 \times 10^5 \times 1164.3}{0.001} = 6.4619 \times 10^{10}\ \mathrm{m^{-1}}$$

8.3.2 恒速过滤

如果使滤液流量 Q 保持不变而使压降 Δp 变化，则式（8-10）变为

$$Q = \frac{\Delta p(t) A}{\alpha \mu c \dfrac{V(t)}{A} + \mu R} \tag{8-20}$$

将式中 V 简化为

$$V = Qt \tag{8-21}$$

因此

$$\Delta p = \alpha \mu c \frac{Q^2}{A^2} t + \mu R \frac{Q}{A} \tag{8-22}$$

根据式（8-13）和式（8-14）中 a_1 和 b_1 的定义，式（8-22）可变为

$$\Delta p = a_1 v^2 t + b_1 v \tag{8-23}$$

其中，v 为滤液的表观速度：

$$v = \frac{Q}{A} \tag{8-24}$$

当然，恒速过滤中 v 是一个常数，由式（8-23）得知 Δp 与 t 的关系图为一直线，如图 8-5 所示。

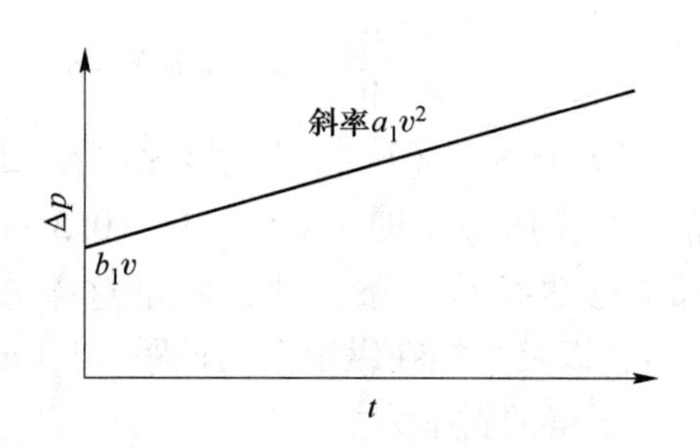

图 8-5　在恒速过滤与不可压缩滤饼条件下的 Δp-t 图

8.3.3 先恒速后恒压操作

在很多情况下，如采用板框式压滤机或加压过滤机来过滤由离心泵输送的悬浮液时，过滤的初期阶段是在接近恒速条件下进行的。当滤饼变得较厚使液流阻力增大时，由离心泵所提供的压力变成了一种限制性因素，此时的过滤操作是在近似恒压的条件下进行的。在此种复合操作中，Δp 与时间 t 的关系曲线如图 8-6 所示。其方程式为

$$\begin{cases} \Delta p = a_1 v^2 t + b_1 v & (t < t_s) \\ \Delta p = \Delta p_s = 常数 & (t \geqslant t_s) \end{cases} \tag{8-25}$$

此时的 $\dfrac{t - t_s}{V - V_s}$-V 的关系如图 8-7 所示。

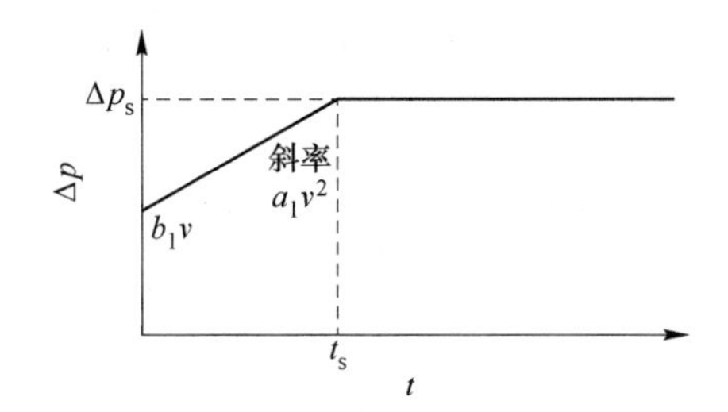

图 8-6 先恒速后恒压操作条件下的 Δp-t 图

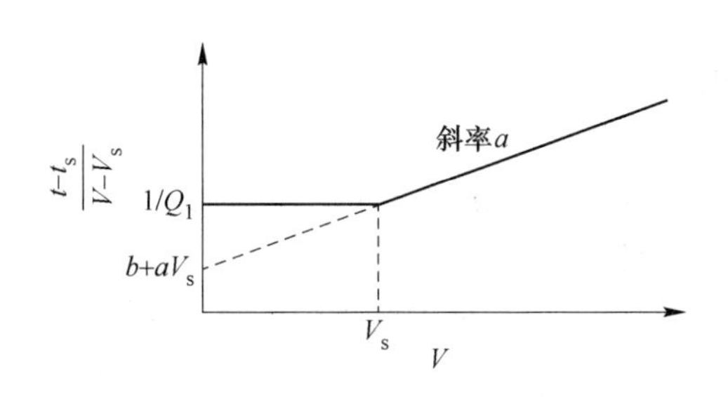

图 8-7 先恒速后恒压操作条件下的$\frac{t-t_s}{V-V_s}$-V 图

另一组方程式为

$$\begin{cases} V = Q_1 t \quad (V \leqslant V_s) \\ \dfrac{t - t_s}{V - V_s} = a(V + V_s) + b \quad (V > V_s) \end{cases} \tag{8-26}$$

此式与由式（8-15）积分所得到的式（8-19）相同，并与式（8-18）相似。式中 Q_1 为起始恒速操作阶段的滤液流量。V_s 和 t_s 的关系式为

$$V_s = Q_1 t_s \tag{8-27}$$

【例题 8-2】 过滤试验是在一块面积为 0.02 m^2 的滤布上进行的，以恒定速率加入悬浮液。每秒可生产滤液 4×10^{-5} m^3。试验数据表明，在 100 s 以后，压力降为 4×10^4 N/m^2；500 s 以后，压力降为 1.2×10^5 N/m^2。

现把相同的材料滤布应用在板框压滤机上，每个框的尺寸为 0.5 m×0.5 m×0.08 m，过滤相同的悬浮液。在起始恒速过滤阶段中，滤布单位面积上悬浮液的流量与上述试验相同。当压力达到 8×10^4 N/m^2 时，即进入恒压操作。如果每过滤 1 个单位体积的滤液所形成的滤饼体积 $v_d=0.02$，试计算滤饼充满整个板框时所需的时间。

解：

（1）恒速阶段。在恒速阶段中，滤液的表观速度为

$$v = \frac{Q'}{A'} = \frac{4\times10^{-5}}{0.02} = 2\times10^{-3}\,\text{m/s}$$

对上述试验和板框压滤机试验均取此值。

由于已知 Δp 和 t 这两个试验值，所以把 Δp 和 v 代入式（8-23）便可求出常数 a_1 和 b_1 值：

$$4\times10^4 = a_1\times4\times10^{-6}\times100 + b_1\times2\times10^{-3}$$

$$1.2\times10^5 = a_1\times4\times10^{-6}\times500 + b_1\times2\times10^{-3}$$

得

$$a_1 = 5\times10^7$$

和

$$b_1 = 10^7$$

因此 $\Delta p = 200t + 2\times10^4$ Pa（此式既适用于上述试验，也适用于压滤机试验）。通过此式并根据试验数据 $\Delta p_s = 8\times10^4$ Pa 便可确定 t_s 值。

$$8 \times 10^4 = 200t_s + 2 \times 10^4$$

因此

$$t_s = 300 \text{ s}$$

现在可以绘出 Δp 与 t 的关系曲线如图 8-8 所示。根据式（8-26）可以计算出在 300 s 的时间内通过一块板框的滤液累积体积 V_s：

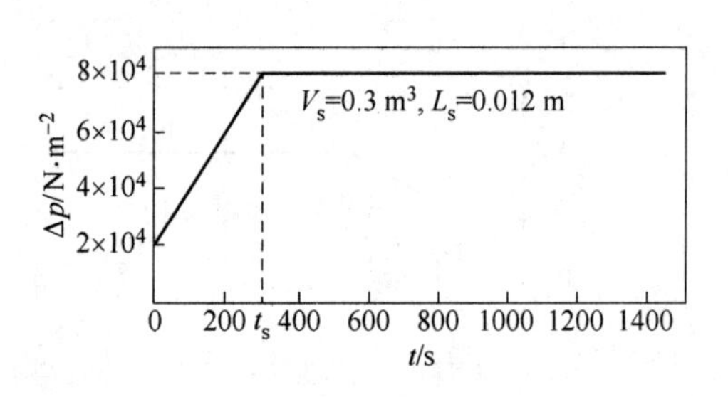

图 8-8　例题 8-2 的 Δp-t 图

$$V_s = Q_1 t_s = vAt_s = 2 \times 10^{-3} \times 0.5 \times 300$$
$$= 0.3 \text{ m}^3$$

所得出的滤饼层厚度 L_s 为

$$L_s = v_d \frac{V_s}{A} = 0.02 \times \frac{0.3}{0.5} = 0.012 \text{ m}$$

（2）恒压阶段。在整个复合过滤操作完成时，根据板框中最终滤饼的厚度 $L_f = 0.04$ m 来确定每个板框的最终总体积 V_f：

$$V_f = \frac{L_f A}{v_d} = \frac{0.04 \times 0.5}{0.02} = 1 \text{ m}^3$$

由式（8-19）可确定滤饼充满板框所需的时间，即复合操作所需的总时间：

$$t_f = t_s + \frac{a_1}{2A^2 \Delta p_s}(V_f^2 - V_s^2) + \frac{b_1}{A\Delta p_s}(V_f - V_s)$$
$$= 300 + \frac{5 \times 10^7}{2 \times 0.25 \times 8 \times 10^4} \times (1^2 - 0.3^2) + \frac{10^7}{0.5 \times 8 \times 10^4} \times (1 - 0.3)$$
$$= 300 + 1137.5 + 175 = 1612.5 \text{ s}$$

应该指出：上述所确定的复合操作所需总时间与过滤面积无关。

比较 1612.5 s 这个值与整个恒速操作中每过滤 1 m³ 滤液所需时间

$$t = \frac{V}{Q} = \frac{V}{vA} = \frac{1}{2 \times 10^{-3} \times 0.5} = 1000 \text{ s}$$

这一复合操作中的 $\frac{t - t_s}{V - V_s}$ 与 V 的关系曲线如图 8-9 所示。

8.3.4　变压-变速操作

如果采用离心泵，则流量与压力降的关系如图 8-10 所示。

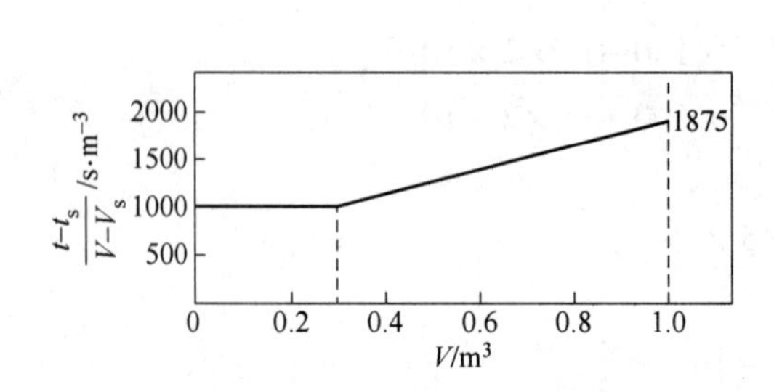

图 8-9　例题 8-2 的 $\frac{t - t_s}{V - V_s}$-V 图

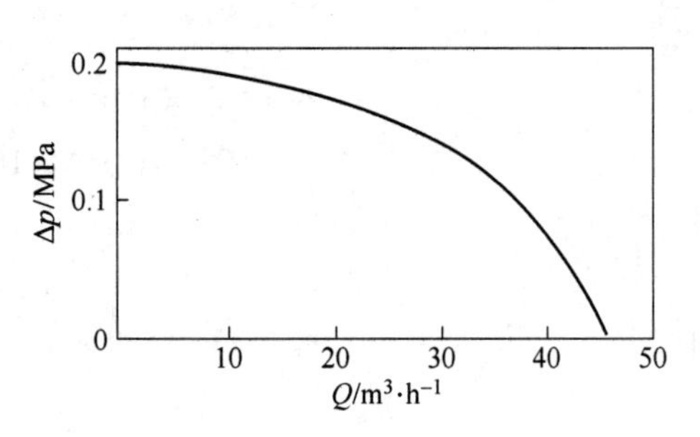

图 8-10　泵的特性曲线

式（8-10）可以写为

$$V=\frac{A}{\alpha\mu c}\left(\frac{\Delta pA}{Q}-\mu R\right) \tag{8-28}$$

式中，Δp 和 Q 与离心泵的特性有关。

对 V 函数中的流量的倒数 $1/Q$ 进行积分，便可计算过滤 V 体积的滤液所需时间，因为

$$\mathrm{d}t=\frac{\mathrm{d}V}{Q}$$

所以

$$t=\int_0^V\frac{\mathrm{d}V}{Q} \tag{8-29}$$

下面给出一个计算例题，说明实际的计算方法。

【例题 8-3】 采用一台装有 25 块板框的压滤机，每块板框的尺寸为 1 m×1 m×0.035 m，来过滤 50 m^3 与例题 8-1 中所述相同的悬浮液，试计算所需时间。滤饼比阻和过滤介质阻力取例题 8-1 中所获得的试验数据（采用的滤布也与例题 8-1 所用的相同），即滤饼比阻 $\alpha=1.069\times10^{11}$ m/kg，过滤介质阻力 $R=6.462\times10^{10}\,\mathrm{m^{-1}}$，黏度 $\mu=0.001$ N·s/m^2，浓度 $c=10.037$ kg/m^3，过滤面积 $A=1\times1\times2\times25=50$ m^2。泵的特性曲线如图 8-10 所示。

解：

利用式（8-28），求出 $V=f(Q)$ 如下：

$$V=\frac{50}{1.069\times10^{11}\times10^{-3}\times10.037}\left(\frac{\Delta p}{Q}\times50-10^{-3}\times6.462\times10^{10}\right)$$

$$V=2.32\times10^{-6}\left(\frac{\Delta p}{Q}-1.2924\times10^{6}\right)$$

利用图 8-10 中的数据，可计算 Q 的函数 V，所得结果列于表 8-3。为求出总的过滤时间，应对式（8-29）进行积分到 $V=50$ m^3；根据图 8-11 所示 $1/Q$ 与 V 的关系曲线，用图解法求出。图解积分结果给出的值为 1.463 h（1 h 27 min 47 s）。

表 8-3 压力降、流量与滤液体积的关系表

Q/$m^3\cdot h^{-1}$	Δp/$N\cdot m^{-2}$	V/m^3	$\frac{1}{Q}$/$s\cdot m^{-3}$
45	0.2×10^{-5}	0.7	80
40	0.75×10^{-5}	12.71	90
35	1.15×10^{-5}	24.44	103
30	1.4×10^{-5}	35.98	120
25	1.6×10^{-5}	50.46	144
20	1.75×10^{-5}	69.48	180
15	1.8×10^{-5}	97.23	240

现在应该进行核对，是否得到了足够的滤饼容积。

例题 8-1 所做的过滤试验表明每一单位体积的悬浮液所形成的滤饼体积为

$$\frac{0.43 \times 0.43 \times 0.035}{0.56} = 0.01156$$

一块板框实际有效容积为 $1 \times 1 \times 0.035 = 0.035\ m^3$，即在一个周期内能够过滤悬浮液的最大体积为

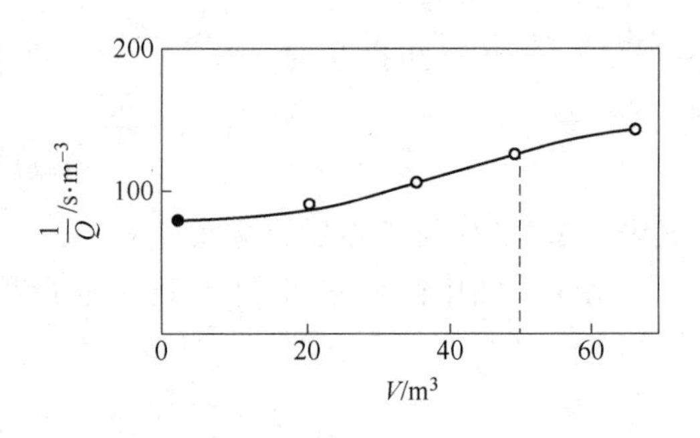

图 8-11 例题 8-3 的$\frac{1}{Q}$-V图

$$V_{最大} = \frac{0.035 \times 25}{0.01156} = 75.69\ m^3$$

这个 $V_{最大}$值大于本例所给出的 50 m^3，所以滤液容积是足够的。

8.4 可压缩滤饼的过滤

可压缩滤饼，即滤饼的阻力随着压力的增加而增加。关于这种性质可通过多种方法进行检验。例如第 8.2 节扼要介绍的方法之一是一种借助一个压缩—渗透试验装置来测定 $\alpha = f(\Delta p_c)$ 的方法。固体颗粒的压缩是借助活塞的机械作用而形成的——这里假定水力压力是借助机械压缩来实现的。

另一种方法是使用在不同的压力下所进行的恒压操作中获得的中间试验数据。根据这些数据，在图 8-3 所示的$\frac{t}{V}$-V 曲线上就得出了一组斜率不同的直线，然后根据这些直线的斜率便可确定滤饼比阻 α 值。

在已知最终压力的情况下，可采用式（8-6）中定义的平均滤饼比阻 α_{av}来表征可压缩滤饼。

为了获得满足式（8-7）的可压缩滤饼在过滤操作中的解析式，应对通过过滤介质的压力降 Δp_m 和通过滤饼的压力降 Δp_c 分别进行处理。

令

$$\Delta p = \Delta p_c + \Delta p_m \tag{8-30}$$

$$\Delta p_m = \frac{\mu R Q}{A} \tag{8-31}$$

和

$$\Delta p_c = \frac{\alpha_{av} \mu c V Q}{A^2} \tag{8-32}$$

如果把式（8-8）代入式（8-32），则有

$$\Delta p_c = (1-n)\alpha_0 \Delta p_c^n \frac{\mu c V Q}{A^2}$$

根据此式得出

$$\frac{\mu cVQ}{A^2}=\frac{(\Delta p_c)^{1-n}}{(1-n)\alpha_0} \tag{8-33}$$

对于一些特殊的情况，可以根据这一基本方程式导出。

8.4.1 恒压过滤

当然，这种操作是不受滤饼的可压缩性影响的。因此它的基本关系式与8.3.1节所述的相同（α 值在此是与给定的压力相应的滤饼比阻）。

8.4.2 恒速过滤

把式（8-21），即 $V=Qt$ 代入式（8-33），得到

$$(\Delta p_c)^{1-n}=\alpha_0(1-n)\mu c\frac{Q^2}{A^2}t \tag{8-34}$$

$\lg\Delta p_c$-$\lg t$ 的图应为一直线。通过过滤介质的压力降是一个常数，可由式（8-31）计算。

8.4.3 变压-变速操作

这是一种复杂的情况，其中 Δp_c、Δp_m、V、Q 和 t 都是变量。利用式（8-30）可将式（8-33）写成以下形式：

$$V=\frac{A^2}{(1-n)\alpha_0\mu c}\frac{(\Delta p-\Delta p_m)^{1-n}}{Q} \tag{8-35}$$

式中的 Δp 和 Q 与泵的特性有关，而 Δp_m 则由式（8-31）给出。

然后，按照8.3.4节所述式（8-28）相似的方法对式（8-35）进行处理，过滤时间仍按式（8-29）计算。

【例题8-4】 按照例题8-3那样，计算在同样的压滤机上过滤50 m^3 相同的悬浮液所需的时间，并假定滤饼是可压缩性的。其滤饼比阻 α 由下式表示：

$$\alpha=6.1094\times10^9(\Delta p_c)^{0.24}$$

其过滤介质阻力是一个常数，为 $R=6.462\times10^{10}\ m^{-1}$，与例题8-3所示相同。使用的泵特性也与例题8-3相同。

解：

利用式（8-35）求 Q 的函数 V，得

$$V=\frac{2500}{0.76\times6.1094\times10^9\times10^{-3}\times10.037}\times\frac{(\Delta p-\Delta p_m)^{0.76}}{Q}$$

关于 V、Q 和 Δp 各值均列于表8-4中，应该注意通过过滤介质的压力降是根据式（8-31）计算的。

$$\Delta p_m=\frac{10^{-3}\times6.462\times10^{10}\times Q}{50}$$

其 $1/Q$ 与 V 的关系曲线如图8-12所示。现通过式（8-29）对该曲线下的面积进行积分到50 m^3，求得过滤所需时间为

$$t=4750\ s=1.3194\ h=1\ h\ 19\ min\ 10\ s$$

表 8-4　压力降、流量与滤液体积的关系表

$Q/m^3 \cdot h^{-1}$	$\Delta p/N \cdot m^{-2}$	$\Delta p_m/N \cdot m^{-2}$	V/m^3	$\frac{1}{Q}/s \cdot m^{-3}$
45	0.2×10^{-5}	0.1616×10^{-5}	2.3	80
40	0.75×10^{-5}	0.1436×10^{-5}	20.8	90
35	1.15×10^{-5}	0.1275×10^{-5}	35.4	103
30	1.4×10^{-5}	0.1077×10^{-5}	49.2	120
25	1.6×10^{-5}	0.0898×10^{-5}	66.5	144

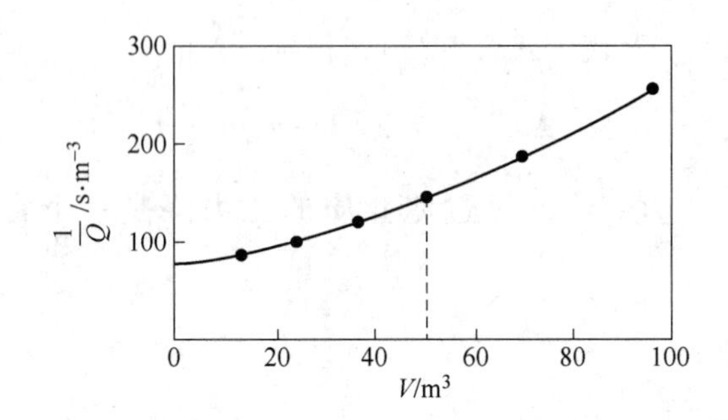

图 8-12　例题 8-4 的$\frac{1}{Q}$-V 图

8.5　影响过滤的基本因素

衡量过滤效果的指标是过滤设备的处理能力或通过能力、滤饼（渣）残液量和滤液中固体含量。理想的情况是此三项指标均达最佳，但这通常是难以做到的。在某一操作条件下常常是欲提高设备处理能力，滤饼（渣）残液量和滤液中的固体含量将会升高。影响过滤效果的基本因素可分为两大类：（1）物料性质；（2）设备及工况条件。物料性质包括物料粒度及粒度组成、悬浮液浓度、温度、助滤剂添加等，其中物料粒度是最基本的性质。设备因素中包括设备的选型、过滤介质、工作压差、过滤总时间和脱干、压榨、洗涤等时间的分配、搅拌器工作情况等，其中设备选型和工作压力较为重要。

通常定义设备的处理能力为单位时间、单位过滤面积所获得的滤液体积[$L/(m^2 \cdot min)$]（目的产物为有价液体），或单位时间、单位过滤面积所截留的滤饼质量[$kg/(m^2 \cdot h)$]（目的产物为有价的固相物料）。

滤饼的湿含量是指滤饼中液体质量和干物料质量之比，即

$$W_c = \frac{W_l}{W_m} \tag{8-36}$$

式中　W_l，W_m——湿滤饼中的液体质量和固体质量，kg。

滤饼水分是指湿滤饼中液体质量和湿滤饼质量之比：

$$W_s = \frac{W_l}{W_w} = \frac{W_l}{W_l + W_m} \times 100\% \tag{8-37}$$

式中 W_w——湿滤饼质量。

定义湿滤饼饱和度 S 为滤饼中孔隙被液体充填的程度：

$$S = \frac{\text{滤饼中被液体充填的孔隙体积}}{\text{湿滤饼中总孔隙体积}} = \frac{\frac{W_1}{\rho_1}}{V_p} \tag{8-38}$$

由以上诸式可导出

$$W_c = \frac{W_{总}}{1 - W_{总}} = S\frac{\varepsilon}{1-\varepsilon}\frac{\rho_1}{\rho_s} \tag{8-39}$$

式中 ε——滤饼孔隙率，定义为滤饼中孔隙总体积与滤饼总体积之比，$\varepsilon = V_p/V_t$；

ρ_1，ρ_s——滤饼中的液体密度和固体密度，t/m^3。

过滤设备处理能力和滤饼残液均受过滤速率的影响，易过滤物有很高的过滤速率，在此条件下可望同时得到高处理量和低滤饼湿含量。

科泽尼-卡门过滤方程和由此导出的滤饼比阻关系式均表明，在一定过滤压差下，过滤速率主要取决于物料粒度大小及组成，当然还与悬浮液浓度、滤液黏度和过滤介质阻力有关。

8.5.1 固体颗粒粒度

划分物料粒度标准常因作业性质而异，在矿物加工领域内，通常大粒是指 $10^3 \sim 10^4$ μm；粗粒为 $10^2 \sim 10^3$ μm；细粒为 $10 \sim 10^2$ μm，微粒为 0.1 ~ 10 μm；胶粒为 0.01 ~ 0.1 μm。

物料粒度对过滤速率的影响是多方面的，而最主要的是影响滤饼的孔隙状态，或者说滤饼的孔隙大小及孔隙率取决于滤饼的物料粒度及组成。图 8-13、图 8-14 为圆球体的排列方式和大小组成与多孔介质结构、孔隙大小和孔隙率的关系。就等径的圆球体而言，无论哪种排列方式、孔隙率均与圆球半径无关；而由不同球径组成的球群体的最终孔隙率则极大程度地取决于不同球径球的比例。很显然，由于小径球可以填充于大球径孔隙中间，从而减小了球群体的孔隙率，宽级别沉积物的孔隙率小于窄级别沉积物的孔隙率（在其他条件相同时）。

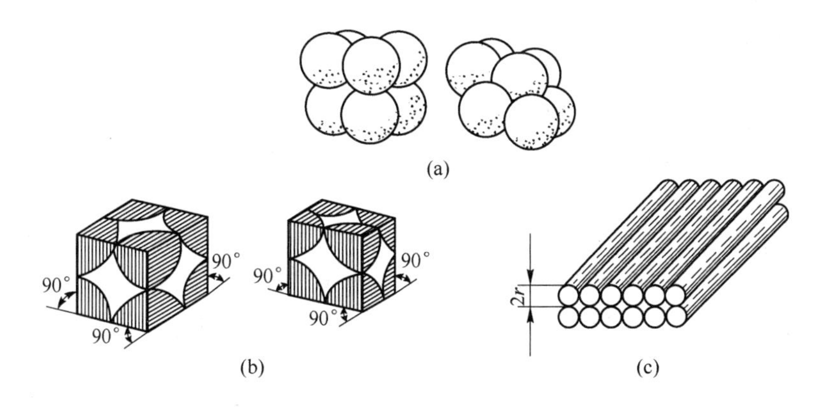

图 8-13 等径圆球多孔介质结构及相应的孔隙率

（a）等径圆球的立方体排列，$\varepsilon = 47.64\%$；（b）等径圆球的斜方六面体排列，$\varepsilon = 25.96\%$；
（c）等径圆棒的立方体排列，$\varepsilon = \pi/4$

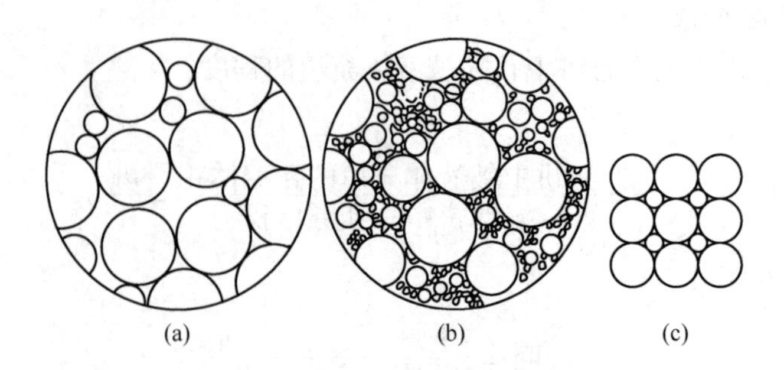

图 8-14 分级效果对孔隙度的影响

（a）分级好的物料，$\varepsilon\approx32\%$；（b）分级差的物料，$\varepsilon\approx17\%$；

（c）两种大小的圆球颗粒的立方体排列，$\varepsilon\approx12.5\%$

已有学者提出许多关于粒状多孔介质渗透性和其物料粒度间关系的模型。例如，鲁默（Rumer）曾得到一个等径球粒的物理渗透系数 $K(\mathrm{cm^2})$ 和球径 $d_s(\mathrm{cm})$ 的关系式（$d_s=0.039\sim0.2\ \mathrm{mm}$）：

$$K=6.54\times10^{-4}d_s^2 \tag{8-40}$$

棱角状颗粒和等径球粒的实测结果极为相近，说明颗粒形状对 K 值影响不大，但式（8-40）对非均匀粒群却不适用。

显然，粒度越小的粒群，单位体积内的颗粒数量越多，粒间孔隙越小，粒群层的渗透性越低。实验表明，粒群的粒度组成或级配对粒间孔隙大小及孔隙率的影响通常更大。

有学者进一步研究，得出了有关滤层渗透性系数与滤饼孔隙率关系模型：

$$K=\frac{\varepsilon^3}{K_1S_0^2(1-\varepsilon)^2} \tag{8-41}$$

式中 S_0——滤饼物料的比表面积，与物料粒度 d 成反比；

K_1——无因次经验数，通常取 $K_1=5.0$。

该模型既体现了渗透性与物料粒度的关系，同时又把孔隙率直观地表示出来，因为 ε 不仅取决于物料粒度，而且与压差等许多因素有关。由式（8-41）可见，若滤饼孔隙率由 0.7 降至 0.6，即减少 14.3%，而 K 值减少 2.82 倍，说明滤饼孔隙率对渗透性的影响大于物料粒度的影响。

由前可知，可压缩滤饼的孔隙大小和孔隙率在过滤过程中均要减小。絮团或凝聚体构成的滤饼，表面孔隙率可高达 $0.98\ \mathrm{m^3/m^3}$，压缩后下降至 $0.4\sim0.5\ \mathrm{m^3/m^3}$。絮团包括部分凝聚体，具有双孔隙结构，因为它们是由细小颗粒絮凝成小絮团，再由若干小絮团聚集成大絮团，所以存在小絮团的颗粒间小尺寸孔隙和大絮团之间的大尺寸孔隙。过滤中首先是小絮团间相互靠紧，大的孔隙尺寸减小，小的孔隙数量减少，所以絮凝悬浮液的过滤速度初始阶段会很快，最后将极慢，因为小絮团是由很微细的颗粒构成的，粒间孔隙极难消除。式（8-41）还表明，高度可压缩性滤饼的可滤性极低，不适于直接过滤，可通过添加助滤剂的方式改善过滤效果。

此外，物料越细，过滤介质越容易被堵塞，过滤速率也会因此降低。与此同时，细物料的表面水化膜相对厚度较大，和固相的结合牢固，由于水化膜的流动性较差，被水化膜占据了部分流道的空间，也使滤饼孔隙率减小，滤速降低。

添加粗料作助滤剂、加入凝聚剂或絮凝剂使微细粒子产生化学凝聚或絮凝、或利用颗粒间的剩磁作用而产生磁团聚亦或在电场中产生电凝聚、采取分级过滤等方法均可改善细粒物料的过滤效果。

8.5.2 悬浮液黏度

工业生产中流体黏度变化范围非常大，如水在 20 ℃时的黏度为 0.001 Pa·s；25 ℃时聚甲基丙烯酸甲酯的黏度高达 3.4×10^{15} Pa·s。

液体黏度的变化与温度有关，温度升高，液体黏度下降。如水（牛顿流体）的动力黏度与温度的关系式为

$$\mu=\frac{0.01775\rho}{1+0.0337T+0.000221T^2} \tag{8-42}$$

式中 ρ——温度为 T(℃)时测出的水的密度。

液体黏度越高，流动性越差，即过滤速度与液体黏度成反比，实验结果与之一致。

悬浮液中的固体颗粒越细、浓度越大，流体黏度越高，这会导致滤饼水分随之增大。例如某水煤浆黏度为 0.56 mPa·s 和 1.31 mPa·s 时，最终滤饼水分分别为 15.75% 和 20.83%。

8.5.3 过滤压差与悬浮液浓度

过滤压差是影响过滤速率最基本的因素。对于不可压缩滤饼，过滤速率与过滤压力成正比；对于可压缩滤饼，滤饼孔隙率和滤饼比阻是过滤压力的函数。深入的研究表明：(1) 悬浮液浓度影响滤饼孔隙率、滤饼比阻和过滤压力间的关系；(2) 滤饼孔隙率、滤饼比阻随过滤时间延长而变化，并与过滤压力有关。这些规律，不仅出现于可压缩滤饼，甚至出现于不可压缩性滤饼中。

根据 F. M. A 蒂利的研究，对可压缩滤饼，滤饼比阻和过滤压力的关系为

$$\alpha=\alpha_0\left(1+\frac{p_s}{p_a}\right)^n \tag{8-43}$$

滤饼孔隙率和过滤压力的关系为

$$1-\varepsilon=(1-\varepsilon_0)\left(1+\frac{p_s}{p_a}\right)^\beta \tag{8-44}$$

由此可以得到

$$\alpha=(1-\varepsilon)\frac{\alpha_0}{1-\varepsilon_0}\left(1+\frac{p_s}{p_a}\right)^{n-\beta} \tag{8-45}$$

式中 α_0，ε_0，p_a——经验常数；

p_s——作用于固体颗粒上的总曳压力；

n——压缩性系数；

β——经验指数。

式（8-45）比较全面地反映了滤饼比阻、滤饼孔隙率和压缩性及过滤压力间的关系。在固定的过滤条件下，滤饼孔隙率越小，滤饼比阻越大，可以推测出，悬浮液浓度的影响与 α_0、ε_0 及 p_a 等项有关。

悬浮液浓度对过滤阻力有显著的影响。在低浓度时，细小颗粒极易随着流线直接进入滤布的孔眼中，或穿过、或堵塞、或覆盖其上，使过滤介质孔眼很快被堵塞，称之为阻塞过滤。随着悬浮液浓度的提高，将会有更多的颗粒接近或到达过滤介质的孔眼，由于相互干扰，绝大部分颗粒不能进入孔眼而在其上成拱架桥，使滤孔可在较长时间内不被严重堵塞。此时，阻力-流体体积（*R-V*）曲线保持线性，这种情况称为成饼过滤。换言之，成饼过滤所用悬浮液浓度均较高。

L. 斯瓦罗夫斯基指出，预先将悬浮液浓缩，可以降低过滤阻力。因为高浓度悬浮液易在过滤介质表面形成粒间架桥。试验表明，不同压力、不同浓度的条件下滤饼比阻的变化规律比较复杂。浓度越低，微细颗粒对孔隙的填充作用越充分，滤饼比阻越高；而在较高压力下，悬浮液浓度越高，越易形成低孔隙率的滤饼，滤饼比阻也随之增大。

图 8-15 是高浓度悬浮液过滤时，过滤压力对过滤速率的影响。显然，过滤机在处理高浓度悬浮液时，由于排液量少，可得到较高的处理能力（以固体的量计量）。图 8-15 中曲线表明，随着悬浮液浓度的增加，处理能力与压力降逐渐显示出一定的正相关关系。

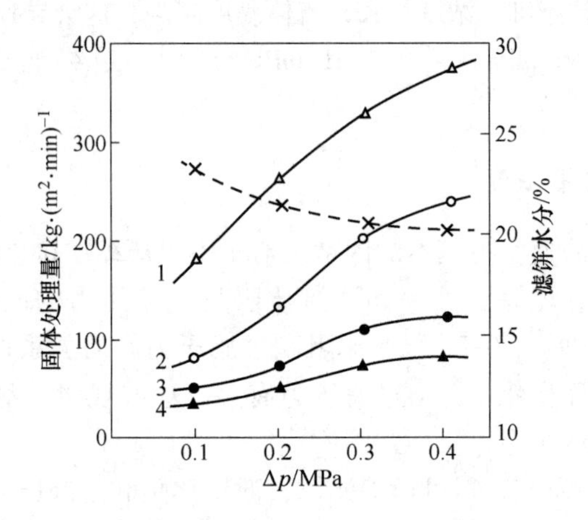

图 8-15　赤铁矿滤饼水分与 Δp、固体处理量的关系

（虚线—滤饼水分，浓度为 55%，S_0 = 0.8756 m²/cm³；

实线—固体处理量，S_0 = 0.7214 m²/cm³；

1、2、3、4 线的浓度分别为 65%、55%、45%、35%）

另外，虽然提高悬浮液浓度可提高过滤机处理能力，但在某些情况下（例如处理含泥量较高或微细颗粒较多的悬浮液），可能会因浓度高、粒度细而使黏度增大，从而导致处理能力下降。

思 考 题

8-1　过滤基本原理是什么？简述实现过滤的必要条件。

8-2　解释概念：滤饼过滤、深层过滤、可压缩滤饼、不可压缩滤饼、滤饼比阻。

8-3　通常情况下，滤饼过滤都有哪些阶段？简述其特点。

8-4　如何评价过滤效果的好坏？影响过滤效果的因素有哪些？

8-5　简述固体颗粒粒度对过滤过程的影响。

8-6 选煤厂过滤试验所用滤布面积为 0.04 m^2，以恒定速率加入浮选尾煤，每秒可生产滤液 2×10^{-5} m^3。试验数据表明，在 100 s、400 s 后压力降分别为 6×10^4 N/m^2、1.2×10^5 N/m^2，且每过滤 1 个单位体积的滤液所形成的滤饼体积为 0.04。现把相同的材料滤布应用在板框压滤机上过滤浮选尾煤。每个板框的尺寸为 0.5 m×0.5 m×0.09 m，恒速过滤阶段时，单位滤布面积上尾煤浆的流量与上述试验相同。当压力达到 8×10^4 N/m^2 时，即进入恒压操作。试计算恒速过滤结束（恒压开始）时的滤液体积及此时的滤饼厚度。

9 真空过滤

【本章提要】本章介绍了真空过滤的基本过程和设备类型，重点介绍了圆盘真空过滤机，圆筒真空过滤机及水平带式真空过滤机的结构、原理和应用特点，并简要介绍了真空过滤系统、过滤效果评价及影响过滤效果的因素。

真空过滤是在过滤介质一侧造成一定程度的负压（真空）使滤液排出滤饼实现固液分离的一种过滤方法。因而其推动力较小，一般为0.04～0.06 MPa，在某些场合可达0.08 MPa，由于滤饼两侧的压力降较低，因此过滤速度较慢，微细物料滤饼的含水量较高，这是真空过滤机主要的不足之处；其优点在于能在相对简单的机械条件下连续工作，而且在大多数场合能获得比较满意的工作指标。

9.1 真空过滤基本过程及设备类型

9.1.1 真空过滤基本过程

真空过滤机的工作周期一般可分为如下几个阶段：（1）成饼阶段；（2）脱水阶段；（3）洗涤阶段；（4）压实阶段；（5）干燥阶段；（6）卸饼阶段。其中洗涤、压实、干燥等阶段的有无视实际需要而定，而成饼、脱水及卸饼则是大部分真空过滤机（水平带式真空过滤机的过滤周期中可不计卸饼阶段）的基本工作过程。在过滤周期中，每一操作过程所占用的时间份额随过滤机而异。对常见的真空过滤机，各操作阶段所占时间份额如表9-1所示。

表9-1　真空过滤机各操作阶段所占过滤周期的百分比　（%）

过滤机类型	成饼	脱水	洗涤（最大）	压实（最大）	卸饼
圆盘式	30	45			25
圆筒式	25～27	23～55	30	25	20
水平带式	视需要	视需要	视需要	可变	
平台式	视需要	视需要	视需要		25
翻盘式	视需要	视需要	视需要		25

成饼阶段是严格意义上的过滤过程（过滤就其本身意义而言是指滤液连续通过介质与固体物料分离的过程），在这一过程中，固体物料借真空作用（下部给料）或真空与重力联合作用（上部给料）而吸附在过滤介质表面，形成一定厚度的滤饼；随着滤饼逐渐增厚，相应的过滤阻力也逐渐增大，因此在这一阶段的过滤速度（单位时间内单位面积的过滤介质所通过的滤液体积）呈逐渐下降趋势。不过这一阶段的主要任务是形成一定

厚度的滤饼，以达到预期的处理能力。滤饼形成后即脱离给料槽进入脱水阶段。在该阶段内，滤饼的相对饱和度（滤饼水分所占体积与滤饼孔隙总体积之比）要从开始时的100%降低到10%～20%。在真空抽吸作用下，水分所占据的大部分孔隙被空气所取代。被排除的水分基本上是重力水和孔隙水，因为真空抽吸还不足以排除表面水及毛细水。滤饼脱水阶段的流体力学特性，是多孔介质中两种流体的驱替问题。对作为替换介质的气体来说，有效渗透率逐渐增大，流动阻力逐渐减小；而对被驱替的液体来说，情况则正好相反。用空气驱逐孔隙中的液体，一方面可以降低滤饼水分，但另一方面也极易导致真空度的下降从而不利于水分的进一步排除，这是因为气体很容易穿透滤饼而使滤饼龟裂。因此在脱水阶段如何防止滤饼的龟裂是实际过滤过程中一个非常重要的课题。滤饼经脱水后，若无其他处理，则进入卸饼阶段。卸饼阶段包含两个工作过程：一是卸除滤饼；二是恢复过滤介质的渗透性使之进入下一个过滤周期。因此怎样卸下剩余水分尽可能低的滤饼且最大限度地恢复过滤介质的渗透能力（即避免堵塞）是选用卸饼方式时所要考虑的主要问题。

9.1.2 真空过滤主要设备类型

真空过滤机的种类很多，根据其工作方式、过滤室的形状、给料方式及卸饼方式等可大致分为如图9-1所示的几种类型。

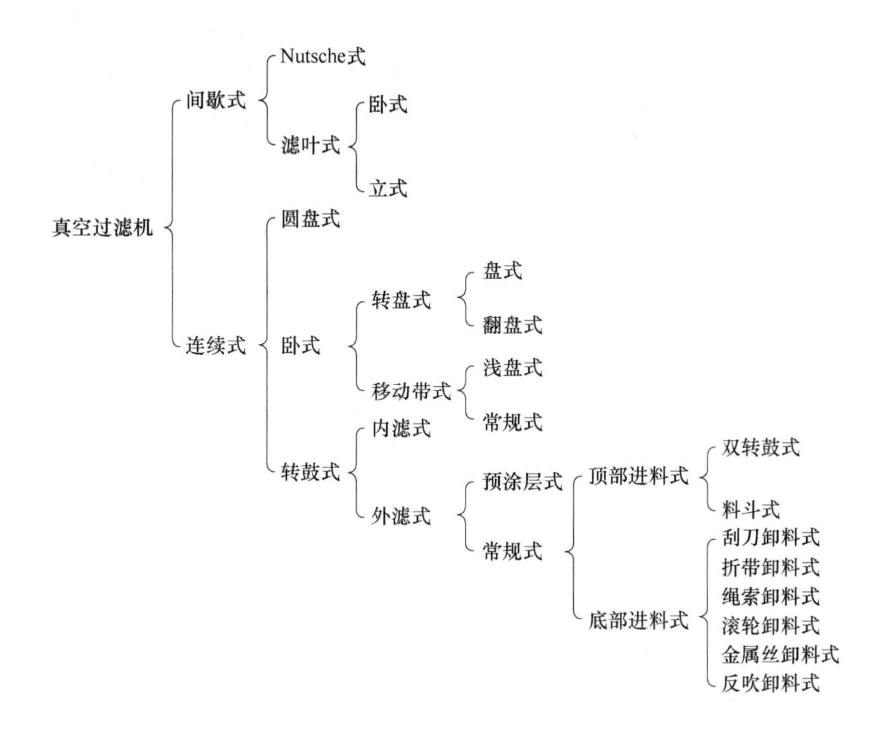

图9-1 真空过滤机的分类

真空过滤机在选煤厂或选矿厂都有应用，主要采用圆盘真空过滤机、圆筒真空过滤机两种类型。选煤厂主要用于过滤浮选精煤，对浮选尾煤的过滤效果不好，原因是浮选尾煤（或煤泥）黏性大、粒度细、水分高，常用推动力更高的压滤机进行过滤。选矿厂主要用于精矿（铁精矿、铜精矿等）的脱水作业。水平带式真空过滤机适合过滤密度大、粒度粗、沉降速度快的物料，选煤界目前尚未研究和应用。

9.2 圆盘真空过滤机

圆盘真空过滤机是选煤厂应用时间最长，具有成熟经验的浮选精煤脱水设备。该类型过滤机有吹风卸料、刮板卸料、刮板吹风联合卸料及翻盘卸料等多种形式。

9.2.1 吹风卸料圆盘真空过滤机

9.2.1.1 基本结构

这种真空过滤机由槽体、主轴、过滤圆盘、分配头和瞬时吹风装置等部分组成。其基本结构见图 9-2。

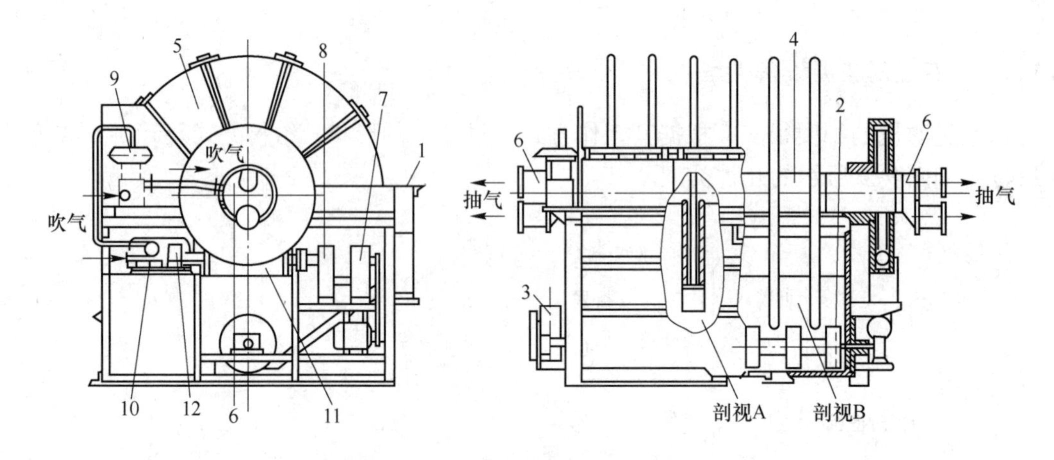

图 9-2 PG58-6 型圆盘真空过滤机

1—槽体；2—轮叶式搅拌器；3，12—蜗轮减速器；4—空心主轴；5—过滤圆盘；6—分配头；7—无级变速器；8—齿轮减速器；9—风阀；10—控制阀；11—蜗杆、蜗轮

（1）槽体：槽体由钢板焊制而成。除贮放煤浆外，还起支承过滤机零件的支架作用。槽体下部有轮叶式搅拌器，防止煤浆在槽体内沉淀。

（2）主轴：主轴是传动机的一部分。主轴由数段空心轴组成，轴的断面上有 8 ~ 16 个滤液孔，一般采用 10 个。主轴安装在槽体中间，上面装有过滤圆盘。主轴转动时，过滤圆盘随之转动。主轴的两个端面分别与分配头相连。

（3）过滤圆盘：过滤圆盘是过滤机进行过滤的主要工作部件，由若干个扇形过滤板组成。扇形过滤板的数目与空心主轴上的滤液孔相对应，一般采用 10 块；用螺栓、压条和压板固定在主轴上，见图 9-3。

每块过滤板都是一个独立的过滤单元，本身是由钢架制成的空心结构，滤板内腔圆管与主轴的滤液孔相通。为了避免漏气影响真空度，圆管与主轴连接处有橡胶衬垫。

过滤圆盘的外面包有滤布。滤布应具有较大的机械强度、较小的过滤阻力、易于清洗等特点。使用滤布可减少滤液中的固体损失量。选煤厂中使用的滤布目前以尼龙布居多，也有采用金属丝布和帆布的，滤布的孔径为0.15～0.25 mm。

（4）分配头：在过滤机进行脱水的工作过程中，每个扇形块均经过滤、干燥和吹落三个阶段。经过这三个阶段时，扇形分块分别和真空泵、鼓风机轮换相通，完成煤浆中的固体颗粒在滤布上积累形成滤饼，滤饼进一步脱除水分并脱落的过程。

分配头由轴颈、端板、分配垫和分配头四部分组成。前三部分用螺栓连接，并一起转动。分配垫上有数目与主轴滤液孔相同的孔。分配头安装在过滤机主轴的端部，固定不动。分配头与分配垫接触的一面光洁度较高，通常要求为▽7。在分配头上装有楔形块，用以调节过滤区的范围。减少楔形块，可以延长过滤时间，见图9-4。

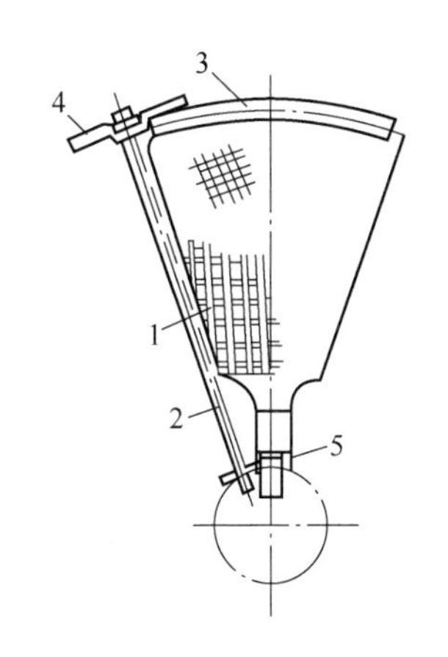

图9-3　扇形过滤板
1—扇形过滤板；2—螺栓；3—压条；
4—压板；5—橡胶衬垫

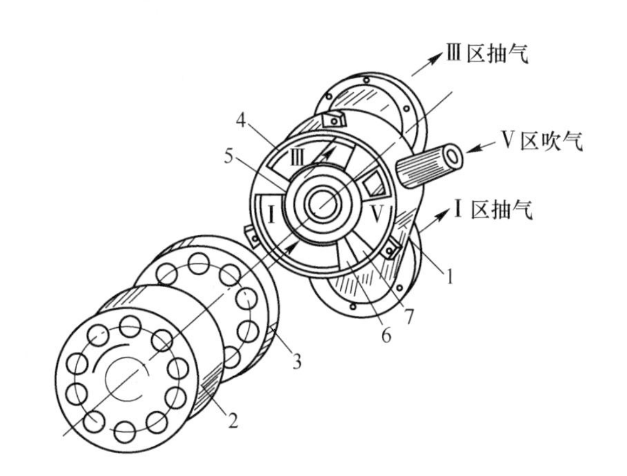

图9-4　分配头的构造
1—分配头；2—过滤机主轴；3—分配垫；
4—外边缘；5—内边缘；6，7—楔形块

分配头与主轴之间用螺栓连接，并用弹簧压紧。为保持分配头和主轴之间动配合面的严密，连接的弹簧应有足够压力。

PG型圆盘真空过滤机各区的角度分配见表9-2。

表9-2　PG型圆盘真空过滤机各区的角度

区域	过滤区Ⅰ	过渡区Ⅱ	干燥区Ⅲ	过渡区Ⅳ	卸饼区Ⅴ	过滤区Ⅵ
角度/(°)	125	30	82	25	30	68

为保护分配头和分配垫不受磨损，在其内边缘和外边缘上，均有铝制的圆垫圈，其光洁度要求也较高，同样为▽7，用以与分配垫进行配合，同时磨损后易于更换。

（5）瞬时吹风装置：瞬时吹风系统见图9-2，它由蜗轮减速器12、控制阀10和风阀9组成。

瞬时吹风的工作过程：当过滤圆盘转入吹落区时，风阀开启，压缩空气由风阀给入分配头，通过分配头与其对应的滤液孔进入扇形滤块。借压缩空气突然鼓入的冲力将滤饼吹落。扇形滤块转过吹落区时，风阀关闭，压缩空气停止给入。至下一个扇形块进入吹落区时，再重复上面的过程。

瞬时吹风系统的工作原理见图9-5。控制阀1操作风阀的开启和关闭。控制阀的动作则由瞬时吹风系统中的蜗轮减速器控制。蜗轮减速器的出轴转一周，通过压杆6，使控制阀中风阀与鼓风机管路线接通一次，从而使风阀开启一次，将压缩空气鼓入扇形滤块。风阀开启的次数与扇形滤块的块数相一致。如扇形滤块为 10 块，则过滤机主轴转动一周，蜗轮减速器出轴转 10 周，风阀开启 10 次。每次扇形板进入吹落区，风阀都会相应开启一次，将扇形块上的滤饼吹落。

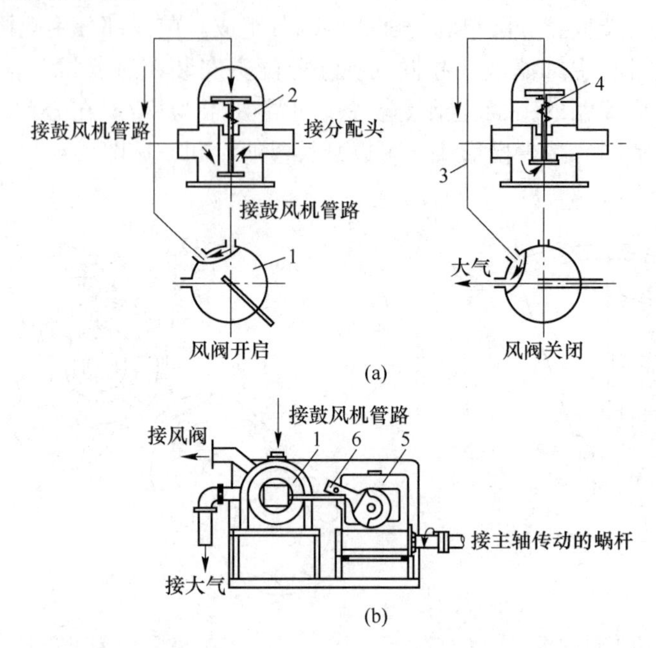

图 9-5 瞬时吹风系统工作原理（a）及控制阀的传动系统（b）

1—控制阀；2—风阀；3—空气管路；4—弹簧；5—蜗轮减速器；6—压杆

9.2.1.2 工作原理

吹风卸料圆盘真空过滤机的过滤器是由若干个扇形过滤块组成的，并固定在空心轴上。空心轴的滤液孔与过滤块的空腔相连，主轴端面与分配头连接。扇形过滤块组成的过滤圆盘位于槽体中，槽中煤浆液面在空心轴的轴线以下。当主轴转动时，带动过滤圆盘转动。其工作原理见图 9-6。当过滤圆盘顺时针转动时，依次经过过滤区Ⅰ、干燥区Ⅲ和滤饼脱落区Ⅴ，使每个扇形块与不同的区域连接。当过滤块位于过滤区时，与真空泵相连。在真空泵的抽气作用下，扇形过滤块内腔具有负压，因滤布两侧压力不同，煤浆被吸向滤布，煤粒在滤布上形成滤饼；滤液通过滤布进入扇形块的内腔，并经主轴的滤液孔排出，完成过滤过程，当过滤块位于干燥区时，仍与真空泵相连，但此时过滤块已离开煤浆液面，因此，真空泵的抽气作用只是让空气通过滤饼，将空隙中的水分带走，使滤饼的水分进一步降

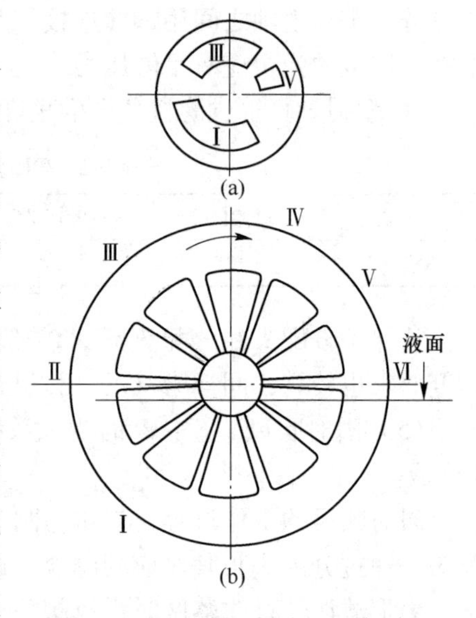

图 9-6 圆盘真空过滤机工作原理

（a）分配头；（b）过滤圆盘

Ⅰ—过滤区；Ⅱ，Ⅳ，Ⅵ—过渡区；

Ⅲ—干燥区；Ⅴ—滤饼脱落区

低。当过滤块进入滤饼脱落区时，则由鼓风机的吹气作用将滤饼吹落。完成了一个过滤循环。随着主轴的转动，过滤块再次进入煤浆，开始第二个过滤循环。

在3个工作区中间，均有过渡区相隔。过渡区是个死区，其作用是防止过滤块从一个工作区进入另一个工作区时互相串气，影响工作效果。过渡区应有适当的大小，过小会出现串气现象，降低过滤效果；过大则减少工作区范围，同样使过滤效率降低。

圆盘真空过滤机具有下述特点：

（1）本身是一个连续工作的设备，但对每一个过滤块，其工作是间断的，过滤过程中要经过过滤、干燥和滤饼脱落三个阶段。

（2）过滤块在各个工作区的时间，与各个区域所占大小有关，还与过滤机主轴转速有关。前者可借助分配头进行调节。

（3）每个过滤块之间都有非工作区间，为减少该区时间，过滤块的数目宜较少；而为了减小滤块上靠近主轴和远离主轴两端过滤时间的差别、合理利用过滤板的面积，宜增加过滤块的数目，通常在8~16块范围内选择，较合理的数目约为10块。

我国多数选煤厂所使用的圆盘真空过滤机为PG系列产品，其主要技术特征见表9-3。该系列圆盘真空过滤机的圆盘直径有1.8 m和2.7 m两种。其他结构基本相同。

表9-3 PG系列圆盘真空过滤机主要技术特征

型号	过滤面积 /m^2	过滤盘数	过滤盘直径 /mm	过滤盘转速 /$r \cdot min^{-1}$	搅拌器转速 /$r \cdot min^{-1}$	电动机功率 /kW		辅助设备				机器质量 /kg	外形尺寸（长×宽×高）/mm×mm×mm
						主转动	搅拌器	真空泵		鼓风机			
								型号	台数	型号	台数		
PG18-4	18	4	1800	0.135~0.607	60	1.1	1.1	SZ-3	1	SZ-2	1	3500	2820×2335×2292
PG27-6	27	6	1800	0.135~0.607	60	1.1	1.1	SZ-4	1	SZ-2	1	4250	3820×2355×2295
PG39-4	39	4	2700	0.136~0.606	60	1.5	1.5	SZ-4	1	SZ-2	1	5650	3015×3275×3275
PG58-6	58	6	2700	0.15~0.67	60	2.2	2.2	SZ-4	2	SZ-3	1	8000	3930×3755×3275
PG78-8	78	8	2700	0.15~0.67	60	2.2	2.2	SZ-4	2	SZ-3	1	8980	4730×3355×3275
PG97-10	97	10	2700	0.148~0.66	60	4	4	2YK-110	1	SZ-3	1	10900	5530×3355×3275
PG116-12	116	12	2700	0.148~0.66	60	4	4	2YK-110	1	SZ-3	1	12000	6330×3355×3275

9.2.2 其他类型的圆盘真空过滤机

9.2.2.1 德国洪堡特-维达克圆盘真空过滤机

德国洪堡特-维达克公司制造的圆盘真空过滤机，其系列中较大的圆盘真空过滤机为盘径3 m、10盘、过滤面积120 m^2 和盘径4 m、10盘、过滤面积200 m^2 两种。现已制造过滤面积为400 m^2 的大型圆盘真空过滤机。

该类型过滤机主要在主轴和滤饼脱落方式等方面进行了改进，主轴由法兰盘连接的分段铸件改为焊接件结构。结构简单、加工容易、重量减轻，避免了主轴弯曲下沉的缺陷。

主轴由20 mm厚的钢板卷成，周围焊接20排直径为92 mm、厚度为6.3 mm的细管和各滤扇相接，起到吸气和排水的作用。每根细管在中间断开，分成两段，从两端分别吸气和排水，见图9-7。

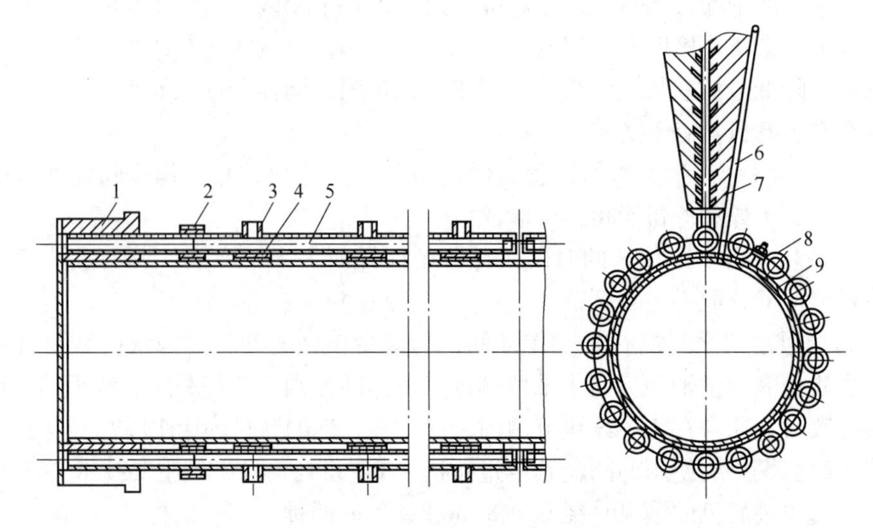

图9-7 洪堡特-维达克圆盘真空过滤机的焊接主轴
1—轴颈；2—管箍；3—滤扇座；4—固定螺栓座；5—吸水管；
6—滤扇固定螺栓；7—滤扇；8—管卡；9—主轴

洪堡特-维达克圆盘真空过滤机取消了滤饼脱落所用的瞬时吹风装置，改用刮板卸饼，并在刮板下部加设压力为0.039 MPa左右的压力喷水，对滤布进行清洗，防止煤泥堵塞滤布孔眼，提高过滤效果。卸饼刮板和压力水管的安装位置见图9-8。这种卸饼方法简化了结构和系统。刮板采用硬塑料制成，直接刮取煤饼，滤饼脱落情况较好。为了保持刮板和过滤块之间的间隙稳定且较小，过滤块两侧装有定位滚轮，限制过滤块左右摆动。滤饼水分可在20%~24%，真空度可保持在0.039~0.067 MPa。

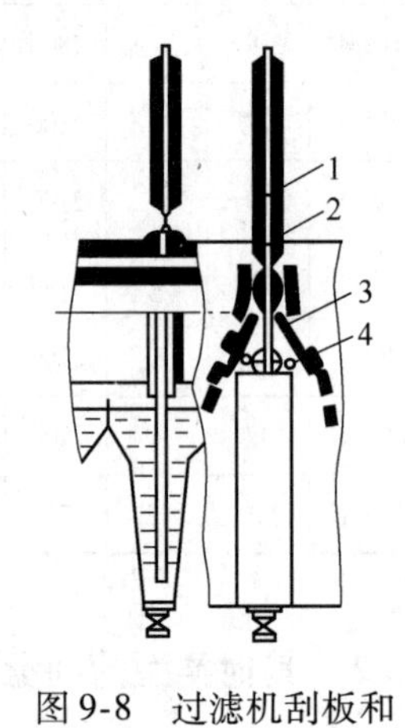

图9-8 过滤机刮板和压力水管安装位置
1—滤扇；2—滤饼；
3—刮板；4—水管

9.2.2.2 美国艾姆科型圆盘真空过滤机

艾姆科型圆盘真空过滤机在过滤槽内设有液位自动传感器，可根据矿浆流量和密度控制过滤机的转速。卸饼采用连续吹风或瞬时高压吹风，并附有卸饼刮板和卸料刷帮助卸饼，再用刮板刮净滤布。在某些情况下，也可瞬时吹入高压空气。该类型圆盘真空过滤机最大过滤面积为307 m^2。

以上两种国外型号的圆盘真空过滤机的优点如下：

（1）滤饼脱落率高。其采取的措施是增加滤扇数量，由30个滤扇组成。为保证滤液和空气分配均匀，利用水力学原理将每一滤扇的排泄管分开。盘间间距很小，每盘独立一个槽，并设有瞬时吹风装置，滤饼脱落率可高达95%。

（2）圆盘转速快，增加圆盘真空过滤机的处理能力。因采用了新的卸料方法，圆盘转速加快了3倍也不影响脱水效果。转速可达4 r/min，圆盘浸入矿浆深度达55%。

（3）取消了搅拌装置，减轻了滤扇重量，使驱动降低，真空泵和鼓风机的体积小。因而节省电耗45%。

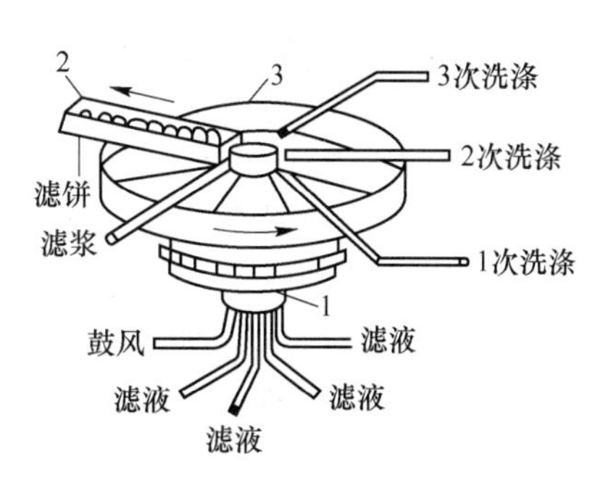

图 9-9 水平圆盘式真空过滤机

1—分配头；2—螺旋输送机；3—过滤圆盘

9.2.2.3 水平转盘式真空过滤机

该类设备有水平圆盘式和水平回转翻盘式两种类型，是圆盘真空过滤机的变种，这两种设备类型如图9-9、图9-10所示。前者的滤饼可经多次洗涤，因此适用于对滤饼洗涤效果要求较高的场合；后者的滤盘过滤时朝上，卸料时则翻转向下，借重力（或压缩空气）卸除滤饼，适用于过滤密度大、浓度高的粗颗粒料浆，在选煤和选矿作业中使用较少。

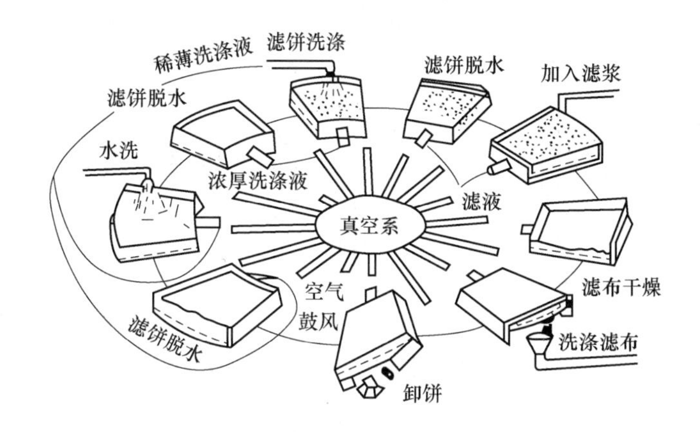

图 9-10 水平回转翻盘式真空过滤机

9.3 圆筒真空过滤机

圆筒真空过滤机，其过滤表面即圆筒体的表面。按照过滤表面的位置不同，可分为内滤式和外滤式两种。内滤式圆筒真空过滤机，其过滤表面是圆筒的内表面，圆筒兼作储矿槽。外滤式圆筒真空过滤机，其过滤表面在圆筒的外面。圆筒真空过滤机都有体积庞大、过滤面积小和单机处理量低的缺点；但其密封性能好、真空度较高、干燥区较长，因而滤饼水分比圆盘真空过滤机低。

内滤式圆筒真空过滤机，因其操作面在圆筒里面，所以操作不方便，主要用于选矿厂，过滤密度较大的物料，如磁选铁精矿的脱水，选煤厂未见使用。外滤式圆筒真空过滤机在选煤厂使用较少。

按卸料方式不同，可将该类型真空过滤机分为刮板卸料、绳索卸料和折带卸料三种。绳索卸料圆筒真空过滤机在选煤厂应用很少；刮板卸料圆筒真空过滤机基本和外滤式圆筒真空过滤机相同，只是卸料同时受到风和刮板双重作用，效果较好；折带卸料圆筒真空过滤机的卸料比较完全，并加强了滤布的清洗，因而用于过滤细黏物料的效果较好。

9.3.1 刮板卸料圆筒真空过滤机

9.3.1.1 基本结构

刮板卸料圆筒真空过滤机的筒体由钢板焊接而成，在筒体的表面上装有冲孔筛板；用隔条沿圆周方向分成若干个过滤室，通常为24个，室与室之间严格密封，互不通气。过滤室上铺设过滤布，沿轴向每隔80～500 mm缠绕钢丝，将滤布固定在筒体上。过滤室内部接有滤液管，分别与两端的喉管连接，分配头与喉管紧密相通，并固定在筒体两端，每个分配头担负过滤室一半长度的抽气和吹风作用。刮板卸料圆筒真空过滤机的基本结构见图9-11和图9-12。

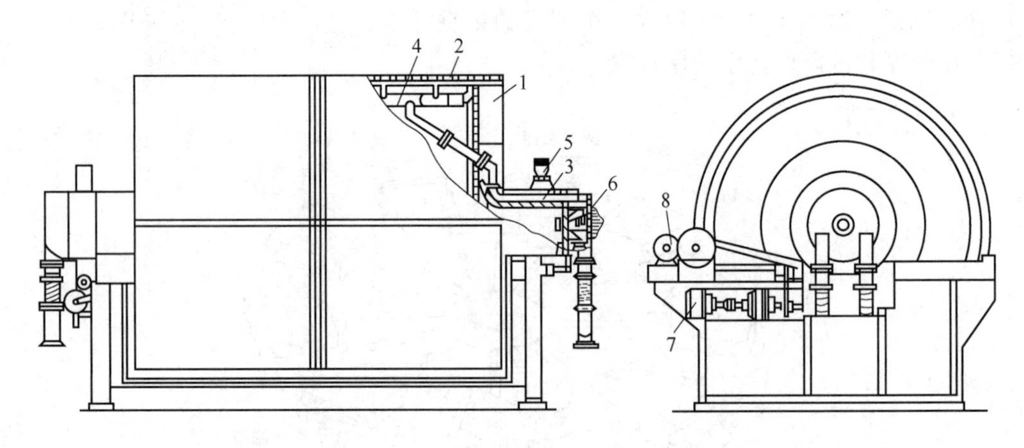

图9-11 刮板卸料圆筒真空过滤机结构示意图

1—筒体；2—筛板；3—喉管；4—滤液管；5—轴承；6—分配头；7—搅拌电机；8—主传动电机

由于分配头的作用，将过滤室分为过滤区、干燥区、吹落区和滤布清洗区等。在不同的区域，分别进行过滤、干燥、卸料和滤布清洗等工作。

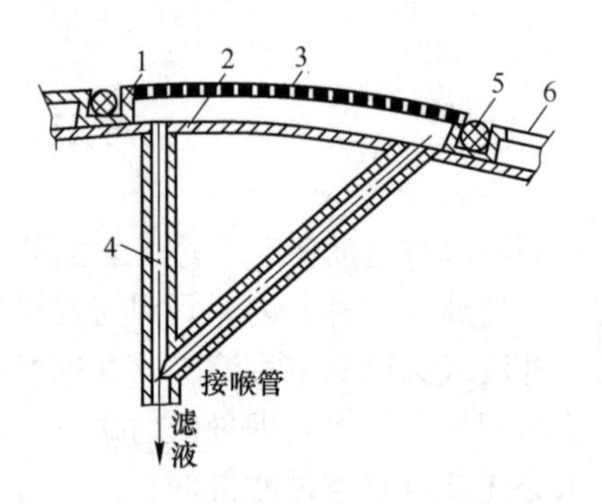

图9-12 刮板卸料圆筒真空过滤机过滤室的横断面

1—隔条；2—筒体；3—过滤板；4—滤液管；5—胶条；6—滤布

9.3.1.2 工作原理

刮板卸料圆筒真空过滤机的筒体，在工作时，有一部分浸入装满矿浆的半圆形矿浆槽中，并在其中缓慢旋转。由于分配头的作用，每个过滤室依次通过过滤区、干燥区、吹落区等不同区域。和圆筒表面相接触的矿浆，在过滤室真空作用下进行过滤，并将固体颗粒吸附在筒体上形成滤饼。随着圆筒的旋转，浸于矿浆中的那一部分圆筒表面随之离开液面，进入干燥区，滤饼进一步被脱水。通过干燥区后，滤室内由原来的负压转为正压，由于正压吹气及卸料刮板的作用，滤饼从圆筒表面脱落。其工作示意图见图9-13。

筒体在旋转过程中是连续工作的，但在每个时刻，过滤机不同的过滤室分别进行形成滤饼、吸干滤饼、排卸滤饼和清洗滤布等过程。对不同过滤室，其工作仍是间断的。国产刮板卸料圆筒真空过滤机有 40 m^2、20 m^2 等几种规格，其主要技术特征见表9-4。

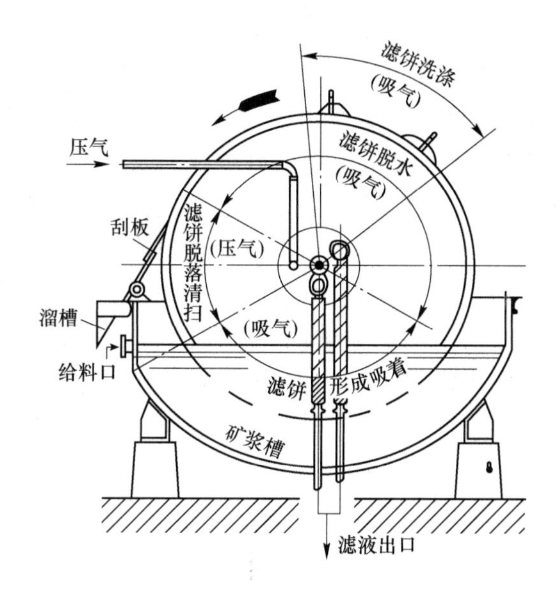

图9-13 刮板卸料圆筒真空过滤机工作示意图

表9-4 国产刮板卸料圆筒真空过滤机技术特征

过滤面积 /m^2	筒体		过滤室数目	过滤区角度 /(°)	干燥区角度 /(°)	吹落区角度 /(°)	过滤清洗区角度 /(°)	筒体转速 /r·min^{-1}	需要真空度 /mmHg①	鼓风压力 /MPa	总质量 /kg	外形尺寸 /mm×mm×mm
	直径 /mm	长度 /mm										
20	2500	2632	24					0.166	400~600	0.03	6608	4396×3407×2725
40	3012	4400	24	135	159	20	20	0.13~0.15	400~600	0.03	18730	6652×4200×3340

① 1 mmHg = 1.33322 × 10^2 Pa。

9.3.2 折带卸料圆筒真空过滤机

折带卸料圆筒真空过滤机是由外滤式圆筒真空过滤机发展而来的。圆筒真空过滤机和圆盘真空过滤机一样，对细黏物料的过滤效果较差，其原因包括细黏物料过滤时阻力大，滤饼薄、黏度大，卸料比较困难，采用鼓风机吹落滤饼和刮板卸料，滤饼的脱落率仍较低。此外，细粒物料颗粒小，很容易卡在滤布的缝隙之间，堵塞滤布，降低滤布的透气性，影响过滤效果。折带卸料圆筒真空过滤机由于改变了卸料方式，因此对粒度细、含泥多、黏性大的难过滤物料有较好的脱水和卸料效果。

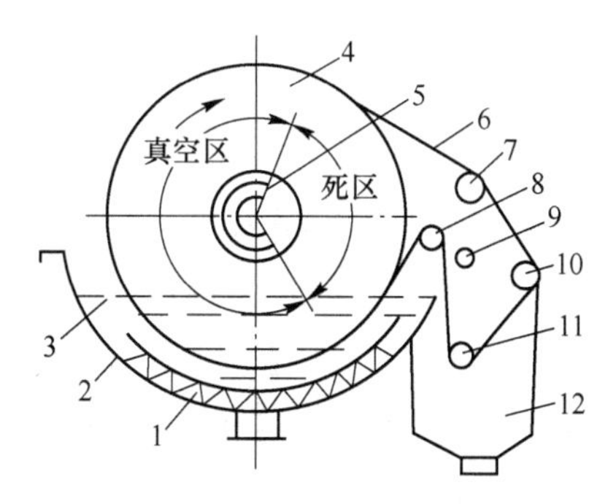

图9-14 折带卸料圆筒真空过滤机工作原理

1—搅拌器；2—装料槽；3—矿浆；4—筒体；5—分配头；6—滤布；7—托辊；8—变向辊；9—喷水管；10—卸料辊；11—张紧辊；12—清洗槽

该类型真空过滤机的工作原理如图9-14所

示。除卸料方式与圆筒真空过滤机不同，以及不采用压风机吹落滤饼、卸料区改为死区外，其他均与圆筒型真空过滤机相似。

在工作时，矿浆由后侧壁的中部给入矿浆槽，在真空泵负压的作用下，物料被吸附在筒体4所带动的滤布上，形成滤饼。在滤饼继续旋转的过程中，水分不断被吸出，起到了干燥滤饼的作用。滤饼通过干燥区后，由一套托辊把吸附滤饼的滤布引出，并离开筒面，经过分离托辊时，滤饼产生裂纹，再运转到卸料辊处，滤布由直线运动改为曲线运动，由于曲率的变化，滤饼在自重的作用下自行脱落。滤饼脱落时，滤布进入清洗槽12中，经一定压力的喷洗水冲洗后，经变向辊返回筒体，重新开始另一轮循环。

图9-15是折带卸料圆筒真空过滤机的结构示意图。该机的分配头没有鼓风区，只有真空区和死区。物料经几组托辊，并改变滤布曲率，使其在重力作用下自行脱落，避免了滤饼脱落不完全和由于鼓风所造成的回水导致滤饼水分增加的问题，还节省了瞬时吹风系统。滤布在筒体以外，可得到充分清洗，恢复原有的透气性。因此，具有过滤效果好、能处理细黏物料的特点。

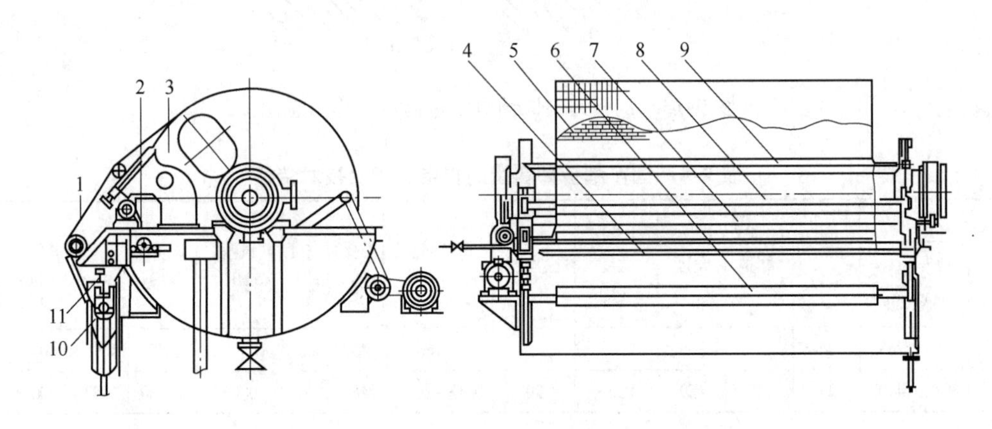

图9-15　折带卸料圆筒真空过滤机结构示意图

1—滤布；2—手摇绞车；3—筒体；4—喷水管；5—塑料隔板；6—张紧辊；7—卸料辊；8—转向辊；9—托辊；10—可动轴承；11—顶丝

由于折带卸料圆筒真空过滤机的滤布是运动的，因此滤布会产生伸长、打褶和跑偏现象，需要设置专门的张紧装置和调偏装置，及时调整滤布的跑偏。

折带卸料圆筒真空过滤机采用高压喷水清洗滤布，喷水压力为0.2～0.3 MPa，其用水量较大，达15 m^3/h。因此，可消除滤布堵塞，保证稳定的脱水效率。一般用两排水管，可均设在内侧或一排在内侧、另一排在外侧两种类型。前一种类型可使喷下的物料全部进入清洗槽；后一种可更好地清洗滤布，提高滤布的透气性。但冲洗下来的物料有一部分会落入滤布和张紧辊之间，导致滤布跑偏。

国产折带卸料圆筒真空过滤机有5 m^2、10 m^2、20 m^2 等几种规格。选煤厂使用的折带卸料圆筒真空过滤机多是改制的。株洲某厂生产的30 m^2 的折带卸料圆筒真空过滤机的技术参数如表9-5所示。

表 9-5　30 m² 折带卸料圆筒真空过滤机技术参数

项目		参数
过滤面积/m²		30
筒体尺寸	直径/mm	2500
	长度/mm	3800
过滤形成期角度/(°)		122
脱水期角度/(°)		165
卸料期角度/(°)		73
滤布清洗方式		自来水喷洗
筒体转速/r·min⁻¹		手动无级调速
卸料方式		自然脱落
搅拌器电机	功率/kW	2.2
	转速/r·min⁻¹	19
筒体传动电机		3 kW 直流电机
生产能力/t·(m³·h)⁻¹	精矿	0.2～0.7
	尾矿	0.05～0.15
滤饼水分/%	精矿	21～26
	尾矿	30
需要真空度/mmHg①		500～600
过滤室数		24

① 1 mmHg = 1.33322×10^2 Pa。

9.3.3　其他类型的圆筒真空过滤机

9.3.3.1　德国双圆筒真空过滤机

德国洪堡特-维达克公司制造的双圆筒真空过滤机如图 9-16 所示。该型号的真空过滤机的两个圆筒并联安装，反向旋转，两圆筒间的间隙极小，圆筒表面几乎接触，圆筒两端的侧板与圆筒壁密封，以代替原来的物料槽接受物料。物料由上部进入，不需要搅拌器进行搅拌。粗颗粒首先沉淀，并吸附在圆筒的表面，利于提高滤饼的渗水性能。采用刮板卸料。清洗区滤布用高压水喷射冲洗，可在不停产的情况下清除滤布上的污物。

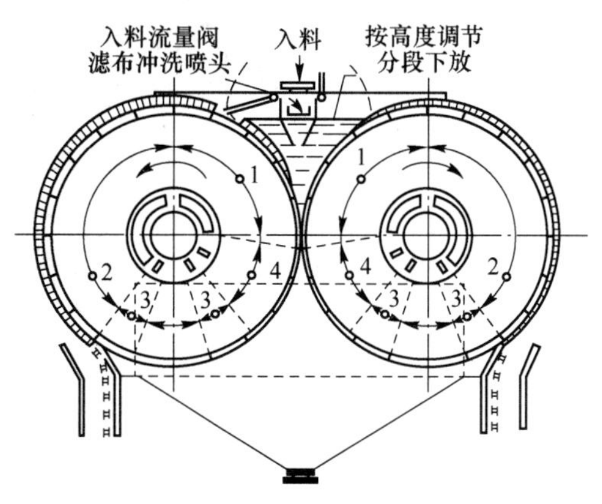

图 9-16　双圆筒真空过滤机
1—吸滤区；2—干燥区；
3—吹风区；4—清洗区

德国双圆筒真空过滤机的技术特征如下：圆筒直径 2.1 m；圆筒长度 5 m；过滤面积

60 m^2；圆筒转速0.75～4 r/min。

9.3.3.2 英国蒸汽圆筒真空过滤机

为了降低滤饼的水分，可考虑在真空过滤机中引入蒸汽。理由是当热蒸汽穿过滤饼时凝结在颗粒上，并将凝结热传给滤饼，降低滤饼中水分的黏滞性，提高过滤效果。采用蒸汽加热技术，关键在于密封罩的设计。如有空气进入罩体，空气会将一部分热蒸汽排挤掉，导致过滤效果降低。通常认为，圆筒式和水平带式真空过滤机更容易实现密封，而且效果较好；圆盘式真空过滤机效果较差。

英国三个选煤厂在圆筒式真空过滤机上采用该项技术后，滤饼水分降低6%～8%。其试验结果见表9-6。

表9-6 蒸汽加热真空过滤试验结果

选煤厂名称	粒度组成/网目					外在水分/%		水分降低值/%
	+30	30～60	60～120	120～240	-240	不加蒸汽	加蒸汽	
斯旺威克	7.1	15.7	14.2	10.0	53.0	25.4	19.4	6.0
金斯希尔	12.8	25.2	18.0	11.0	33.0	24.5	17.5	7.0
CMW	20.0	24.0	20.0	21.0	15.0	24.0	16.0	8.0

9.4 水平带式真空过滤机

水平带式真空过滤机也是以真空负压为动力实现固液分离的设备。依据真空室的型式可分为固定室型和移动室型两种水平带式真空过滤机。

如图9-17所示为固定室型水平带式真空过滤机，主要由橡胶带、滤布、主动滚筒、从动滚筒、真空室及气水分离器等组成。

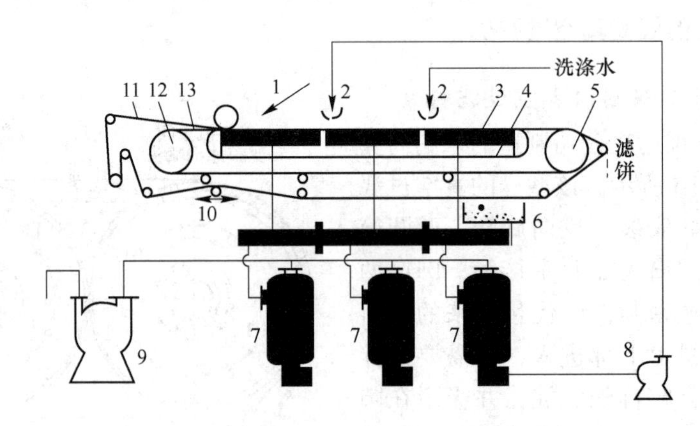

图9-17 固定室型水平带式真空过滤机系统结构

1—给料；2—淋洗装置；3—真空室；4—摩擦带；5—主动滚筒；6—清洗装置；7—气水分离器；8—滤液返水泵；9—真空泵；10—纠偏装置；11—滤布；12—从动滚筒；13—橡胶带

这种过滤机的橡胶带上均匀分布着许多网眼，上面覆盖着滤布，并绕过两个滚筒组成无级可动弹性带。皮带上部沿水平台滑行，水平台全长的中央均设有真空室。真空室由相互隔开的小室组成，并与滤液罐相连。橡胶带的下部有支撑托辊，橡胶带由从动滚筒向平台表面滑行，两侧设有导向装置。

过滤开始时，矿浆经溜槽均匀分布在滤布带上，橡胶带和滤布带以相同的速度同向运动，矿浆在真空压力的作用下进行固液分离，滤液或洗液经滤布带和橡胶带进入真空室，再经真空管与收液系统及气水分离器相连。真空室沿长度方向分别完成过滤、洗涤、干燥等作业。滤布带和橡胶带在主动滚筒处相互分开，前者经卸饼、洗涤、张紧后循环工作，后者因不与滤饼接触可直接返回，如此实现过滤、洗涤、干燥等连续作业。滤饼脱水时可根据需要引入热空气、机械挤压或微波干燥以强化脱水效果。干燥后的滤饼由刮板剥落进入溜槽。当卸落黏性物料滤饼时可借助振动器、压缩空气吹风等。

与固定室型相比，移动室型带式真空过滤机有两大特点：一是真空室可以移动，二是过滤带与传送带为同一条带子。图 9-18 为这种过滤机的工作原理示意图。过滤开始时，真空室与过滤带同步向前运动，由于二者之间不发生相对运动，所以密封效果较好，均匀分布在过滤带上的矿浆经过滤、洗涤、干燥等过程实现固液分离。当行程结束时，真空室触到行程开关，真空被切换，过滤带仍以原速度运行，而真空室则在汽缸推动下快速返回原地，当触到这一侧的行程开关时，又开始了下一个过滤行程。

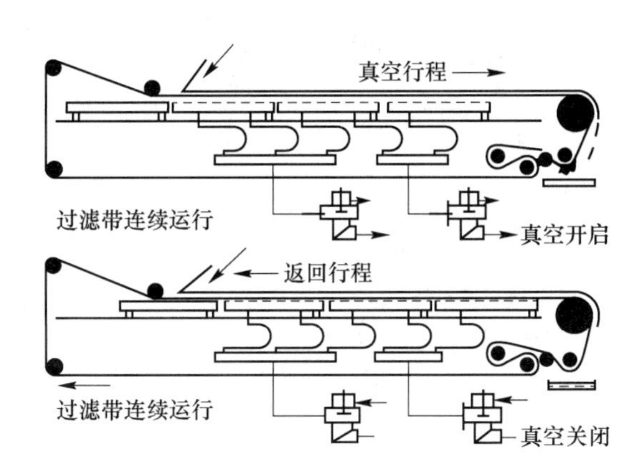

图 9-18　移动室型带式真空过滤机工作原理

移动室型带式真空过滤机具有真空度较高（可达 0.08 MPa）、滤饼较干、滤布易再生、可过滤溶剂性或高温悬浮液等优点，其不足之处是带速较低（小于 7 m/min）、滤液与洗涤液难以严格区分。

水平带式真空过滤机属上部给料式。在过滤机中，重力的作用方向和滤液的运动方向一致，使物料给到滤布上后，粗粒物料首先沉降在滤布上，形成对过滤作用有利的滤饼结构，因而具有较高的过滤速度和较大的单位面积处理能力。该类型真空过滤机主要用于分离沉降速度快、固体物料为多分散性、过滤周期小于 4 min、滤饼厚度不小于 4 mm 的悬浮液的过滤，尤其适合于当分离过程中形成的滤饼需要进行多段、顺流或逆流冲洗的场合；具有自动化程度高、过滤速度快、过滤工艺灵活、洗涤效果好、结构简单和滤布更换简便等优点，缺点是同等处理量条件下带式真空过滤机较其他几种脱水设备占地面积大。

目前水平带式真空过滤机处理浮选精煤的工业应用尚未实现。

9.5 过滤系统

为了实现物料的过滤脱水，除真空过滤机之外，还需要有一些辅助设备，如真空泵、鼓风机、气水分离器等。

真空过滤机与辅助设备之间的连接方式称为过滤系统，常用的过滤系统有 3 种：一级过滤系统、二级过滤系统和自动泄水仪（见图 9-19）。

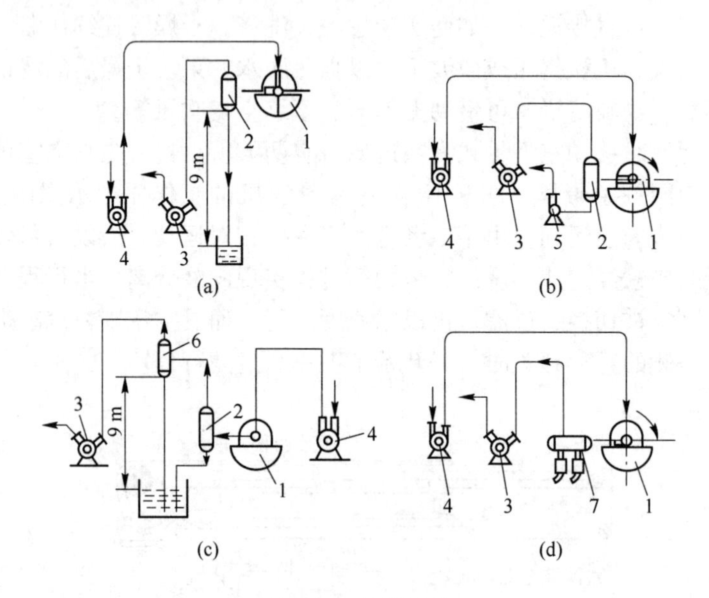

图 9-19 过滤系统

（a）（b）一级过滤系统；（c）二级过滤系统；（d）自动泄水仪

1—过滤机；2—气水分离器；3—真空泵；4—鼓风机；

5—离心泵；6—二级气水分离器；7—自动泄水仪

9.5.1 一级过滤系统

一级过滤系统即一级气水分离系统，也称单级气水分离系统。

在一级过滤系统中，只用一个气水分离器，如图 9-19（a）和（b）所示。滤液和空气由于真空泵造成的负压，抽到气水分离器中，空气再由气水分离器的上部排走，滤液从气水分离器的下部排出。滤液的排出方式有两种：一种是滤液靠自重自然流出，另一种则需用泵强制抽出。

当过滤机布置在高位时，由于气水分离器在负压下工作，要使滤液从气水分离器中排出，其滤液排出口在滤液池液面之间必须至少有 9 m 的高差。为防止空气进入气水分离器，滤液流出的管口必须设有水封。实际上多数选煤厂，过滤机设在浮选机的下层，因滤液自流的高度不够，可考虑采用图 9-19(b)的形式，此时滤液采用离心泵强制抽出，需要专门设置离心泵，要消耗动力，但节省管道。

图 9-19(a)和图 9-19(b)两种形式，由于只设一个气水分离器，有可能气水分离不够彻底，从而影响真空泵的工作，因此在新建选煤厂中较少使用。

9.5.2 二级过滤系统

二级过滤系统也称二级气水分离系统或双级气水分离系统。

二级过滤系统中有两个气水分离器，过滤机可以和一级过滤系统中的图 9-19(b)一样，安放在较低位置，连接过滤机的气水分离器也在较低的位置。该气水分离器上部排出的气体再进入安放在较高位置的二级气水分离器。二级气水分离器的气体由真空泵抽走。如图 9-19(c)所示，由于二级气水分离器位置较高，即使一级气水分离器在较低位置，也不至于影响真空泵的工作，因此在选煤厂得到了广泛的使用。

9.5.3 自动泄水仪

如图 9-19(d)所示的过滤系统，滤液既能自流排出，不需要将过滤机设置在很高的位置，又不用设两个气水分离器，而采用自动泄水仪代替过滤系统中的气水分离器和离心泵。

自动泄水仪的工作原理见图 9-20。

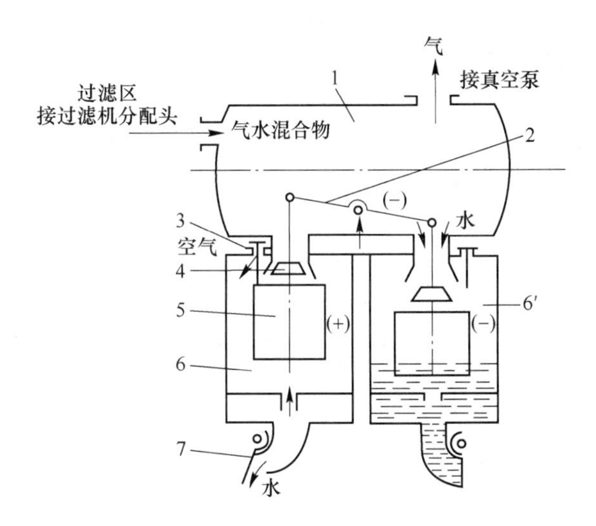

图 9-20 自动泄水仪工作原理

1—气水分离器；2—杠杆；3—空气阀；4—橡胶阀；5—浮子；
6，6′—排液箱；7—单向阀

在自动泄水仪的气水分离器下设有一对排液箱，箱中浮子悬挂在杠杆的两端。图 9-20 中左侧排液箱，与气水分离器的通道被橡胶阀挡住，同时打开空气阀 3，排液箱和大气相通，转变为正压，使下部单向阀自动打开，排出滤液。与此同时，右边排液箱与气水分离器相通，空气阀 3 关闭，排液箱内为负压，使单向阀 7 关闭，滤液由气水分离器流入排液箱。随箱内滤液增多，浮子所受浮力增加。当作用在右侧浮子上的浮力大于真空泵对左侧橡胶阀的抽力时，在杠杆的作用下，浮子上升，橡胶阀挡住排液箱与气水分离器的通道，左右两侧工作状况相互变换。此时，右侧排液箱排出滤液，气水分离器中滤液流入左侧排液箱。

在做变换的瞬间，右侧浮子与左侧橡胶阀的受力关系为

$$G \geqslant P \tag{9-1}$$

式中 G——浮子所受浮力，N；

P——真空泵作用在橡胶阀上的抽力，N。

$$G = \rho V g \tag{9-2}$$

式中 ρ——液体的密度，kg/m^3；

V——浮子浸入液体中的体积，m^3；

g——重力加速度，$g = 9.8\ m/s^2$。

$$P = pF \tag{9-3}$$

式中 p——气水分离器内压力与大气的压力差；

F——受真空泵抽力作用的橡胶阀面积，m^2。

自动泄水仪继选矿厂之后在选煤厂获得应用，但由于使用效果不够理想，很多厂又改用二级过滤系统。

近年来对自动泄水仪进行了改进，研制了电控滤液泄出装置，用一个五通电磁阀控制滤液泄出装置，其工作原理见图 9-21。图 9-21 中工作状态是五通电磁阀的轴带动活塞处于落下位置。滤液桶Ⅰ与气水分离器 1 气路相通。因桶内为负压，所以放水阀在大气作用下关闭，气水逆止阀在滤液重力和真空泵的抽力作用下被打开，滤液流入滤液桶Ⅰ，桶内剩余空气逐渐从联络气管口 6 经五通电磁阀 4、气水分离器 1 被真空泵抽出机外，滤液桶Ⅱ通过五通电磁阀与大气沟通气路，气水逆止阀 2 在大气压力作用下关闭，在滤液桶中滤液重力作用下放水阀 7 打开，滤液排出。

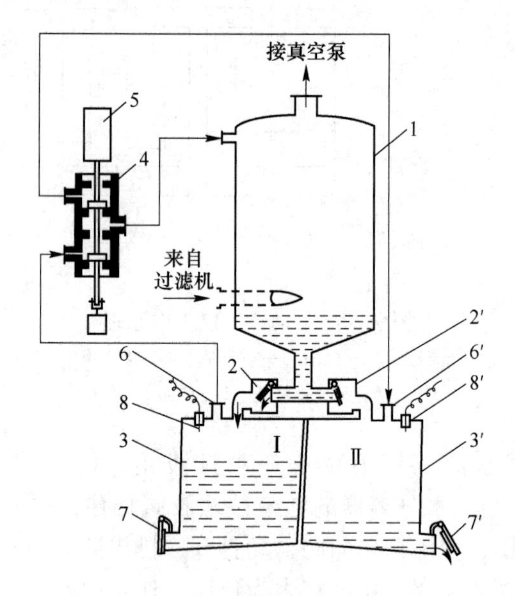

图 9-21 电控滤液泄出装置工作原理

1—气水分离器；2，2′—气水逆止阀；3，3′—滤液桶；4—五通电磁阀；5—电磁铁；6，6′—联络气管口；7，7′—放水阀；8，8′—液位电极

气水分离器 1 中分离出的滤液，不断流入滤液桶Ⅰ中，桶内滤液逐渐上升，当液位上升至触及液位电极 8 时，电控系统接通电路，电磁铁 5 通电，吸引五通电磁阀的阀轴向上

切换电路，使两个滤液桶的工作状态互相转换，成为滤液桶Ⅰ排出滤液，滤液桶Ⅱ存放滤液。当滤液桶Ⅱ中的液位上升，浸到液位电极8′时，电控系统电路断开，电磁铁因断电释放，五通电磁阀中的轴带动活塞落下，完成一个滤液排放周期。由于滤液的排放过程是在等压力、气与水分路的条件下，由上而下自动流动，因此阻力小、流速快。

在选煤厂，一般采用水环式真空泵，因该类型真空泵允许滤液在泵中短期运转，不致发生故障。小型过滤机通常采用SZ型真空泵，大型真空过滤机常用2YK型真空泵。真空度一般为0.04～0.067 MPa。1 m^2 过滤面积的吸气量为0.8～1.3 m^3/min。

真空过滤机的吹风压力常为0.01～0.03 MPa，1 m^2 过滤面积所需要的压缩空气量为0.2～0.5 m^3/min。通常用叶式或罗茨鼓风机供给。

9.6 过滤效果的评定

真空过滤机处理的物料，其矿浆浓度为25%～50%，粒度为1 mm以下。过滤后得到滤饼和滤液两个产品。滤饼的水分常在24%～28%，滤液固体含量在20～80 g/L范围内。

选煤厂用真空过滤机工艺效果的评定和脱水筛、离心脱水机相同，都采用原煤炭工业部颁发的行业标准MT/Z7—1979对脱水效率进行评定。脱水效率评定公式如下：

$$\eta = \frac{(a-b)(c-a)}{a(c-b)(100-a)} \times 100\% \tag{9-4}$$

式中 η——脱水效率，%；

a,b,c——入料矿浆、滤液和滤饼的质量分数，%。

通常，对过滤机不计算脱水效率时，可用下述3个指标对过滤效果进行评价：一是滤饼水分；二是滤液中的固体含量；三是过滤机单位面积处理能力。其效果与真空度、粒度组成、给料浓度等关系较大。

9.7 影响过滤效果的因素

过滤效果的影响，是指对过滤机的生产能力、滤饼水分、滤液中固体含量的影响。影响过滤效果的因素主要有过滤的推动力、矿浆性质及过滤介质的性质等。

9.7.1 过滤的推动力

过滤的推动力，即过滤时过滤介质两侧的压力差。对真空过滤机而言即指真空度。真空度的高低直接影响过滤机的生产能力、产品水分和滤液中的固体含量。通常，压力差的增加可以提高过滤机的处理能力和降低滤饼水分，特别是对细泥含量高的物料，应采用较高的真空度。但过高的真空度容易使滤液中固体含量增大，影响过滤效果。

真空过滤机在处理浮选精煤时，其真空度在0.05～0.06 MPa；处理浮选尾煤时，最好在0.067～0.08 MPa；而处理原生煤泥时，一般为0.04～0.05 MPa。

9.7.2 矿浆性质

矿浆性质指矿浆浓度、粒度、成分和温度。

（1）矿浆浓度：矿浆浓度增加，可以提高真空过滤机的过滤效果。随矿浆浓度增加，过滤机滤饼厚度也增加。在过滤浮选精煤时，常用的液固比为1.5～2，因此有人建议，浮选精煤应先经浓缩，再过滤，这样可降低精煤滤饼的水分。

（2）入料粒度组成：矿浆中固体粒度组成对过滤机生产能力有很大影响。粒度越细，过滤越困难，滤饼越薄，而且增加滤饼的水分，滤饼又难以脱落，造成物料在过滤机中循环，降低了过滤机的处理能力。

粒度组成均匀，则过滤阻力小、速度快、效果好。为了改善过滤机入料的粒度组成，强化过滤过程，可以在矿浆中加入凝聚剂或粗粒煤泥。

（3）矿浆成分：矿浆成分主要指矿浆中的泡沫量。矿浆中含有大量空气泡时，会使生成的滤饼中也含有气泡，特别是细小的微泡，它将堵塞滤饼颗粒之间的通道，降低过滤效果，增加滤饼水分。如果浮选精煤用泵给入过滤机，则容易造成泵吸不上物料，减少过滤机的入料，引起浮选跑槽。

浮选精矿泡沫过多，主要是浮选药剂使用不当造成的。为了提高真空过滤机的过滤效果，浮选药剂用量应适当，在浮选精煤过滤前，最好进行消泡。浮选精煤的浓缩也有一定的消泡作用。

（4）矿浆温度：提高矿浆温度，可以降低矿浆的黏度，减小过滤阻力，提高过滤速度，因而可增加滤饼厚度，降低产品水分。

国外采用将蒸汽直接喷到滤饼上的方式，使滤饼水分由24%～25%降到16%～17%，但这样也会增加过滤费用。

9.7.3 过滤介质的性质

理想的过滤介质应具有过滤阻力小、滤液中固体含量少、不易堵塞、易清洗等性质，并具有足够强度。

通常，金属丝滤布具有过滤阻力较小、不易堵塞、滤饼容易脱落等优点，但滤液中固体含量较高。尼龙滤布比较耐用，特别是锦纶毯的效果很理想，除耐用外，还具有滤饼容易脱落、产品水分低、滤液中固体含量少等特点，但价格较高。

思考题

9-1 何为真空过滤？有哪几个主要阶段？

9-2 简述吹风卸料圆盘真空过滤机的主要结构组成和工作原理。

9-3 简述刮板卸料圆筒真空过滤机的基本结构及工作原理。

9-4 水平带式真空过滤机如何实现矿浆的固液分离？主要特点有哪些？

9-5 什么是过滤系统？有哪几种类型？各有何特点？

9-6 选煤厂如何评价真空过滤的效果？

9-7 影响真空过滤效果的主要因素有哪些？试具体分析。

10 压 滤

【本章提要】本章介绍了压滤工作过程及压滤机类型，详细介绍了板框式压滤机、快速隔膜式压滤机、立式自动压滤机、带式压滤机、加压过滤机及高压隔膜压滤机的工作原理、主要结构和应用特点。

压滤是指悬浮液在高压强差的作用下通过过滤介质来实现固液分离的脱水作业。

对于含微细物料（小于 10 μm）较多的悬浮液，由于其固体颗粒粒度细、沉降速度慢、浆体黏度大、可滤性差，使用常规的脱水机械（离心过滤机、真空过滤机）已无法达到理想的分离效果（如选煤厂的浮选尾煤就具有粒度细、黏度大、细泥多的特点）。针对这种悬浮液，目前使用最有效的脱水设备是压滤机。

10.1 压滤过程及压滤机类型

压滤实质上属于滤饼过滤，它由两个阶段组成：第一个阶段是在悬浮液注满整个滤室之前，由悬浮液体本身的重力作用进行重力过滤；第二个阶段是在外界提供的流体压强作用下，使悬浮液实现加压过滤。在加压过滤初期、滤饼尚未形成时，过滤介质孔隙很小，液体流量变化不大，滤液几乎处在层流条件下。当滤饼逐渐形成以后，滤液通过滤饼层时受到两种阻力作用，即过滤介质阻力和滤饼阻力。

在大多数情况下，压滤工作初期可看作近似恒速过滤阶段；随着滤饼增厚并对液流阻力增大，外界提供的压强达到极限时，压滤过程处于一定压力状态，也可以认为是近似处于恒压过滤阶段。因此，压滤作业又是两种复合的操作过程。

压滤机按其工作的连续性可以分为连续型和间歇型两类。连续型的压滤机入料和排料同时进行，通常结构较为复杂，如带式压滤机。间歇型的压滤机是在进料一段时间后，停止工作，将滤饼排出，完成一个循环后再重新进料，如板框式压滤机。

根据结构型式，压滤机可分为板框式压滤机、快速隔膜式压滤机、带式压滤机及加压过滤机等。前两种属于间歇型，后两种属于连续型。

按其安装方式分立式和卧式两类，以卧式应用较为普遍。

虽然分类方式众多，但都具有一共同特点，即所有的压滤机都是在一定压力下进行操作的设备，适用于黏度大、粒度细、可压缩的各种物料。压滤机在选煤厂中，主要用于浮选精煤和浮选尾煤的脱水。

压滤机与真空过滤机除结构上的差别外，其他差别主要表现在以下方面：

（1）压力差别。压滤机采用正压过滤，压力可达 0.5 ~ 1 MPa；而真空过滤机为负压过滤，其压力仅在 0.1 MPa 的范围内变化，压力的变化范围小得多。

（2）推动力不同。过滤过程依靠压力差实现，压力差即为过滤过程的推动力。压滤机的推动力比真空过滤机大得多。

(3) 滤液固体含量低。在压滤机工作时，由于推动力比真空过滤机大得多，压滤机滤布的孔径比真空过滤机小，因此滤液中固体含量很低。对于处理细黏物料的效果，压滤机优于真空过滤机。

(4) 处理量小。由于压滤机和真空过滤机处理物料的性质不同、滤布孔径不同，虽然压滤机的推动力比真空过滤机大很多，但所需压滤时间仍然较长，因此压滤机的处理量比真空过滤机低。

此外，处理能力的大小与滤框充满所需时间的关系极大。充满所需时间越长，压滤机的处理能力越低。

以下对矿业、化工、冶金等行业常用的几种压滤机进行简要的介绍。

10.2 板框式压滤机

板框式压滤机又有平板板框压滤机（flush plate and frame filter）和凹板板框压滤机（recessed plate filter）之分，两者之间主要差别是滤室的结构不同。前者滤室由滤框本身构成，而后者滤室由相邻的滤板构成，见图 10-1。我国目前主要应用的是凹板板框压滤机，通常称箱式压滤机。

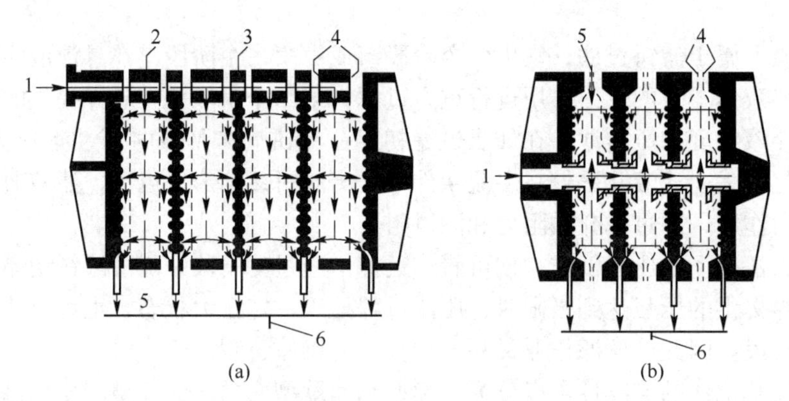

图 10-1 板框式压滤机滤室构成

(a) 平板板框压滤机；(b) 凹板板框压滤机

1—入料口；2—滤框；3—滤板；4—滤布；5—滤饼；6—滤液出口

10.2.1 箱式压滤机的结构

箱式压滤机一般由固定尾板、活动头板、滤板、主梁、液压系统和滤板移动装置等几部分组成。固定尾板和液压系统固定在两根平行主梁的两端，活动头板与液压系统中的活塞杆连接在一起，并可在主梁上滑行。图 10-2 所示为 XMY340/1500-61 型箱式压滤机结构。

10.2.1.1 滤板

滤板是箱式压滤机的主要部件，其作用是在压滤过程中形成滤饼并排出滤液。滤板结构如图 10-3 所示。滤板的两侧包裹滤布，中间有一孔眼，供矿浆通过。滤板上面有凹槽，

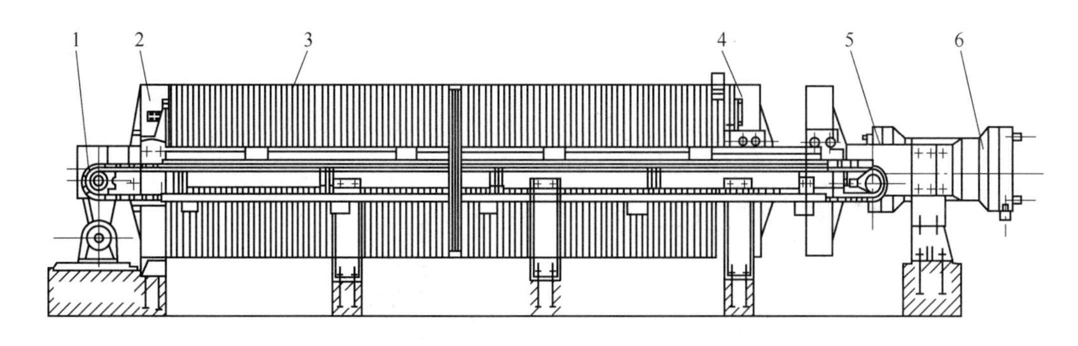

图 10-2 XMY340/1500-61 型箱式压滤机结构
1—滤板移动装置；2—固定尾板；3—滤板；4—活动头板；5—主梁；6—液压系统

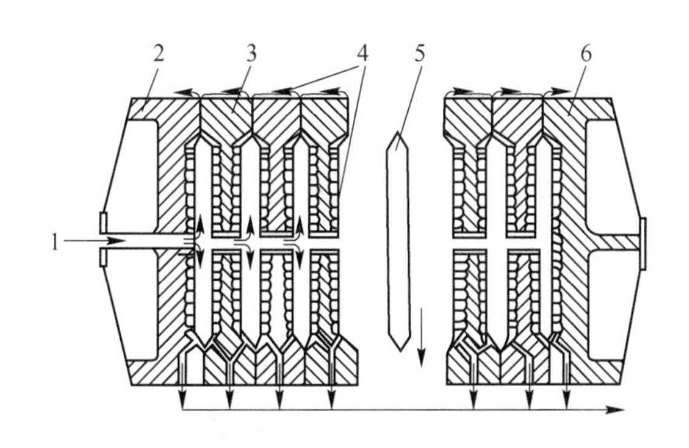

图 10-3 箱式压滤机工作原理
1—矿浆入料口；2—固定尾板；3—滤板；4—滤布；5—滤饼；6—活动头板

滤液可由此排出。其材质可为金属、橡胶、塑料等。多块滤板平行放置于固定尾板和活动头板之间，并依靠主梁支托。

10.2.1.2 滤板移动装置

滤板移动装置的作用是移动滤板，在压滤过程开始前，需将所有滤板压紧以形成滤室；在脱水过程结束需要卸饼时，相继逐个拉开滤板。箱式压滤机将滤板移动装置平行对应地配置在主梁的两侧，其形式可采用单向拨爪式、单向双钩式和往复单钩式，见图10-4。

10.2.1.3 活动头板、固定尾板

活动头板、固定尾板简称头板、尾板。头板与液压系统内的活塞杆连接，并通过两侧的滚轮支承在主梁上，因此头板可以在主梁上滑动。尾板固定在主梁上，尾板上有入料孔，需过滤的矿浆由此给入。头板与尾板配合，将滤板压紧，形成密封的滤室。由于头板的运动，将滤板松开以排卸滤饼。

10.2.1.4 液压系统

液压系统用以控制滤板的压紧和松开，由电机、油泵、油缸、活塞、油箱等组成。油泵常采用高低压并联系统，高压油泵用于提高油压，低压油泵用于提高活动头板的移动速度。

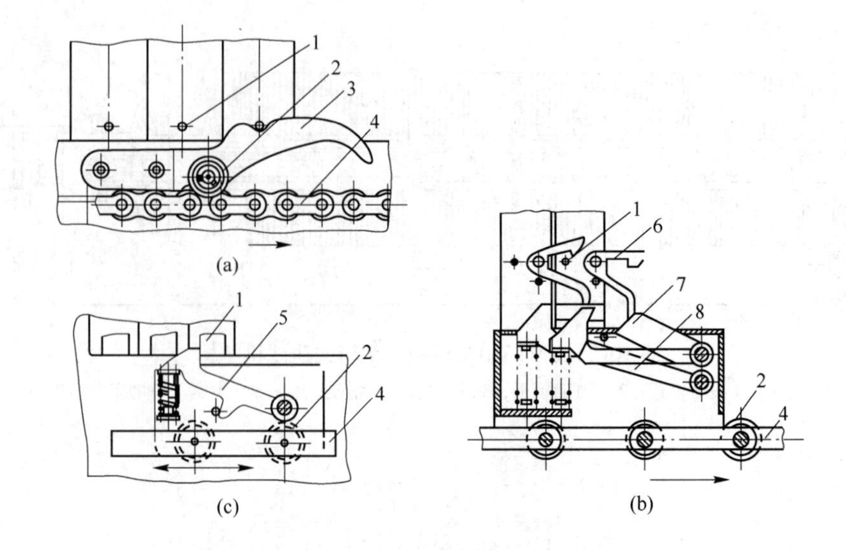

图 10-4　滤板移动装置

(a) 单向拨爪式；(b) 单向双钩式；(c) 往复单钩式

1—滤板把手；2—辊轮；3—拨爪；4—链条；5—拉钩；6—安全钩；7—开框钩；8—靠拢钩

10.2.2　箱式压滤机的工作原理

箱式压滤机的工作原理如图 10-3 所示。当压滤机工作时，由于液压系统的作用，将所有滤板压紧在活动头板和固定尾板之间，使相邻滤板之间构成滤室，周围是密封的。矿浆由固定尾板的入料孔以一定压力给入。在所有滤室充满矿浆后，压滤过程开始，矿浆借助给料泵给入矿浆的压力进行固液分离。固体颗粒由于滤布的阻挡留在滤室内，滤液经滤布沿滤板上的泄水沟排出。经过一段时间以后，滤液不再流出，完成脱水过程。此时，可停止给料，通过液压操纵系统调节，将头板退回到原来的位置，滤板移动装置借链条上的拉钩或拨爪与滤板把手的作用，将滤板相继拉开。滤饼依靠自重脱落，并由设在下部的皮带运走。为了防止滤布孔眼堵塞从而影响过滤效果，卸饼后的滤布需清洗。至此，完成了整个压滤过程。

10.2.3　压滤循环

选煤生产中所用的压滤机都是间歇作业的，其工作过程可分为 4 个阶段：

(1) 给料阶段。压紧滤板，使相邻各滤板间构成中空密封滤室，矿浆以一定压力给入各个滤室。

(2) 压滤阶段，也称脱水阶段。给入矿浆后应保持一段时间，由滤液排出速度判断过滤过程是否完成。

(3) 卸料阶段。完成脱水任务后，停止泵给料，松开滤板，卸落滤饼至运输带。

(4) 滤布清洁阶段。为下一压滤过程做准备，提高滤布的透气性，提高压滤效果。

由上面给料、压滤、卸落滤饼和冲洗滤布 4 个阶段组成一个压滤循环。

需要指出的是：顶紧滤板的机械力或液压系统的压力只起滤室密封作用，防止滤液从滤板间流出，而过滤的压力是由给料泵提供的。

为了提高压滤机的生产能力，应增加压滤循环中压滤的有效时间，减少辅助时间的比例，如卸饼时间、滤布冲洗时间均为辅助时间。通常，压滤时间在一个循环中占70% ~75% 。

10.2.4 箱式压滤机的给料方式

箱式压滤机的给料方式有单段泵给料、两段泵给料和泵与压缩空气机联合给料 3 种。

10.2.4.1 单段泵给料

在整个压滤过程中用一台泵给料，泵的压力固定，通常所用泵的压力较低。

这种给料方式的设备及系统均较简单。但为了满足压滤初期矿浆量较大的要求，需选大流量的泵，压滤后期为满足压力要求，需要较高扬程的泵，这容易造成矿浆在泵内循环，增加泵的磨损，使物料的破碎加剧及消耗功率增大，造成了浪费。

该方式常用于处理过滤性能较好、在较低压力下即可成饼的物料，在选煤厂应用颇广。

10.2.4.2 两段泵给料

在压滤过程采用两段泵给料。压滤初期用低扬程、大流量的低压泵给料，经一定阶段再换用高扬程、小流量的高压泵给料，满足压滤机不同阶段的压力要求。

该种方式避免了单段泵给料的缺点；但在每个压滤循环中，中间需要换泵，操作较为麻烦；此外高压泵的磨损也较大。

10.2.4.3 泵与压缩空气机联合给料

在泵与压缩空气机联合给料的系统中，需增加一台强压缩空气机和贮料罐，因此流程复杂。

该系统在开始工作时，用低扬程、大流量的泵向压滤机和贮料罐供料，充满后停泵。后一阶段利用压缩空气机将贮料罐中的矿浆给入压滤机中继续压滤，这种方式可使入料矿浆的性质均匀稳定，并利用贮料罐内液面的高低，对压滤过程自动控制。因为系统较为复杂，在选煤厂中应用较少。

10.2.5 箱式压滤机工作效果的影响因素

影响箱式压滤机工作效果的因素主要有入料压力、矿浆浓度、矿浆中煤泥粒度组成、入料灰分等。这些因素变化，可以影响压滤循环的时间、产品的水分及处理量等。

（1）入料压力：入料压力是压滤过程的推动力。入料压力越高，压滤推动力越大，可降低压滤所需时间，降低滤饼水分，并可提高压滤机的处理量。但入料压力过高，会使动力消耗增大，设备磨损增加。目前我国设计的煤用压滤机允许入料压力为 1.5 MPa，现场实际采用的压力一般为 0.6 ~0.8 MPa。

（2）入料矿浆浓度：提高入料矿浆浓度，可以缩短压滤循环的时间，并提高压滤机的处理量，但对水分影响不大。从压滤效果看，入料浓度越高越好，最好在 600 g/L 以上，但压滤入料来自耙式浓缩机底流，浓度越高，越容易产生压耙事故，同时也会引起输送管道的堵塞。一般采用 400 ~500 g/L，但不应低于 300 g/L。

（3）入料粒度组成：入料粒度组成是客观因素。其中 -200 网目级别含量的多少直接影响压滤效果。随 -200 网目级别含量增大，压滤机的处理能力降低，滤饼水分增高。入料粒度较粗时的脱水效果较好，压滤机的处理量较高，并可得到水分较低的滤饼。但粒度过粗，煤泥沉降快、流动性差，压滤机的中心给料孔极易堵塞，形成的滤饼也较松散，导致压滤效果恶化。

（4）入料灰分：入料灰分升高，意味着其中细泥含量较多、矿浆黏度增加，导致一个压滤循环所需时间增长，使压滤机的处理量降低，并增加滤饼的水分，恶化压滤性能。

箱式压滤机在现阶段仍是处理细黏物料最有效的设备，得到的滤饼外在水分较低，一般在18% ~28%，而且滤液浓度一般小于5 g/L，基本是清水，不需经其他处理即可返回使用。因此，选煤厂常将箱式压滤机作为煤泥不出厂、洗水闭路循环的把关设备。

我国煤用全自动箱式压滤机为 XMZ 系列，其过滤面积分别为 240 m^2、340 m^2、500 m^2 及 1050 m^2，技术规格见表 10-1。

表 10-1　XMZ 系列箱式压滤机主要技术规格

项　目	型　号			
	XMZ240/1500	XMZ340/1500	XMZ500/1500	XMZ1050/2000
滤板外形尺寸/mm × mm × mm	1500 × 1500 × 60	1500 × 1500 × 60	1500 × 1500 × 60	1500 × 2000 × 68
滤板数量/块	61	92	137（140）	150（150）
过滤总面积/m^2	240	340	500（510）	1050（1100）
滤室总容积/m^3	3.7	5.2	7.7（7.9）	18.6（17.7）
过滤工作压力/MPa	<1	<1	<1	<1.5
单循环处理能力/t	6	8	12	21.3
电动机功率/kW	6.5	6.5	6.5	20
外形尺寸（长×宽×高）/mm × mm × mm	8435 × 2330 × 2150	10250 × 2330 × 2150	12020 × 2620 × 3487	16910 × 3450 × 5246
机重/t	—	60	74.5（76）	195.5（199）

10.3　快速隔膜式压滤机

快速隔膜式压滤机是针对浮选精煤脱水难而开发的一种新型压滤机，在传统箱式压滤机的结构基础上改进而成。其结构与传统压滤机相似，但压滤工艺不同。快速隔膜式压滤机也适用于浮选尾煤或未浮选过的原生煤泥的压滤脱水。

10.3.1　快速隔膜式压滤机的主要过滤元件——压榨板

压榨板是快速压滤机的关键过滤元件，它由滤板、压榨隔膜板、滤布、滤液管等组成，如图 10-5 所示。其主要特点是在普通压滤板的两侧增加双面橡胶隔膜，同时增加压榨风进风双通道。

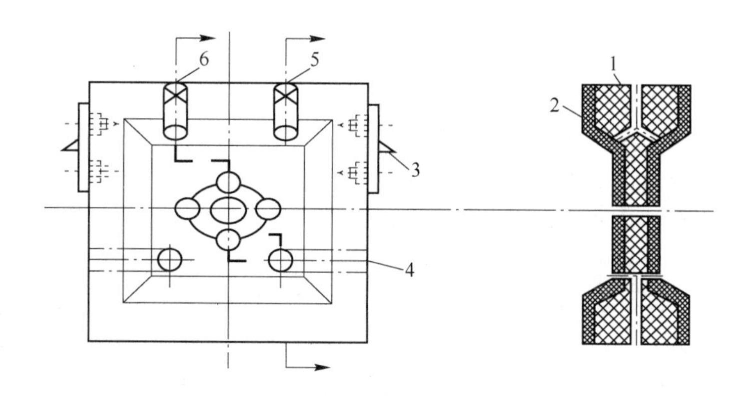

图 10-5　精煤压榨板结构示意图

1—滤板；2—压榨隔膜板；3—把手；4—滤液管；5，6—风管

10.3.2　工作原理

快速隔膜式压滤机是由压滤、隔膜剪切挤压脱水和强气压穿流脱水组成的综合过滤设备。其工作过程包括脱水过程、卸饼过程及滤布冲洗过程。快速隔膜式压滤机工作原理如图 10-6 所示。首先是进料过滤（依靠给料泵压力进行过滤）；其次是压榨脱水（高压水鼓动橡胶隔膜，挤出滤饼固体颗粒的间隙液体；用压缩空气顶排，去除压榨水）；再次是吹气穿流（通过压缩空气穿流置换出滤饼内部的残留液体，进一步降低滤饼水分）；然后是自动卸料（通过滤布的上下扯动彻底卸除滤饼）；最后是冲洗（通过高压水清洗滤布）。至此，完成一个过滤循环。

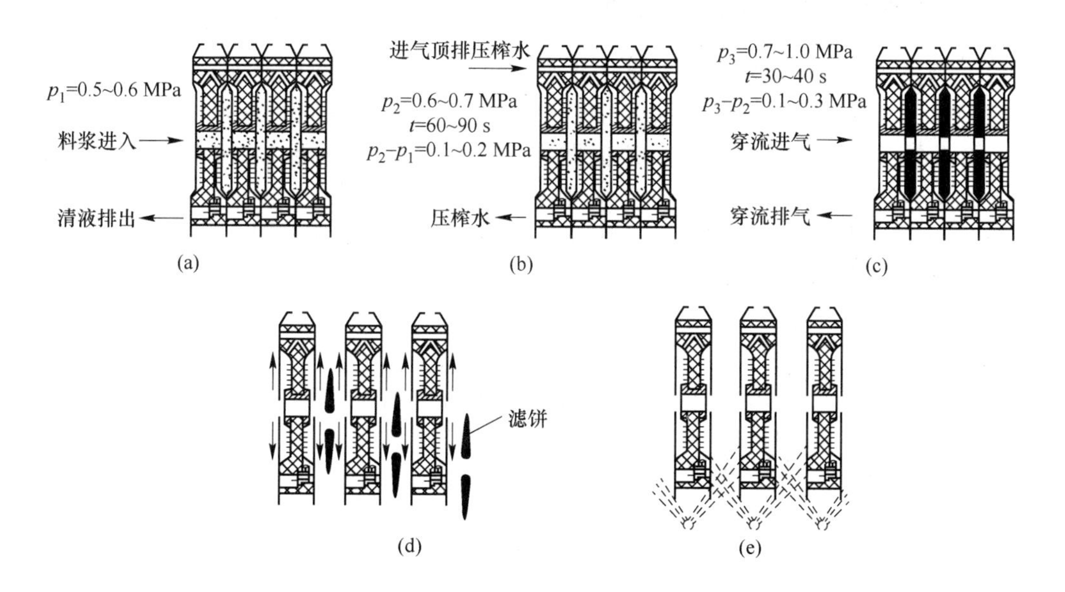

图 10-6　快速隔膜式压滤机工作原理图

（a）进料过滤；（b）压榨脱水；（c）吹气穿流；（d）自动卸料；（e）冲洗

10.3.2.1　脱水过程

图10-6(a)~(c) 为快速隔膜式压滤机脱水过程示意图，脱水过程在压紧全部滤板后进行，具体执行如下3个阶段：

第一阶段，采用高压强的流体静压力过滤脱水。由给料泵将矿浆给入主管路后分流至各滤板形成的滤室，当压力升到0.5~0.6 MPa后，即完成了流体静压力过滤脱水过程。该阶段主要脱除滤饼颗粒间的游离水分和部分孔隙水，降低滤饼的孔隙率和水饱和度。

第二阶段，采用二维变向剪切压力过滤脱水。本阶段旨在破坏在静压力脱水过程中形成的滤饼定型孔隙，改变颗粒桥联的几何结构，强制重新排列滤饼颗粒布序状态，脱出颗粒孔隙水。该阶段是借助橡胶隔膜在星点式滤板侧的弧面变形产生的二维变向剪切压力来实现的。压力升到0.6~0.7 MPa（高于前段压力0.1~0.2 MPa），并保持一定时间（60~90 s）来完成该阶段脱水过程。

第三阶段，采用强气压穿流压力脱水。采用强气压（高压大气量）的净压缩空气流穿过滤饼颗粒孔隙，快速运载颗粒内的润滑水和剩余空隙水，当压力达到0.7~1.0 MPa（高于前段压力0.1~0.3 MPa），并保持足够的气流量和穿流时间（30~40 s）后，即完成第三阶段脱水过程。

10.3.2.2　卸饼过程

完成上述3个阶段的脱水过程后，由滤板驱动系统一次性拉开所有滤板，此时部分滤饼借助重力自行卸落，剩留滤饼借助滤布旋转下降行走，强制性卸除黏附滤饼，如图10-6(d)所示。

10.3.2.3　滤布冲洗过程

滤布可旋转上升、下降。在滤布旋转上升行走的同时，开始冲洗滤布和隔膜，直到滤布复位，冲洗过程结束，如图10-6(e)所示。

10.3.3　快速隔膜式压滤机的主要特点

（1）改进了压滤机结构，增加了脱水功能，在压滤机上能同时实现高压流体进料初次过滤脱水、滤饼二次挤压压榨脱水与压缩空气强气压穿流风吹滤饼三次脱水。

（2）解决了泡沫矿浆的泵压困难问题（因浮选精矿浓度低，一般为160~250 g/L，且含有大量泡沫，易产生气蚀现象），降低了动力消耗。

（3）克服了传统压滤机机型大、压滤速度慢所带来的单循环时间长、单块滤饼不易破碎导致总精煤质量均匀性难以保证等弊端。

（4）降低了精煤水分，提高了滤饼脱落效果。

（5）克服了真空过滤机因滤液浓度高而必须返回浮选，导致恶化浮选效果的缺点。快速隔膜式压滤机的滤液浓度低，可直接进入循环水系统。

10.3.4　快速隔膜式压滤机脱水工艺系统及应用实例

10.3.4.1　脱水工艺系统

精煤快速隔膜式压滤机脱水工艺系统如图10-7所示。

10.3.4.2　应用实例

某煤电公司选煤厂采用QXM(A)Z-200型快速隔膜式压滤机过滤浮选精煤，取得了良

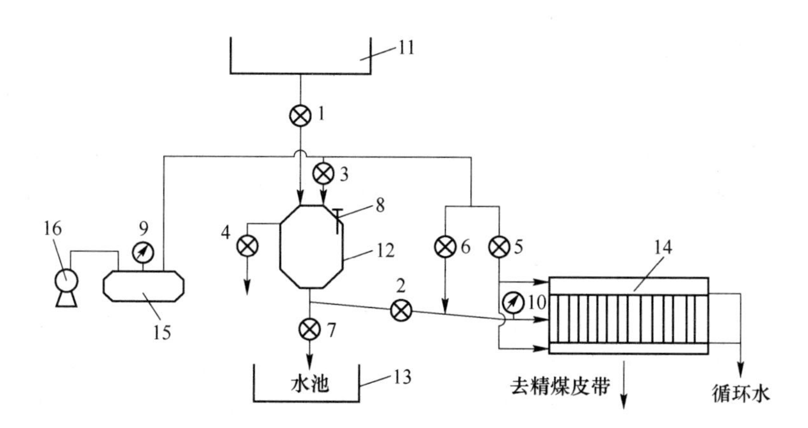

图 10-7　精煤快速隔膜式压滤机脱水工艺系统

1，2，4—气动蝶阀；3，5，6—电磁截止阀；7—手动闸阀；8—料位计；9，10—压力表；11—浮选精矿槽；12—料罐；13—水池；14—快速隔膜压滤机；15—风包；16—压风机

好的工艺效果。

入料条件：入料浓度平均为 190 g/L，入料中小于 0.045 mm 的粒级占 66.44%，入料灰分为 8.53%。

操作条件：一段流体静压力为 0.45～0.50 MPa，二段挤压压力为 0.60 MPa，三段穿流压力平均为 0.75 MPa。

工作效果：滤饼外在水分平均为 18%～22%；单机处理能力平均为 15～18 t/h，单位面积处理能力平均为 0.075～0.090 t/(m^2·h)；滤液中固体含量平均为 0.45 g/L。

表 10-2 为 QXM(A)Z 系列快速隔膜式压滤机产品规格及主要技术性能表。

表 10-2　QXM(A)Z 系列产品规格及主要技术性能

型　号	QXM(A)Z-400	QXM(A)Z-300	QXM(A)Z-200	QXM(A)Z-150	QXM(A)Z-100	QXM(A)Z-50
过滤面积/m^2	400	300	200	150	100	50
滤板尺寸/mm×mm×mm	2500×2000×70	2000×2000×70	2500×1500×66	1500×1500×66	1500×1500×66	1000×1000×66
滤板块数	43	38	38	41	28	32
过滤容积/m^3	8.6	6.2	4.4	3.5	2.3	1.4
入料压力/MPa	0.5～0.6 0.6～0.7 0.7～1.0	0.5～0.6 0.6～0.7 0.7～1.0	0.5～0.6 0.6～0.7 0.7～1.0	0.5～0.6 0.6～0.7 0.7～1.0	0.5～0.6 0.6～0.7 0.7～0.8	0.5～0.6 0.6～0.7 0.7～0.8
主机配用功率/kW	39.2	39.2	32.2	24.2	13.2	13.2
主机外形尺寸/mm×mm×mm	8200×4700×4200	7700×4200×4200	7616×3200×4185	7880×3200×3685	5836×3200×3685	5672×2700×3185
主机质量/kg	39720（塑板）	37200（塑板）	37500（塑板）	20850（塑板）	18750（塑板）	11160（塑板）
设计处理能力/t·h^{-1}	30～40	22～30	15～18	11～14	7～10	3～6
产品外在水分/%	18～22	18～22	18～22	18～22	18～22	18～22
滤液固体含量/g·L^{-1}	≤0.5	≤0.5	≤0.5	≤0.5	≤0.5	≤0.5

10.4 立式自动压滤机

立式自动压滤机（见图 10-8）是一种周期性工作的过滤设备，具有生产能力高、滤饼水分低、自动连续作业等特点，常应用于精矿脱水以及化工、食品等工业物料的过滤、洗涤。

10.4.1 立式自动压滤机主要结构

该机由多层板框组成，环形过滤布绕过各层板框，如图 10-9 所示，工作时由压紧机构将各板框相互压紧，过滤结束后将滤板一层层拉开，由驱动装置带动滤布运动，在两侧的卸料辊处完成卸料。阀门系统可控制向板框内给料、给高压水及吹压缩空气等。可通过预设工作程序实现自动控制板框的拉开、压紧、阀门的开闭、滤布的运行及停止作业。

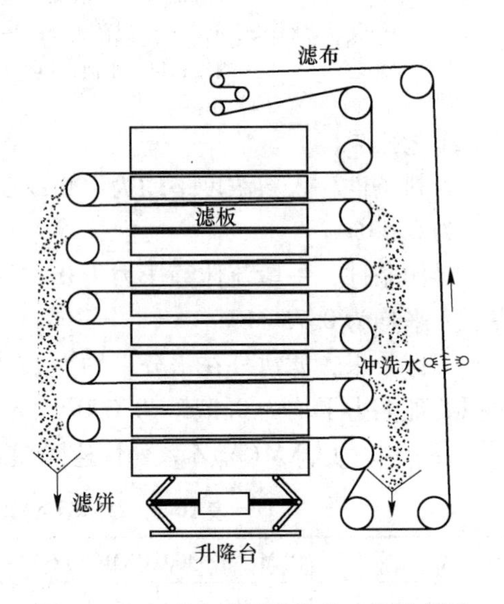

图 10-8 芬兰 LAROX 立式自动压滤机外观

图 10-9 立式自动压滤机的工作示意图

板框是过滤机的主要工作部分，板框分上下两个腔。上面是滤液腔，铺有过滤板；上一层板框滤饼排出的滤液透过滤布和滤板，从滤液腔排出机外。下面是滤饼的加压腔，内有隔膜，被过滤的料浆给入隔膜的下面；隔膜的上面通入高压水或压缩空气，压迫隔膜，挤压滤饼，排出滤液，隔膜下面除了给料口以外还有一个管口，可以给入压缩空气吹落滤饼。图 10-10 是立式自动压滤机板框结构示意图。

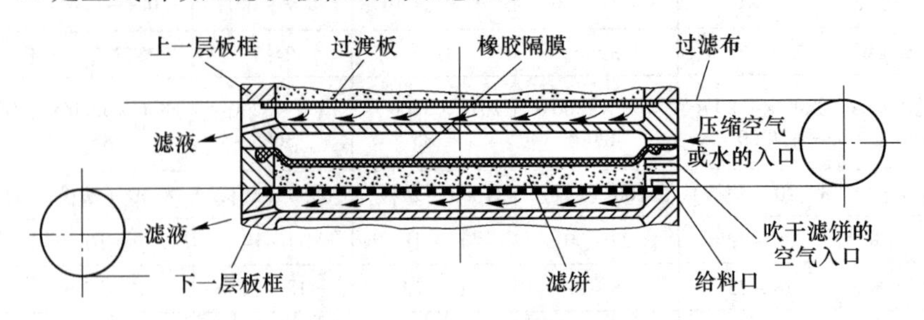

图 10-10 立式自动压滤机板框结构示意图

10.4.2　工作原理

立式自动压滤机的一个工作循环包括以下 6 个阶段：

（1）板框压紧机构工作，把各层板框压紧。

（2）向板框内给入料浆，料浆用泵压入多路管，再经过软管，均匀地给入各层板框，直到充满为止。

（3）隔膜加压。用泵向隔膜上面给入高压水，水压可达几个大气压，也可以用压缩空气加压隔膜。隔膜压榨滤饼，使之脱去水分。

（4）吹风。隔膜停止加压，向滤饼吹入压缩空气，让大量的空气穿过滤饼，再带走一部分水分。

（5）拉开板框，各层板框以相等的间隔吊起来，夹在板框之间的滤布也被拉开，板框内的滤饼落在滤布上。

（6）卸料。滤布驱动机构工作，带动滤布运行，把滤饼送到卸料辊处，使滤饼落到机外。

滤布运行的同时，清洗机构对滤布进行了清洗。经过这 6 个阶段，完成一次过滤过程（循环）之后，可以再进行下一次作业。立式自动压滤机板框工作过程见图 10-11。

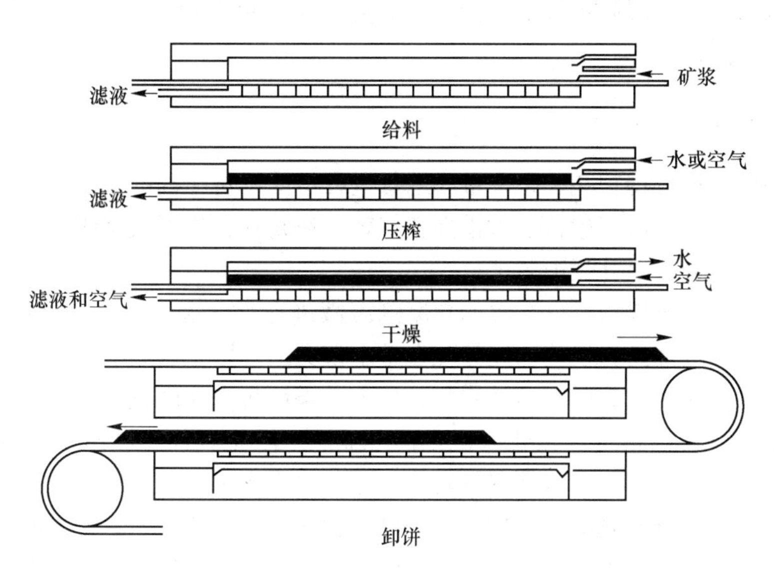

图 10-11　立式自动压滤机板框工作过程示意图

10.5　带式压滤机

带式压滤机是一种连续工作的脱水设备，其结构简单、操作方便，目前已广泛用于处理各种污泥、选煤产品、湿法冶金的残渣、管道输送的物料等。

10.5.1　带式压滤机的结构

带式压滤机有各种型式，但主要都是由一系列按顺序排列的、直径大小不同的辊轮、两条缠绕在这一系列辊轮上的过滤带，以及给料装置、滤布清洗装置、调偏装置、张紧装置等部分组成，其基本结构见图10-12。

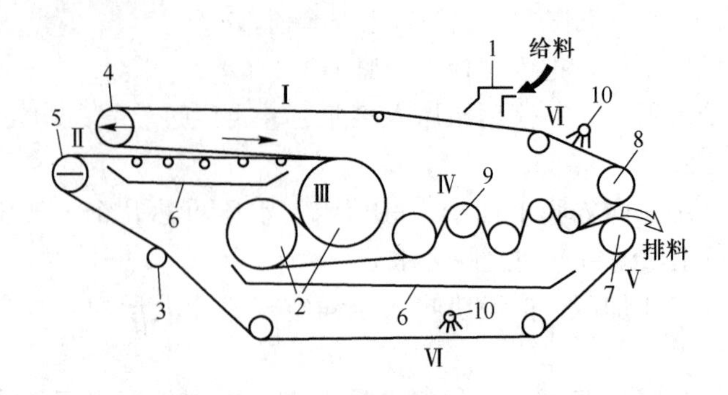

图10-12 带式压滤机结构示意图

1—头部给料及分配装置；2—预压力辊轮；3—托辊及调偏装置；4，5—过滤带上、下张力调节辊轮；6—滤液承受装置；7—卸饼辊轮；8—驱动辊轮及传动系统；9—压力区辊轮组（5个）；10—滤布清洗装置；Ⅰ—重力过滤脱水区；Ⅱ—楔形挤压区；Ⅲ—预挤压区；Ⅳ—挤压区；Ⅴ—卸料区；Ⅵ—滤布清洗区

带式压滤机的工作区间可以分为重力过滤脱水区、楔形挤压区、预挤压区、挤压区、卸料区及滤布清洗区。

10.5.2 工作原理

带式压滤机是通过物料在两条皮带间运行过程中受到挤压和剪切作用，并受到重力作用排出水分的。在脱水过程中，必须借助絮凝剂，使物料首先形成絮团，然后在压滤机的挤压下，滤饼的水分排出并逐渐紧密。

一定浓度的浮选尾煤与预先配置的絮凝剂溶液进行均匀混合，使固体颗粒进行絮凝。絮凝后的物料通过头部给料器均匀地分配在整个带宽上，即Ⅰ区。在该区中，物料可进行重力过滤脱水。经重力过滤脱水后的物料，进入两条皮带之间的楔形区，并连续进入预压力辊轮和其他压力区辊轮组。在此过程中，由于压力辊轮直径不断减小，挤压力不断增加，因此滤饼水分不断降低。滤带在辊轮中行进路线为S形，使滤饼在滤带中产生相对位移，有利于滤饼中水分的脱除。最后滤饼经过压力区辊轮组9后，在Ⅴ区由于滤带弯曲和滤饼的自重进行卸饼。为了提高滤带的透水能力，再次进入工作区前，用喷水进行清洗。

带式压滤机的工作包括4个基本阶段：

（1）絮凝和给料阶段。该阶段是带式压滤机工作成败的关键。该阶段的主要任务是根据处理物料的性质，选择合适的絮凝剂种类、用量和添加方式，预先将矿浆的固体颗粒进行絮凝，然后均匀、及时地给到滤带上，准备脱水。

（2）重力脱水阶段。物料给到滤带上以后，即开始重力脱水。经絮凝后的矿浆，流动性大为降低，黏度下降，在固体颗粒之间逐渐析出游离水。在自重作用下透过滤带，与絮团分离。

重力脱水阶段是压滤的准备阶段，经过重力脱水形成的滤饼，应经受住滤带和压辊的挤压而不流失。因此，重力脱水区应有足够的长度，使水分尽可能地排除。为达此目的，除依靠重力外，还可考虑在滤带下面设置真空箱，用真空配合重力脱水。真空度不必过高，否则将会抽走固体颗粒，并增加滤带运动阻力。

重力脱水区形成的滤饼，厚度应均匀一致，在滤带进入挤压区后，应使各处滤带的张紧程度相同，防止滤带跑偏和打褶。

因此，重力脱水阶段是带式压滤机工作过程的重要阶段，其工作效果的好坏对整个脱水效果有很大影响。

（3）挤压脱水阶段。在重力脱水区形成的滤饼，进一步到挤压区继续脱水。挤压脱水可分为两种方式，即低压脱水和高压脱水。

低压脱水是依靠滤带本身张紧的张力，借助压辊向滤饼施加压力，压缩滤饼而实现的。滤带每经过一个压辊，运动方向都要改变，使颗粒位置互相错动，破坏了滤饼中的毛细孔，有助于脱水过程的进行。

高压脱水是除滤带本身张力之外，还借助其他外力挤压滤饼，使滤饼脱水。

通常，在挤压脱水中起主要作用的是低压脱水。低压脱水的方法比较简单，并能够脱去滤饼中的大部分水分。高压脱水可根据物料脱水的难易程度和对滤饼水分的要求，决定设置与否。

（4）卸料和滤布清洗阶段。完成脱水后，上、下滤带分开，滤饼靠滤带弯曲、自重并可借助刮刀从滤带上分离排出机外。卸料后的滤带应及时清洗。清洗一般采用高压水，也可设置刷子刷洗。滤带经清洗后，透气性能恢复，有利于再次进行压滤。

10.5.3 影响带式压滤机脱水效果的因素

（1）絮凝剂的种类、用量和添加地点。在带式压滤机的工作过程中，絮凝剂的种类、用量和添加地点有很重要的意义。所用的絮凝剂应能使煤泥形成良好的絮团，尽可能地脱去自由水分。絮团应有一定的强度，在开始挤压时不致从滤带的两侧流出。絮凝作用要彻底，滤液中不应带有微细颗粒。因此，带式压滤机有时要用两种絮凝剂相互配合，保证其良好的脱水效果。絮凝剂种类、用量、添加方法等直接影响脱水效果，因此应由试验确定。

（2）入料矿浆浓度。入料矿浆浓度越高，带式压滤机的处理能力越大，但应保证矿浆与絮凝剂充分混合。过低的浓度不仅影响处理能力，还容易导致矿浆从滤带两侧溢出，造成跑料现象。

（3）滤带速度。随着滤带速度增加，处理能力也增加，但滤带速度增加相对缩短了物料的脱水时间，因而使滤饼的水分增加。

（4）滤带张力。滤带张力越大，滤饼所受挤压力越大，滤饼水分越低。但过大的张力将使滤带所受拉力和剪切力增加，影响滤带的使用寿命。

（5）辊轮直径和排列方式。辊轮的直径和排列方式可使滤饼受到的剪切力和挤压作用发生变化，为了得到最好的脱水效果，辊轮安排应使滤饼受到的剪切力和挤压作用逐渐增加。从预挤压区到卸料区，其直径由大到小。相邻辊轮直径应由试验确定。

带式压滤机最大的优点是连续工作，单位面积处理能力较高、电耗量低，当絮凝剂选择和使用得当时，产品水分低，并且具有结构简单、操作方便、占地面积小等优点。

因过滤带同时起过滤作用和运输作用，受到的拉力和剪切力均较强，对过滤带的强度要求较高。此外，为避免水分从两侧流出，滤带的滤孔不能过小，因此，对细粒物料絮凝不好时，容易造成滤液中固体含量较高，絮凝剂较难选择，并影响到带式压滤机的脱水效果。

带式压滤机工作压力一般在 0.4 ~0.7 MPa，其脱水效果见表 10-3。

表 10-3 带式压滤机的脱水效果

物料性质	入料浓度 /g·L^{-1}	-120 网目含量/%	干煤泥絮凝剂耗量/g·t^{-1}	处理能力 /t	滤饼厚度 /mm	滤饼水分 /%	滤液浓度 /g·L^{-1}
浮选尾煤	350 ~ 700	75 ~ 85	100 ~ 150	3.5 ~ 7	5 ~ 15	28 ~ 36	10 ~ 40

10.6 加压过滤机

加压过滤机是一种新型高效的细粒物料脱水设备。其特点是采用正压过滤、连续工作、处理量大、产品水分低、电耗量低。

10.6.1 工作原理

加压过滤机实际上是将类似于圆盘真空过滤机的设备装入特制的压力容器内。利用压缩空气作为过滤的推动力，在过滤介质两侧产生压差，使物料在过滤盘上形成滤饼，再用瞬时吹风或刮刀把滤饼卸下。脱水后的滤饼由压力容器内的一台刮板输送机输送到密封排料仓的上仓，上仓装满后自动打开上闸板，将滤饼放入下仓，待上仓闸板关闭后，再将下仓闸板打开将滤饼排出仓外，上下仓交替工作。滤液则通过滤液管排出机外。

10.6.2 基本结构

加压过滤机由加压仓、盘式过滤机、刮板输送机、密封排料装置和电控系统 5 部分组成，如图 10-13 所示。

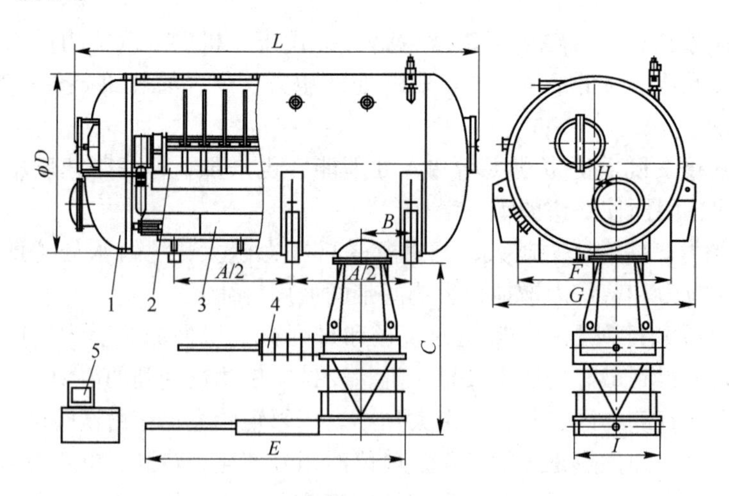

图 10-13 加压过滤机

1—加压仓；2—盘式过滤机；3—刮板输送机；4—密封排料装置；5—电控系统

10.6.2.1 加压仓

加压仓是加压过滤机正压过滤的仓体，其上设有快开门和活封头，以便设备和人员的进出。仓上还有观察孔，可观察仓内的设备工况。仓体直径一般为4.6 m，最大长度与圆盘数有关，工作时仓内压力范围为0.3～0.45 MPa。

10.6.2.2 盘式过滤机

盘式过滤机是加压过滤机的核心，是直接参与矿浆过滤的部件。它主要由主轴、滤扇、主轴传动装置、分配头、槽体、搅拌装置等组成。图10-14为盘式过滤机结构简图。

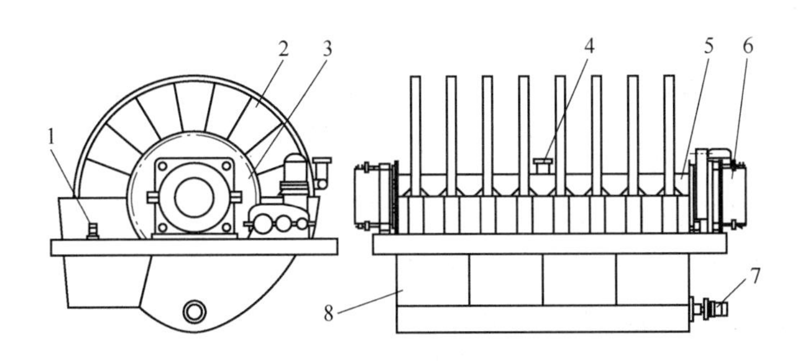

图10-14 盘式过滤机结构简图

1—润滑装置；2—滤扇；3—主轴传动装置；4—冲洗装置；5—主轴；
6—分配头；7—搅拌装置；8—槽体

工作时滤盘在储矿槽中的煤浆内旋转，煤浆在压缩空气的作用下在滤盘上形成滤饼。滤饼在滤盘上部脱水并被带至卸料位置，该位置上有一特殊的导向装置，其上安有卸料刮刀，刮刀与滤盘间距保持在2～4 mm。此种卸料方式使滤饼脱落率不小于95%；同时设有反吹装置，当滤饼厚度小于5 mm时需用反吹卸料。

置于加压仓内的盘式过滤机与普通圆盘真空过滤机相比有很大的区别：（1）为适应压差的增高，滤盘需有较高的抗压强度；（2）为减少压缩空气的消耗量，将滤扇的个数由通常的10～12片增至20片。

入料口设在储矿槽下部，倾斜向上进入槽体液面下。这种入料方式避免了因浮选泡沫造成实际液位过低而导致气耗量过大的现象。

滤盘浸入深度影响滤饼厚度的均匀性，进而又会影响过滤的气耗量、滤饼水分和产量等重要工艺参数。为使滤饼厚度均匀，降低过滤中无用气耗量，加压过滤机采用了高浸入度和小夹角滤扇结构，滤盘浸入深度为50%，滤扇的角度为18°，比常规的真空过滤机小18°。图10-15是加压过滤机与真空过滤机滤盘工作区的对比。

滤盘转速直接影响了加压过滤机的处理能力和风耗量。确定合理的滤盘转速是确保加压过滤机在理想工作区工作的重要因素。加压过滤机主轴转速采用变频调速控制，主轴可在0～1.54 r/min范围内无级调速。

10.6.2.3 刮板输送机

刮板输送机位于过滤机卸料槽下方，采用下链运输方式，负责把过滤机卸落的滤饼收集并运输到排料阀上仓。

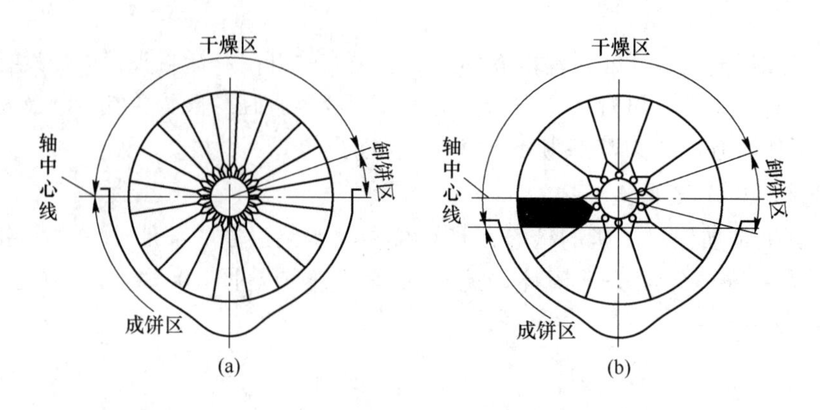

图 10-15　加压过滤机与真空过滤机滤盘工作区对比

（a）加压过滤机；（b）真空过滤机

10.6.2.4　密封排料装置

图 10-16、图 10-17 是加压过滤机的密封排料装置机械图和立体图。该装置是加压过滤机的关键部件，它的作用是排出滤饼，同时保障加压仓内的压缩空气尽可能少地逸出。目前广泛应用的是双仓双闸板交替工作的密封排料装置，其上的两个闸板采用液压驱动，用充气橡胶密封圈密封。其工作过程为：当上仓料位达到设定值后，均压充气管向已建封的下仓充气至与加压仓相同压力后撤去上闸板密封，打开上闸板，上仓料排至下仓后关闭上闸板并建封，下仓放气，均压管把下仓压力放至大气压，下闸板撤封之后打开下闸板把滤饼排出仓外，如此往复完成加压过滤机的排料工作。可见加压过滤时，过滤机连续工作，密封排料的上下仓以间歇方式排料，最短排料周期为 50 s。

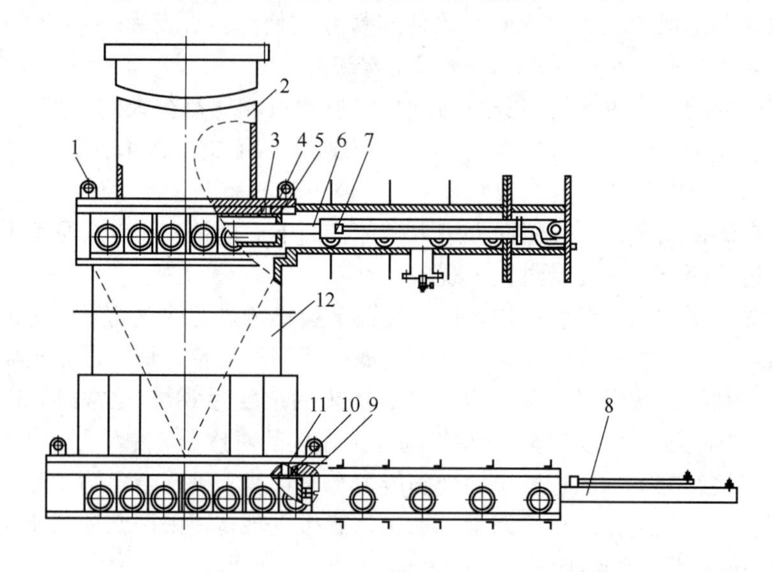

图 10-16　加压过滤机密封排料装置

1—起吊耳；2—上仓；3—上刮刀；4—上密封圈；5—上闸板；
6—上油缸；7—上托轨；8—下油缸；9—下闸板；
10—下密封圈；11—下刮刀；12—下仓

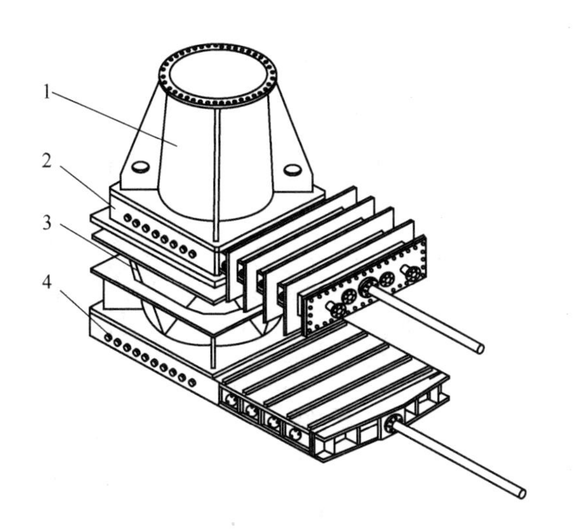

图 10-17 加压过滤机密封排料装置立体图
1—上仓体；2—上阀体；3—下仓体；4—下阀体

10.6.2.5 电控系统

电控系统主要有主机及辅机的自动控制、重要参数的监测与调节、故障诊断三大功能，由 PLC 集中控制。加压过滤机电气控制系统由传感器变送器、控制器调节器和执行器三部分组成。

10.6.3 工艺系统

加压过滤机生产工艺系统主要包括低压风机、高压风机、给料泵、液压站、圆盘给料机、高压清水泵以及工艺管路和阀门等，如图 10-18 所示。

低压风机为加压过滤机提供风源，其风压及风量的大小根据煤样试验结果确定。高压风机是气动阀门、充气密封圈和调压阀的动力源。给料泵供给加压过滤机煤浆，由变频器调节给料量，其扬程应大于管阻力和仓内压力之和。高压清水泵为冲洗滤盘和视镜提供冲洗水。圆盘给料机把密封排料装置排出的滤饼连续均匀地输送给刮板运输机。系统的各辅助设备及阀门均由电控系统实施集控和监测。

10.6.4 技术特征

表 10-4 列出了规格较大的几种加压过滤机技术特征。

加压过滤机主要特点如下：

（1）生产能力高。由于过滤料层两侧的压差大，所以生产能力高。在通常情况下，生产能力可达 300 ~ 800 kg/(m^2·h)，比真空过滤机高 5 ~ 10 倍。

（2）产品水分低。对浮选精煤脱水，当工作压差为 0.25 MPa 时，滤饼水分为 19% ~ 21%；当工作压差为 0.3 MPa 时，滤饼水分可至 16% ~ 19%。比真空过滤机的产品水分低 10 ~ 13 个百分点。

（3）能耗低。当工作压差为 0.25 MPa 时，加压过滤机处理浮选精煤的吨煤电耗量只有真空过滤机的 1/4 ~ 1/3，具有显著的经济效益。

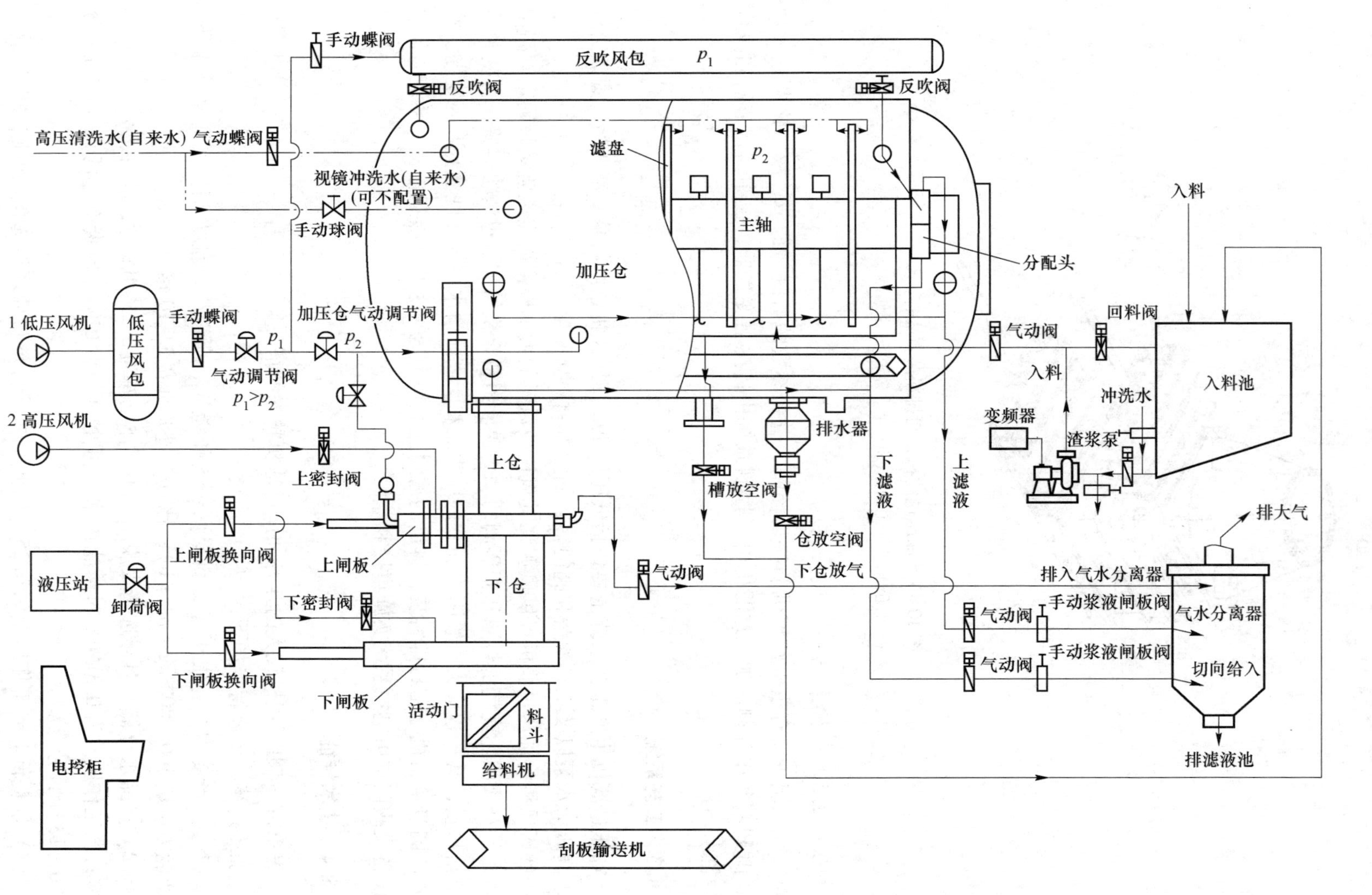

图 10-18　加压过滤机生产工艺系统

表 10-4 GPJ 型加压过滤机技术特征

设备型号		GPJ60	GPJ72	GPJ96	GPJ120	GPJ40
过滤面积/m^2		60	72	96	120	140
过滤盘直径/mm		3000	3000	3000	3000	3600
滤盘片数/片		5	6	8	10	8
滤盘转速/$r \cdot min^{-1}$		0.4～1.5				
处理能力/$t \cdot (m^2 \cdot h)^{-1}$		浮选精煤：0.5～0.8；煤泥：0.3～0.6				
滤饼水分/%		15～20				
工作压力/MPa		0.2～0.5				
加压仓直径/mm		4600		—		
装机功率/kW	总功率	36.4	37.9	44.4	50.9	63
	主轴	—	—	7.5	—	—
装机功率/kW	刮板	—	—	11	—	—
	搅拌装置	—	—	5.5	—	—
	润滑装置	—	—	0.37	—	—
总质量/t		68	72	90	98	112
外形尺寸(长×宽×高)/mm×mm×mm		8.4×4.8×8.1	9×4.8×8.1	9.96×4.8×8.6	11.1×4.8×8.6	11.9×4.8×8.6

（4）全自动化操作。全机启动、工作、停止以及特殊情况下短时等待均为自动操作，液位、料位、排料周期自动调整和控制，具有自动报警及停止运转等安全装置。根据工作状态变化和用户需要，自动程序容易调整。

（5）滤液浓度低。通常情况下，滤液浓度为 5～15 g/L。

10.6.5 影响加压过滤机工作效果的主要因素

10.6.5.1 物料特性的影响

加压过滤速度快，短时间内即可成饼。一旦成饼，工艺上很难调整。正由于加压过滤速度快，所以对物料特性的变化异常敏感。物料的密度、粒度分布、浆体的浓度、黏度、沉降速度等特性对处理能力影响很大。不同的物料，在相同的加压过滤条件下处理能力相差很大，见图 10-19。

10.6.5.2 工艺参数的影响

工作压差、入料浓度和主轴转速是影响加压过滤机工作效果的 3 个关键参数。只有将这 3 个参数控制好，才能在最小能耗下获得更低的产品水分、更高的产量。

（1）工作压差的影响：工作压差是加压过滤最重要也是最基本的参数。过滤理论和实践均证明，过滤介质两侧的压差越高，产品水分越低，生产率越高。这个参数的设计值，国内一般选取 0.45 MPa（这是我国煤矿用压风机的一个压力等级）。压差如再提高，则水分降低幅度很小，而设备造价却大幅增高。

实际工作压差的确定，直接关系到低压风机和高压风机的压力等级确定。高压风机与低压风机的工作压差在 0.5～0.8 MPa。风机的压力等级选高了，设备造价增加；选低了，

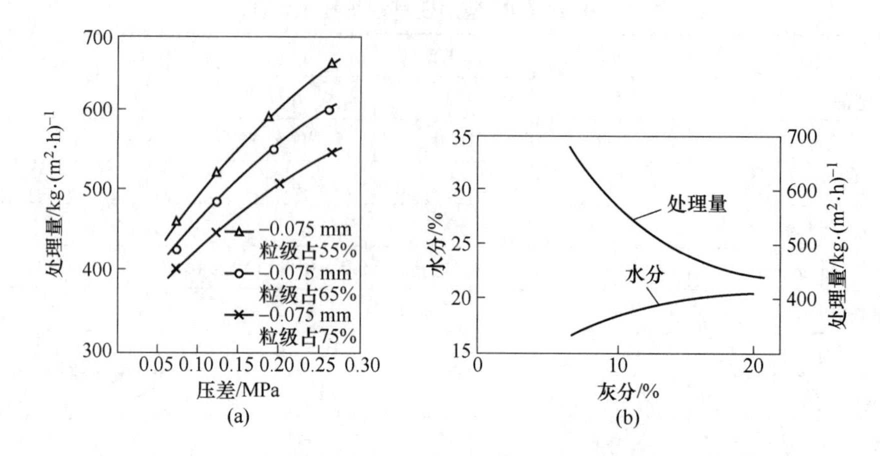

图 10-19　不同物料在相同的加压过滤条件下处理能力对比

（a）处理量与入料粒度的关系；（b）灰分对滤饼水分与处理量的影响

则达不到产品水分要求。

不同物料加压过滤时由低压风机提供的风量消耗相差很大。一般情况下，物料中粗粒级含量多时，风耗量高；入料浓度低时，风耗量高；压差越高，风耗量也越高。但不能一概而论。有时压差提高，风耗量不一定增高，这主要还是由物料本身特性来决定的。一般来讲，加压过滤时的干煤风耗量在 40～200 m^3/t。

（2）入料浓度的影响：入料浓度高，形成的滤饼厚，风耗量小，滤饼水分高，产量高；浓度低，滤饼薄，风耗量高，滤饼水分低，产量也低。入料浓度过低(不大于 150 g/L)，过滤盘上不上饼，或虽能上饼但很薄（5 mm 以下），造成卸饼困难，产量下降，风耗量增高；入料浓度过高（不小于 250 g/L），滤饼过厚（25 mm 以上），滤饼水分增高（可达 22% 以上），产量加大，并且滤饼易成拱，易黏结卸料槽壁和排料仓壁，从而影响生产。实践表明，处理浮选精煤时，入料浓度控制在 180～220 g/L 为宜；处理原生煤泥时，入料浓度控制在 500 g/L 以上。这就要求选用加压过滤机时，要结合煤泥水系统特点，采取相应的措施，如直接浮选加直接过滤的工艺系统，在加压过滤前要适当增加浓缩装置，这样才能保证加压过滤机发挥最大的优势。

（3）主轴转速的选择：国内外的研究和生产实践证明，加压过滤时，从滤饼的形成到脱水过程，一般前 60 s 内效果最明显，所以工业上应用的加压过滤机转速一般控制在 1 r/min 左右。这与物料特性、工作压差、入料浓度等几个因素有关。

当工作压差低于选定值时，要适当放慢转速，以增长脱水时间；当物料中粗粒较多或入料浓度较高时，要适当加快转速，以免滤饼过厚；物料中细粒较多时，要适当提高工作压差，并放慢主轴转速；入料浓度较低时，要适当降低转速，以增加饼厚。滤饼的厚度最好控制在 8～16 mm。

10.6.6　应用实例

目前，加压过滤机在我国选煤厂使用非常广泛，主要应用在浮选精煤或原生煤泥脱水方面，并取得了很好的效果。国产加压过滤机应用效果见表 10-5。奥地利 AndriTZ 公司

HBF-S120/10 加压过滤机应用效果见表 10-6。

表 10-5 国产加压过滤机应用效果

项 目		八一矿选煤厂	柴里矿选煤厂	芦岭矿选煤厂	镇城底选煤厂	艾米尔麦力施	普罗斯帕哈德	威斯特发伦	豪斯阿登
过滤面积/m^2		60	2×60	2×60	2×60	96	60	2×96	120
工作压差/MPa		0.25	0.27	0.25~0.3	0.2	0.2	0.2	0.2	0.3
过滤机转速/$r \cdot min^{-1}$		1	1	1	0.9	1	1.5	1	1.5
入料煤浆	固体含量/$g \cdot L^{-1}$	166~193	150~200	350~400	190~240	320~400	230~300	270	约 280
	-0.075 mm 粒级含量/%	78~85	55~76	71.83	57.1	34~43	37~40	40~45	33~40
	灰分/%	8.9	8	9.8	11.2	8.1~8.4	8.8	9	10
过滤结果	滤饼产量/$kg \cdot (m^2 \cdot h)^{-1}$	644~710	400~500	500~600	600	770~850	400~600	600~650	约 500
	滤饼水分/%	19.2~21	11.8~21	20~22	17~20	16.5~17	17~21	17.5	18
	比真空过滤机水分降低率/%	10	10~12	10~8	10	4.5	3.5	4.5	6
	压风耗量/$m^3 \cdot t^{-1}$	60	132	124	135	50	100	—	75
	处理物料	浮选精煤							

表 10-6 奥地利 AndriTZ 公司 HBF-S120/10 加压过滤机应用效果

项 目		田庄选煤厂	大柳塔选煤厂	准格尔公司选煤厂	镇城底选煤厂	艾米尔麦力施	普罗斯帕哈德	威斯特发伦	豪斯阿登
过滤面积/m^2		3×120	120	2×120	2×60	96	60	2×96	120
工作压差/MPa		0.3~0.5	0.1~0.5	0.3~0.5	0.2	0.2	0.2	0.2	0.3
过滤机转速/$r \cdot min^{-1}$		0.5~3	0.5~3	0.5~3	0.9	1	1.5	1	1.5
入料煤浆	固体含量/$g \cdot L^{-1}$	150~230	430~570	300~500	190~240	320~400	230~300	270	约 280
	-0.075 mm 粒级含量/%	—	35~45	35~60	57.1	34~43	37~40	40~45	33~40
	灰分/%	8.42	—	—	11.2	8.1~8.4	8.8	9	10
过滤结果	滤饼产量/$t \cdot (台 \cdot h)^{-1}$	50~60	47.5	—	600	770~850	400~600	600~650	约 500
	滤饼水分/%	16.09	17~17.5	—	17~20	16.5~17	17~21	17.5	18
	比真空过滤机水分降低率/%	10	—	—	10	4.5	3.5	4.5	6
	滤液浓度/$g \cdot L^{-1}$	<5	<5	—	—	—	—	—	—
	压风耗量/$m^3 \cdot t^{-1}$	—	120	—	135	50	100	—	75
	处理物料	浮选精煤	原生煤泥	原生煤泥	浮选精煤				

10.7 高压隔膜压滤机

压滤脱水是一种纯机械的物理脱水方法。高压隔膜压滤机大幅提高了压滤的工作压力，压力可高达 10 MPa，主要应用于煤泥的降水提质或城市污泥处理。根据煤泥粒度组成和矿物组成的不同，相对于普通隔膜压滤机，煤泥滤饼水分可降低 5～10 百分点。尤其针对细粒占比多、黏土矿物含量高的煤泥，采用高压隔膜压滤机降水效果较明显。

10.7.1 结构组成

FT 高压隔膜压滤机结构示意图如图 10-20 所示，主要由控制箱、滤板、主油缸、止推座、油缸座、大梁板、液压集成站和拉板系统等组成。在止推座与压紧板间依次排列着隔膜头板、箱式滤板（见图 10-21）、隔膜滤板（见图 10-22）和隔膜尾板。所有的滤板均借助两侧的手柄悬挂在两侧大梁板上，并可沿着梁板上导轨作水平方向移动。油缸活塞杆的前端与可动压紧板螺栓连接，油缸在液压系统的驱动下可推动压紧板将所有滤板压紧在可动压紧板和固定尾板（隔膜尾板）之间。达到液压系统工作压力后，矿浆通过进料泵经箱式滤板进入两侧滤室进行压滤脱水。进料压滤结束后，通过压榨泵向隔膜滤板两侧通入高压压榨水压榨滤饼，进一步降低滤饼含水率。滤板两侧的手柄上挂置有链条，每四块滤板为一组，两侧大梁板上装配滤板移动装置，能自动完成拉板和脱料卸料工作。

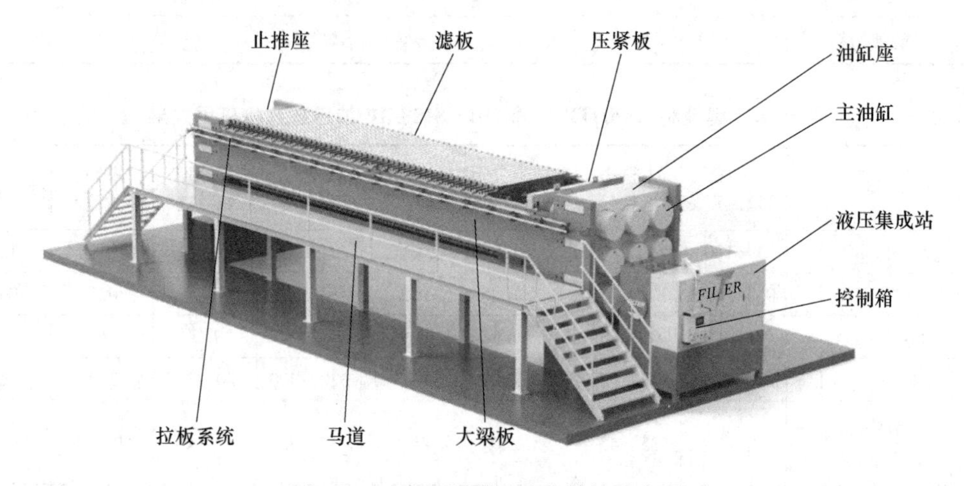

图 10-20 高压隔膜压滤机结构示意图

10.7.2 工作原理

当高压隔膜压滤机工作时，由于液压主油缸的作用，油缸活塞伸出，并推动可动压紧板将所有滤板压紧在压紧板和止推座之间，箱式滤板和隔膜滤板间隔式排列，相邻滤板之间形成封闭的滤室。搅拌罐中的矿浆经各个箱式滤板的进料口以一定压力给入滤室，此时初次过滤脱水开始。固体颗粒由于滤布的阻挡留在滤室内，滤液则透过滤布从箱式滤板边框内的出水口排出，矿浆逐渐充满滤室并借助进料泵入料压力（1.0～1.4 MPa）进行固液分离，当滤液呈滴状排出或流出较少时，滤饼已在滤室初步形成，即完成初次过滤脱水。

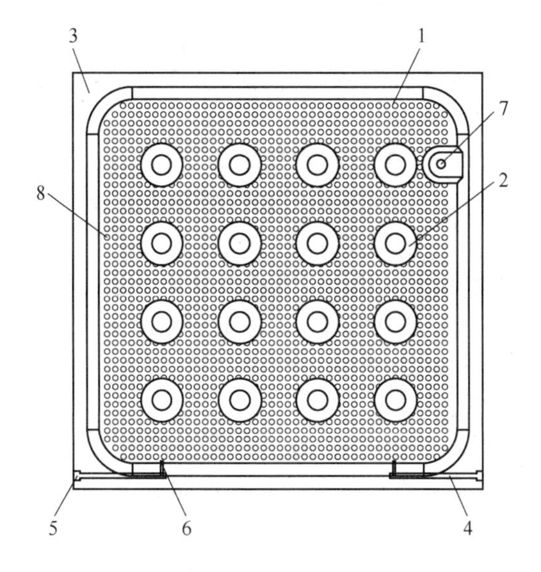

图 10-21　箱式滤板结构示意图

1—箱式滤板；2—箱式滤板凸台；3—滤板边框；4—出水通道；5—出水口；6—渗水通道；7—进料口；8—滤板凸点

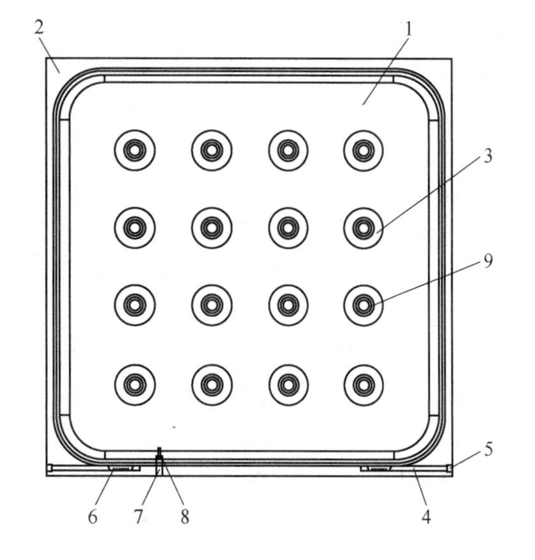

图 10-22　隔膜滤板结构示意图

1—隔膜滤板；2—隔膜滤板边框；3—隔膜滤板凸台；4—出水通道；5—出水口；6—出水孔；7—进水通道；8—进水孔；9—隔膜凹槽

完成初次过滤脱水后，打开进料回料阀，使给料主管和支管中产生负压，快速将管道中的矿浆排回到搅拌罐中。然后压榨泵（高压柱塞泵）将压榨水经进水孔打入每个隔膜滤板两侧，致使隔膜膨胀，随着压榨压力的提高，实现对滤饼二次挤压压榨，在水膜的高压下，滤液进一步从滤饼中透过滤布从箱式滤板内的出水口排出，当压榨压力达到合适压力（4～10 MPa）后，保压至滤液呈滴状缓慢流出，即完成二次高压压榨脱水。完成整个脱水过程后，压榨水回流至压榨水池，通过液压系统调节，油缸活塞缩回带动可动压紧板退回到原来位置。滤板移动装置将滤板相继拉开，滤饼依靠自重脱落，并由设在下部的皮带运至破碎机破碎。为了防止滤布孔眼堵塞，影响过滤效果，卸饼后滤布进行自动清洗，至此，完成整个压滤过程。

10.7.3　设备结构特点及技术参数

10.7.3.1　结构特点

（1）能承受高压的深腔滤板的设计。滤板采用非金属复合材料制作，在高压下有较长的使用寿命，并且相对钢制滤板，重量大幅度减小。设备具有多层支撑板的油缸座，及均匀排列的油缸，实现了压滤压力的均衡，同时加大了压滤机的压力。通过使用组合式的隔膜滤板和箱式滤板与多个均匀分布的油缸配合使用，增加了压滤机内部滤室的厚度，从而增大了煤泥滤饼的厚度，提高了压滤机的压滤效率。

（2）快速无级调压技术。该技术可以让油缸压力与入料压力和压榨压力之间快速匹配，避免压力过高而导致滤板损坏严重或压力不够而导致滤室漏料的问题。无级调压系统不仅对液压油清洁度要求低，同时具有较大的压力调节范围。

（3）单室进料的箱式滤板设计。每个箱式滤板边框内均设置有进料口，这些进料口与进料管道相通。此外，滤板边框内还设置有出水通道，该出水通道内侧的滤板边框上开设有多个均匀排列的渗水通道，滤板边框下部的外侧开设有用于出水的出水口，滤板边框内的渗水通道和出水口均与滤板边框内的出水通道相连通。这一设计保证了进料的均匀，加快了整个滤液水排放的速度，脱水过程更加快捷高效。

（4）滤板压力的自动监测及油缸位移调节技术。基于检测到的压力流体的压力值来控制油缸的位移，可以响应封闭腔室内部压力的变化，以精准调控油缸活塞伸出量，从而对滤板施加精确的保持压力。

（5）给料管自动清理技术。高压隔膜压滤机为单滤室进料，进料口在滤板边框中部，进料口与滤室相连相通。然而这种配置会导致初次压滤脱水完成后，进行二次高压压榨时，滤室中的矿浆会回流进入到进料管中，造成进料通道堵塞，且在压滤结束后，进料通道中的矿浆又会流入滤室，污染滤饼，从而影响产品质量。高压压滤机的给料管自动清理方式，为进料和初次过滤脱水结束后，打开回料阀门 5 ~ 10 s，使给料管中产生负压，快速排出给料管中的矿浆，然后关闭进料回料阀门，实现给料管中矿浆的自动清理，而不会影响后续二次高压压榨脱水过程。

10.7.3.2 设备特点

（1）压缩比大。该压缩比指隔膜可将滤室空间压缩的程度。其压缩比大于普通隔膜压滤机，因此二次压榨压力大，降低进料过滤负荷，工作周期短。

（2）有效过滤面积大。压榨方式为平行挤压，保证整个滤板均能有效进行压滤。

（3）二次压榨压力大。压榨水将鼓膜鼓起产生高压进行压榨，压榨压力可高达 10 MPa，大幅降低产品水分，适应范围更广。

（4）工作效率高。循环周期为 35 ~ 45 min，工作效率为普通隔膜压滤机的 3 ~ 4 倍。

（5）滤板寿命长。滤板为复合材质，不易受损，滤板的使用寿命长，可达 5 ~ 8 年，甚至更长，降低滤板更换成本。

10.7.3.3 产品型号及技术参数

产品型号及技术参数如表 10-7 所示。

表 10-7 高压隔膜压滤机产品型号及技术参数

型号	过滤面积 /m²	滤板数量 /块	滤室数量 /个	滤饼厚度 /mm	滤室总容积 /m³	压榨压力 /MPa	循环周期 /min	整机重量 /t	外形尺寸/mm		
									长	宽	高
KMYZG450/2000U	450	37	36	60	8.2	10	35 ~ 45	80	10000	3000	2375
KMYZG700/2000U	700	57	56		12.8	10		106	12160	3000	2375
KMYZG800/2000U	800	65	64		14.7	10		122	12970	3000	2375
KMYZG850/2000U	880	71	70		15.5	10		130	13620	3000	2375
KMYZG1200/2000U	1200	97	96		22	10		182	16480	3000	2375
KMYZG1250/2000U	1250	101	100		23	10		190	16930	3000	2375

思考题

10-1 简述压滤、压滤操作过程和压滤循环。

10-2 压滤机与真空过滤机的差异有哪些？

10-3 简述板框压滤机的主要结构和工作原理。

10-4 简述快速隔膜式压滤机的工作过程？其主要特点有哪些？

10-5 立式自动压滤机的一个工作循环由哪几个阶段组成？

10-6 简述带式压滤机的结构、工作原理及影响脱水效果的因素。

10-7 简述加压过滤机的主要结构、工作原理及主要特点。

10-8 影响加压过滤机工作效果的主要因素有哪些？

11 助　滤　剂

【**本章提要**】本章主要介绍了介质型助滤剂和化学助滤剂的种类、作用原理及应用特性，并简述了助滤剂的使用方法。

通常，把能够提高过滤效率或强化过滤过程的物质称为助滤剂。其主要分为介质型助滤剂和化学助滤剂两大类。助滤剂在许多行业都有着广泛的应用，下文将分别阐述。

11.1　介质型助滤剂

介质型助滤剂是一种颗粒均匀、质地坚硬、不可压缩的粒状物质，因可以直接用作过滤介质，故称其为介质型助滤剂，如硅藻土、膨胀珍珠岩等。在过滤过程中，它们实际上起着过滤介质的作用，主要应用在颗粒较细且对滤液有较高要求的场合，例如水处理、化工及食品等工业的过滤作业。

11.1.1　介质型助滤剂的作用

介质型助滤剂的作用是防止胶状微粒对滤孔的堵塞，同时充当实际的过滤介质。由于助滤剂表面具有吸附胶体的能力，而且由这种细小坚硬的颗粒形成的滤饼具有格子型结构，不可压缩，滤孔不致全部堵塞，可以保持良好的渗透性，既能使滤液中的细小颗粒式胶状物被截留在格子骨架上，又使清液有畅流的沟道。因此使用这类助滤剂，往往能大大提高过滤效果、改善滤液澄清度、提高生产效率、降低过滤成本。

例如，在扁平胶状固体物料过滤时，因其形状易为压力所改变，滤孔往往可能因本身所阻塞，这种情况下，可采用加入某种助滤剂的办法改善过滤效果。此外，当悬浮液中固体颗粒粒度太细或滤液中固体含量太低导致颗粒无法凝聚或絮凝时，也可采用介质型助滤剂进行过滤。

助滤剂的使用方法，通常是在滤布面上预涂一层助滤剂层作为过滤介质。当过滤完毕后，助滤剂本身可与滤饼一道除去。除预涂外，助滤剂也可按一定比例均匀地混于滤浆中，然后一起加入过滤机，使其形成较疏松的滤饼，降低其可压缩性，使滤液可以顺畅流通。

11.1.2　介质型助滤剂的种类

可作为介质型助滤剂的物质种类较多，如珍珠岩、纤维素、石棉、活性炭、纸粕、锯屑及炉渣等，下面讨论几种常见的介质型助滤剂及其应用选择。

11.1.2.1　硅藻土

硅藻土是以硅藻遗骸（壳体）为主的一种生物沉积岩。作为助滤剂，硅藻土要经过一定的加工，其加工方法有3种：（1）干燥法，硅藻土经选矿、粉碎、干燥和空气分级而制得，故其产品又称干燥品；（2）烧成法，将得到的硅藻土粉末送入回转窑，在500～1200 ℃下烧成，这样的产品称为烧成品；（3）熔剂烧成法，原料烧制完成时，在原料中混入碳酸钠等熔剂，所以产品称熔剂烧成品。以上3种加工方法得到的硅藻土制品性质见表11-1。

表11-1 3种硅藻土制品性质

项　目	干燥品	烧成品	熔剂烧成品
过滤速度（相对于干燥品）	1	1～3	3～20
干料假密度/$g \cdot cm^{-3}$	0.24～0.35	0.24～0.36	0.25～0.34
最高水分/%	6.0	0.5	0.6
比重(密度)/$g \cdot cm^{-3}$	2.00	2.25	2.33
pH值	6.8～8.0	6.0～8.0	8.0～10.0
325网目筛后残留/%	1.46	1.46	1.46
比表面积/$m^2 \cdot g^{-1}$	12～40	2～5	1～3

硅藻土化学性质稳定，所含成分主要为非结晶质的无定形SiO_2（至少占80%以上）。通过加热烧成可将非结晶质的原料SiO_2转化为结晶质。较纯的硅藻土中SiO_2含量在90%以上，Al_2O_3约占5%，还有少量Fe_2O_3、CaO、MgO等，作为助滤剂的硅藻土几乎在所有液体中都不溶解（除了热碱溶液外），可溶成分极少。与其他类型的助滤剂（如珍珠岩和纤维素等）相比，硅藻土的平均孔径比珍珠岩等助滤剂要小，因此具有较好的澄清效果。

粒度特性是影响硅藻土过滤性能的一个重要因素。3种硅藻土制品中，干燥品粒度最细；熔剂烧成品粒度最粗，其过滤速率也最高。

硅藻土助滤剂主要应用在液体澄清度要求高和滤液流速较高的场合。例如，石油工业的润滑油、化学工业的聚乙烯、食品工业的啤酒以及药品工业的维生素的过滤等，都有硅藻土助滤剂的应用。

11.1.2.2 膨胀珍珠岩

珍珠岩是指由火山喷发的酸性熔岩经急速冷却而成的玻璃质岩石。破碎成一定粒度的珍珠岩，在快速加热（800～1200 ℃）条件下，体积可膨胀4～20倍，这种膨胀的珍珠岩是一种多孔疏松物料，再经磨矿和分级，便可得到膨胀珍珠岩助滤剂。

膨胀珍珠岩的化学成分主要是SiO_2和Al_2O_3，还有少量的K_2O和Na_2O以及少量的Fe、Mg、Ca等的氧化物。其化学性质稳定，除在热的浓碱和氢氟酸中外，均不易溶解。

膨胀珍珠岩的渗透率和孔径尺寸范围相比硅藻土较小，其平均孔径也远小于硅藻土助滤剂。因此，膨胀珍珠岩无法像硅藻土那样高效地滤去微生物和其他微细粒。它主要用于过滤粒径较大、可压缩的固体颗粒，如抗菌素和废水淤泥等。

11.1.2.3 纤维素

纤维素助滤剂可由经漂白的木浆制得。作为助滤剂使用，纤维素比硅藻土和珍珠岩少得多，其主要原因是纤维素滤饼孔径极大，对微细颗粒拦截能力差导致过滤效果不佳。

纤维素助滤剂主要用于不宜使用硅藻土和珍珠岩的场合，如热碱溶液过滤和滤饼需要焙烧的场合。此外，纤维素助滤剂还经常与硅藻土和珍珠岩混合使用，或者纤维素作为最初的预涂层使用。

11.1.2.4 石棉

由于石棉纤维直径很细，故所得滤液澄清度较高，作为最初的预涂层与硅藻土和珍珠岩混合使用，过滤效果比纤维素更好。常用于各种酒类过滤以除去细菌。石棉的可压缩性强，单独使用时，过滤速度受到限制。

由于石棉对健康有害，所以近年来石棉在过滤中的应用有减少的趋势。

11.2 化学助滤剂

化学助滤剂（又称预处理剂）有两种类型：一种是高分子絮凝剂型助滤剂；另一种是表面活性剂型助滤剂。它们的助滤行为、作用机理及应用选择均有所不同；主要用于提高过滤机的生产能力和要求滤饼水分低的场合，在冶金、矿物加工等领域应用较为广泛。

11.2.1 高分子絮凝剂型助滤剂

常见的用作助滤剂的高分子絮凝剂主要是人工合成的不同相对分子质量、不同极性的聚丙烯酰胺及各种天然高分子的改性产品。用得最多的是非离子型和阴离子型，相对分子质量在 $5\times10^5\sim10\times10^6$ 之间的聚丙烯酰胺。

美国的道（DOW）化学公司生产的 Separan MGL 非离子型絮凝剂，Nalco 公司的 Filtr Max 9764 的聚合物型助滤剂，分别应用于铀矿、煤粉和高岭土的过滤，过滤效率提高显著。

高相对分子质量的聚氧乙烯作为絮凝剂型助滤剂，对铁矿、煤及非金属矿的过滤具有絮凝和降低表面张力的双重作用。改性田青胶作为煤的助滤剂，可大幅度地降低煤的滤饼水分。

一般来说，目前使用的高分子聚合物，其主要作用机理是依靠高分子长链的吸附，桥联细粒物料使之成絮团，改变物料的粒度组成，防止微细粒子堵塞过滤介质和滤饼沿厚度方向的分层沉积。同时，微细颗粒经絮凝后粒径变大，导致滤饼中的毛细孔径增大，导致毛细管压力降低，滤饼渗透率提高，过滤速度加快。

实验研究表明，絮凝剂的助滤机理在于改善滤饼结构，即增大孔隙率和孔隙直径，絮凝剂相对分子质量越高，用量越大（在一定范围内），相应的滤饼孔隙率和孔隙直径也越大，过滤速度则越快。

高分子絮凝剂作为助滤剂通常会使滤饼水分偏高，主要有两方面原因：一方面，絮凝剂在颗粒上吸附使固体表面亲水性增强，导致表面水化层变厚，使滤饼残留水分较高。另一方面，絮凝剂相对分子质量越高、用量越大，分形维数也越大，絮凝滤饼的孔隙壁表面更加不规整或孔隙的比表面积增大，这样会导致多个颗粒间的结合水增加。所以添加絮凝剂虽然能从宏观上改善滤饼结构，但也使滤饼的微观结构性质变得更不易脱水。

11.2.2 表面活性剂型助滤剂

表面活性剂是由亲水的极性基团和疏水的非极性烃链两部分组成的有机化合物，按极性基团可将其分为阴离子型、阳离子型、非离子型和两性离子型等几大类。作为助滤剂的表面活性剂其主要作用是降低液体的表面张力，提高固体表面的疏水性能，进而实现降低滤饼水分、提高过滤速度的目的。

具有良好助滤性能的表面活性剂应该有以下特点：

(1) 能吸附于颗粒表面并能使微细颗粒絮凝或团聚，产生疏水性絮凝；(2) 能降低气液界面张力，降低滤饼孔隙中的毛细管压力；(3) 能降低颗粒表面的电荷量、压缩双电层；(4) 有很强的疏水作用，能使颗粒表面“大面积疏水”；(5) 能够压缩或破坏颗粒表面的水化膜，减少颗粒表面的附着水，疏通滤液通道；(6) 能够提高临界胶束浓度，使表面活性剂能最大程度地发挥作用；(7) 能降低起泡性，最好有消泡性。

表面活性剂在浆体中的存在形式如图 11-1 所示。

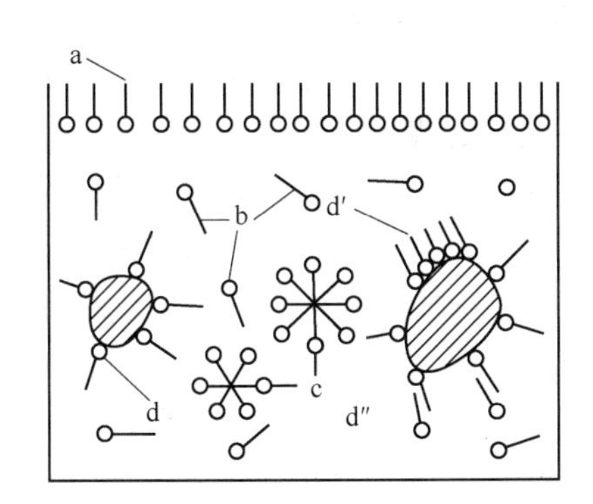

图 11-1 表面活性剂在浆体中存在形式的示意图

a—聚集在气液界面；b—以分子（或离子）状态溶解于液相中；c—形成胶束；
d—吸附于固体表面，在高浓度时往往出现半胶束吸附（d′）和多层吸附（d″）

能作为助滤剂使用的表面活性剂主要有以下几种：

(1) 阴离子型表面活性剂。

1) 琥珀酸类。典型的助滤剂如磺化琥珀酸 AEROSOL、琥珀酸双脂磺酸盐 OT、琥珀酰胺酯磺酸盐 Aerodri100、Aerodri104、Nalco5 等，这类助滤剂的助滤效果差异很大。

2) 烷基、烷芳基磺酸盐及硫酸酯盐。其结构式为 RSO_3M 及 $ROSO_3M$（其中 R 代表烷基或烷芳基，M 代表 K^+、Na^+、NH_4^+ 等离子），这类助滤剂对不同类型的铜精矿具有良好的助滤性能。其效果与国外 OT 型助滤剂相同，真空过滤可使滤饼水分降低 2% ~3%。

3) 环烷酸皂、氧化石蜡皂及塔尔油。这类药剂来源广泛、价格低廉，对铁精矿、铜精矿等矿物有一定的助滤效果。

(2) 阳离子型表面活性剂。作为助滤剂的阳离子表面活性剂多为脂肪胺类化合物，

其结构式为 $\begin{matrix} R' \\ | \\ R'\text{—N—}R''' \end{matrix}$ 。其中 R′为含 $C_2 \sim C_{12}$的烷基、烷氧乙基、烷基丙基；R″、R‴为 H 或含有 $C_1 \sim C_{12}$的烷基，碳原子总数为 5 ~30。当用于煤浆、金属氢氧化物浮选精矿的过滤时，可使脱水效果得到改善。胺类阳离子表面活性剂虽助滤效果比较好，但价格昂贵。

(3) 非离子型表面活性剂。目前非离子型表面活性剂作为助滤剂应用最广泛，它们在水中不解离而呈分子状态，极性基不带电，不易受酸、碱影响，不易在固体表面发生强

烈吸附，有较高的稳定性。其结构主要由聚氧化乙烯基—$(C_2H_4O)_n$—H、多醇构成。适合作助滤剂的有以下几类：

1）脂肪醇聚氧乙烯醚及其衍生物 R—O—$(C_2H_4O)_n$—H。R 为烷基或烷芳基。这类助滤剂对金属矿物、金属氢氧化物以及煤有良好的助滤效果，起泡性弱，脱水效果好。

2）烷基苯酚聚氧乙烯醚。其基本结构与脂肪醇聚氧乙烯醚相似，但 R 内的碳原子数较少，一般为 C_8 或 C_9，其化学性质稳定，不易被氧化。

3）多醇表面活性剂。主要是脂肪酸与多羟基物作用而成的酯，如失水山梨醇脂肪酸聚氧乙烯醚（Tween 型助滤剂）、失水山梨糖醇脂肪酸酯（Span 型助滤剂）田菁胶等都是有效的助滤剂。

（4）两性表面活性剂。两性表面活性剂的分子中有两个活性基团，一个是带负电的酸性基团，主要是羧基和磺酸基，另一个是带正电的碱性基团，主要是氨基或季胺基，作为助滤剂的两性表面活性剂主要是甜菜碱（三甲铵乙内酯 BETAINES）。十二烷基磺基甜菜碱（DSB）和椰油丙基磺基甜菜碱（ASB）是新型季铵碱类两性表面活性剂，具有良好的清洗作用和发泡性能。由于泡沫性能较强，对助滤效果有不利的影响。

（5）有机硅表面活性剂。有机硅表面活性剂是一类高效助滤剂，因为这类化合物自身的疏水性很强。例如聚硅氧烷化合物硅醇、硅三醇都可作为助滤剂，但价格昂贵。研究表明硅甘醇与无机盐类混用对铅、锌、铜、铁和硅的硫化物助滤效果较好。我国的 3 号助滤剂也是一种有机硅化合物，能大幅度降低精煤水分（5% ~7%）。

值得指出的是，不同类型表面活性剂之间存在协同效应，混合使用多种表面活性剂可能起到更好的效果。

添加化学助滤剂强化物料脱水的优点在于简单易行、见效快，尤其适应采用真空过滤的中、小型厂矿的强化脱水。对于细粒难滤物料，添加化学助滤剂，也可提高压滤机的生产能力和降低滤饼水分，也有利于获得更清的滤液和减少环境污染。

但是，化学助滤剂在生产中的应用并不普遍，主要因为其降水效果均不够理想。除少数表面活性剂型助滤剂（如 Drimax）能较大幅度（3% ~7%）降低水分外，一般水分仅降低 1% ~3%，而且价格较高、用量较大（200 ~800 g/t），一定程度上会增加生产成本。

11.3 助滤剂的使用

助滤剂的使用方法一般分为预涂层助滤和体加料助滤两种。

11.3.1 预涂层助滤

所谓预涂层助滤，就是在过滤前，预先进行助滤剂料浆的循环过滤，使滤布面上形成一层助滤剂，借助滤剂层良好的不可压缩性和无数微孔隙，可以滤除料浆中的各种固体颗粒。

对间歇操作的过滤设备，可将助滤剂定量加入助滤剂槽，加水或滤液搅拌均匀，然后泵入过滤设备进行压滤或真空吸滤，直到滤布表面形成一层薄而均匀的助滤剂层，即停止预涂而转入所需料浆的过滤。当过滤结束时，将滤饼与助滤剂层一起剥落并洗净滤布，然后再进行下一循环。

11.3.2 体加料助滤

所谓体加料助滤，就是当被过滤的料浆中固体过于细黏或可压缩性较高时，为了增强过滤效果，可通过体加料槽向料浆中加入一定量的助滤剂，混合后一起进入过滤机，此时形成的滤饼比较疏松，能保持一定的孔隙率，并具有更好的不可压缩性，从而改善物料的过滤性能，降低过滤阻力，提高过滤速度。

工业用过滤机不论其类型，也不论其是连续操作或间歇操作，只要能形成滤饼，随后又可将滤饼卸除的，都可以使用助滤剂。

通过合理选用助滤剂，可缩短过滤周期，提高过滤效率或降低滤饼水分。

思 考 题

11-1　何为助滤剂？工业上应用的助滤剂主要有哪几类？

11-2　介质型助滤剂的作用是什么？常用的有哪些物质？有何特点？

11-3　简述化学助滤剂的主要类型、特点及作用机理。

11-4　简述工业上助滤剂的使用方法。

12 过 滤 介 质

【本章提要】本章主要介绍了编织过滤介质、非编织过滤介质、刚性多孔过滤介质和松散固体过滤介质的种类、特性及应用效果。

12.1 概　　述

过滤介质是指在过滤过程中通过其表面或内部能截留住固体颗粒的任何有渗透性的材料。

过滤介质种类很多、分类标准各异，工业上一般分为编织过滤介质、非编织过滤介质、刚性多孔过滤介质、松散固体过滤介质、滤芯及膜等几大类。过滤介质简要分类见表12-1。

表12-1　过滤介质简要分类

主要类别	小　　类	能留住的最小粒子尺寸/μm
坚固组合介质	(1) 扁平的楔形金属丝网	100
	(2) 金属丝编织管	10
	(3) 叠环	5
金属片状介质	(1) 有加工孔的金属片状介质	20
	(2) 金属丝编织片状介质	5
刚性多孔介质	(1) 陶瓷和粗陶介质	1
	(2) 碳	1
	(3) 塑料	10
	(4) 烧结金属	5
滤芯	(1) 纱线形成的滤芯	5
	(2) 黏结滤床	5
	(3) 片形品	3
塑料片	(1) 编织单纤维	10
	(2) 多孔片	10
	(3) 膜	<0.1
膜	(1) 陶瓷膜	0.2
	(2) 金属膜	0.2
	(3) 聚合物膜	<0.1
编织布	(1)（棉、化学纤维等）纤维纱	5
	(2) 单纤维或多纤维	10

续表 12-1

主要类别	小类		能留住的最小粒子尺寸/μm
非编织介质	(1) 滤片		0.5
	(2) 毡或针刺毡		10
	(3) 滤纸	纤维素纸	5
		玻璃纸	2
	(4) 非编织的聚合物(鼓风软化、旋转结合等)		10
松散介质	(1) 纤维		1
	(2) 粉末		1

过滤介质的特性主要体现在机械特性、应用特性和过滤特性 3 个方面，具体特性情况如表 12-2 所示。

表 12-2 过滤介质的特性

机械特性	应用特性	过滤特性
刚度	化学稳定性	能留住的最小粒子尺寸
强度	热稳定性	粒子留住效率
蠕变抗力和张紧抗力	生物学稳定性	流动阻力
边缘稳定性	吸附性	纳污能力
耐磨性	吸收性	堵塞倾向
振动稳定性	润湿性	滤饼剥离性
可供应的介质的尺寸	卫生和安全性	
可制造性	电特性	
密封和密封垫功能	处置性	
	再利用性	
	成本	

通常，过滤介质需满足以下要求：

(1) 有较高的过滤速度。

(2) 能有效阻挡微细颗粒，产生清洁的滤液。

(3) 不会或很少产生突然性的阻塞。

(4) 具有一定的机械强度和耐化学腐蚀能力。

(5) 良好的卸饼性能及适当的耐清洗性能。

以下针对编织过滤介质、非编织过滤介质、刚性多孔过滤介质及松散固体过滤介质作简要介绍。

12.2 编织过滤介质

编织过滤介质通常分滤布、滤网两大类。滤布的原料为各种天然纤维和合成纤维；滤网的材质多为不锈钢、青铜、蒙乃尔合金、镍及其合金、钛、钽、银及其合金。

12.2.1 滤布

滤布是过滤领域品种最多的一类过滤介质，在实际生产中应用最为广泛，特别是在选煤厂（或选矿厂）的过滤和压滤中更是如此。其原料特性、编织方案和加工过程是影响滤布性能的重要因素。

12.2.1.1 滤布的材质及原料特性

滤布的基本性能主要有化学稳定性、吸水性、机械强度等，这些基本性能的好坏取决于介质的原材料性质。表12-3列出了滤布原材料的主要化学、物理和力学性质。

表12-3 用作滤布的纤维的化学、物理和力学性质

纤维名称	湿断裂强度①/g·旦②	湿断裂伸长率③/%	耐磨性能	密度/kg·m^{-3}	吸水性④/%
棉——天然纤维	3.3~6.4	5~10	可	1550	16~32
羊毛	0.76~1.6	25~35	可	1300	16~18
尼龙（聚酰胺）	3~8	30~70	优	1140	6.5~8.3
聚酯（涤纶）	3~8	10~15	优	1380	0.04~0.08
聚乙烯（乙烯聚合体85%以上）	1~7	8~10	良	920	0.01
聚丙烯（丙烯聚合体85%以上）	4~8	15~35	优	910	0.01~0.1
聚酸酯（纤维素醋酸酯）	0.8~1.2	30~50	可	1300	9~14
聚丙烯腈（聚丙烯单体聚合体85%以上）	1.8~3	25~70	良	1170	3~5
聚乙烯醇（维纶）	3~3.5	15~26	良	1260	4.5~5.0
莎纶（聚偏氯乙烯纤维）	1.2~2.3	15~30	良	1700	0.8~1.0
玻璃纤维	3~6	2~5	差	2540	<0.3
金属纤维			良		

纤维名称	耐热性（最高操作温度/℃）	耐酸性	耐碱性	抗氧化剂性	耐溶剂性
棉——天然纤维	良（93）	差	良	可	优
羊毛	可（82~88）	可、差	差	差	差
聚酯（涤纶）	可、良（149）	良	良	良	优
聚乙烯（乙烯聚合体85%以上）	可（60~110）	良	良	差	优
聚丙烯（丙烯聚合体85%以上）	良（121）	优	优	良	良
聚酸酯（纤维素醋酸酯）	良（100）	良	差	良	优
聚丙烯腈（聚丙烯单体聚合体85%以上）	良（135~145）	良	可	良	优
聚乙烯醇（维纶）	良（16）	差	优	良	良
莎纶（聚偏氯乙烯纤维）	可（71~82）	差、良	良	可	良
玻璃纤维	优（238~316）	优	差	优	优
金属纤维（金属、金属塑料、金属涂塑料）	良	优			

① 纤维断裂时的应力；

② 旦为9000 m单根连续纤维的克重；

③ 由于拉伸作用使纤维拉伸或变形的量与原长度的百分比；

④ 70 ℉（约21 ℃）、61%相对湿度的标准环境下，烘干后的纤维重新吸收水分的百分数。

12.2.1.2　滤布的组织

滤布是由经线和纬线按一定规律上下交错而织成的，上下交错的规律称为滤布的组织。组织分为以下两类：

（1）单层组织（包括平纹、斜纹、缎纹等基本组织，演变组织，特殊组织）。

（2）双层组织（包括纵向双层组织、横向双层组织、纵横双向组织、特殊组织）。

最常用的滤布组织是平纹、斜纹及其演变形式。双层组织用于特殊用途。组织图用来表示滤布的组织，如图 12-1 所示。其中，平纹组织最致密，可用来获得清洁的滤液；但其容易堵塞，滤饼也稍难剥离。斜纹组织的强度高，微孔不易堵塞，流量大，因此应用最广泛。缎纹组织因其纵丝集中配置，所以滤饼剥离性好；但粒子捕捉能力差，所以应用较少。

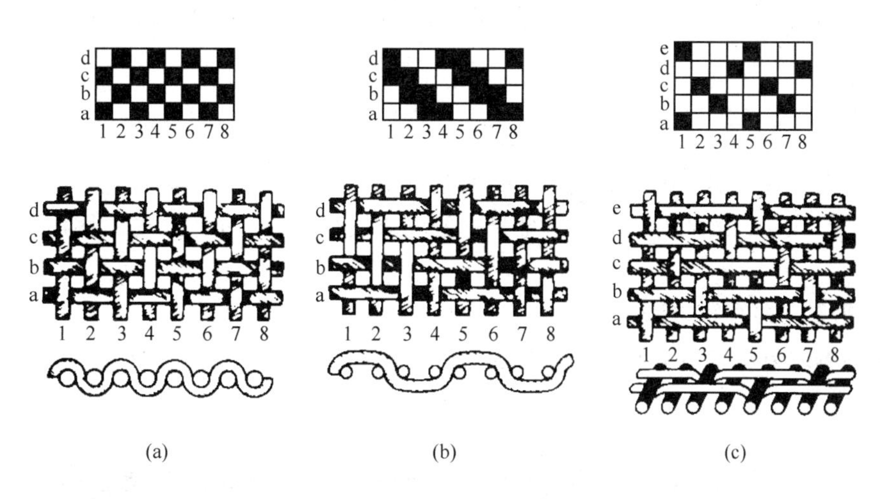

图 12-1　组织图（3 种基本织法）
（a）平纹；（b）斜纹；（c）缎纹

滤布的组织由纤维、纱、织法和精加工等要素决定。

纱的基本形式有 3 种，即单丝纤维纱、复丝纤维纱和短纤维纱。

单丝纤维纱由熔融聚合物挤压喷丝而成，多呈圆形截面。单丝纤维质轻、均匀，折叠、压缩不易变形。用作滤布时，其直径一般为 0.2～0.3 mm，制成的滤布通过能力大、不易堵塞，且易卸饼；但不宜过滤极细物料。常用于带式压滤机，小型水平带式、翻盘式、圆筒和圆盘真空过滤机。

复丝纤维纱由单丝捻成。由复丝纱制成的滤布比单丝滤布结实，柔韧性更大，但较易堵塞。用于垂直自动压滤机、水平式压滤机等。

短纤维纱（纺织纱）由天然纤维（棉、毛）和合成短纤维切割而成，切割长度一般为 40～100 mm，织成的滤布截留能力强。

12.2.1.3　滤布的选择

选择滤布时应注意以下几点情况：

（1）滤布的收缩。在板框和大型箱式滤板中，滤布的收缩会产生严重的问题。据资料介绍，采用顶部给料的箱式滤板时，滤布收缩所造成的故障要少于中央给料的箱式滤板。滤布的重复使用、洗涤、干燥，会加剧收缩作用，聚酰胺布尤甚。如果可能，建议湿储滤布。为了保证滤布在工作中的尺寸稳定性，应当对滤布进行预收缩。预收缩的方法有两种：一种是滤布在松弛状态下，用沸水预收缩；另一种是在纬纱张紧状态下，将滤布放在恒温器中加热（保持孔隙率、渗透性）。

（2）滤布的伸长。吸收液体后，纤维和纱线会伸长。纤维的直径和长度的增大，会引起滤布尺寸的变化，从而给准确装配的滤板带来严重后果。各种材质的滤布，其吸水率是不同的，有的布吸水率为其自身质量的4%（如尼龙），而有的只吸收0.4%的水（如涤纶）。

（3）滤布的清洗。压滤机的滤布洗涤水压力为5 MPa。洗涤必须考虑粒子的尺寸分布，因为含细粒子质量分数高的悬浮液较难过滤，用高压水洗涤滤布时，可能驱使沉淀滤布表面上的细粒子进入滤布里面，从而造成滤布堵塞。对于这种情况，采用反洗法会更有效。

12.2.2　滤网

滤网是由多种金属丝编织而成的，具有耐磨损、耐腐蚀、耐高温性能；使用中不会出现收缩、延伸现象，因而寿命很长。此外，滤网表面很光滑，不易堵塞，因而得到广泛的应用。

12.2.2.1　滤网的织法

滤网的编织方法基本上和纤维织物相同，有平纹、斜纹、平荷兰纹、斜荷兰纹、缎纹等，如图12-2所示。

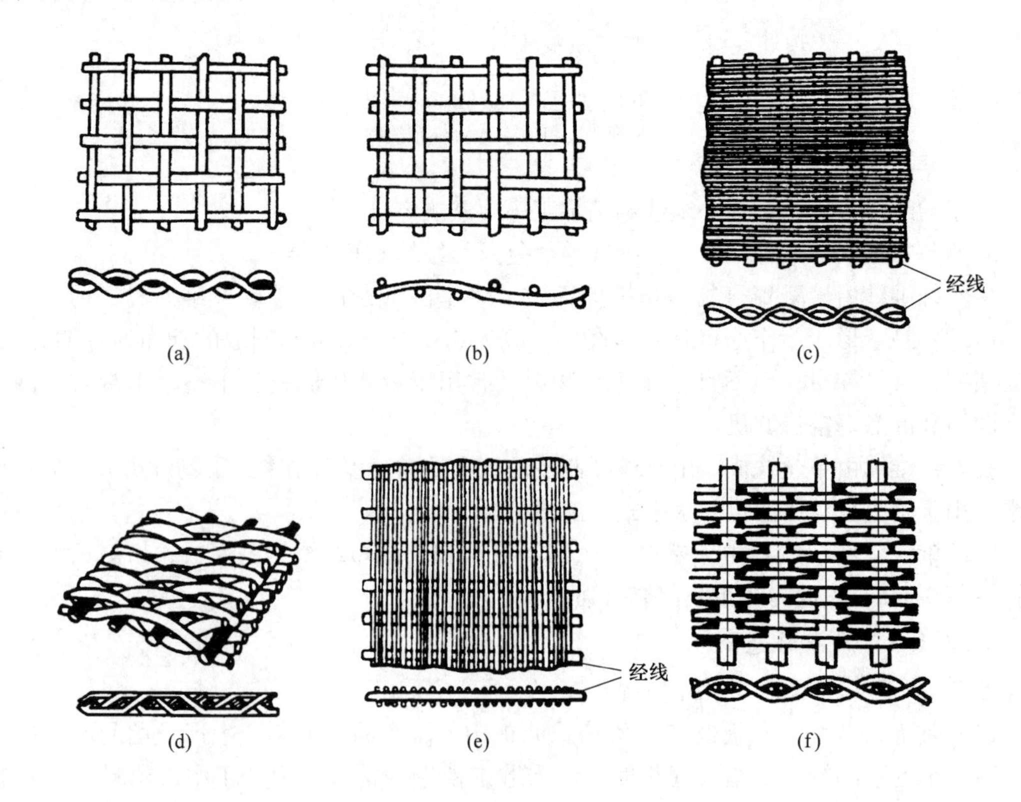

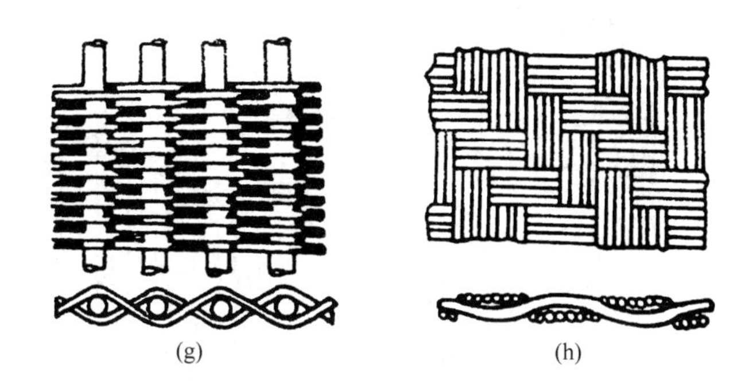

图 12-2　滤网的各种编织方法

（a）平纹；（b）平斜纹；（c）平荷兰纹；（d）斜荷兰纹；（e）反荷兰纹；
（f）双经线平荷兰纹；（g）β-mesh 荷兰纹；（h）篮纹（多股辫）

诸种织法中，斜纹织法可使用较粗的金丝织成和平纹织法相同孔径的滤网，机械强度较高，但显然降低了孔隙率。平荷兰纹织法的经线稍粗，且间距较大，便于纬线交替穿行。由于纬线紧密相靠，因而网孔较小，筛网机械强度较高。

12.2.2.2　应用特点

编织金属网适宜制作过滤器的滤叶和离心过滤机、圆筒过滤机的转鼓；另一重要的用途是制作可清洗的滤芯，其额定截留值（滤网最大孔径）一般为 1 ~300 μm。由于能用化学方法清洗，这种滤芯能反复使用，航空、宇航常应用这类滤芯。除此之外，滤网还常用作助滤剂预涂层过滤的底衬介质及其他易损挠性介质（如滤布、滤纸等）的支持体。

金属丝网由于丝径可小至 0.02 mm，故网孔径可小 1 μm，如斜荷兰纹网可截留 1 μm 的颗粒，平荷兰纹网也可截留 8 μm 的粒子，很适宜装备转鼓真空过滤机。双经线平荷兰纹网的强度比同孔径的普通平荷兰纹网高，孔径小，但易被细粒堵塞，斜荷兰纹网则更结实，过滤速率较高、易清洗。抗堵塞性能好的当属反荷兰纹网，其截留粒径小至 10 μm。

长缝筛用金属丝的断面形状对金属丝筛网的性能颇有影响。4 种金属丝断面形状对筛网性能的影响见表 12-4。从表 12-4 中可以看到，楔形断面的金属丝筛网的性能最好，而圆形断面金属丝筛网的孔隙最容易被粒子堵塞。楔形金属丝筛网的材质为不锈钢、蒙乃尔合金、铝合金及镍、钛等特殊合金。

表 12-4　4 种金属丝断面形状对筛网性能的影响

筛网的性能	圆形断面	三角形断面	长方形断面	楔形断面
清洗性	差	好	尚可	好
强度	好	好	不好	好
负荷能力	不好	尚可	好	好
孔隙率	差	不好	好	好
使用寿命	尚可	不好	好	好
筛效率	差	差	尚可	好

楔形断面金属丝筛网的结构示意图如图 12-3 所示。

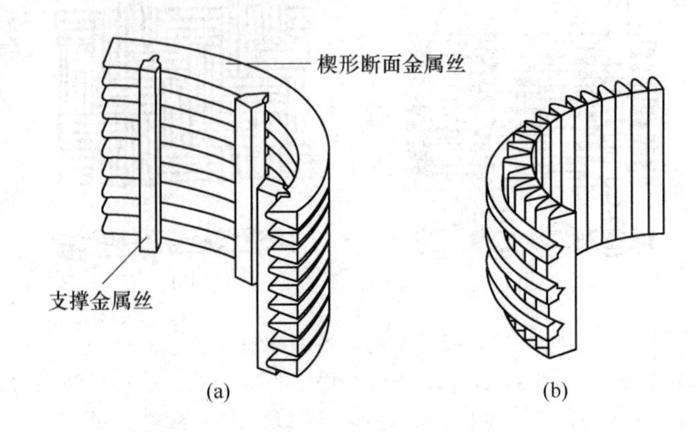

图 12-3　楔形断面金属丝筛网的结构示意图
（a）滤液从外向内流动结构；（b）滤液从内向外流动结构

12.3　非编织过滤介质

非编织过滤介质有时也被称为无纺过滤介质，其种类多，制作方法各异。制作方法包括压制成片状或板状的过滤介质、针刺制作、加热黏结制作。在这类介质中，由于纤维是最小结构单位，它们之间的孔隙都被用于过滤，所以有效过滤面积最大，而过滤介质孔隙很小，适宜高澄清度的过滤；但易堵塞，且大多强度不高。这类介质主要分为滤纸、滤板、滤毡和针刺毡以及非编织聚合物过滤介质，从机理上讲均为深层过滤和滤饼过滤。

12.3.1　滤纸

滤纸为片纤维品，应用非常广泛，按用途可分为分析滤纸、层析滤纸和工业滤纸。

滤纸的主要原料是纤维素，如棉、禾木科植物及木材等。近几十年来，其用料范围更扩至无机纤维（如玻璃纤维、陶瓷纤维）、金属纤维、合成纤维等。

滤纸的孔径主要取决于制作的压力，滤纸通常分为标准滤纸、皱纹状滤纸、湿强度滤纸、精密过滤用滤纸等，每类又有若干个型号。滤纸常用的性能参数为厚度、重量（gsm）、过滤速度（mL/min）、湿强度、截留粒子尺寸（μm）、表面光滑度等，应用时，应查阅有关技术资料。

孔隙率是滤纸重要参数，取决于原料和加工工艺。纤维越细的滤纸，其孔隙率越低，过滤速度越小，而截留能力越高。通常，纤维素纤维较粗而玻璃纤维较细，故而以前者为基体的滤纸截留性能较差，但因价格较低、机械性能尚好而应用广泛；玻璃纤维滤纸截留性能好，使用温度可达 500 ℃，但价格较高，故主要在实验室应用。

滤纸广泛应用于汽车工业中褶叠式滤芯，分离粒子尺寸范围为 0.5～500 μm，也可用于板框式压滤机、板式过滤机、管式过滤机、精密型过滤机上。薄的滤纸（0.2～0.3 mm）用于重力或真空为动力的小型过滤器；而厚滤纸（0.5～1 mm）则用于加压式大规模过滤。有时，滤纸和滤布还可以组合使用。此时，滤布不仅是第二介质，而且是滤纸的支持物；而滤纸则截留下微细颗粒和胶体颗粒，延长了滤布的使用寿命。

12.3.2 滤板

滤板与厚滤纸很相似，含有比例很高的纤维素成分，可通过湿压法获得。滤板质地粗糙，硬度和厚度也更大，而且含有其他材料的纤维。其过滤机理主要是深层过滤，它可以除掉细小颗粒或生物粒子以达到澄清和消毒的目的，特别适用于饮料和制药行业。

滤板按照材质不同主要可以分为石棉/纤维素滤板和无石棉滤板两大类。

12.3.2.1 石棉/纤维素滤板

最初的滤板组分主要为纤维素和石棉。石棉化学性质较稳定，耐高温，可作为优良的过滤材料，石棉纤维很细，长度一般在 1.5～40 mm，纤维表面带有正电性，这赋予了石棉一些独特的过滤性质。而加入纤维素则起到控制结构和增加机械强度的作用。由于石棉对人体的伤害较大，因此当前使用较少。

12.3.2.2 无石棉滤板

标准型无石棉滤板是由极细纤维（由粗纤维改造而成）、细硅藻土以及作为电荷载体的合成聚合物（带正电荷的树脂）精确混制而成的。其三维筛状结构能吸留微小颗粒，并使孔隙率高达 70%～85%。当滤板浸在水溶液中或滤浆流过滤板时，滤板便自然形成稳定的正电位，从而吸附住液体中带负电的颗粒。在厚度为 2.3～4.6 mm 的滤板上，沿厚度方向存在着密度梯度，即一次过滤层的物理构造较疏松，而二次过滤层的物理构造则较致密。由此可知，该滤板具有物理筛过滤和 ζ 电位吸附的作用，其机理属深层过滤。它既继承了石棉/纤维素滤板的高流量和高精度过滤的优点，又免除了石棉毒性的危害。

12.3.3 滤毡和针刺毡

滤毡很早就应用于过滤操作，其原料早年多为羊毛，现今基本为人工合成材料，如尼龙、聚酯等，由于合成材料价格低廉，用之制成的滤毡又有较好的颗粒截留性能，以及良好的防霉菌、防腐和较好的抗堵塞等性能，因而在较多的过滤场合（甚至包括压滤机、转鼓真空过滤机）被认可和应用。

滤毡由三维均匀的纤维团制成，可以用一定的结构和选定的纤维旦值来控制滤孔尺寸，达到所要求的微米级颗粒截留率。用滤毡过滤时压力降低、过滤精度高，其可作为极细物料和胶体物料的过滤介质。

针刺毡是一种较新型的无纺过滤介质，是把数层纤维（通常为聚丙烯、尼龙等）絮片用特殊的针上、下穿行轧制成毡，再经精整（热压、研光）成型。为提高强度，常常在针刺毡底部加置一层粗纺布。改变絮片层数和针的排列模式可以调整针刺毡的渗透率和孔眼尺寸。还可以通过选配不同原料改变滤布表面性质。用于固液分离的针刺毡的规格通常为 500～700 gsm。用于过滤粗粒磁铁精矿时，其使用寿命可达 7～12 个月，而过滤微细物料时则易堵塞。

近期发展起来的由不锈钢、铌、钽、铜等金属纤维制成的滤毡，纤维直径为 4～25 μm，特别适合在高温和易腐蚀环境下工作。

12.4 刚性多孔过滤介质

刚性多孔过滤介质是用陶瓷、塑料、金属粉末等烧结制成的。控制粉末粒度和烧结温度、时间等工艺条件，可得到孔隙均匀、渗透性各异的刚性介质。当增大强度时，刚性过滤介质的厚度可高达 20 mm 以上，介质的刚性使得过滤时的压力波动对滤饼影响很小，适合精密过滤。通常，这类介质具有耐腐蚀、使用寿命长、易卸料等优点，但渗入其中的颗粒很难排出。刚性多孔过滤介质的另一优点是可按工艺要求制成所需要的形状。

12.4.1 陶瓷

陶瓷由粉末状陶土在1400 ℃窑温下烧制而成，虽然易碎损，但价格低廉、高耐腐蚀，且孔隙尺寸范围极宽，为0.1 ~25 μm，因此广泛应用于气体分离、气体除尘和从气体中捕集液体。

随着压滤机的发展，尤其是高压吹气技术的应用，气耗（能耗）的比重加大。为降低气耗量，已开发出仅允许滤液，而不让空气通过的亲水过滤介质，亲水陶瓷是其中最为成功者。

亲水陶瓷由强亲水性的氧化铝基材料烧结而成，工作原理源于毛细现象，其孔隙直径为2 ~15 μm。过滤时，通过控制压滤机的工作压力可实现不耗气过滤。由于这种过滤介质的阻力远大于滤饼的阻力，因而在设计微孔陶瓷介质时，在满足其强度、刚度前提下，应尽量减少过滤介质的厚度。

微孔陶瓷过滤介质气耗量极低，用于真空过滤时，气耗量仅为常规真空过滤机的10% ~20%，且滤饼水分、滤液固体含量都很低。由于空气无法透过过滤介质，只能用反冲水冲洗，冲洗压力为0.05 ~0.08 MPa（0.5 ~0.8 bar）。

12.4.2 金属陶瓷

金属陶瓷可直接由金属粉末烧结而成，也可在编织金属网上烧结一层金属粉末物，孔径为1 ~400 μm。由于金属陶瓷质量好，型式、材料多种多样，且可进行普通切削、焊接、弯曲等，应用日益普遍。同时，由于烧结金属陶瓷经过反冲洗和化学冲洗后反复使用，可弥补价格高的不足。金属陶瓷用于深层过滤时，可利用适当液体的蒸汽来溶解堵塞在孔隙中的颗粒，以实现介质的再生；对于用作表面过滤的金属陶瓷，可用液体或适当气体反吹来使其再生。

12.4.3 多孔塑料和泡沫塑料

多孔塑料是用塑料粉末通过烧结和发泡技术制得的，其孔径范围极宽。多孔塑料的原料相当广泛，如尼龙、聚酯、聚碳酸酯、聚乙烯、氟塑料等，在过滤作业中的应用较为普遍。

泡沫塑料用作过滤介质的主要有网络状聚氨酯泡沫和微孔聚氨酯。由于这两种聚合物具有良好的柔韧性和力学性能，因此用这种材料加工而成的滤材比聚氨酯类滤材质软且有弹性，其重要的特点是孔隙间相互贯通呈网络状，孔隙率高达97%。

12.5　松散固体过滤介质

硅藻土、膨胀珍珠岩、纤维素、石棉、碳素等均可作为松散固体介质。它们既可直接用作深层过滤的过滤介质，也可作为助滤剂改善料浆的过滤性能。因在第 11 章助滤剂中已介绍，故此处略。

思　考　题

12-1　何为过滤介质？其主要特性具体体现在哪些方面？

12-2　作为过滤介质的材料应满足哪些要求？

12-3　工业上过滤介质一般分几种类型？

12-4　简述各类过滤介质的主要特点及其应用场合。

13 热 力 干 燥

【**本章提要**】热力干燥能够深度降低细粒物料含水量。本章首先介绍了选煤产品干燥特点和干燥的基本原理，其次分别介绍了不同类型干燥机的结构、工作原理和主要特点，并简要介绍了干燥系统辅助设备及热力干燥工艺流程。

13.1 概 述

湿法选煤的显著特点是选后产品含有较高的水分，虽经机械脱水，但选后精煤的水分仍较高。如块精煤经脱水筛脱水、末精煤经离心脱水机脱水后，水分为8%～10%。浮选精煤水分更高，据部分选煤厂统计，浮选精煤经圆盘过滤机脱水后，水分仍在26%～28%。

如绪论中所述，精煤水分高，对产品的质量、运输、贮存都是不利的。研究表明，只有当煤的外在水分低于5%～6%时，才没有冻结的可能。若超过这个水分，在冬季运输必须采取防冻措施。选煤厂没有设置干燥工艺之前，曾采用撒锯木屑、生石灰，以及车箱刷油、涂蜡和添加防冻剂等防冻措施。

随着生产技术的发展，机械化采煤的比例不断提高，浮选精煤的比例越来越大。焦化厂进厂精煤中，浮选精煤占全部精煤的比例逐年提高，导致炼焦精煤的水分受浮选精煤的影响越加严重。因此，仅仅依靠湿煤防冻措施是不够的。为了保证用户对产品水分的要求，便于产品的运输和贮存，必须采用干燥脱水。

利用热能从物料中除去少量水分的操作称为干燥。在选煤厂，常用的干燥方法是以煤燃烧产生的高温烟气作为热介质，加热湿精煤，使湿精煤中水分汽化，达到降低精煤水分的目的。焦化厂所属的选煤厂常采用煤气作燃料。

热烟气干燥精煤有两种方式：一种是热烟气直接与湿精煤接触，称直接干燥；另一种是热烟气与湿精煤不直接接触，而是热烟气通过固体面（器壁）传热给湿精煤，称间接干燥。前者干燥方式较后者复杂，因为热烟气不仅使湿精煤受热，而且还带走湿精煤中已汽化的水蒸气，在干燥过程中，传热和传质的现象同时发生。后者，传热和传质现象可分别考虑。目前，我国选煤厂大多采用直接干燥的方法。

各选煤厂干燥精煤，有末精煤单独干燥、浮选精煤单独干燥、末精煤和浮选精煤混合干燥3种。

浮选精煤粒度细、水分高、黏性大，单独干燥易结团，影响产品水分。末精煤和浮选精煤混合干燥可解决结团问题，提高干燥效果，所以大部分选煤厂均采用末精煤和浮选精煤混合干燥的方式。但是在末精煤和浮选精煤混合干燥时，人为地加入大量水分为8%～10%的末精煤，末精煤与浮选精煤的混合比例为3∶1～4∶1，使得干燥精煤数量增加，所需干燥设备增多，增加热量消耗，干燥费用增加。由于末精煤经离心脱水机脱水后，基本可以达到水分要求，所以各选煤厂都不对末精煤进行单独干燥。

干燥作业是选煤厂产品脱水作业中最后一道工序，其目的是进一步降低精煤的含水量，满足用户和运输的要求。但是在干燥过程中要消耗大量的热能，因而热力干燥成为一种昂贵的脱水方法，排出水量越多，热量的消耗就越大，干燥费用也就越高。因此，目前只有东北、西北和华北等寒冷地区的选煤厂采用热力干燥，其中除个别选煤厂由于精煤出口采取长年干燥外，大部分选煤厂只在冬季干燥，干燥期大约为5个月。

13.2 干燥基本原理

干燥过程的本质是被除去的水分从固相转移到气相中，固相为被干燥物料，气相为干燥介质。干燥过程得以实现的条件是水分在物料表面的蒸汽压必须超过干燥介质（如高温烟气）中的蒸汽分压，物料表面水分才能汽化，由于表面水分的不断汽化，物料内部的水分方能继续向表面移动。干燥与蒸发的区别主要在于物料中所含水分的多少以及汽化温度的高低。如果物料中含水量小，且汽化温度低于沸点，此时的汽化称为干燥。水的汽化需要热量，要进行热量的传递。热量的传递是由物体内部或物体之间的温度不同引起的。根据热力学第二定律，当无外功输入时，热量总是自动地从温度较高的物体转移至温度较低的物体。

传热的基本方式有3种：对流、传导和辐射。

(1) 对流：对流是流体各部分质点发生相对位移而引起的热量传递过程，因而对流只能发生在流体中。在精煤干燥中，当高温烟气流体流过被干燥物料时，热能由流体传到湿物料表面，使被干燥的物料温度升高，该过程称为对流传热。

(2) 传导：热量从物体中温度较高的部分传递到温度较低的部分或者传递到与之接触的温度较低的另一物体的过程称为传导。精煤颗粒受高温烟气包围，热量从颗粒表面逐渐传递到颗粒内部，使整个颗粒温度升高；螺旋干燥机，高温介质通过螺旋叶片将热量传递给湿物料的过程都属于热量的传导。

(3) 辐射：物体因各种原因发出辐射能，其中因热而发出辐射的过程称为热辐射。其常以电磁波的形式发射并向空间传播，当遇到另一物体时，一部分被反射、一部分被吸收，还有一部分则穿透物体。被吸收的部分又重新转变为热能。在火床炉燃烧过程中，当含有一定水分的新燃料直接加到炽热的火床时，除受下面炽热火床的加热外，还受到炉膛内高温火焰和炉墙的热辐射作用，温度很快升高，立即进入燃烧的热力准备阶段，这一过程称为辐射传热。

在干燥过程，上述3种传热方式很少单独存在，通常都是相互伴随着同时出现。

13.2.1 干燥速度

在干燥过程中，当干燥介质的蒸汽分压低于煤粒表面水分的蒸汽分压时，由于压差的影响，水分由煤粒汽化而进入介质。因此，煤粒在干燥过程，水分的降低包括物料中水分向表面扩散和表面水分汽化两个过程，并用干燥速度表示物料中水分汽化的快慢。

干燥速度即单位时间内在单位干燥面积上被干燥物料（精煤）所能汽化的水分质量，其表达式为

$$v = \frac{dW}{Fdt} \tag{13-1}$$

式中　v——干燥速度，m/min；

W——被干燥精煤脱除的水分质量，t；

F——被干燥精煤总的干燥表面积，m^2；

t——干燥时间，min。

干燥速度不仅取决于高温烟气的性质和操作条件，同时还取决于物料所含水分的性质。

当物料与一定温度及湿度的干燥介质接触时，会放出或吸收一定的水分。在干燥介质状态不变的情况下，物料中的水分总是维持该定值，此定值称为该物料在一定干燥介质状况下的平衡水分。

平衡水分代表物料在一定干燥介质状态下可以干燥的限度。只有物料中超出平衡水分的那部分，才有可能在干燥过程中被脱除，该部分水分称为自由水分。物料所含总水分是由自由水分和平衡水分组成的。

由图13-1可知，如某湿物料在相对湿度为60%的干燥介质中进行干燥时，物料的最低含水量由点 A 表示，即平衡水分为10.5%。在此烟气状况下，只能脱除物料中含水量大于10.5%的那部分水分。

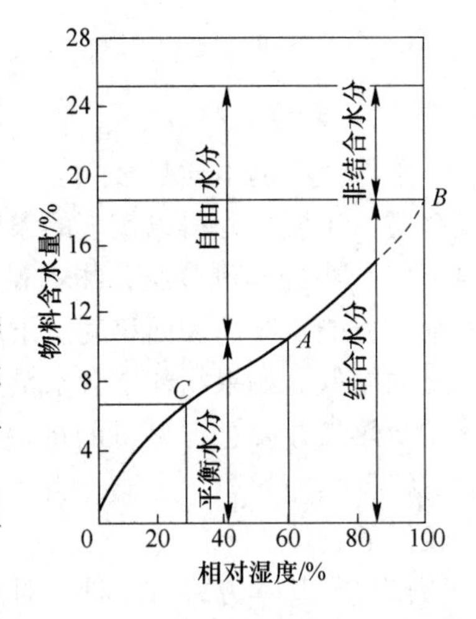

图13-1　水分的种类

13.2.2　干燥过程

干燥速度决定干燥时间的长短，并直接决定了干燥机处理能力的大小。干燥速度越大，所需干燥时间越短，干燥机的处理能力也就越大。

随着干燥时间的增加，精煤中的平均含水量不断减少。精煤平均含水量与干燥时间的关系曲线称为干燥曲线，根据精煤含水量随干燥时间的变化值，可求得干燥速度。干燥速度和干燥时间的关系曲线称为干燥速度曲线，如图13-2所示。

在干燥过程中，若将含水量超过平衡水分的湿物料与未饱和的热烟气接触，则水分逐渐汽化并通过表面上的气膜扩散至烟气中，烟气则不断将热量传给物料以供给水分汽化所需的潜热，并渐渐地把汽化的水分带走。表面上的水分汽化后，内部水分即向表面移动，使物料中水分慢慢地减少。因此，干燥速度不仅与干燥介质有关，也与物料本身因失水而引起的变化有关。下面讨论在干燥介质的湿度、温度、速度以及与物料接触的状况均不变的情况，即恒定干燥条件下的干燥过程。

在恒定干燥条件下，依据干燥速度的变化，干燥过程可分为预热阶段、恒速阶段、降速阶段和平衡阶段（见图13-2）。

（1）预热阶段：设完全湿透而且水分分布均匀的湿精煤原来的温度为 A_3。当与烟气接触时，热烟气首先将热量传给湿精煤，使精煤和所带水的温度升高。精煤温度由 A_3 升到 B_3，由于受热，水分开始汽化，干燥速度由 A_2（零）增加到最大值 B_2。精煤的水分则因汽化而减少，由 A_1 降到 B_1。此阶段仅占全过程的5%左右，其特点是干燥速度由零升

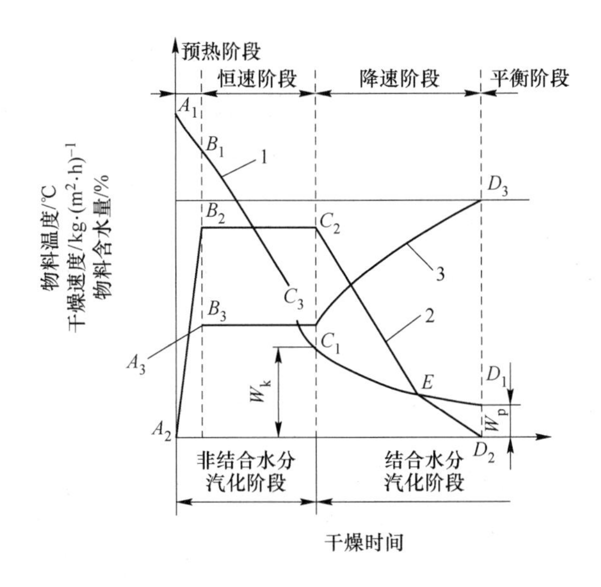

图 13-2　物料含水量、干燥速度、物料温度与干燥时间关系曲线

1—物料含水量曲线；2—干燥速度曲线；3—物料温度曲线

到最大值，其热量消耗在精煤加温和少量水分汽化上。此阶段水分降低很少。

（2）恒速阶段：干燥速度达最大值后，由于煤粒表面水分蒸汽分压大于该温度下热烟气的蒸汽压，水分从煤粒表面汽化并进入热烟气。煤粒内部的水分不断向表面扩散，使其保持润湿状态。只要煤粒表面均有水分，汽化速度可保持不变，故称恒速阶段。该阶段的特点是干燥速度达到最大值并保持不变，B_2C_2 平行于横坐标；精煤的含水量迅速下降；如果热烟气传给煤粒的热量等于煤粒表面水分汽化所需的热量，则煤粒表面温度保持不变，B_3C_3 也平行于横坐标。该阶段时间长，占整个干燥过程的 80% 左右，是主要的干燥脱水阶段。

预热阶段和恒速阶段脱除的是非结合水分，即自由水分和部分毛细管水分。恒速阶段结束时的精煤含水量 C_1 称为第一临界含水量，常简称为临界含水量，以 W_k 表示。

（3）降速阶段：达到临界含水量以后，随着干燥时间的增长，水分由煤粒内部向表面扩散的速度降低，并低于表面水分汽化的速度，干燥速度也随之下降，称为降速阶段。在降速阶段中，根据水分汽化方式的不同又可再细分两个阶段，即部分表面汽化阶段和内部汽化阶段。

1）部分表面汽化阶段：进入降速阶段以后，由于内部水分向表面扩散的速度小于表面水分汽化的速度，使煤粒表面出现干燥部分，特别是煤的突出部位，随着汽化水量减少，干燥速度逐渐下降，虽然煤粒表面出现干燥部分，但水分仍从煤粒表面汽化，故称部分表面汽化阶段。这一阶段的特点是干燥速度均匀下降，由 C_2 降到 E，且潮湿的表面逐渐减少，干燥部分越来越多，由于汽化水量降低，需要的汽化热减少，使煤粒的温度升高。

2）内部汽化阶段：随煤粒表面干燥部分增加，温度越来越高，热量向内部传递，使蒸发面向内部移动，水分在煤粒内部汽化成水蒸气后再向表面扩散流动，直到煤粒中所含水分与热烟气的湿度平衡时为止，称内部汽化阶段。这一阶段的特点是煤粒含水量越来越少，水分流动阻力增加，干燥速度降低很快，煤粒温度继续升高。

降速阶段中，在某些情况下，由部分湿润表面过渡到全部干燥表面是逐步而缓慢的，这时曲线 C_2ED_2 是平滑的，不出现转折点 E。降速阶段也称结合水分汽化阶段。

（4）平衡阶段：当煤粒中水分达到平衡水分 W_p 时，煤粒中水分不再向热烟气汽化，干燥速度等于零，故称平衡阶段。

精煤的实际干燥过程不可能达到平衡水分状态，所以只包括预热阶段、恒速阶段和部分降速阶段。

13.3 干 燥 机

干燥机是干燥脱水作业中的主要设备，物料的干燥脱水就是在干燥机中进行的。干燥机的类型很多，与所需干燥物料的种类、处理量和干燥产品的水分有着重要的关系，干燥机可根据不同物料及操作条件进行分类。如按干燥介质的种类可分为空气、热烟气和红外线等；按操作方法可分为间歇式和连续式；按气体与物料运动方向不同可分为顺流式、逆流式和复流式；按气体与物料间传热方式可分为直接传热、间接传热；也可以根据干燥机形状及物料运行情况分为膛式、管式、滚筒式、井筒式、沸腾床层式、螺旋式和振动式等。

13.3.1 滚筒干燥机

滚筒干燥机是应用颇多的一种干燥机。滚筒干燥机适用于处理粒度细而不过分黏结的物料，既可混合干燥末精煤和浮选精煤，也可单独干燥浮选精煤，多用于干燥水分较高、0～13 mm 级中细粒较多的湿精煤。滚筒干燥机具有产率高、操作方便、运行可靠、电耗量低等优点；缺点是汽化强度小、钢材消耗量大、干燥时间长、占地面积大。滚筒干燥机的生产能力通常以体积汽化强度来表示，所谓体积汽化强度是指按转筒体积计算的汽化水分的能力，通常采用的单位为 $kg/(m^3 \cdot h)$。选煤厂使用的滚筒干燥机均采用热烟气作为干燥介质，根据干燥介质与湿精煤传热方式的不同，滚筒干燥机分为以下 3 种：

（1）直接传热式滚筒干燥机——干燥介质与湿精煤直接接触传递热量。

（2）间接传热式滚筒干燥机——干燥介质经过筒壁将热量传递给湿精煤。

（3）复式传热滚筒干燥机——部分热量由干燥介质直接传递给湿精煤，另一部分热量经过筒壁间接传递给湿精煤。

根据干燥介质与物料运动方向的不同，滚筒干燥机又分为顺流式（干燥介质与湿精煤运动方向相同）和逆流式（干燥介质和湿精煤运动方向相反）两种。各选煤厂均采用直接传热顺流式滚筒干燥机。

13.3.1.1 滚筒干燥机的结构

滚筒干燥机由滚筒、挡轮、托轮、传动装置和密封装置组成，滚筒干燥机的结构如图 13-3 所示。

托轮是滚筒的支承装置，前端两个，后端两个，支承着轮箍。托轮的作用是：（1）支承滚筒。整个滚筒和滚筒内物料的重量全部压在 4 个托轮上，并在托轮上转动。

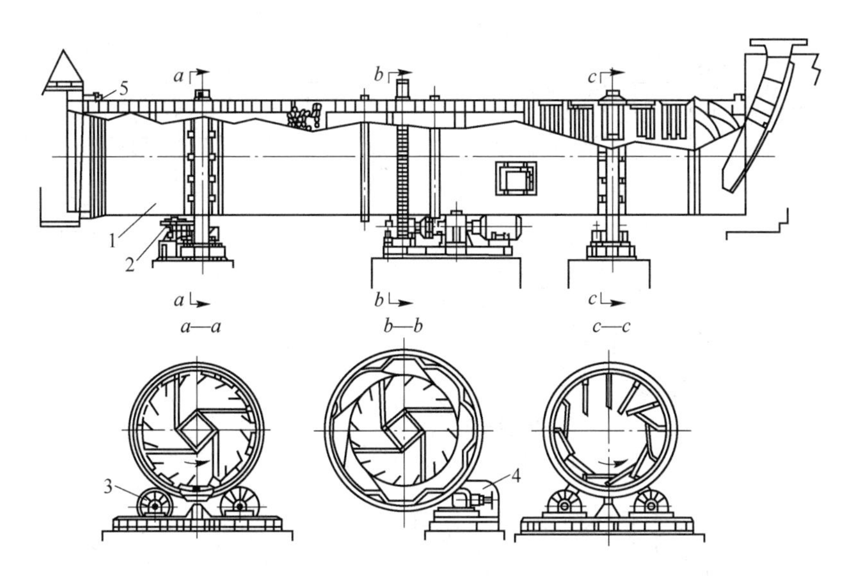

图 13-3 滚筒干燥机

1—滚筒；2—挡轮；3—托轮；4—传动装置；5—密封装置

(2) 调整滚筒倾角。滚筒每端两个托轮在横向上可以移动，通过改变两端托轮间距离，调整滚筒倾角。(3) 防止滚筒轴向移动。在托轮安装时，有意使两托轮轴线不平行，当滚筒在托轮上转动时产生轴向推力，防止滚筒向下移动。

滚筒是倾斜安装的，倾斜角度一般为 1°～5°，为了防止滚筒沿轴向下移动，在轮箍侧面装有挡轮。滚筒在传动装置的带动下转动，转速一般为 2～6 r/min。传动装置包括电动机、减速机、小齿轮和大齿轮圈。

由于滚筒干燥机是在负压下工作的，为了防止漏风，在滚筒两端与给料箱和排料箱连接部位都装有密封装置。密封装置的型式很多，常见的有摩擦式、迷宫式及罩式 3 种。

滚筒是滚筒干燥机的主体，长度与直径之比一般为 4～8，通常用 8～14 mm 厚的钢板制造，外面装有两个轮箍，内部装有输送松散物料的装置。以 NXG 型 ϕ2.4 m×14 m 滚筒干燥机为例，其内部沿轴向分为 6 个区间，各区间输送松散物料的装置不同。一区间为大倾角导料板，二区间为倾斜导料板，三区间为活动箅条式翼板，四区间为带有清扫装置的圆弧形扬料板，五区间为带有清扫装置的圆弧形箅条式扬料板，六区间为无扬料板区，如图 13-4 所示。

当干燥物进入干燥机一区间时，随滚筒的转动，并借助大倾角导料板将物料迅速导至倾斜导料板上，物料被提起并逐渐洒落形成“料幕”，高温烟气从中穿过使物料预热并蒸发部分水分。反复数次后，移动到活动箅条式翼板上，物料又与经预热过的箅条式翼板夹杂在一起，吸收其热量，同时翼板夹带物料一同升起、洒落，并与热烟气形成传导及对流质热传递。当物料移动到带有清扫装置的圆弧形扬料板上时，链条将在上部空间接受的热量传给物料，物料随滚筒的转动被扬料板提起、洒落与热烟气进行较充分的质热传递，并将扬料板内外壁黏附的物料清扫下来。同时，清扫装置对物料团球起破碎作用，大大增加了热交换面积，提高了干燥速率。当物料移动到带有清扫装置的圆弧形箅条式扬料板时，物料在干燥机内仍按四区间的运动规律进行质热传递，但此区间物料呈现两种状态：一种

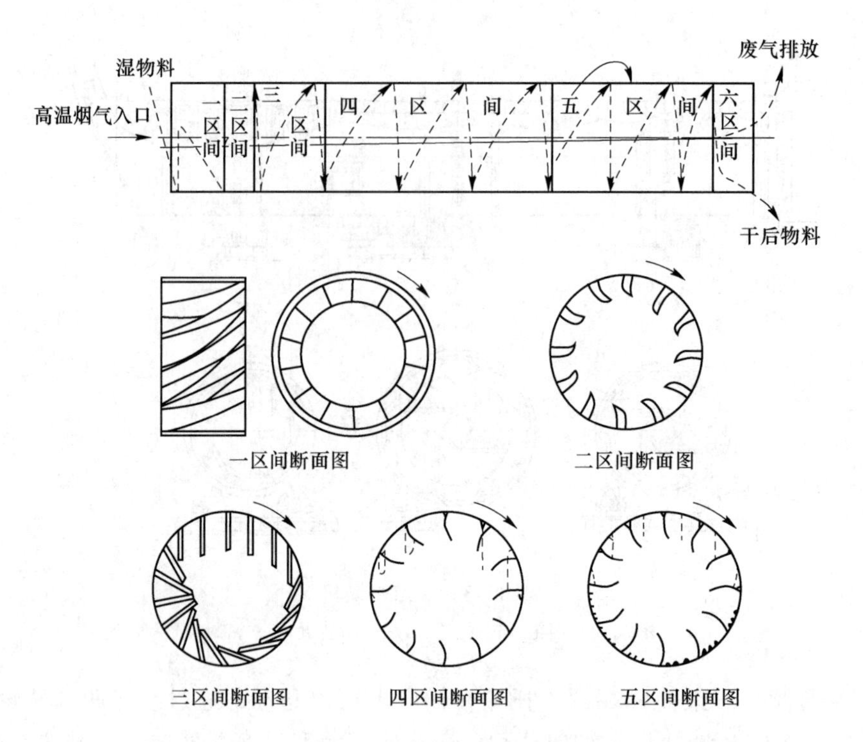

图 13-4　NXG 型 ϕ2.4 m×14 m 滚筒干燥机内部结构图

是干后呈粉状物料，随滚筒的转动并从箅条的间隙漏下；一种是湿的团球，留在扬料板圆环内，随滚筒的转动逐渐被破碎，使其中水分蒸发，最终被干燥。当物料移动到六区间，已变成低水分松散状态，为减少扬尘、减轻除尘系统的负荷，在距离末端 1 m 左右的范围不设扬料板。干燥后物料滚动滑行到排料箱，完成整个干燥过程。

13.3.1.2　工作原理

直接传热顺流式滚筒干燥机的工作原理：物料和由燃烧炉送来的 700～800 ℃的高温烟气同方向进入干燥机，物料由扬料板提起并洒落，两者直接接触，均匀混合，将热量传递给湿物料，使湿物料所带水分汽化，并随废气排走，水分汽化后的物料由干燥机下端经排料箱排出，实现了湿物料脱水的目的。

直接传热顺流式滚筒干燥机适用于潮湿物料能经受强烈干燥，或被干燥物料对高温敏感，干燥后物料吸湿性小等情况。由于给入的湿物料与温度高而含湿量最低的干燥介质在进口端相接触，故干燥初期干燥推动力较大，以后随物料的湿度降低，干燥介质的温度也降低，故适宜最终含水量（干燥程度）要求不高的物料。排出的干物料温度较低，便于运输。

在直接传热逆流式滚筒干燥机中，物料与干燥介质运动方向相反，干燥推动力在整个干燥过程中较均匀，适用于对物料干燥要求较高而物料对高温不敏感者。

从产生粉尘的角度看，顺流式干燥介质与干燥后物料一起离开滚筒，因而细粒物料易被气流带走；而逆流式干燥介质排出时与湿物料相接触，干燥介质被滤清，气流中含尘量较少。

NXG 型滚筒干燥机技术特征见表 13-1。

表 13-1 NXG 型滚筒干燥机技术特征

型 号	滚筒直径 /mm	滚筒长度 /mm	滚筒转数 /r·min⁻¹	滚筒倾斜度 /%	处理能力/t·h⁻¹		入口温度 /℃
					0～13 mm	0～0.5 mm	
ϕ2.4 m×14 m	2400	14000	4.8	5	65±5	25±5	700～750
ϕ2.2 m×14 m	2200	14000	4.85	5	60±5	20±5	700～750

型 号	出料水分/%		蒸发强度 /kg·(m³·h)⁻¹	干燥机热效率 /%	外形尺寸 /mm×mm×mm	质量/kg
	0～13 mm	0～0.5 mm				
ϕ2.4 m×14 m	10 以下	10±2	80～100	70 以上	14000×3860×3800	46600
ϕ2.2 m×14 m	10 以下	10±2	80～100	70 以上	14000×3860×3800	35000

13.3.2 沸腾床层干燥机

沸腾床层干燥机是一种新型的干燥设备，如美国的麦克纳利沸腾床层干燥机、日本的住友沸腾床层干燥机在精煤干燥上都发挥了重要作用。沸腾床层干燥机适用于末精煤和浮选精煤混合干燥，该机的特点是：热效率高，小时汽化水量大，单台处理能力大，设备布置紧凑，占地面积小，操作人员少。该机的缺点是：以精煤和油作燃料，浪费资源，不能单独干燥浮选精煤，干燥机结构复杂。

13.3.2.1 沸腾床层干燥机的结构

沸腾床层干燥机的燃烧室和干燥室为一体结构，麦克纳利沸腾床层干燥机的结构如图 13-5 所示。

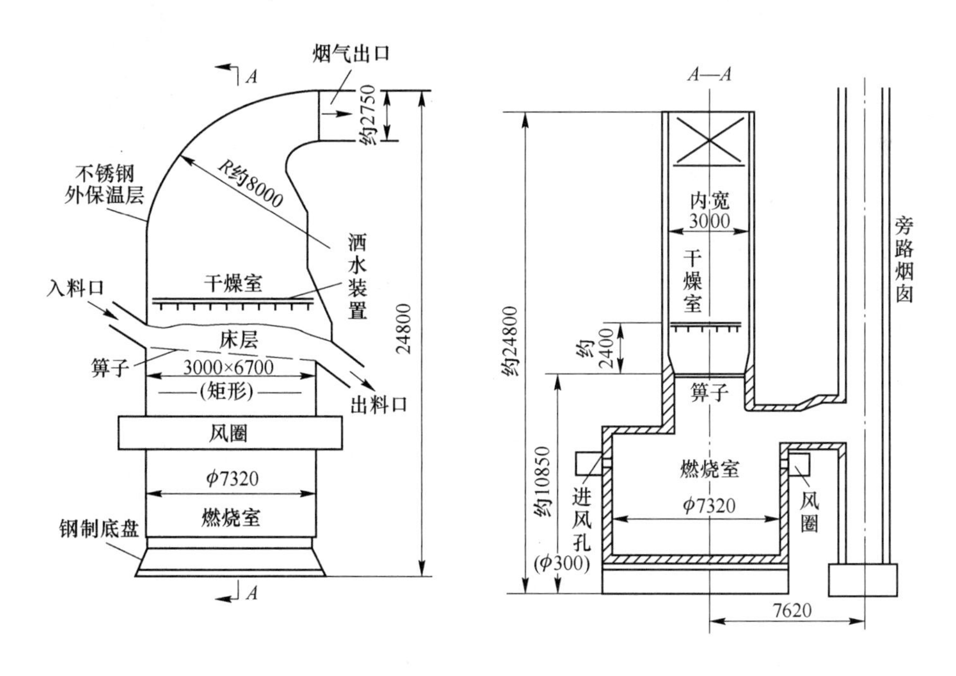

图 13-5 麦克纳利沸腾床层干燥机结构示意图（单位：mm）

燃烧室为一圆筒形结构，其外围用9 mm不锈钢板围焊而成，内衬耐火砖砌成的耐火墙，钢板和耐火墙之间填有耐火泥。燃烧室底部铺有耐火砖和隔热耐火衬，底座为钢制底盘。燃烧室下部侧面有清理孔，中部有连接鼓风机的风圈，其上分布有进风孔，使风均匀地进入燃烧室以促进充分燃烧和调节炉膛温度。

干燥室是沸腾床层干燥机的主要组成部分，干燥室的床层为一矩形平面，与燃烧室的分界处为箅子，箅条直径为22 mm，缝隙在2～2.5 mm，开孔率为7%，箅条入料端比出料端略高，其斜度为24∶1（约2°30′），干燥室上部设有洒水装置，其作用是降温灭火。在干燥过程中，如果参数失调，床层温度突然升高，甚至引起火灾，或燃烧室温度超过530 ℃以上时，自控装置即运动，停车洒水降温灭火。

在干燥机的一侧设置了旁路烟囱，其顶部装有盖板，用气缸控制开闭。

旁路烟囱的作用是：（1）干燥过程床层着火或燃烧室温度超过530 ℃时，烟囱顶部盖板通过自控打开，放空烟气降温冷却；（2）正常停车时，烟囱盖板亦打开，使烟气短路散热冷却；（3）开车前，也要打开烟囱盖板，并开动引风机造成负压，净化干燥系统；（4）正常开车时，烟囱盖板是关闭的，保持干燥系统密封。

燃烧室还需配备燃烧装置，有煤粉燃烧装置和瓦斯燃烧装置两种。以煤作燃料的燃烧装置如图13-6所示，该装置包括星形给煤机、粉碎机、分配器、喷射器、点火器和供油站等。

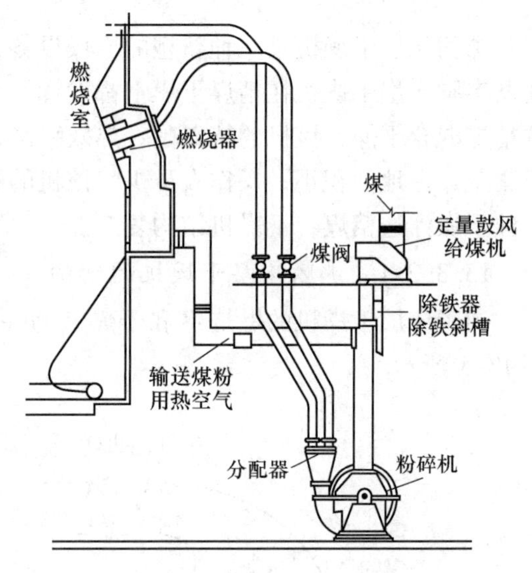

图13-6 煤粉燃烧装置示意图

里列型粉碎机由粗碎、细碎和鼓风机三部分组成，粗碎可使95%的燃料粉碎到小于8网目，细碎可使98%的燃料粉碎到小于50网目，粉碎后的煤粉与80 ℃的预热空气按质量比为1∶1混合，由鼓风机送出。

煤粉分配器设在粉碎机出口处，作用是均匀地向两条管路分配煤粉。粉煤喷射器向燃烧室喷射粉煤，有4个紫外线火焰探射器（其中两个备用），喷射器的风量可自动调节，也可手动调整火焰长短。点火器是在粉煤燃烧前将供油站送来的燃料油喷成雾状，并用电打火器将火点燃，用以预热燃烧室和点燃粉煤。

13.3.2.2 工作原理

沸腾床层干燥机工作原理：干燥后精煤的一小部分经粉碎机粉碎到小于50网目，与预热到80 ℃的空气按质量比为1∶1混合，被喷射器喷入燃烧室充分燃烧，产生的高温烟气通过箅子进入干燥室。湿精煤经给料机由入料口进入干燥室后，沿箅子坡度被高温高速烟气吹起呈沸腾状态（跳跃、流动），固体颗粒被高温烟气所包围，进行质热交换，由于干燥介质的蒸汽压力低于煤精表面水分的蒸汽压力，湿精煤中水分不断汽化，转移到周围介质中，并被废气带走，从而降低了精煤的水分。经干燥后的精煤由排料口排出，废气、汽化的水蒸气和部分小于1.2 mm的精煤从干燥机上部废气出口进入除尘器。

麦克纳利8号沸腾床层干燥机技术特征见表13-2。

13.3.3 管式干燥机

管式干燥机是利用高温高速烟气使精煤在悬浮状态下进行干燥的一种设备，尤其适于处理密度小的细粒物料，可处理0～0.5 mm粒级含量不超过40%的0～13 mm粒级的湿精煤。由于干燥机中精煤和热烟气接触面积大，所以干燥速度快。管式干燥机的优点是占地面积小、设备投资少、单位容积汽化水量大、精煤在干燥机内停留时间短、干燥机结构简单、制造容易、检修方便、设备安装费和钢材消耗量低等；缺点是热效率低、电耗量大、管壁磨损大、干燥成本高、要求厂房建得较高、干燥后精煤增灰较大、控制复杂、产生煤尘较多，并由于高温烟气对湿精煤的急剧加热作用，致使粗粒煤受热不均匀而破碎，具有一定的粉碎作用。

13.3.3.1 管式干燥机的结构

管式干燥机包括干燥管、散煤器和清扫器三部分，如图13-7所示。干燥管为一直立的大金属管，由钢板卷制而成，可分为若干段，借法兰盘连接或焊接，通常干燥管直径为700～1000 mm，长15～25 m。干燥管直径和长度取决于生产量和产品水分的要求。生产量越大，干燥管直径就越大；干燥管越长，其干燥后产品水分越低。

干燥管的结构可分为三部分。干燥管底部到湿精煤入口处5～6 m为一段，热烟气由此段进入，管内衬耐火层，大块物料和浮选精煤团球出口在管子的底部；湿精煤入口到上部弯管处的直管段为干燥段；上部弯管为一段，可改变气流方向，将干燥后精煤和废气送入除尘器。为防止精煤在弯管处沉积，引起燃烧和爆炸，螺旋清扫器可将沉积在弯管处的积煤送入除尘器。

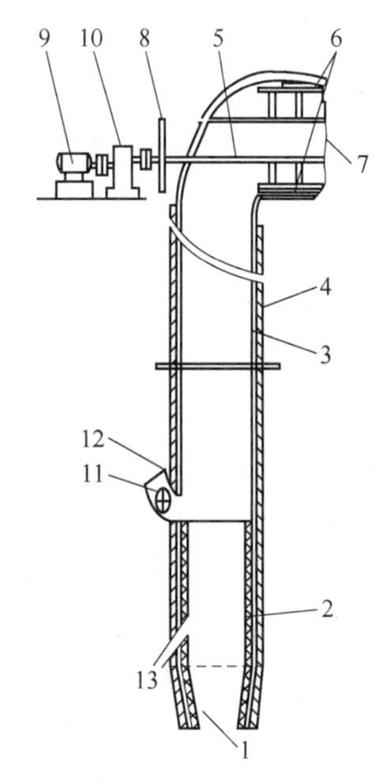

图13-7 管式干燥机结构示意图

1—大块物料出口；2—耐火层；3—钢管；4—保温层；5—螺旋轴；6—螺旋叶片；7—废气及干燥后物料出口；8—传动皮带轮；9—电动机；10—减速器；11—散煤器；12—湿精煤入口；13—热烟气入口

13.3.3.2 工作原理

管式干燥机的工作原理：燃烧炉产生的700～800 ℃高温烟气由干燥管下部吸入，并在干燥管内以25～35 m/s的速度由下而上流动。需干燥的湿精煤经星形给料机、散煤器均匀送入干燥管。在干燥管内，高温高速的烟气使进入干燥管的湿精煤呈悬浮状态，并沿干燥管上升。湿精煤和热烟气在顺流上升中直接广泛地接触，并被加热，使水分汽化，干燥后精煤汽化的水蒸气和废气一起排出并进入除尘器。精煤在干燥管中，细粒度精煤由于重量轻，以接近烟气的速度上升，粒度较粗的精煤，由于重量较大，上升的速度小于烟气的速度，在干燥管内停留时间较长，恰好符合干燥的要求；个别大粒度颗粒和大块浮选精煤团球不能被烟气举起，落在干燥管下部溜槽中，经不透气闸门排出。产品的水分是上升的和下降的两部分物料的平均水分。为了使进入干燥机的湿精煤都能处于悬浮状态，要求烟气速度不能低于 25 m/s，而精煤粒度不能大于 15 mm。

管式干燥机的技术特征和工艺参数见表 13-2。

13.3.4 井筒式干燥机

井筒式干燥机也称洒落式干燥机，或称竖井式干燥机，是一种逆流直接传热式干燥设备。井筒式干燥机可以进行末精煤和浮选精煤的混合干燥，也可以进行浮选精煤单独干燥。其优点是热烟气温度低、占空间小，缺点是热效率低、处理量小、在单独干燥浮选精煤时产品水分高。

13.3.4.1 井筒式干燥机的结构

井筒式干燥机主要由多螺旋喂煤机、筒头、筒体、溜槽、滚轮、挡板、清扫器等部分组成。图 13-8 是 SK-25 型井筒式干燥机结构示意图。

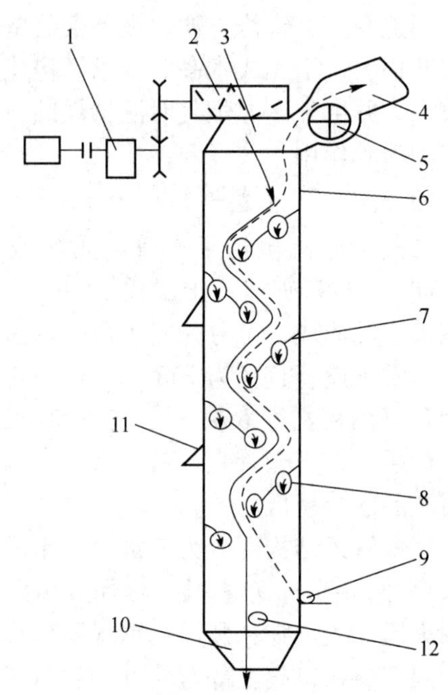

图 13-8 SK-25 型井筒式干燥机结构示意图
1—螺旋传动装置；2—多螺旋喂煤机；3—筒头；4—废气出口；5—清扫器；6—筒体；7—挡板；8—滚轮；9—热烟气入口；10—溜槽；11—安全阀；12—灭火蒸汽管

筒体 6 呈矩形截面，是井筒式干燥机的主要部分，金属制造，内衬耐火材料，在每一层的壁板上均有两个方孔，供清扫筒体内部用，孔上装有安全阀 11，当干燥机内由于精煤燃烧引起压力过大时，安全阀自动打开。筒体两侧各有 12 个安装孔，供安装滚轮用。筒体内装有 12 个铸铁滚轮 8，直径为 330 mm，长 3100 mm，通过滚动轴承装在筒体上。滚轮传动装置（图 13-8 中未画出）由电动机、减速机、链轮和传动链条组成，传动链条由上而下带动滚轮旋转。

筒头 3 为锥形结构，上面支承有多螺旋喂煤机 2。多螺旋喂煤机共有 8 个螺杆，在螺旋传动装置 1 带动下旋转。螺旋传动装置包括电动机、减速机、链轮和传动链条。为了使湿精煤均匀地给入干燥机，多螺旋喂煤机沿筒宽全面给料。筒头上还装有滚筒清扫器 5，防止引风机将大量煤粉抽出和防止在烟气变向处积煤而引起燃烧。

13.3.4.2 工作原理

井筒式干燥机工作原理：湿精煤经多螺旋喂煤机由筒头给入干燥机，先落到第一个滚轮上，由滚轮旋转，再将湿精煤洒到下一个滚轮上。在挡板 7 和滚轮 8 的作用下，煤流的运动方向如图 13-8 中实线箭头所示。热烟气由烟气入口进入干燥机，同样在挡板和滚轮作用下，由下而上（与煤流相反方向）运动，如图 13-8 中虚线箭头所示。由于热烟气和湿精煤直接接触，将热量传递给湿精煤，使湿精煤中水分汽化。汽化的水蒸气随废气由烟气出口排出，干燥后精煤由溜槽下端排料口排出。

SK-25 型井筒式干燥机技术特征和工艺参数见表 13-2。

表 13-2　干燥机技术经济指标

序号	项　目	管式干燥机		滚筒干燥机						SK-25 型井筒式干燥机	沸腾床层干燥机		螺旋式干燥机 Q2424-6
		ϕ0.9 m×25 m	ϕ0.8 m×21 m	NXG 型 ϕ2.4 m×14 m		NXG 型 ϕ2.2 m×14 m		普通型			ENI 型 5 号	麦克纳利 8 号	
				混合干燥	单独干燥	混合干燥	单独干燥	ϕ2.2 m×14 m	ϕ2.4 m×18 m				
1	干燥机有效容积/m^3	15.9	10.6	63.3	63.3	53.2	53.2	53.2	81.4	22.0	床层面积 10 m^2	床层面积 16 m^2	14
2	入料粒度/mm	0~13	0~13	0~13	0~0.5	0~13	0~0.5	0~13	0~0.8	0~0.5	0~37	0~30	0~0.5
3	湿处理量/$t \cdot h^{-1}$	50±5	46.5	65±5	25±5	60±5	20±5	60±5	36	25	180	428	70~90
4	入料水分/%	14~15	12.8	16~18	30±5	16~18	30±5	16~18	25	25	12.2	12.1	20~35
5	出料水分/%	8~10	5	8~10	10±2	8~10	10±2	8~10	11~13	13~15	5.3	3	10~12
6	蒸发水量/$kg \cdot h^{-1}$	3500~4000	3800	6000 左右	6000 左右	5000 左右	5000 左右	4000~5000	5000 左右	3000	15000	40200	12700~13608
7	蒸发强度 /$kg \cdot (m^3 \cdot h)^{-1}$	250 左右	350	100 以上	100 以上	100 左右	100 左右	90 左右	65 左右	120 左右	1500 kg/m^2	2200 kg/m^2	150 左右
8	干燥机入口温度/℃	<800	<800	<800	<800	<800	<800	<800	<800	<550	500	500	327±5
9	干燥机出口温度/℃	<150	120	100~120	100~120	100~120	100~120	100~120	100~120	<150	80	80	246
10	燃烧炉有效面积/m^2	7.93	7.645	9.0	9.0	6.38，9.66	6.38，9.66	6.38	11.6	5.6	—	173	—
11	燃烧炉内温度/℃	850	850	1000~1200	1000~1200	1000~1200	1000~1200	1000~1200	1000~1200	800	约 600	约 500	约 500
12	燃烧炉内压力/Pa	-49~-29	-49~-29	-19.6	-19.6	-19.6	-19.6	-19.6	-19.6	-49	+2942（正压燃烧）	+4903（正压燃烧）	3.5×10^5
13	引风机风量/$m^3 \cdot h^{-1}$	60000	50000	50000~70000	50000~70000	35000~50000	35000~50000	35000~50000	83800	55000	144330	390000	—

续表 13-2

序号	项目	管式干燥机		滚筒干燥机						SK-25 型井筒式干燥机	沸腾床层干燥机		螺旋式干燥机 Q2424-6
		ϕ0.9 m×25 m	ϕ0.8 m×21 m	NXG 型 ϕ2.4 m×14 m		NXG 型 ϕ2.2 m×14 m		普通型			ENI 型 5 号	麦克纳利 8 号	
				混合干燥	单独干燥	混合干燥	单独干燥	ϕ2.2 m×14 m	ϕ2.4 m×18 m				
14	引风机压力/Pa	-3138	-3432	-2942	-2942	-981	-981	-2942 ~ -1961	-2942	-2942	-2942	-2942	—
15	废气温度/℃	<120	120	80 ~ 100	80 ~ 100	80 ~ 100	80 ~ 100	80 ~ 100	80 ~ 100	90	66	66	70 ~ 80
16	一次鼓风机风量 /$m^3 \cdot h^{-1}$	30000	49040	29100	29100	2502	2502	2450 ~ 3000	—	16000	43299	260000	—
17	一次鼓风机风压/Pa	1961	3638	1716	1716	1344	1344	1344 ~ 1961	—	1540	静压差为 747	5227	—
18	二次鼓风机风量 /$m^3 \cdot h^{-1}$	—	—	4836	4836	—	—	—	—	3030	过热风扇 3565	空压机 204	—
19	二次鼓风机风压/Pa	—	—	3766	3766	—	—	—	—	3589	静压 6227	空气机 689275	—
20	燃料消耗量 /kg·(台·h)$^{-1}$	中煤 1200	中煤 1500	中煤 1600	中煤 1600	中煤 1400	中煤 1400	中煤 1400	中煤 1400	中煤 1200	—	5000	—
21	除尘方式	旋风→多管	旋风→多管	旋风→湿式	旋风→湿式	多管	多管	多管	湿式→旋风	旋风→水膜	—	—	—
22	除尘效率 η 或排尘浓度/% 或 $mg \cdot m^{-3}$	(η) 85 ~ 90	(η) 85 ~ 90	<100	<100	(η) 80	(η) 80	(η) 80	(η) 85	(η) 95	<100	<69	<200

13.4 辅 助 设 备

为实现物料的干燥脱水，除干燥机外，还需要一系列的辅助设备，包括燃烧炉、给料机、排料机、引风机、鼓风机、除尘器。由干燥机和辅助设备构成了干燥系统。

13.4.1 燃烧炉

燃烧炉是使燃料充分燃烧产生高温烟气的设备。由于燃料不同，燃烧炉分为燃煤炉、燃油炉、燃气炉。在燃煤炉中，由于燃烧方法的不同，可分为火床炉、煤粉炉、旋风炉、沸腾炉等。在选煤厂热力干燥中，除沸腾床层干燥机外，大部分使用火床炉，即燃烧炉具有金属格栅——炉排，燃料置于格栅上，形成均匀的、有一定厚度的燃料层，因此也称层燃炉。按照燃料层相对于炉排的运动方式，火床炉可分为燃料层不移动的固定炉排炉、燃料层沿炉排移动的倾斜推饲炉、振动炉排炉、燃料层随炉排一起运动的链条炉排炉。

13.4.1.1 火床炉的基本结构

火床炉的基本结构如图 13-9 所示。炉墙内层砌耐火砖，外层砌红砖，中间填有隔热材料，为了提高炉墙的强度，在炉墙外部有金属型钢围成的框架，前炉墙上有炉门和检查孔。炉顶砌成拱形，既可提高强度，又可合理反射热量，改善燃烧状态。由于一次鼓风是经炉排下方进入燃烧室，所以灰仓需密闭。降尘室利用惯性分离和重力沉降原理，将高温烟气夹带的粗粒烟尘沉积下来，以免其进入干燥机增加精煤灰分。

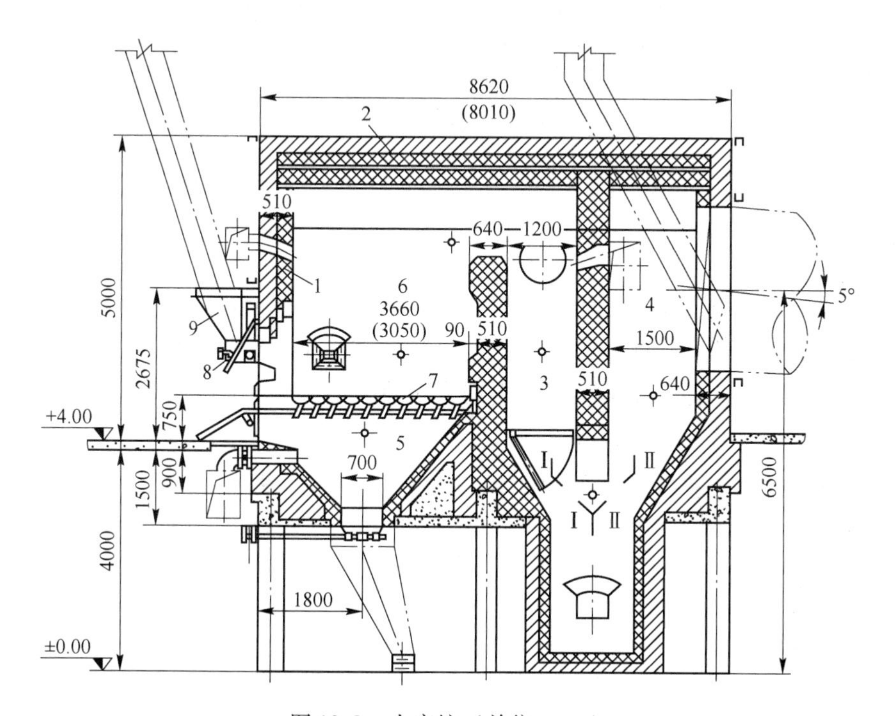

图 13-9 火床炉（单位：mm）

1—炉墙；2—炉顶；3—降尘室；4—给料箱；5—灰仓；6—燃烧室；7—炉排；8—抛煤机；9—煤斗

13.4.1.2　炉排

炉排是火床炉的重要工作部件，用铸铁铸造，作用是支承燃烧层，通过炉排进行一次鼓风，使燃料层在炉排上充分燃烧，燃烧后生成的炉渣也要通过炉排清除。为了支承燃烧层，且炉排是在高温下工作，因此炉排要有一定的强度。为了进行一次鼓风，炉排应有一定的孔隙，通过给风并可冷却炉排，改善炉排的工作条件。

根据运动方式的不同，炉排可分为以下几种：

（1）翻转炉排。翻转炉排结构如图13-10所示，一般由两组炉排组成，每组沿炉排长度方向分成若干段，每段炉排沿宽度方向又由若干炉排片并列而成。每组炉排有单独的连杆传动机构，可以带动各段炉排，使炉排片由水平位置翻转至直立，炉渣从直立的炉排片之间排出。炉渣排净后，再通过传动装置使炉排片恢复到水平位置。燃料靠抛煤机均匀地散布在炉排上，并在炉排上燃烧，炉渣通过炉排排出。翻转炉排的燃烧和排灰是间歇进行的，由两组炉排交替工作。

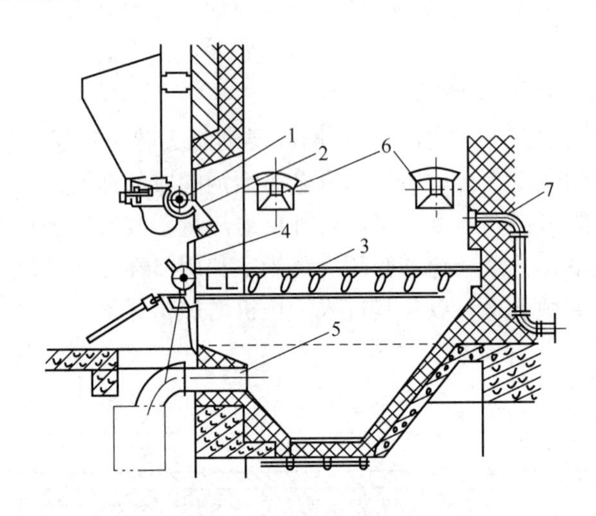

图13-10　翻转炉排

1—抛煤机；2—播煤风口；3—翻转炉排；4—炉门；5—进风口；6—看火门；7—飞灰回收复燃装置

（2）链条炉排。链条炉排片的形状类似“链节”，整个炉排由许多个“链节”串联而成，形成一个宽阔的环形链带，并绕在前后轴的链轮上，如图13-11所示。整个炉排在传动装置带动下移动，像一个运输机，燃料在炉排上边燃烧边随炉排移动，经完全燃烧后就移动到炉排末端，并从末端排除。

（3）振动炉排。振动炉排由激振器、炉排片、上框架、板弹簧和下框架组成，如图13-12所示。上框架6是一个长方形的焊接结构，其横向焊有安装激振器5的大梁，和一系列平行布置的“T”字形横梁，炉排片放在“T”字形横梁上，并用挂钩和小弹簧锁紧。金属板弹簧2与水平面成60°～70°夹角，分左右两列连接于上下框架之间。下框架由左右两条底板组成，通过螺栓固定在基础上。激振器为偏心块旋转机构。

振动炉排是一个弹性振动系统，当激振器偏心块在电动机带动下旋转时，产生的激振力作用于上框架，由于板弹簧的作用，上框架只能在垂直于板弹簧方向做往复的振动（运动方向与水平面夹角为20°～30°）。燃料在炉排片1上由于振动而被抛起，边燃烧边

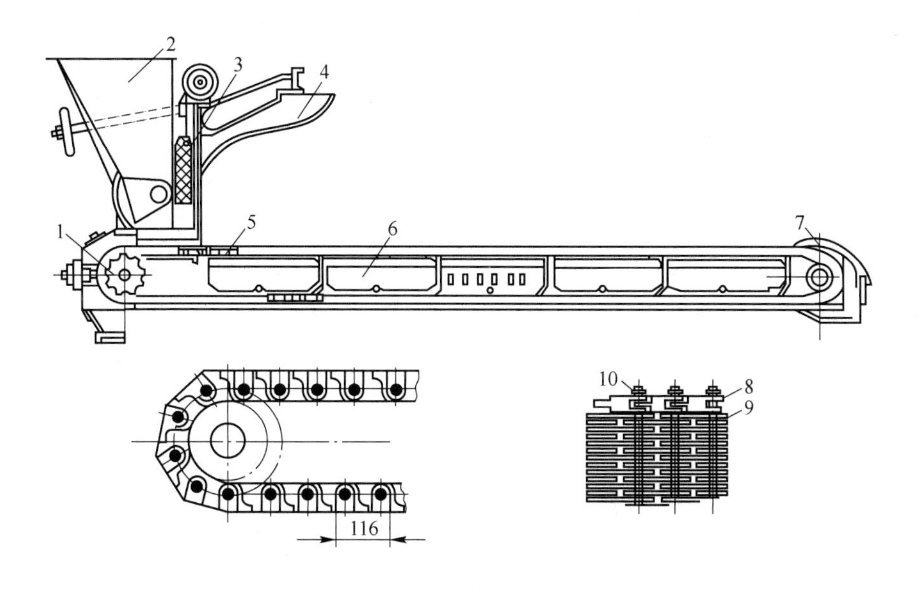

图 13-11 链条炉排

1—链轮；2—煤斗；3—闸门；4—前拱吊转架，5—链条炉排；6—隔风板；7—老鹰铁；8—主动链环；9—炉排片；10—圆钢拉杆

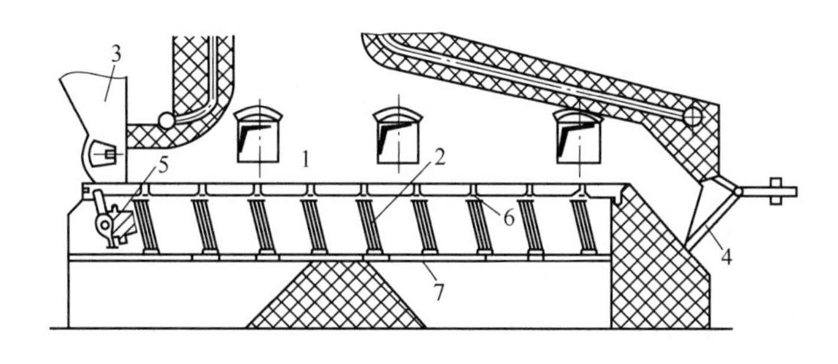

图 13-12 振动炉排

1—炉排片；2—板弹簧；3—煤斗；4—出渣口；5—激振器；6—上框架；7—下框架

跳跃前进，炉渣由炉排末端排出。

（4）倾斜炉排。倾斜炉排又称倾斜推饲炉排，或称阶梯形倾斜炉排。其传动方式有机械传动和液压传动两种，图 13-13 为机械传动式倾斜炉排。炉排由可动炉排片和固定炉排片相间组装而成，可动炉排片 1 置于特殊的框架上，并通过连杆连接于传动装置 4 上，由电动机带动做往复运动。炉排的倾角为 15°～35°，故称倾斜炉排。炉排尾部是专门用以燃尽炉渣的平炉排片，倾角为 10°。

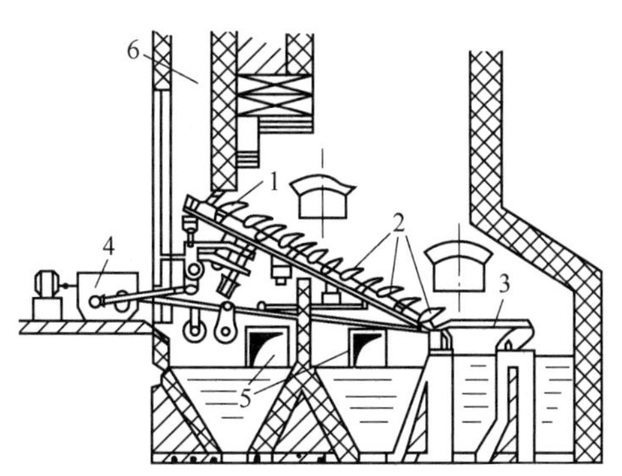

图 13-13 机械传动式倾斜炉排

1—可动炉排片；2—固定炉排片；3—平炉排片；4—传动装置；5—分段送风室；6—闸门

当可动炉排片往复运动时，燃料就边燃烧

边被推饲沿炉排向下移动，燃烧后的炉渣由末端排出。

13.4.1.3 抛煤机

抛煤机是将燃料均匀地抛进燃烧室形成燃烧层的设备，按工作原理的不同可分为机械抛煤机、风力抛煤机和风力机械抛煤机三种，其工作原理如图13-14所示。机械抛煤机，用旋转的叶片［见图13-14(a)］或摆动刮板［见图13-14(b)］抛散燃料，粗粒抛在炉排长度方向的远处，细粒落于近处；风力抛煤机，用气流播散燃料［见图13-14(c)］，其粒度分布情况与机械抛煤机相反，粗粒落于炉排前端，细粒落于炉排后端；风力机械抛煤机，并用风力、机械两种抛煤方式［见图13-14(d)］，因此燃料在火床上的粒度分布相对比较均匀。

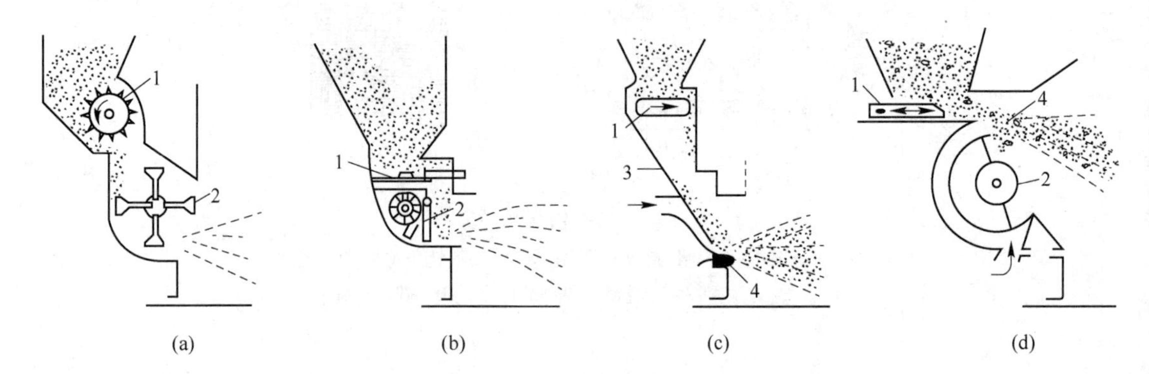

图13-14 抛煤机工作原理示意图

(a)(b) 机械抛煤机；(c) 风力抛煤机；(d) 风力机械抛煤机

1—给煤装置；2—击煤机构；3—倾斜板；4—风力播煤装置

13.4.1.4 火床的燃烧过程

燃料在火床炉中燃烧时，绝大部分燃料在火床上燃烧，只有一小部分细粒燃料被吹到炉膛内形成悬浮燃烧。最简单而又典型的火床燃烧是固定火床的燃烧，其燃烧过程沿着燃料层高度进行，如图13-15所示。

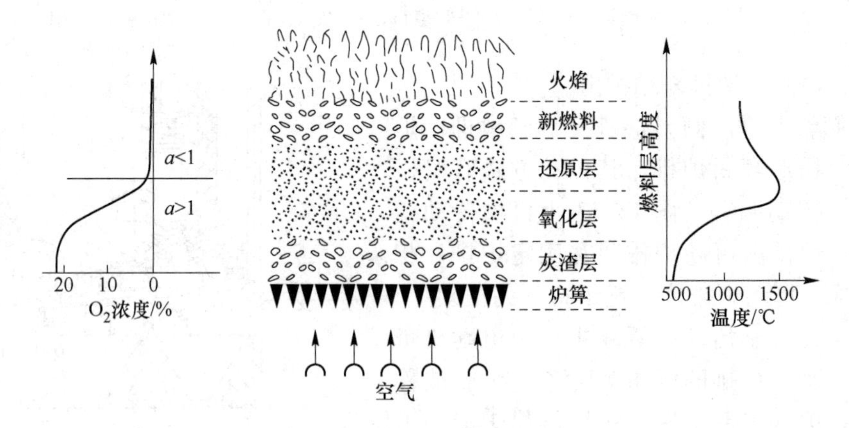

图13-15 燃料在炉排上的层状燃烧

新燃料加入炉内后，自上而下依次经历着新燃料的热力准备层、还原层、氧化层和灰渣层而完成燃烧过程。新燃料被直接加到炽热的火床上，由于下面受到炽热火床的加热，上面又受到炉膛内高温火焰和炉墙的热辐射，温度很快升高，立即进入燃烧的热力准备阶段，开始放出水分，进行干燥，继而分解出挥发分，开始着火。新燃料逐渐燃烧而下落，靠近炉排时已成为炉渣。

空气自下而上通过炉排和灰渣时，使炉排和灰渣被冷却，空气则被加热、温度升高。当空气进入氧化层时，其中的氧与炽热的焦炭合成 CO_2，并放出大量热，温度迅速升高。随着燃烧反应的不断进行，空气中氧气逐渐减少，直至几乎耗尽，而生成的 CO_2 量不断增加。在还原层，含有大量 CO_2 的气流与碳反应，生成 CO，再与炉膛中的氧混合、燃烧，生成高温烟气。

13.4.1.5 燃烧炉热效率

有效热量与进入燃烧炉总热量之比称为燃烧炉热效率，燃烧炉热效率是衡量燃烧效果好坏的重要指标。

进入燃烧炉总热量应等于有效热量与各项损失热量之和，所以燃烧炉热平衡关系为

$$Q = Q_1 + Q_2 + Q_3 + Q_4 + Q_5 \tag{13-2}$$

式中 Q——进入燃烧炉总热量，kJ/h；

Q_1——有效（利用）热量，kJ/h；

Q_2——化学不完全燃烧热损失，kJ/h；

Q_3——机械不完全燃烧热损失，kJ/h；

Q_4——散热损失，kJ/h；

Q_5——其他热损失，kJ/h。

$$Q = BQ_{gr,ar} \tag{13-3}$$

式中 B——每小时燃料消耗量，kg/h；

$Q_{gr,ar}$——燃料高位发热量，kJ/kg。

化学不完全燃烧热损失是在燃料燃烧时，不合理利用空气或空气不足，或燃烧过程在低温下进行，使燃烧过程不稳定和迟缓，在燃烧产物中有 CO、H_2、CH_4 等可燃气体未燃烧而被烟气带走产生的热损失，化学不完全燃烧还与炉型和煤种有关。

机械不完全燃烧为分解挥发物后留下的焦炭不是全部在炉内燃烧，而是有一部分损失在炉渣中，一部分落于降尘室，还有一部分被烟气从炉内带出。

由于炉墙温度高于周围空气温度，而将热量散发到周围空气中去，此散发热量（散热损失）与燃烧炉的构造、热负荷、炉墙型式、室温等有关。

其他热损失，包括炉渣排出炉外时具有一定的温度，所带走的热损失。其他热损失主要指物理热损失。因此，燃烧炉热效率为

$$\eta = 1 - (q_2 + q_3 + q_4 + q_5) \tag{13-4}$$

式中 η——燃烧炉热效率；

q_2——化学不完全燃烧热损失率；

q_3——机械不完全燃烧热损失率；

q_4——散热损失率；

q_5——其他热损失率。

在计算燃烧炉热效率时，各项损失率可以从相关手册中查得，一般燃烧炉热效率 $\eta=0.85\sim0.9$。

13.4.2 给料机和排料机

给料机和排料机是湿精煤和干燥后产品进出干燥机的控制设备。给料机作用有两个：其一，将湿精煤均匀地给入干燥机，控制精煤的给料量；其二，起封闭作用，防止冷空气由入料端进入干燥机，以给料为主。排料机作用也有两个：其一，将干燥后产品给入下一道工序；其二，起封闭作用，防止冷空气从排料端进入干燥机，以封闭为主。因为干燥机是在负压下工作的，所以干燥机内热烟气的压力略小于大气压力。由于给料机和排料机在干燥机两端起封闭作用，可以防止外部冷空气进入干燥机降低干燥温度，从而减少热量损失，保证产品水分。

13.4.2.1 给料机

选煤厂热力干燥采用的给料机有星形给料机、圆盘给料机和SG型给料机等。

A 星形给料机

星形给料机也称滚筒给料机，或称鼓形给料机，其结构如图13-16中的a所示。机壳铸造而成，上部联接湿精煤仓。如用在滚筒干燥机前，下部接密封的给料溜槽；如用在管式干燥机前，下部接散煤器，见图13-16中的b，向干燥管抛煤。转子在传动装置带动下旋转，当湿精煤进入星形给料机后，存于转子的弧形空间里，并随转子旋转从机壳下端靠自重排出。清扫器在传动装置带动下一并旋转，但旋转速度和转子不同，转子每转过一个弧形叶片，清扫器旋转一周，将黏在转子上的湿精煤刮掉。

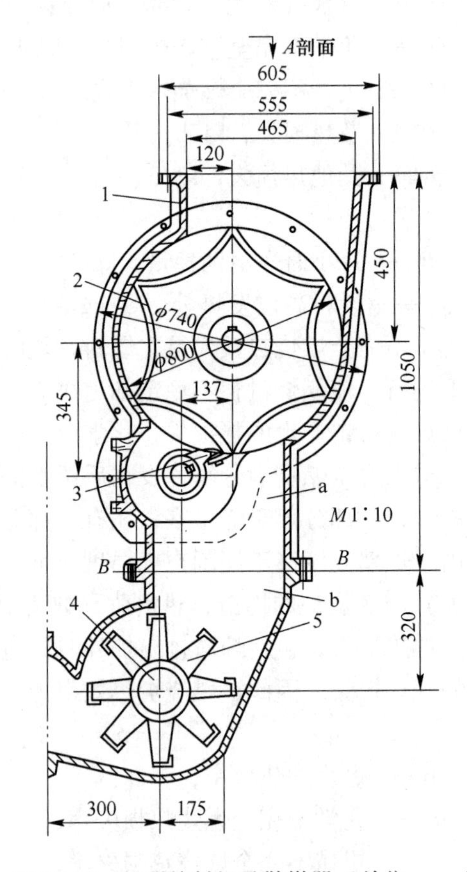

图13-16 星形给料机及散煤器（单位：mm）

a—星形给料机；b—散煤器；1—机壳；2—叶轮转子；3—清扫器；4—叶片转子轴；5—叶片

星形给料机用于滚筒干燥机和管式干燥机给料。其优点是密封性能好；缺点是给料空间容易黏结物料，减少给料容积。如湿精煤仓中浮选精煤量多或分布不均匀，则卸料困难；在煤仓装料过多时，对转子压力较大。

B 圆盘给料机

圆盘给料机的结构如图13-17所示。圆盘给料机的主要部件是一个可旋转的圆盘3，其上装有大伞齿轮和固定刮刀4，在传动装置带动下旋转。

圆盘给料机与煤仓之间装有套筒2，套筒的下部边缘和盘面之间应有一定的间隙，其大小可通过套筒上下移动进行调节。当圆盘旋转时，湿精煤通过套筒和圆盘之间的间隙给到圆盘上，并被与半径成锐角的固定刮刀推向圆盘周边，从卸料口卸下。圆盘给料机的产率取决于圆盘与套筒之间的间隙和卸料刮刀的位置。

作为干燥机的给料设施时，应采用封闭式圆盘给料机，以减少煤尘污染。

C SG 型给料机

SG 型给料机的结构如图 13-18 所示。SG 型给料机的重要工作部件为给料辊 2，分别为主动辊和从动辊，并由传动装置带动转动，两辊之间通过联动齿轮传动。湿精煤给到给料辊上，通过辊子旋转，由下部排出。为了防止湿精煤在给料辊上方“棚住”，其上方装有破拱装置 1。为预防浮选精煤打团，在给料辊下方设有松散轮 4，将湿精煤打成 10 mm 左右大小的颗粒给进干燥机，而且在每个给料辊下方还装有清扫装置 3，将黏附在给料辊上的湿精煤刮掉。

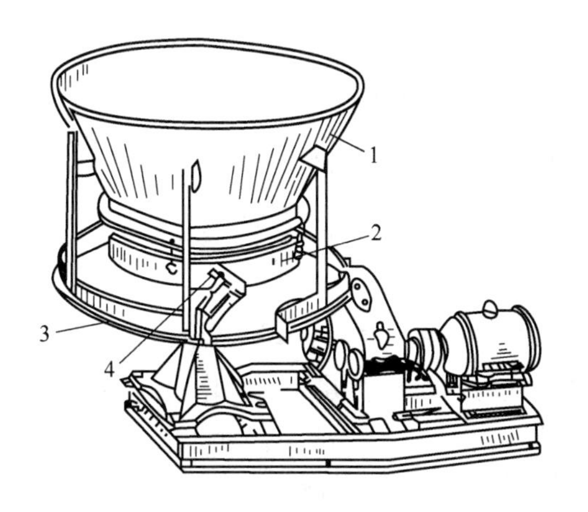

图 13-17 圆盘给料机

1—煤仓；2—套筒；3—圆盘；4—固定刮刀

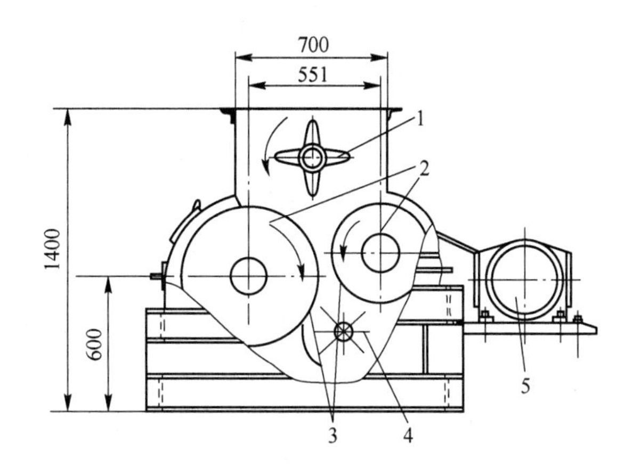

图 13-18 SG 型给料机（单位：mm）

1—破拱装置；2—给料辊；3—清扫装置；4—松散轮；5—传动装置

在 SG 型给料机工作时，应使给料机内保持少量存煤，以备密封给料辊与外壳间的间隙。

13.4.2.2 排料机

选煤厂热力干燥采用的排料机有轮叶式排料机和锁气器等。

A 轮叶式排料机

轮叶式排料机的结构如图 13-19 所示，机壳 1 铸造而成，上端与干燥机排料箱连接，下端通过溜槽给到下一道工序。机壳内装有叶片 3 或转子，叶片上安有橡胶条 4，橡胶条与机壳接触起封闭作用，转子的轴装在机壳上，并由传动装置带动旋转。

经干燥后的产品由上端给入轮叶式排料机，随转子旋转，产品被带到下部靠自重落下，由于干燥产品水分为 8% ~10%，不致黏在叶片上，故不采用清扫装置。

B 锁气器

锁气器是另一种排料机，适用于各种类型的干燥机，一般装在除尘器排料管上；有多种形式，其中无动力锁气器因具有结构简单、工作可靠、运转费用低、维修方便等优点，比动力锁气器使用更为广泛。

无动力锁气器根据结构特点不同，可分为旋转阀式和活门式两种。其中活门式锁气器又分为平板活门式和锥形活门式两种。图 13-20 为锥形活门式锁气器。

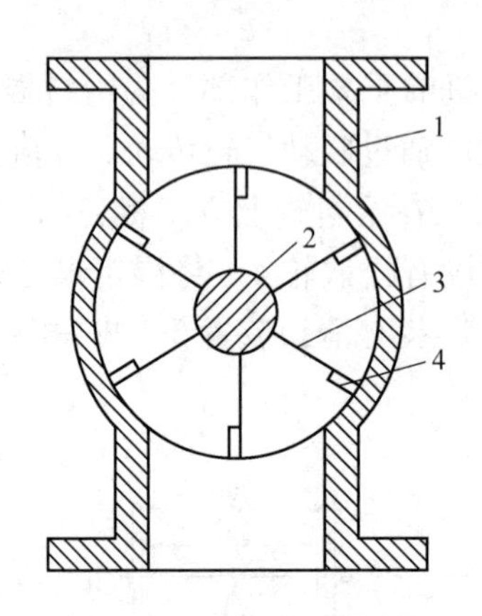

图 13-19 轮叶式排料机

1—机壳；2—转子轴；3—叶片；4—橡胶条

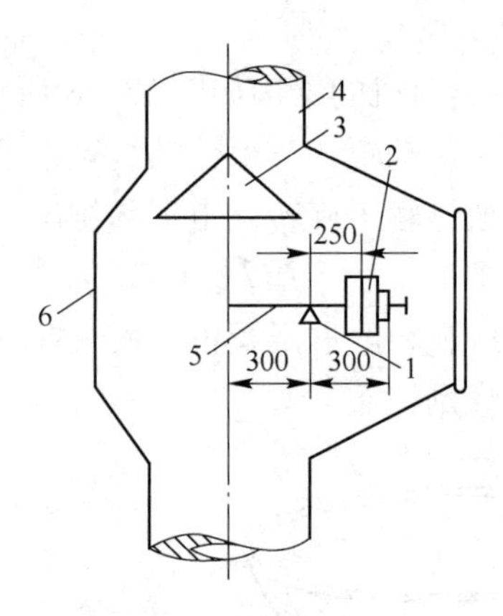

图 13-20 锥形活门式锁气器（单位：mm）

1—支撑架；2—重锤；3—锥形活门；4—排料管；5—杠杆；6—外壳

锥形活门式锁气器直接装在排料管上，由支撑架、杠杆、重锤、锥形活门和外壳组成。由于重锤 2 的作用，锥形活门 3 处于关闭位置，此时不排料，并起封闭作用。当精煤进入排料管时，落在锥形活门上，由于重锤的重量大于物料重量，活门仍处于关闭状态。随排料管精煤增多，当其重量大于重锤的重量时，锥形活门打开，将精煤排掉。精煤排出后，锥形活门又在重锤的作用下关闭。

为了更好地起到封闭作用，在一个管道中，上下安装两个锁气器，两个锁气器活门分别开闭而起封闭作用。

13.4.3 鼓风机和引风机

从燃料燃烧过程和热力干燥原理可知，为了使不断进入燃烧室的燃料充分燃烧，必须合理地组织送风；又为使燃料燃烧所产生的高温烟气能干燥精煤，必须合理地组织排风。即要连续不断地向燃烧室送入新鲜空气和连续不断地将干燥后的废气及时排走。

实现各种气流的流动，必须依靠外界作用力来克服流动阻力，外界作用力称为通风力。

设置高烟囱和安装风机两种方法均可使空气和烟气获得通风力，因此有两种不同的通风方式：（1）只依靠烟囱产生通风力的为自然通风；（2）除了烟囱之外，还使用风机产生通风力的为人工通风，又称机械通风或强制通风。

在人工通风中又分为压送鼓风式、抽吸引风式和平衡通风式三大类。压送鼓风和抽吸引风联合使用即为平衡通风式，选煤厂热力干燥均采用平衡通风。平衡通风式是最理想的通风方式，即使系统内通风阻力很大，燃烧室、干燥机、除尘器和烟道等各处的压力仍可自由方便地调节，以便充分发挥燃烧炉的热效率。

压送鼓风是利用鼓风机将压力比大气压高的空气从炉排下面或从燃烧室墙壁上的风口强行送入燃烧室的通风方式，鼓风机设在燃烧室空气进口处。为了便于操作，应使炉内压力与大气压相仿或略低一些，即炉内保持极微负压，打开炉门时火焰不外喷。因此要求鼓风机和引风机匹配相当。

鼓风机的作用是供给燃料燃烧所必需的氧气，促使燃料充分燃烧。根据给风的位置和作用不同，燃烧炉供风可分两种：一次鼓风和二次鼓风。一次鼓风从炉排下将空气送入燃烧室，提供燃料燃烧所必需的氧气，空气在通过炉排时被加热并使炉排冷却，改善炉排的工作环境。二次鼓风从火床上方送入空气，提供一部分氧气，还可扰乱炉内气流，使之自相混合，从而保证炉膛内过量空气系数和降低化学不完全燃烧损失。二次鼓风的给入方式、位置和风量与炉型和燃料有关，一般占总风量的5% ~10% 。

鼓风机的风量与燃料种类、单位时间内燃料消耗量、空气用量系数等有关。鼓风机的风压应能克服风道、闸门、炉排和燃料层的阻力。

引风机装在除尘器和烟囱之间，有一定的吸力，克服烟气经由燃烧炉、干燥机、除尘器、烟道和各种控制闸门的阻力，使之以一定速度从烟囱排出。因此，引风机的风压要大于烟气通过燃烧室、降尘室、给料箱、干燥机、排料箱、除尘器、烟道和各种控制闸门的阻力。引风机的风量与单位时间内燃料燃烧产生的烟气量、湿精煤汽化的水分有关。

选煤厂热力干燥所用的鼓风机和引风机多数采用离心式风机，其结构如图 13-21 所示，主要由叶轮和机壳组成。叶轮由叶片 3 和连接叶片的前盘 2、后盘 4 组成，并通过后盘装在转轴上（图 13-21 中未画出），由电动机带动旋转。机壳一般是用钢板制成阿基米德螺线状箱体，在出风口 6 处装有截流板 7，以控制风量。

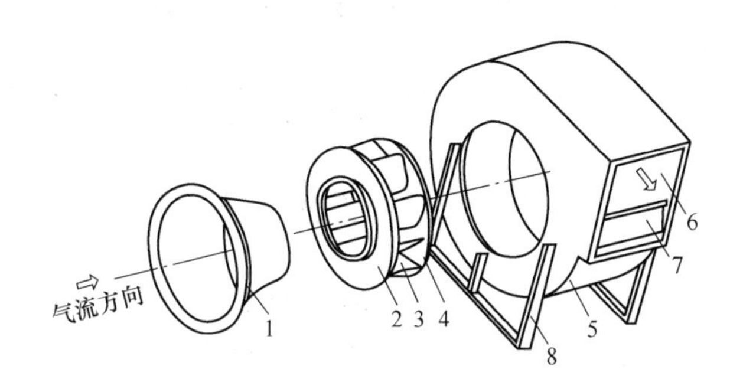

图 13-21 离心式风机主要结构分解示意图

1—入风口；2—前盘；3—叶片；4—后盘；5—机壳；
6—出风口；7—截流板；8—支架

当叶轮旋转时，气体随叶片旋转获得离心力，从叶片间的开口处甩出挤入机壳，使机壳内气体压强增高，并被导向出风口排出。气体被甩出后，叶轮中心部分的压强降低，小于大气压，使外部的气体能源源不断地进入机内。

几种鼓风机技术特征见表 13-3，引风机技术特征见表 13-4。

表 13-3 鼓风机技术参数

型号	机号	转速/$r \cdot min^{-1}$	全压/Pa	流量/$m^3 \cdot h^{-1}$	电机功率/kW	质量/kg
9-35-1	No. 8	730. 960	863 ~ 16300	4300 ~ 16000	45 ~ 55	491
9-35-1	No. 10	730. 960	1353	8650 ~ 31250	55 ~ 65	840
9-35-1	No. 12	730. 960	1942 ~ 8600	14920 ~ 53940	65 ~ 85	1072

表 13-4 引风机技术参数

型号	机号	转速/$r \cdot min^{-1}$	全压/Pa	流量/$m^3 \cdot h^{-1}$	电机功率/kW	质量/kg
Y9-35-1	No. 8	730. 960	539 ~ 1020	4300 ~ 16000	2. 2 ~ 10	558
Y9-35-1	No. 10	730. 960	843 ~ 1598	8650 ~ 31250	7. 5 ~ 28	940
Y9-35-1	No. 12	730. 960	1206 ~ 2295	14920 ~ 53940	13 ~ 75	1258

13. 4. 4 除尘器

捕集气流中夹带的固体粒子的设备称除尘器，属气固分离设备，根据不同用途又可称为集尘器。在热力干燥系统中，除尘器的作用有两个：

（1）保护环境。干燥后排出的废气中含有一定粉尘，排到大气中严重污染环境。除尘器可以将废气夹带的绝大部分粉尘捕集下来，减少废气中粉尘的含量，减轻对大气的污染。

（2）回收精煤。在干燥后废气的粉尘中含有大量精煤，除尘器可以回收这些精煤，提高精煤回收率，起集“尘”作用。

选煤厂热力干燥使用的除尘器有单筒旋风除尘器、多管旋风除尘器和水膜除尘器等。

13. 5 干燥工艺流程

选煤厂热力干燥精煤的典型流程如图 13-22 所示，包括空气流程、燃料流程、烟气流程和精煤流程。

（1）空气流程：室温冷空气经一次鼓风机从炉排下方给入燃烧室，用以冷却炉排，提供燃料燃烧所需要的氧气。室温冷空气经二次鼓风机从火床上方进入燃烧室，提供部分氧气，扰乱炉内气流，促进其充分燃料。由于燃料燃烧放出热量，使空气中剩余气体和燃料燃烧时产生的气体成为高温烟气去混合室。在混合室中，如果高温烟气的温度超过干燥精煤的要求，可适当地补充室温冷空气，或为了更好地利用废气中的热量，也可以补充引风机较高温度的废气，来调整热烟气的温度。空气流程如图 13-23 所示。

（2）燃料流程：选煤厂热力干燥大部分以煤作燃料，也可采用原煤和中煤。如果使用本厂的洗中煤，由于水分较高，为了缩短燃料燃烧时热力准备阶段的时间，减少热力准备阶段的热量消耗，中煤应先进行脱水。因此，燃料仓常由两个脱水仓组成，一个提供燃料，另一个脱水。燃料经燃料仓闸门、溜槽、抛煤机进入燃烧炉。生成的炉渣经炉排进入

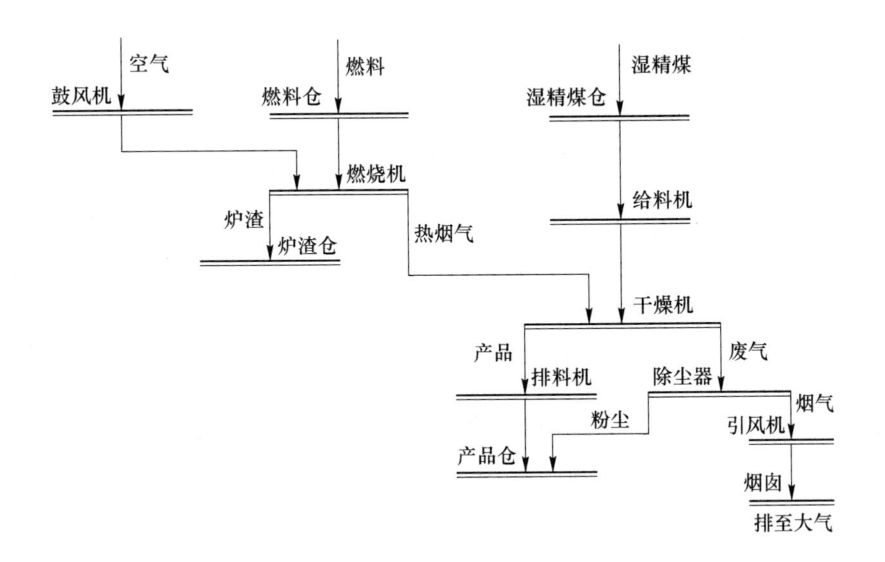

图 13-22　干燥工艺流程图

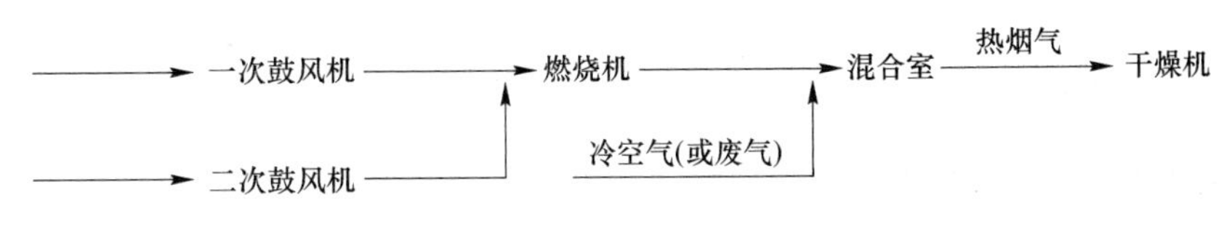

图 13-23　空气流程

灰室，由输送机送到灰仓；飞灰随高温烟气去降尘室，在惯性力和重力作用下，粗粒沉积下来，通过输送机进入灰仓；细粒随热烟气进入干燥机，在干燥机中和湿精煤混合、接触，部分飞灰混入精煤中，另一部分随废气去除尘器。较粗的飞灰由除尘器收集并送到精煤产品库；极细部分经引风机、烟囱排至大气。燃料流程如图 13-24 所示。

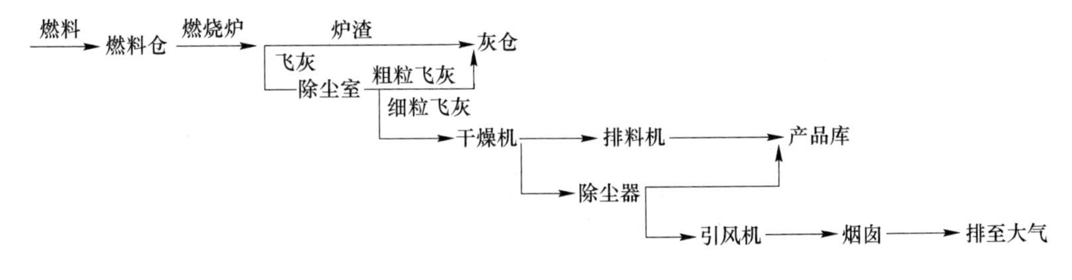

图 13-24　燃料流程

（3）烟气流程：从混合室出来的合乎温度要求的热烟气进入干燥机，将热量传给湿精煤，使水分汽化，失去热量的烟气与汽化的水蒸气统称为废气，在引风机抽力作用下经除尘器、引风机、烟囱排至大气。如空气流程所述，也可将废气返回混合室调整高温烟气的温度，称为“返风”。烟气流程如图 13-25 所示。

（4）湿精煤流程：湿精煤（混合干燥时由小于 13 mm 的末精煤和浮选精煤组成，单

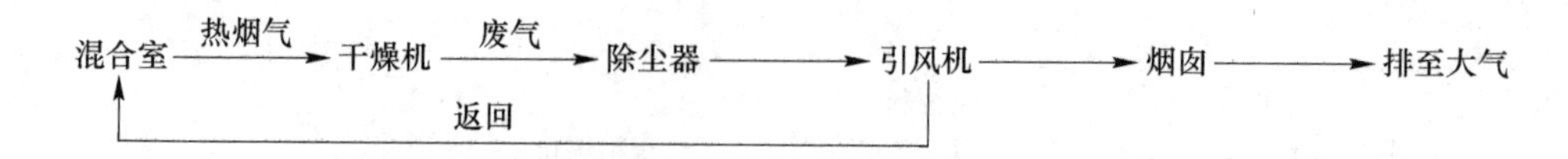

图 13-25 烟气流程

独干燥时由小于0.5 mm的浮选精煤组成）由给料机均匀地给入干燥机。在干燥机中，湿精煤和热烟气接触得到热量，将水分汽化成合格产品，经排料机去产品库；部分细粒精煤失去水分，重量变轻，随废气进入除尘器。在除尘器中，收集较粗粒精煤，进入精煤产品库；极细粒精煤排至大气。精煤流程如图13-26所示。

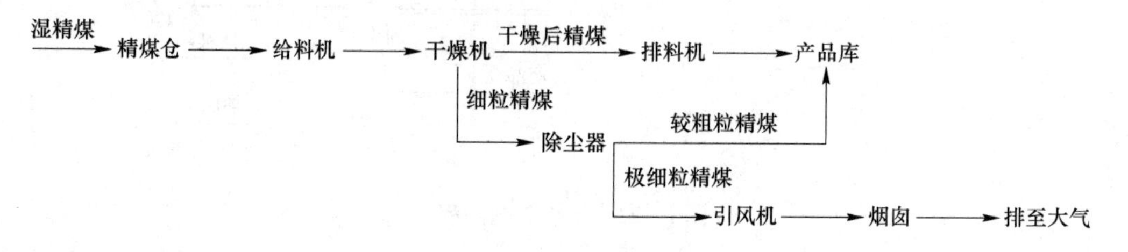

图 13-26 精煤流程

下面分述滚筒干燥机和沸腾床层干燥机的热力干燥工艺流程。

13.5.1 滚筒干燥机干燥工艺流程

现以某选煤厂为例，介绍其干燥工艺流程。滚筒干燥机干燥系统设备布置如图13-27所示。

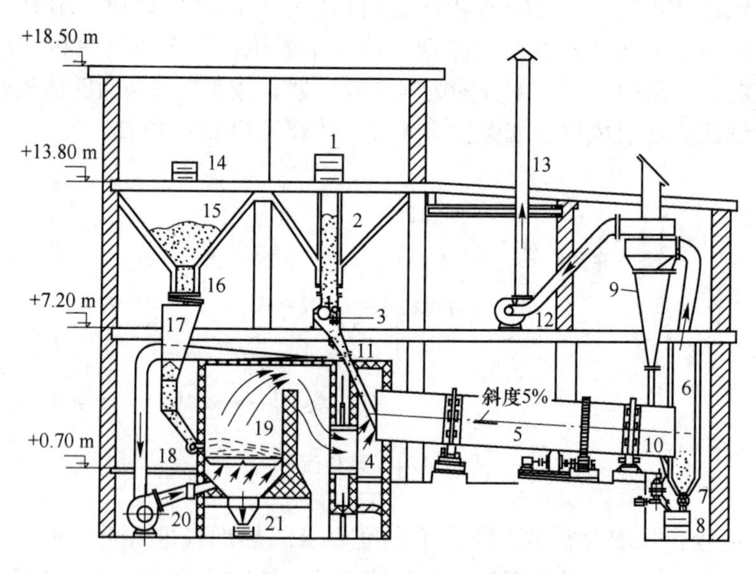

图 13-27 滚筒干燥机干燥系统设备布置图

1，8，14，21—锚链输送机；2—湿精煤仓；3—给料机；4—给料箱；5—滚筒干燥机；6—排料箱；7—排料机；9—除尘器；10—锁气管；11—溜槽；12—引风机；13—烟囱；15—燃料脱水仓；16—脱水闸门；17—缓冲煤仓；18—抛煤机；19—燃烧炉；20—鼓风机

该厂采用 ϕ2000 mm×13500 mm 型直接传热式滚筒干燥机。10～12 ℃室温空气经鼓风机 20 由炉排下进入燃烧室，以保证燃料充分燃烧。

选煤厂采用粒度为 0～13 mm 的洗中煤作燃料煤，由锚链输送机 14 送入燃料脱水仓 15，经脱水仓自然脱水，其水分可达 5%～6%，然后进入燃烧炉 19。

在翻转炉排中，燃料充分燃烧，进入灰室的炉渣经洒水降温后被送入灰仓，装自翻车运出厂外。燃烧室内温度为 1200 ℃、压力为 19.6 Pa。高温烟气经降尘室、给料箱 4 进入滚筒干燥机，其入口温度为 800 ℃。

该厂采用混合干燥，湿精煤由末精煤和浮选精煤组成，水分分别为 8.75% 和 28.35%，其中浮选精煤占 25%～30%，总水分为 18.69%，总灰分为 12.43%。去精煤仓由除尘器回收的较粗粒粉尘灰分为 12.49%，水分为 7.4%，回收量为 11.2 kg/h。脱尘后气体由烟囱 13 排至大气，引风机入口处的废气温度为 120 ℃。

干燥后合格产品由干燥机排出的干燥物料与除尘器回收的粉尘（所占比例很小）组成。干燥后精煤水分为 9.25%，灰分为 12.45%，温度在 35～40 ℃。由于高温烟气携带飞灰的污染和在干燥过程中因干燥温度过高或湿精煤给料过少而引起干燥的影响，干燥后精煤灰分稍有提高。

13.5.2　沸腾床层干燥机干燥工艺流程

某选煤厂从美国麦克纳利公司引进了 8 号沸腾床层干燥机，其干燥工艺系统如图 13-28 所示。

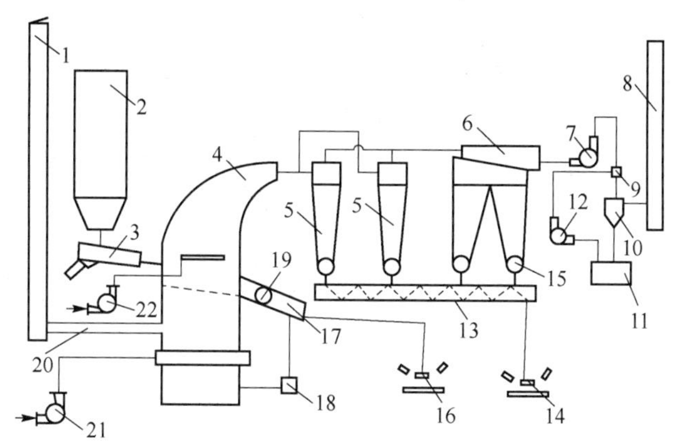

图 13-28　沸腾床层干燥机干燥工艺系统图

1—旁路烟囱；2—湿精煤仓；3—电磁振动给煤机；4—沸腾床层干燥机；5—单筒旋风除尘器；6—多管旋风除尘器；7—引风机；8—烟囱；9—湿式除尘器；10—气水分离器；11—污水池；12，22—水泵；13—螺旋输送机；14，16—胶带输送机；15，19—旋转阀锁气器；17—溜槽；18—燃烧装置；20—烟道；21—鼓风机

沸腾床层干燥机使用的燃料是精煤，从干燥后精煤中分出一小部分经螺旋输送机送到燃料仓（图 13-28 中未画出），再经粉碎机破碎到小于 50 网目，与 80 ℃的预热空气按质量比 1∶1 混合，由粉煤喷射器喷入沸腾床层干燥机的燃烧室，燃烧后的高温烟气以 150 m/s 的速度通过箅子进入干燥室。

沸腾床层干燥机采用末精煤和浮选精煤混合干燥，在干燥室中，湿精煤被高温高速烟气吹起呈沸腾状态，并被高温烟气所包围，进行其中水分的汽化。在干燥室中箅子的上方装有洒水装置，当床层温度过高时，自动控制系统开启水泵，将高压水送入洒水装置洒水降温，防止发生事故。

该工艺系统的特点是废气和部分粒度小于1.2 mm的精粉经二段除尘，并经气水分离后排至大气。除尘分别采用单筒旋风除尘器、多管旋风除尘器和湿式除尘器。湿式除尘器排出的污水经澄清后复用。

当干燥机发生事故或燃烧室温度超过530 ℃时，旁路烟囱顶部的盖板和烟道20的闸门可自动打开，高温烟气由此排至大气。

13.5.3 管式干燥机干燥工艺流程

我国某选煤厂使用ϕ900 mm型管式干燥机对湿精煤进行干燥，干燥工艺系统如图13-29所示。室温冷空气经鼓风机7进入燃烧炉8，保证燃料充分燃烧。

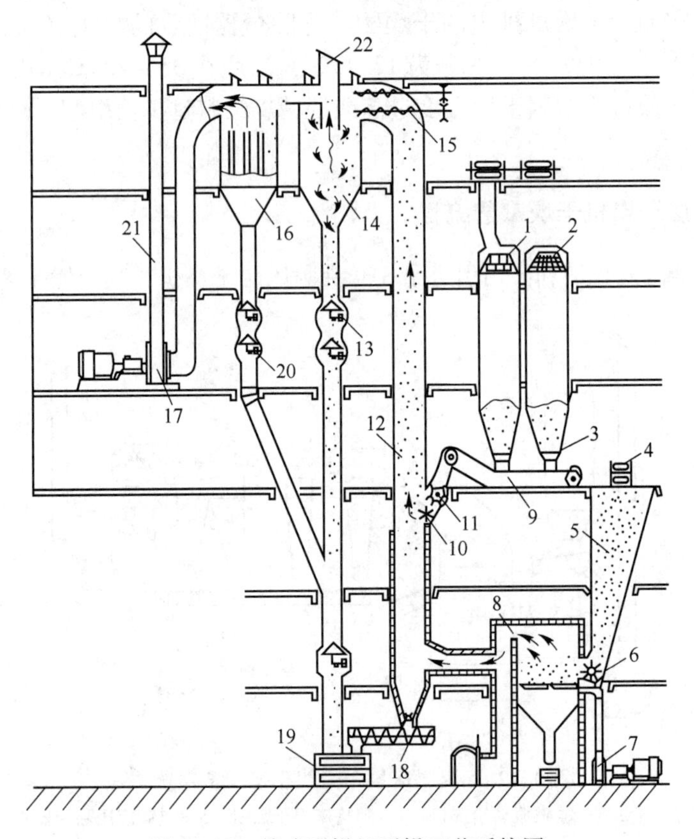

图13-29 管式干燥机干燥工艺系统图

1—末精煤仓；2—浮选精煤仓；3—圆盘给料机；4，9，18，19—锚链输送机；5—燃料煤仓；6—抛煤机；7—鼓风机；8—燃烧炉；10—散煤器；11—星形给料机；12—管式干燥机；13，20—锥形活门锁气器；14—单筒旋风除尘器；15—清扫器；16—多管旋风除尘器；17—引风机；21—烟囱；22—防爆板

该厂所用燃料煤为末中煤，经燃料煤仓5、抛煤机6进入燃烧炉。燃料燃烧产生的高温烟气经降尘室进入管式干燥机12。燃烧室温度为800 ℃，压力为-49～-29.4 Pa。

湿精煤由浮选精煤和末精煤组成。浮选精煤和末精煤水分各为25.5%和10%，分别由浮选精煤仓2和末精煤仓1给到锚链输送机9上进行混合，混合后总水分为12.6%。

在 ϕ900 mm 型管式干燥机中，已干燥的精煤与废气一起上升，通过干燥管上部弯管进入单筒旋风除尘器，经下部排尘口，并经三道锥形活门锁气器进行回收，沉积在弯管处的精煤由螺旋清扫器送到单筒旋风除尘器，以防止发生精煤燃烧和爆炸。大块精煤和浮选精煤大团粒由于重量大不能被烟气吹起，在干燥管中下降，从干燥管下部排出进到精煤产品仓。废气携带细粒精煤由单筒旋风除尘器排气管进入多管旋风除尘器 16。多管旋风除尘器收集的粉尘通过两道锥形活门锁气器和另一道锁气器送到精煤产品仓，净化后的废气排至大气。

最终干燥精煤由干燥管下部排出的大块精煤、浮选精煤大团粒、单筒旋风除尘器排出的精煤及多管旋风除尘器收集的粉尘组成。干燥精煤产品水分为 8.32%，其中干燥管下部排出的浮选精煤团粒水分稍高，同时精煤干燥后增灰 0.05%。

为了确保安全生产，在单管旋风除尘器与多管旋风除尘器的上部都装有防爆板，防爆机设在室外。

13.5.4　井筒式干燥机干燥工艺流程

某选煤厂井筒式干燥机干燥工艺系统如图 13-30 所示。

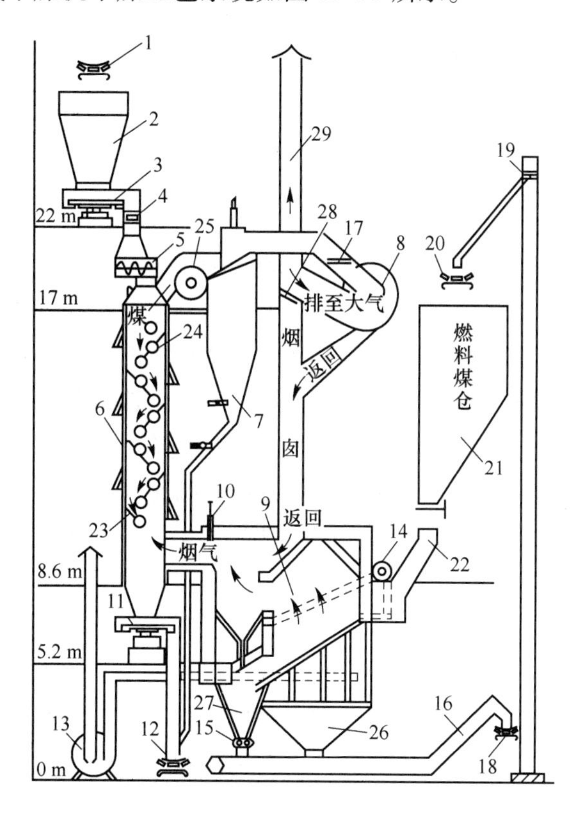

图 13-30　井筒式干燥机干燥工艺系统图

1—浮选精煤输送机；2—湿精煤仓；3，11—圆盘给煤机；4—配煤机；5—多螺旋喂煤机；6—井筒式干燥机；7—单筒旋风除尘器；8—引风机；9—燃烧炉；10，28—烟道闸门；12，16，18，20—输送机；13— 一次鼓风机；14—二次鼓风机；15—炉渣破碎机；17—引风机闸门；19—斗式提升机；21—燃料煤仓；22—溜槽；23—挡板；24—滚轮；25—滚筒清扫器；26，27—灰室；29—烟囱

20 ℃室温冷空气经一次鼓风机、二次鼓风机分别进入燃烧室，燃烧室温度为700～800 ℃，压力为－98～－49 Pa。燃料煤采用粒度为0.5～10 mm的末中煤。

ZH5.6型燃烧炉采用倾斜推饲炉排。高温烟气经降尘室进入干燥机，产生的小粒度炉渣通过炉排孔隙进入炉排下灰室26；大块炉渣由炉排末端进入灰室27，经炉渣破碎机破碎，与小粒度炉渣混合，运至矸石山。

该厂单独干燥浮选精煤，入料水分为25%，灰分为11.41%，由上部给入井筒式干燥机。干燥机入口处烟气温度在450～500 ℃，出口处烟气温度在100 ℃左右，干燥后精煤水分为15.24%，灰分为11.44%。为了合理利用废气的热量，将部分废气由引风机，经返风烟道返回到混合室，与燃烧室产生的高温烟气混合，并调节热烟气温度，满足干燥要求。

干燥机发生事故或湿精煤系统发生故障停止给料时，可关上烟道闸门10，打开烟道闸门28，使燃烧炉产生的高温烟气不进入干燥机，直接从烟囱排至大气。

13.5.5 干燥过程的防尘和防爆

选煤厂热力干燥过程均在高温下进行，干燥后精煤中的细粒由于接触面积较大，在风力运输过程中极易产生煤尘飞扬，甚至发生煤尘爆炸，尤其是干燥物料多数为炼焦用煤时，煤尘爆炸指数大部分在25%以上。在选煤厂20多年的精煤干燥实践中，曾有部分选煤厂发生过程度不同的精煤燃烧事件，个别选煤厂曾发生较为严重的煤尘爆炸事故。

13.5.5.1 产生煤尘飞扬的原因

被干燥的细粒物料由于重量轻，当有空气对流时，很容易悬浮在空气中，形成煤尘。粒度越细、水分越低，在运输中越容易产生煤尘飞扬，尤其在运输转载过程中，更容易形成煤尘飞扬的条件。在装仓落差很大时，在煤仓内也易形成煤尘的悬浮。如果系统有漏风的地方，或车间内空气对流比较厉害，则更为煤尘飞扬创造了条件。

13.5.5.2 产生煤尘爆炸的原因

据有关资料表明，是否会产生煤尘爆炸除与可燃体挥发分、灰分、水分和粒度等有关外，还有3条产生煤尘爆炸的直接原因，同时具备该3条时，即可爆炸。

（1）煤尘浓度在45～2000 g/m^3。

（2）含氧量在16%以上。

（3）有热源或明火。

通常，干燥后系统内的煤尘含量都大于规定标准。如果系统漏风，尤其是锁气器封闭失灵，除尘器检查孔不严，将有大量空气进入系统，使除尘器含氧量增加。此时应严格操作管理，防止明火。下述原因均可导致明火：（1）当高温烟气温度过高、湿精煤给料突然减少时，易使精煤过干燥而燃烧；（2）已停止对干燥机给料后，高温烟气仍进入干燥机，有可能使燃烧不完全的炭火吸入除尘器，当除尘器及管路中有积煤时，容易着火。因此，应及时清理积存煤尘，并制定切实可行的防尘、防爆安全措施，改善工人的劳动环境，保障人员和设备的安全，确保干燥生产的顺利进行。

思 考 题

13-1 什么是干燥速度？简要说明干燥曲线、干燥速度曲线的作用。

13-2 干燥过程分几个阶段？各阶段的特点是什么？

13-3 选煤厂常用干燥机的结构和工作原理。

13-4 什么是干燥系统？简述干燥系统中各辅助设备的种类和作用。

13-5 任意举例一个干燥机，说明精煤热力干燥的工艺流程。

参考文献

[1] 蔡璋．选煤厂固-液、固-气分离技术［M］．北京：煤炭工业出版社，1992.
[2] 罗茜．固液分离［M］．北京：冶金工业出版社，1997.
[3] 谢广元．选矿学［M］．徐州：中国矿业大学出版社，2001.
[4] L. 斯瓦罗夫斯基．固液分离［M］．2版．朱企新，金鼎五，译．北京：化学工业出版社，1990.
[5] 黄枢．固液分离技术［M］．长沙：中南工业大学出版社，1993.
[6] 郝凤印．选煤手册［M］．北京：煤炭工业出版社，1993.
[7] 煤泥水处理编译组．煤泥水处理［M］．北京：煤炭工业出版社，1979.
[8] 冯莉，刘炯天，张明青，等．煤泥水沉降特性的影响因素分析［J］．中国矿业大学学报，2010，39（5）：671-675.
[9] 孙启才．分离机械［M］．北京：化学工业出版社，1993.
[10] 许时．矿石可选性研究［M］．北京：冶金工业出版社，1981.
[11] 孙体昌．固液分离［M］．长沙：中南大学出版社，2011.
[12] 蒋红美．加压过滤机对几种煤泥水及浮选精煤的适应性探讨［J］．煤炭加工与综合利用，2008（2）：24-26.
[13] 杨守志，孙德堃，何方箴．固液分离［M］．北京：冶金工业出版社，2003.
[14] 尹芳华，钟璟．现代分离技术［M］．北京：化学工业出版社，2009.
[15] 张明旭．选煤厂煤泥水处理［M］．徐州：中国矿业大学出版社，2005.
[16] 李亚萍，李跃金．粒度组成对煤泥水沉降影响的研究［J］．广东化工，2011（6）：312-314.
[17] 康勇，罗茜．液体过滤与过滤介质［M］．北京：化学工业出版社，2008.
[18] 戴少康．选煤工艺设计实用技术手册［M］．北京：煤炭工业出版社，2010.
[19] 谢国龙，俞和胜，杨颋．粗煤泥分选设备及其应用分析［J］．煤矿机械，2008，29（3）：117-119.
[20] 梁政．固液分离水力旋流器流场理论研究［M］．北京：石油工业出版社，2011.
[21] 郭亚兵，胡钰贤，王守信，等．沉降-浓缩理论及数学模型［M］．北京：化学工业出版社，2014.
[22] 樊玉萍．煤泥水沉降特性研究［M］．长沙：中南大学出版社，2021.
[23] 勃鲁克．煤泥水的过滤［M］．谈宏烈，译．北京：煤炭工业出版社，1989.
[24] 谢广元．选煤厂产品脱水［M］．徐州：中国矿业大学出版社，2004.
[25] 常青．水处理絮凝学［M］．2版．北京：化学工业出版社，2011.
[26] 徐晓军．化学絮凝剂作用原理［M］．北京：科学出版社，2005.
[27] 冯宇春，杨晓惠，魏纳．固液分离原理与工业水处理装置［M］．成都：电子科技大学出版社，2017.
[28] Steve T，Richard W. Solid/Liquid Separation［M］. Oxford：Butterworth-Heinemann，2007.
[29] Rushton A，Ward A S，Holdichl R G. Solid-Liquid Filtration and Separation Technology［M］. Berlin：Wiley-VCH，1996.
[30] Tien C. Principles of Filtration［M］. Amsterdam：Elsevier，2012.
[31] Bohuslav D，Hansjoachim S. Coagulation and Flocculation［M］. 2nd edition. Boca Raton：CRC Press，2005.
[32] 王新文．现代选煤筛分与脱水设备［M］．北京：煤炭工业出版社，2015.
[33] 刘炯天，张明青，曾艳．不同类型黏土对煤泥水中颗粒分散行为的影响［J］．中国矿业大学学报，2010，39（1）：59-63.
[34] 董宪姝．煤泥水处理技术研究现状及发展趋势［J］．选煤技术，2018（3）：1-8.

[35] 樊玉萍，董宪姝．粒度组成特性对煤泥脱水效果影响的研究［J］．中国煤炭，2015，41（3）：95-100.

[36] 谢广元，欧泽深，张洪安．新型快速精煤压滤机与脱水工艺的研究［J］．中国矿业大学学报，2001（4）：55-58.

[37] 李少章，朱书全．细泥煤泥水凝聚与絮凝沉降［J］．煤炭科学技术，2004（9）：43-45.

[38] 单超．国内外沉降过滤式离心机发展现状及趋势［J］．煤炭加工与综合利用，2010，151（5）：32-34.

[39] 范肖南．我国选煤厂真空过滤脱水技术的研究及进展［J］．选煤技术，2006（5）：67-69.

[40] Parekh B K. Dewatering of fine coal and refuse slurries-problems and possibilities [J]. Procedia Earth and Planetary Science, 2009, 1 (1): 621-626.

[41] Wang C, Harbottle D, Liu Q, et al. Current state of fine mineral tailings treatment: A critical review on theory and practice [J]. Minerals Engineering, 2014, 58: 113-131.

[42] Tao D, Groppo J, Parekh B K. Enhanced ultrafine coal dewatering using flocculation filtration processes [J]. Minerals Engineering, 2000, 13 (2): 163-171.

[43] Alam N, Ozdemir O, Hamption M, et al. Dewatering of coal plant tailings: Flocculation followed by filtration [J]. Fuel, 2011, 90 (1): 26-35.

[44] Bergins C. Kinetics and mechanism during mechanical/thermal dewatering of lignite [J]. Fuel, 2003, 82 (4): 355-364.